JN087533

TECHNICAL MASTER 96

はじめての CentOS 8

Linux サーバエンジニア入門編

The textbook for the **CentOS 8** networking server system to being Linux server engineer, suitable for beginners, experienced engineers of other server platforms.

デージーネット　著

秀和システム

まえがき

インターネットが普及し始めた1990年代半ばから、世の中は大きく変化して来ました。1995年にWindows95が発売され、誰でも簡単にインターネットを使うことができる時代が始まります。1997年～1998年頃には、携帯電話がインターネットに接続できるようになります。インターネットメールが携帯電話に届くようになり、ＷＷＷも携帯電話で閲覧できるようになったことで、私たちはタイムリーにたくさんの情報を利用できるようになりました。2000年代に入ると、インターネット上でクレジットカードなどによる決済が可能になり、ショッピングなどの用途でもインターネットが使われるようになります。音楽配信などの有料サービスも利用できるようになり、最近では動画配信サービス、電子書籍などに用途が広がっています。それに伴い、一時は隆盛だったWindowsの時代が終わり、スマートフォン、タブレットという時代に変わってきています。サーバの分野では、クラウドコンピューティングが進み、コンピュータに求められる多くの機能がクラウド上で実現されるようになってきています。こうした時代の急速な変化の中で、Linuxはとても大きな役割を果たして来ました。

Linuxは、オープンソースソフトウェアと呼ばれる形態で開発されているOSです。誰でも無償で入手することができ、開発に参加することができます。当初は、ボランティア的に個人が参加していた開発コミュニティーですが、今ではIntel、IBMなどのコンピュータメーカーをはじめ、サムソン電子などの家電・携帯電話メーカー、GoogleやYahoo!などといったインターネットサービス企業の多くが開発に参加しています。

このように多くの企業が参加して開発しているLinuxは、無償であるにもかかわらず、極めて高品質なOSとなってきました。そして、世界中のたくさんの人が関わることで、爆発的な変化を遂げています。それが、このインターネットの劇的な変化につながっているのです。

本書で紹介するCentOSは、日本ではもっともよく使われているLinuxです。その最新版であるCentOS 8は、2014年にリリースされたCentOS 7の後継として、2019年9月にリリースされました。5年の年月を経てリリースされたCentOS 8は、クラウド時代を象徴するOSに生まれ変わりました。GUIによる管理に加えて、Webからの管理をサポートしています。さらに、時代の変化にタイムリーに対応できるよう、パッケージ管理やサポート方針が見直されています。

それによって、次々にリリースされる新なアプリケーションや、アプリケーションの最新バージョンにも柔軟に対応できるようになりました。CentOS 8は、まさにクラウド時代の多様性に対応したOSとなったのです。そのため、はじめてLinuxに親しむ人にとっては、とても使いやすいOSとなっています。本書では、GUIを積極的に紹介しながら解説をしています。これまで、Linuxに苦手意識を持っていた人も、ぜひ使ってみてください。

なお、本書の出版にあたっては、出版社の皆様には、できるだけ早い時期に出版したいという気持ちを共有していただき、迅速な対応をしていただきました。心から感謝いたします。多くの方々に本書が届き、様々な分野で使っていただけることを願っています。

2019年12月11日

株式会社デージーネット

代表取締役　恒川　裕康

注　意

1. 本書は、著者が独自に調査した結果を出版したものです。
2. 本書の内容については万全を期して制作しましたが、万一、ご不審な点や誤り、記入漏れなどお気付きの点がありましたら、出版元まで書面にてご連絡下さい。
3. 本書の内容に関して運用した結果の影響については、上記2項にかかわらず責任を負いかねますのでご了承下さい。
4. 本書の全部あるいは一部について、出版元から文書による許諾を得ずに複製することは、法律で禁じられています。

TECHNICAL MASTER

テクノロジーマップ

基礎知識

Linuxやネットワークの基本がわかる

Chapter 01

Chapter 02

インストール

CentOS 8をインストールする

Chapter 03

あらゆるサーバの構築に先立って必要

CentOSの基本

GUI操作、コマンド操作の基本がわかる

Chapter 04

Chapter 06

Chapter 08

進んだ使い方

リモートからの設定や管理方法がわかる。

Chapter 05

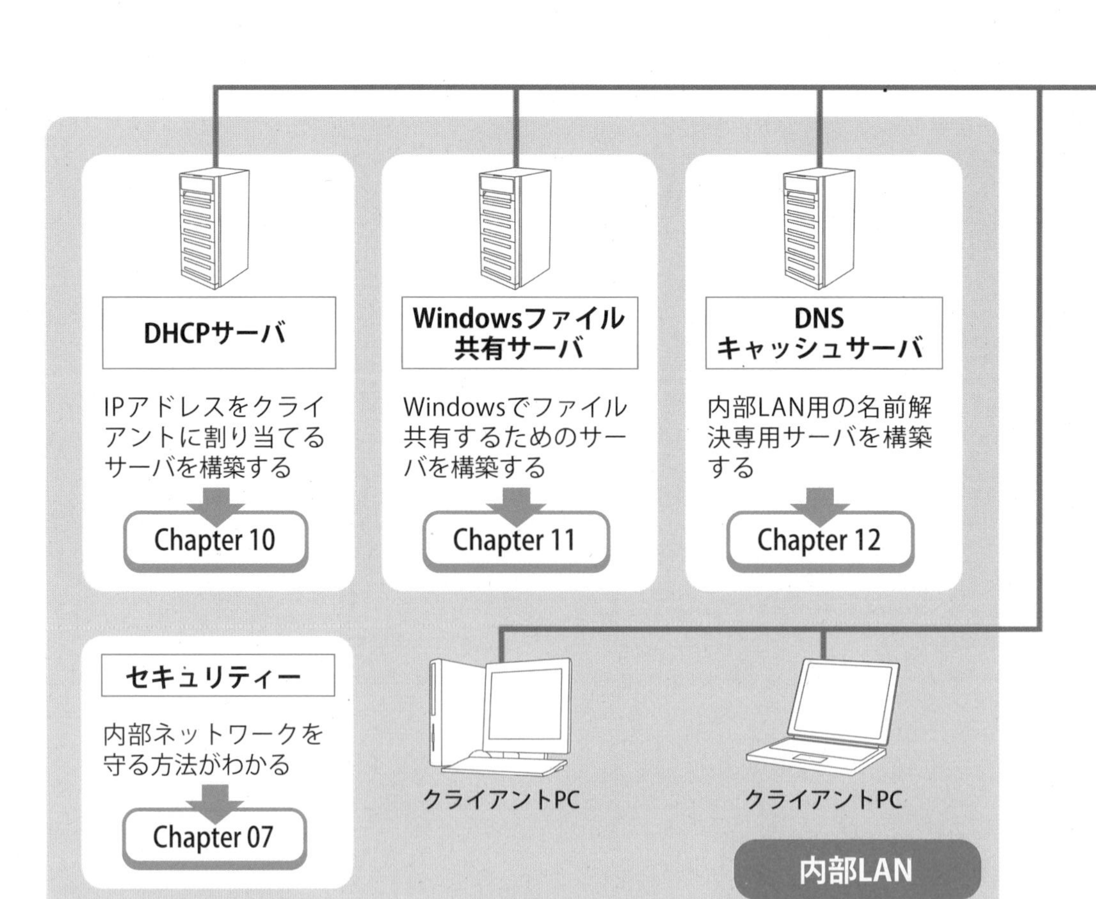

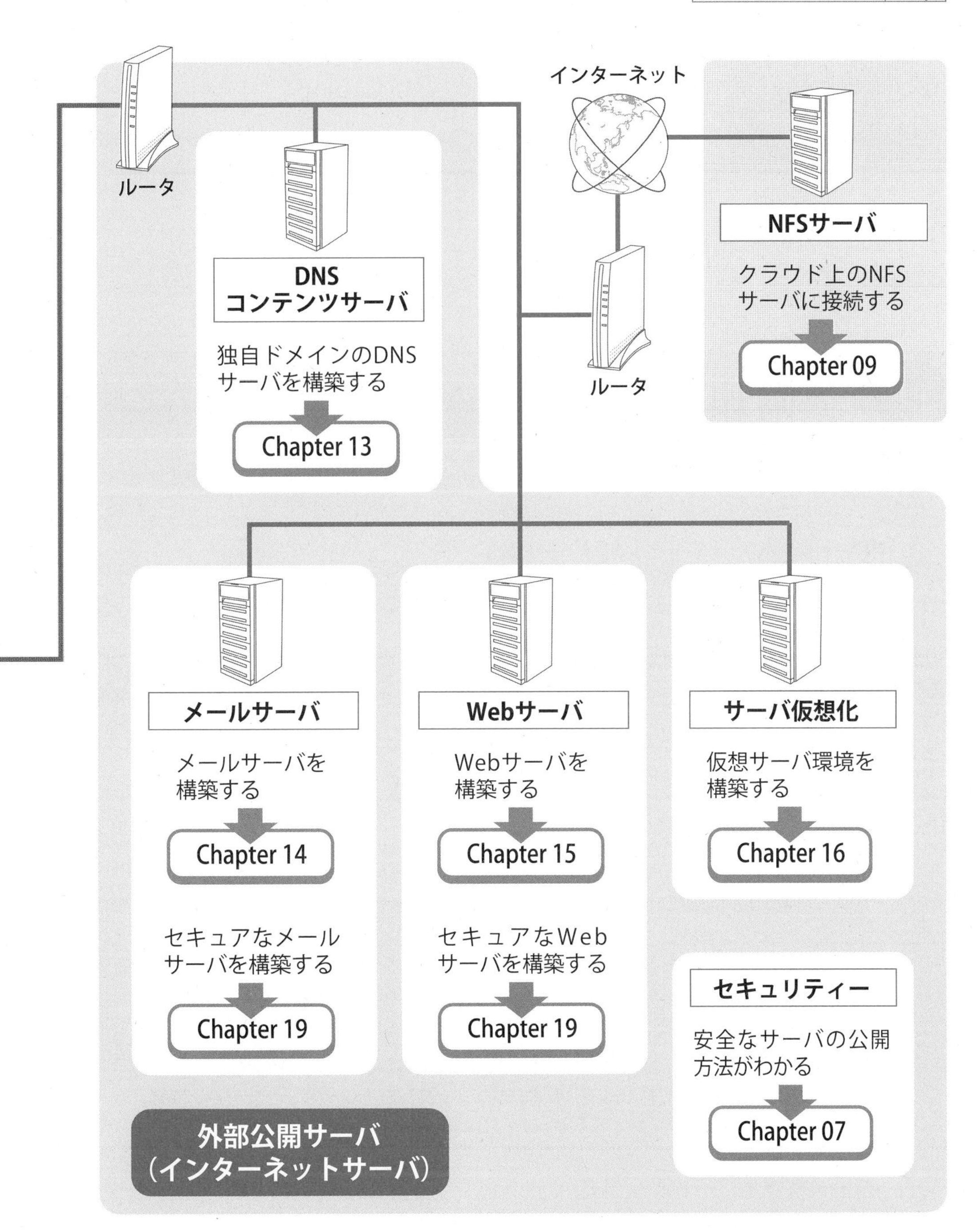

ルータ
インターネット
DNS
コンテンツサーバ
独自ドメインのDNS
サーバを構築する
Chapter 13
ルータ
NFSサーバ
クラウド上のNFS
サーバに接続する
Chapter 09
メールサーバ
メールサーバを
構築する
Chapter 14
セキュアなメール
サーバを構築する
Chapter 19
Webサーバ
Webサーバを
構築する
Chapter 15
セキュアなWeb
サーバを構築する
Chapter 19
サーバ仮想化
仮想サーバ環境を
構築する
Chapter 16
セキュリティー
安全なサーバの公開
方法がわかる
Chapter 07
外部公開サーバ
(インターネットサーバ)

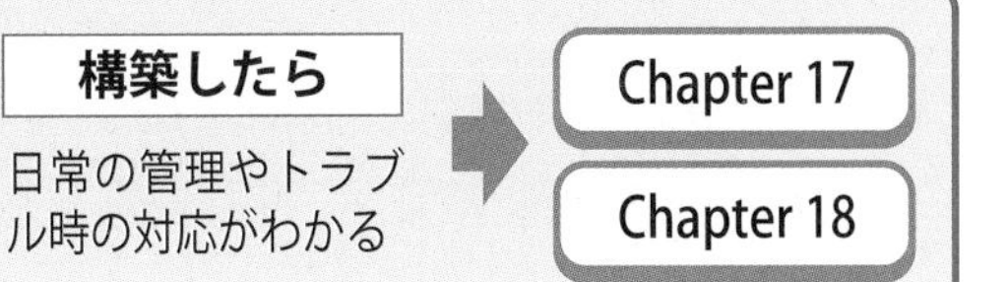

構築したら
日常の管理やトラブ
ル時の対応がわかる
Chapter 17
Chapter 18

TECHNICAL MASTER

Contents 目 次

Chapter 02 → 構築の準備

Chapter 03 → CentOS 8 のインストール

Chapter 06 最初にやっておくべきこと

Chapter 07 CentOS 8 のセキュリティ

Chapter 08 リモートからの管理

Chapter 09 → NFS サーバを使う

Chapter 10 → DHCP サーバ

Chapter 11 → Windows ファイル共有サーバ

Chapter 12 → DNS キャッシュサーバ

Chapter 13 → DNS コンテンツサーバ

Chapter 14 → メールサーバ

Chapter 15 → Webサーバ

Chapter 16 → サーバ仮想化

Chapter 17 → トラブル時の対応

Chapter 18 → 運用と管理

Chapter 19 → SSL/TLS 証明書の作成

Guide 本書について

本書は、読者がCentOS 8を使って、実際にネットワークサーバを構築できるようにすることを目的としています。特に、はじめてLinuxを使う方や、これまでLinuxには苦手意識のあった方にも比較的容易に取り組んでいただけるように、説明をしています。ぜひここに書かれた内容に目を通してから、本書を読み進めてください。

本書の読み進め方

本書は、ネットワークやLinuxの知識の紹介から始めて、Linuxの使い方、サーバの構築の仕方と徐々に知識を得られるような構成にしています。いわゆる初心者の方は、最初から順に読み進められることをお勧めします。また、目的を持って本書を手に取られた読者の方は、必要な部分だけを読み進めることもできます。巻頭(P.IV)のテクノロジーマップと合わせて、ガイドラインを紹介します。

ネットワークの構築やLinuxが初めての方

まずは、基本的な知識を獲得することからはじめるのが良いでしょう。テクノロジーマップの「基礎知識」からはじめてください。

Linuxが初めての方・苦手意識のある方

本書では、GUIユーティリティを使ったLinuxの使い方も説明しています。テクノロジーマップの「CentOSの基本」の部分を参考に、Linuxをインストールし、GUIを使ってみることからスタートしてみてください。そうすることで、Linuxの使い方が徐々にわかってくると思います。

より進んだLinuxの使い方を身につけたい方

GUIではなくコマンドラインからさまざまな操作ができるようになると、できることが大きく広がります。そのため、より進んだLinuxの使い方を身につけたい方は、コマンドラインの使い方を身につけておくことをお勧めします(テクノロジーマップ:「進んだ使い方」)。

クラウド環境で利用される方

クラウド環境では、提供されたサーバ上のディスクだけでなく、NFSなどの外部ストレージサービスを使う場合があります。このような場合には、各サーバのインストールや設定を行う前に、Chapter 9の「NFSサーバを使う」を参考に、NFSを利用するための設定を行ってください。

DHCPサーバ、ファイアウォールを構築したい方

まず最初に最低限のセキュリティの知識を身につけ、それからサーバを構築することをお勧めします。テクノロジーマップの「セキュリティ」を読んだあと、「インストール」、各サーバの項目の順に取り組むことをお勧めします。

インターネットサーバを構築したい方

インターネットに公開するWebサーバ、メールサーバなどを構築したい場合には、セキュリティに充分配慮する必要があります。また、サービスを公開するためにはDNSの設定も必要です。いずれのサーバでも、最初からインターネットに公開してしまうのではなく、まずはLAN内で動作するものを作成することから始めてください。テクノロジーマップの「インストール」、「DNSサーバ」と各サーバの項目を参照してください。

サーバを運用する

実際にサーバを運用するようになると、さまざまなトラブルが発生する可能性があります。そうしたトラブルのときに慌てないように、サーバ運用に必要な知識をあらかじめ身につけておくことをお勧めします。テクノロジーマップの「構築したら」を参照してください。

記載ルールについて

CentOS 8と使用パッケージ

本書で「CentOS 8」と記載した場合には、CentOS 8.0（x86_64版）を意味しています。また、本書ではすべてダウンロードで入手できるISOイメージのパッケージを使用して解説を行っています。パッケージのインストール時に、インターネットへ接続しておくと、より新しい更新パッケージが使われる場合がありますので、注意してください。

画面表示

Linuxのコマンドラインの画面表示例では、次のような表示が行われます。

コマンドラインの画面表示例

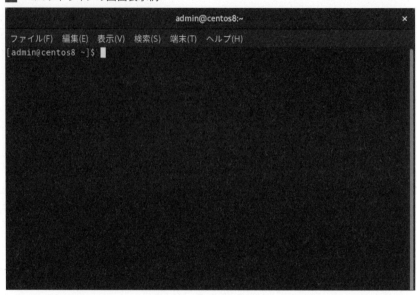

プロンプトは状況によって表示が変わるため、本書ではプロンプトの表示を省略し、単に「$ 」や「# 」と表示しています。このプロンプトの部分は、入力を行う必要はありません。実際に入力が必要な箇所は、次の例のようにアンダーラインを引いて明示していますので、この部分を入力し Enter キーを押してください。

exitコマンドの表記例

```
$ exit Enter
```

ファイル画面

本書では、ファイルの内容を表すときには、できるだけファイル全体を表すようにしています。ただし、実際に設定に影響を与えないコメント行は表示していませんので注意してください。実際の表示は、次のようになります。

■ /etc/postfix/main.cf

```
queue_directory = /var/spool/postfix
command_directory = /usr/sbin
daemon_directory = /usr/libexec/postfix
data_directory = /var/lib/postfix
mail_owner = postfix
myhostname = mail.example.com ——— メールサーバの名前
mydomain = example.com ——— ドメイン名
inet_interfaces = 192.168.2.2, 2001:DB8::2 ——— メールを受け付けるIPアドレス
inet_protocols = all
mydestination = $myhostname, localhost.$mydomain, localhost, $mydomain
                                                        ↑受信アドレスの指定
unknown_local_recipient_reject_code = 550
mynetworks = 192.168.2.0/24, [2001:DB8::]/64 ——— 利用するPCのネットワーク
alias_maps = hash:/etc/aliases
alias_database = hash:/etc/aliases
home_mailbox = Maildir/ ——— メールの保存形式
………
```

ファイルの表示では、この例のように標準的な設定例からの変更箇所がわかるように注釈を入れています。また、逆にファイルの一部を表す場合には、できるだけ次のようにコメント行まで含めて表示をするようにしています。

■ 文字コード設定の無効化（/etc/httpd/conf/httpd.conf）

```
#
# Specify a default charset for all content served; this enables
# interpretation of all content as UTF-8 by default.  To use the
# default browser choice (ISO-8859-1), or to allow the META tags
# in HTML content to override this choice, comment out this
# directive:
#
#AddDefaultCharset UTF-8 ——— コメントアウト
```

ご注意

- 本書で使用するドメイン名、ホスト名、IPアドレスなどは、インターネットの標準文書内でドキュメントでの利用のみを許可されたアドレスか、筆者の組織が所有しているものを使用しています。これらのアドレスを、読者の環境で使用することはできません。
- Chapter 1で紹介しているプライベートアドレスや、セクション02-03で解説している正式に割り当てられたアドレスを使う必要があります。

- 本書の記述は、あらゆる場面を想定して行われたものではありません。特に、インターネット上のサイトの情報等は、随時変更されていますので、本書の記述どおりではない場合もあります。
- PCメーカーによっては、Linuxをインストールするとサポートが受けられなくなる場合もあります。動作条件などを確認の上、購入するようにしてください。

予備知識

CentOS 8 を使ってネットワークサーバを作るためには、ネットワークの基礎的な知識、Linux に関する知識など、いろいろな知識が必要です。この Chapter では、サーバを構築するために必要な基本的な知識を紹介します。

Contents

ネットワーク

Section 01-01

ネットワークについて知る

コンピュータとコンピュータをつなぎ、リアルタイムに情報交換ができるようにする役割を担うのがネットワークです。このセクションでは、組織内部にネットワークを作成し、インターネットへつなぐために必要な知識を紹介します。

このセクションのポイント

1. コンピュータとコンピュータをネットワークに接続することで、機器を共有して使ったり、コンピュータ間で情報を交換したりすることができる。
2. LANとLANを接続することで、大きなパブリックネットワークが作られる。
3. インターネットは、世界最大のパブリックネットワークである。

ネットワークとは？

ネットワークは、コンピュータとコンピュータ、コンピュータと機器をつなぎ、相互に情報交換ができるようにする仕組みです。コンピュータは1台だけ単独でも利用することができます。しかし、相互に接続することにより、用途が大きく広がり、より便利に利用することができるようになります。例えば、複数のコンピュータから1台のプリンタを共有して利用するといった使い方のように、1つの機器を複数のコンピュータで共有して使うことができます。また、コンピュータとコンピュータの間で情報を交換することで、コミュニケーションのツールとして利用したり、コンピュータ間で処理を分担したりすることもできます。ネットワークは、近年のコンピュータにとっては、欠かせないインフラとなっています。

図1-1　ネットワーク

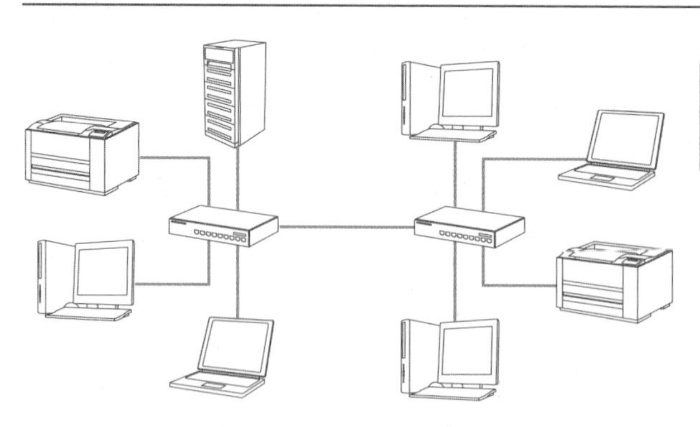

コンピュータとコンピュータ、機器をつなぎ、相互に情報交換できるようにする仕組みを**ネットワーク**といいます。

LAN(ローカルエリアネットワーク)

＊1 Local Area Network

ネットワークのうち、1つの建物の中など、地域や利用者が限られた範囲で利用する比較的小さなネットワークをLAN(ローカルエリアネットワーク)＊1と呼びます。例えば、企業の内部に用意されたネットワークや学校の中のネットワーク、家庭内のネットワークなどがLANに相当します。

パブリックなネットワークとインターネット

地域や利用者が限られたLANに対して、多くの人が自由に参加する大きなネットワークをパブリックネットワークと呼びます。一般的には、LANとLANを相互に接続して、大きなパブリックネットワークを作ります。

インターネットは、世界最大のパブリックネットワークです。さまざまな国の企業、研究機関、大学などが参加しています。私たちは、企業や家庭から電話回線や光ファイバーケーブルなどを使って、インターネット・サービス・プロバイダー(ISP)と呼ばれる業者のLANを経由してインターネットに参加することができます。最近では、PCだけではなく、携帯電話やスマートフォン、タブレット端末などもインターネットに参加することができるようになってきました。

＊2 Internet Service Providor

現在のインターネットは、さまざまな組織やISP(インターネットサービスプロバイダ)＊2が相互に接続していて、網の目のようなネットワークになっています。そのため、インターネット上にはさまざまな迂回経路が用意されていて、どこかで故障が発生しても、インターネット全体が停止するようなことが起きないようになっています。

図1-2 インターネット

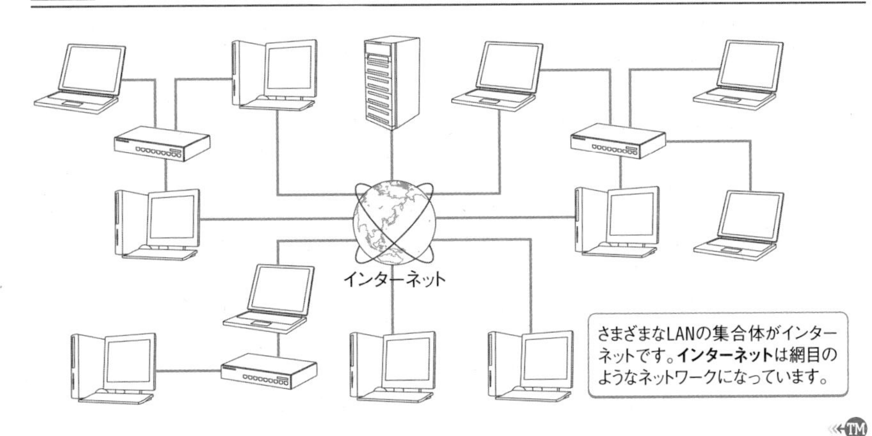

インターネット
さまざまなLANの集合体がインターネットです。インターネットは網目のようなネットワークになっています。

Section
01-02

サーバ・クライアント

サーバとクライアントについて知る

ネットワークに参加するコンピュータ間のデータ交換の方法には、大きく分けて2つの方法があり、用途によって使い分けられています。このセクションでは、2つのデータ交換の方法を紹介します。

このセクションのポイント

1 インターネットでは、一般的にサーバ・クライアント方式がよく使われている。
2 利用者側のコンピュータをクライアント、情報を仲介・提供する側をサーバと呼ぶ。
3 サーバで高度な処理を行い、結果をクライアントに送るという使い方もされている。
4 サーバ機能が内蔵されている機器もある。

情報交換の2つの方法

コンピュータ間の情報交換の方法には、大きく分けてサーバ・クライアント方式と、ピア・ツー・ピア方式の2つがあります。

コンピュータとコンピュータがデータを交換する場合に、お互いのコンピュータがどこにあり、どうやって通信したらよいかという情報が完全にわかっていれば、直接的に通信して情報を交換することができます。例えば、電話のような情報、つまりコンピュータ間でリアルタイムに音声を交換するような場合には、直接相手のコンピュータとデータを交換するのが効率的です。電話のネットワークでは、電話番号という特別な番号を使って、相手のコンピュータを特定して電話ができるようにしています。このように、相手のコンピュータと直接情報を交換する方法を、ピア・ツー・ピア方式と呼びます。

図1-3 ピア・ツー・ピア方式

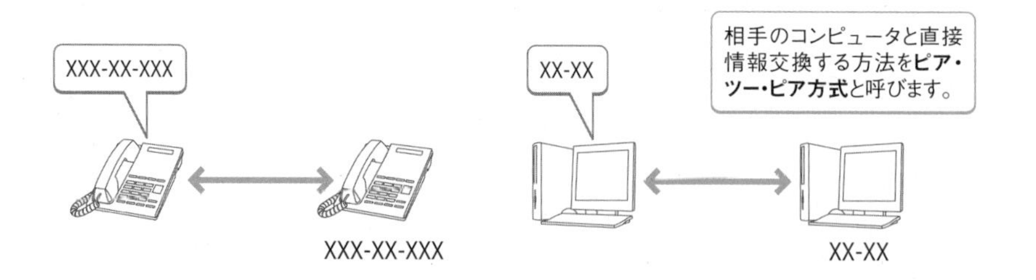
XXX-XX-XXX
XXX-XX-XXX
XX-XX
相手のコンピュータと直接情報交換する方法をピア・ツー・ピア方式と呼びます。
XX-XX

しかし、このような情報交換の方法は、相手のコンピュータの情報が何らかの方法で明らかになっていて、しかも直接通信ができる状態でなければ利用することができません。また、1対1での情報交換しか行うことができません。そのため一般的には、ネットワーク上の1つのコンピュータを仲介して情報を交換したり、機器や情報（ファイル）などのリソースを共有したりする方法が広く利用されています。この方法を**サーバ・クライアント方式**と呼びます。

サーバとクライアント

サーバ・クライアント方式の通信では、コンピュータはサーバとクライアントのどちらかの役割を担います。利用者側のコンピュータは、**クライアント**と呼ばれます。また、それに対して情報を仲介したり、機器などのリソースを共有したりするために利用するコンピュータは**サーバ**と呼ばれます。

図1-4　リソースを共有するサーバのモデル

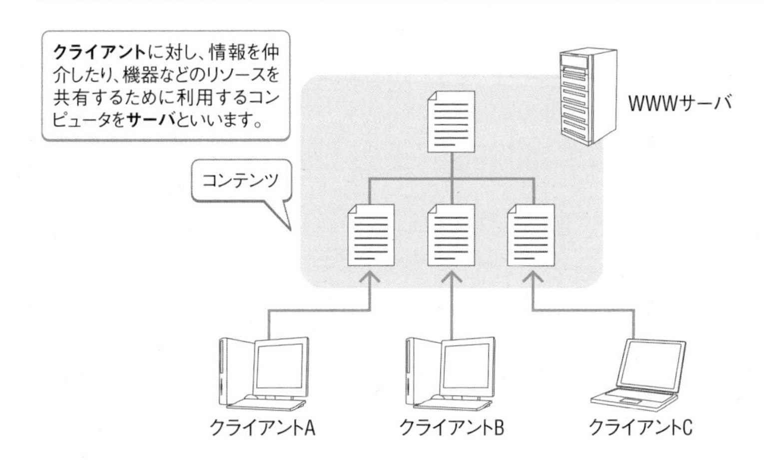

図1-5　通信を仲介するサーバのモデル

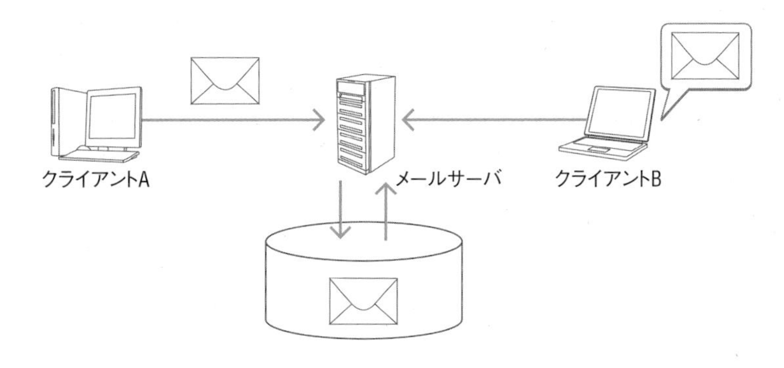

サーバ・クライアント方式の通信では、サーバ側で情報を集中管理できることから、セキュリティの面でも有利だと考えられています。また、サーバ側で高度な処理を行い、クライアントにその結果を提供するという形式で通信を行うこともあります。こうしたサーバ側で行われる処理をサービスとも呼びます。

インターネットには、こうしたサーバがたくさんあり、ホームページを公開する機能を提供するサーバのことをWWWサーバ、メールを交換する機能を提供するサーバのことをメールサーバというように呼びます。同様に、LANの中で1台のプリンタを共有して使うような場合には、プリンタサーバと呼ばれるサーバを仲介して通信を行います。

最近のプリンタには、ネットワーク対応の製品もあります。PCからネットワーク対応プリンタへ印刷を行うような通信は、一見するとピア・ツー・ピア型の通信にも見えます。しかし、実際には複数のコンピュータから印刷を行うことができるように、プリンタの中にサーバの機能が内蔵されています。

図1-6　プリンタにサーバが内蔵されているイメージ

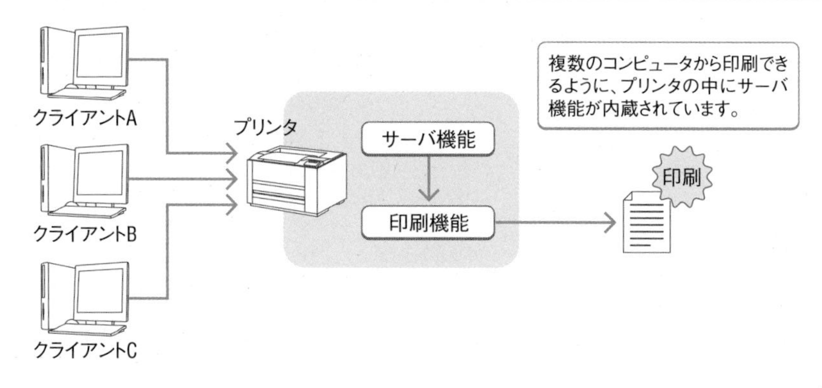

ネットワークの接続

Section 01-03 ネットワークにつなぐ仕組みを知る

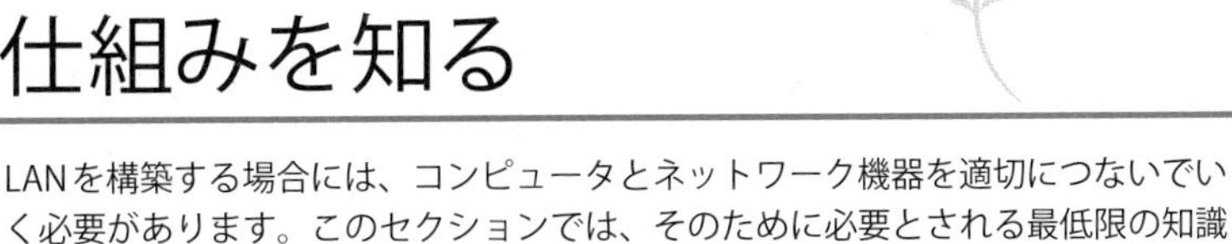

LANを構築する場合には、コンピュータとネットワーク機器を適切につないでいく必要があります。このセクションでは、そのために必要とされる最低限の知識について解説します。

このセクションのポイント

1. 通信速度と使用するケーブルによっていくつかの規格があるため、利用する環境に応じたケーブルや製品を選ばなければいけない。
2. コンピュータとスイッチングハブ、スイッチングハブとスイッチングハブを接続してネットワークを構成する。
3. 最近のコンピュータには、あらかじめ通信ポートが備わっているので、どの規格に対応しているのかを調べておく。

一般的なLANのネットワーク

コンピュータとコンピュータが実際に通信を行うためには、すべてのコンピュータが同じ方法で通信を行う必要があります。そのため、ネットワーク上での通信のやり方は、事前に取り決めて規格化されています。

現在、LANで最もよく使われている通信規格は、Ethernet（イーサネット）と呼ばれる規格と、それを拡張したもので、米国電気電子学会（IEEE）が規格を取りまとめています。

表1-1　主な通信速度の規格

通信速度	名称	通称	規格	使用ケーブル	距離
10Mbps	—	—	IEEE 802.3i	UTP/STP (Caegoryt3)	100m
100Mbps	100BASE-TX	Fast Ethernet	IEEE 802.3u	UTP (Category5)	100m
1000Mbps (1Gbps)	1000BASE-T	Gigabit Ethernet	IEEE 802.3ab	UTP (Enhanced Category 5)	100m
	1000BASE-SX	—	IEEE 802.3z	光マルチモード	550m
	1000BASE-LX	—		光マルチモード 光シングルモード	550m 5000m
10Gbps	10Gbase-T	—	IEEE 802.3an	UTP (Category 6A)	100m
	10GBASE-SR	—	IEEE 802.3ae	光マルチモード	300m
25Gbps	25GBASE-T	—	IEEE P802.3bq	UTP Category 7	30m

40Gbps	40GBASE-T	—	IEEE P802.3bq	UTP Category 7	30m
	40GBASE-SR4	—	IEEE 802.3ba	光マルチモード	300m
	40GBASE-LR4	—	IEEE 802.3ba	光シングルモード	10km
	40GBASE-ER4	—	IEEE 802.3ba	光シングルモード	40km
100Gbps	100GBASE-SR10	—	IEEE 802.3ba	光マルチモード	100m
	100GBASE-SR4	—	IEEE 802.3bm	光マルチモード	125m
	100GBASE-LR4	—	IEEE 802.3ba	光シングルモード	10km
	100GBASE-ER4	—	IEEE 802.3ba	光シングルモード	40km

Ethernetでは、いろいろな通信速度をサポートしています。現在、一番よく使われている規格はFast Ethernet(100BASE-TX)、Gigabit Ethernet(1000BASE-T)です。

ネットワークへつなぐケーブルと通信速度

一般的には、通信速度が速くなればなるほど、精度の高いケーブルを使う必要があります。利用するネットワークの種類によって、ケーブルの種類が異なりますので、用途に合わせて購入する必要があります。Ethernetで使う主なケーブルには次のような種類があります。

STP

STP[＊1]はシールデット・ツイステッド・ペア・ケーブルの略で、シールドされたより対線のケーブルです。

＊1 Shielded twisted pair cable

UTP

UTP[＊2]はアンシールデット・ツイステッド・ペア・ケーブルの略で、シールドされていないより対線のケーブルです。UTPのケーブルは、精度や本数によってCategory 3、Category 5、Enhanced Category 5、Category 6、Category 7と何種類かの規格があります。数字が大きいものほど高速な通信に適しています。

＊2 UnShielded twisted pair cable

シングルモード光ファイバー

細い光ファイバーで、長距離通信をするのに適しています。光ファイバーケーブルは、ファイバー（つまりガラス）で作られているため、簡単に曲げることができません。特に、シングルモード光ファイバーは曲げにくいため、近距離で利用するには不便です。

マルチモード光ファイバー

太い光ファイバーです。シングルモード光ファイバーに比べると曲げやすい材質ですが、光の損失が大きくあまり長距離で利用することができません。

図1-7 UTPケーブル

コンピュータ側のアダプタ

最近のほとんどのコンピュータは、ネットワークに接続できるように、最初から100BASE-TXまたは1000BASE-Tに対応したネットワークインタフェースカード(NIC[*3])を内蔵しています。100BASE-TX、1000BASE-Tのどちらを利用する場合にも、コンピュータ側のNICには**RJ-45**と呼ばれる接続端子で接続します。

＊3 Network Interface Card

図1-8 RJ-45の端子

このRJ-45の端子を一般的にポートと呼びます。最近のサーバコンピュータでは、標準で2～4ポートを備えた製品も増えています。また、100BASE-TXと1000BASE-Tのどちらでも通信できるオートネゴシエーションという機能を持った製品も増えています。いずれにしても、これから使おうとするコンピュータがどの通信規格に対応しているのかは、コンピュータを購入したときに同梱されるハードウェア仕様表などで確認しておきましょう。

通信ポートが足りない場合には、コンピュータにNICを追加することができます。デスクトップコンピュータやサーバコンピュータでは、PCI、PCI-X、PCI-Expressのような拡張インタフェースが用意されていますので、そのインタフェース規格に対応したNICを増設することができます。また、ノートPCの場合にも、USBを使って、USB規格に対応したNICを追加することができます。

スイッチングハブ

100BASE-TXや1000BASE-Tを使ってネットワークを構成する場合には、スイッチングハブ（通称：スイッチ）と呼ばれる機器を使ってネットワークを作ります。

図1-9 スイッチングハブ

スイッチングハブには、必ず複数のコンピュータをつなぐポートがあります。8個のポートを持ったスイッチングハブを8ポートスイッチ、24個のポートを持ったスイッチングハブを24ポートスイッチというように呼ぶこともあります。

スイッチングハブによっては、100BASE-TXのポートを8個、1000BASE-Tのポートを2個のように、ポートによって複数の通信速度に対応している製品もあります。また、接続されたコンピュータに合わせて通信速度を自動的に切り替えることができるオートネゴシエーションの機能を備えた製品もあります。こうした製品では、コンピュータから出力される信号に合わせて、100BASE-TX、1000BASE-Tを自動的に切り替えてくれます。

図1-10 スイッチングハブを使用したネットワーク構成

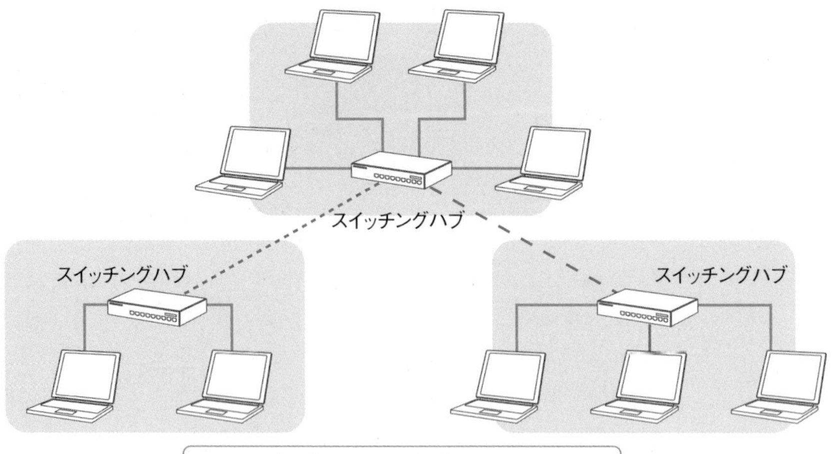
スイッチングハブ
スイッチングハブ
スイッチングハブ
スイッチングハブとスイッチングハブをつないでいくことで、大きなネットワークを構成することができます。

スイッチングハブとスイッチングハブをつないでいくことで、大きなネットワークを構成することができます。

無線LAN

これまで解説してきたEthernetでは、光ファイバー、UTP、STPのような専用のケーブルでコンピュータとネットワークをつなぎます。最近では、このケーブルを使わずにネットワークに参加することができる**無線LAN**もよく使われるようになってきました。

無線LANの規格もIEEEで決められていて、いくつかの種類があります。

表1-2　無線LANの規格

規格	周波数帯	公称速度	チャンネル幅
IEEE 802.11	2.4GHz	2Mbps	22MHz
IEEE 802.11b	2.4GHz	11Mbps/22Mbps	22MHz
IEEE 802.11a	5GHz	54Mbps	20MHz
IEEE 802.11g	2.4GHz	54Mbps	20MHz
IEEE 802.11j	5GHz	54Mbps	20MHz
IEEE 802.11n	2.4G/5GHz	600Mbps	20/40MHz
IEEE 802.11ac (Wifi 5)	5GHz	6.9Gbps	80/160MHz
IEEE 802.11ad	60GHz	6.7Gbps	2.16GHz
IEEE8.2.11ax (Wifi 6)	2.4G/5GHz	9.6Gbps	160MHz

無線LANでネットワークを構成する場合には、コンピュータ側には通常のLAN用のNICではなく、無線LAN用のNICが必要です。また、スイッチングハブの替わりに、**アクセスポイント**と呼ばれる装置を使ってネットワークを構成します。このような無線LANの通信方式を**インフラストラクチャモード**と呼びます。

図1-11　インフラストラクチャモードの通信イメージ

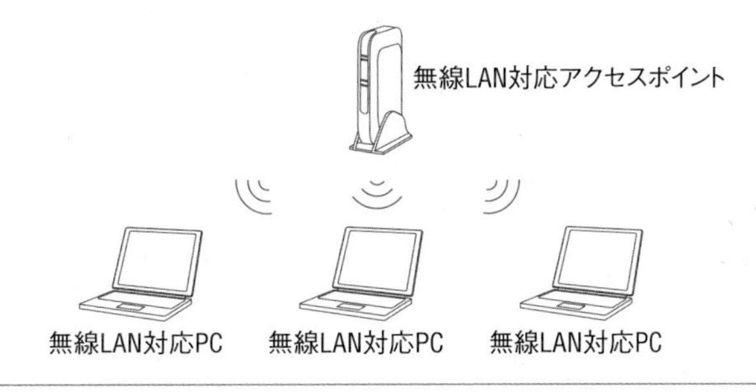

スイッチングハブの替わりに、アクセスポイントと呼ばれる装置を使ってネットワークを構成する無線LANの通信方式を**インフラストラクチャモード**と呼びます。

無線LANでは、このほかに**アドホックモード**と呼ばれる通信方式もサポートしています。アドホックモードでは、アクセスポイントを使わずにコンピュータとコンピュータが直接通信することができます。しかし、主に1対1での通信の場合に使い、ネットワークを構成するのには向いていません。

図1-12 アドホックモードの通信イメージ

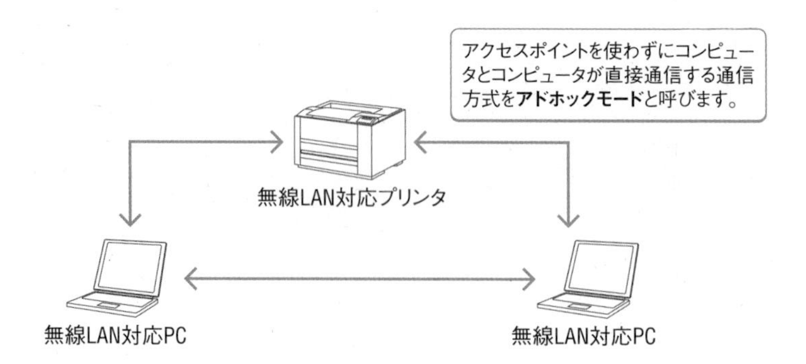

インフラストラクチャモードの無線LANでは、アクセスポイントが通常のFastEthernetやGigabit Ethernetに対応しています。それを仲介して、有線で接続されたコンピュータとも通信を行うことができます。

図1-13 無線LANと有線LANの混在したネットワーク構成

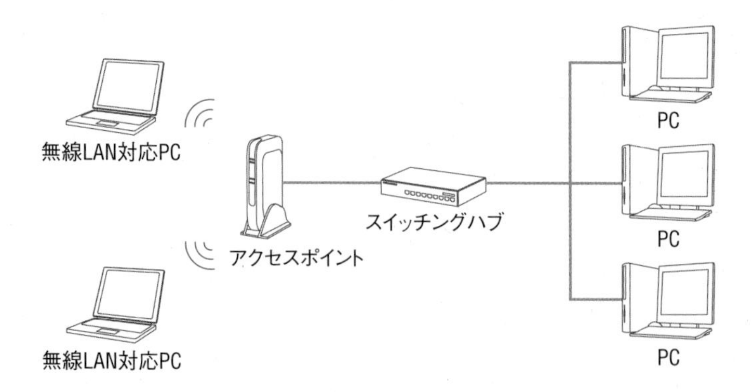

なお、クライアントでは無線LANを利用しても、サーバでは有線LANを利用するのが一般的です。有線LANの方が通信速度も速く、セキュリティの面や安定性の面でも安心だからです。

Section

01-04

プロトコル

プロトコルについて知る

通信速度や通信ケーブルなどの物理的なネットワークとは関係なく、携帯電話からでも、PCからでも、同じ情報やサービスにアクセスできればとても便利です。このセクションでは、それを可能にするデータ交換の方法について解説します。

このセクションのポイント

1 コンピュータ間でのデータ交換の手順は、プロトコルと呼ばれ規格化されている。
2 インターネットでは、TCP/IPと呼ばれるプロトコル群が使われている。
3 インターネットでは、IPアドレスが使われ、ネットマスクやポート番号なども一緒に使われる。
4 IPアドレスには、グローバルアドレスとプライベートアドレスがある。
5 異なるネットワークへの通信では、ルーティングを行う必要がある。
6 IPv6という次世代のプロトコルも利用できる。

プロトコルとは？

インターネットでは、プロトコルと呼ばれるデータ交換の方法が、物理的な規格とは別に決められています。プロトコルは、実際に通信を行うためのデータ交換の手順を取り決めたものです。例えば、電話のネットワークでは、次のような手順で通信をします。

①相手の電話番号をボタンで入力する。
②電話局（通信事業者）が相手の電話を探して回線をつなぐ。
③電話が着信すると、着信側の電話機の音が鳴る。
④着信ボタンを押すと発信者との回線につながる。

この手順は、相手が携帯電話でも固定電話でも同じです。しかし、同じような機能のものでも、この手順に従っていない相手とは通信はできません。例えば、無線機と電話機ではお互いの通信手順が違うため通信ができません。このように、通信を行うためには、お互いが同じプロトコルを使える必要があります。

また実際には、この手順以外にも電話機や通信事業者の中では、様々な処理が行われています。そして、それにも取り決められた手順があります。しかし、私たちはそれを知らずに電話をかけることができるのです。このように、通信の手順は階層構造になっていて、利用者は下の階層の処理のことは知らなくても利用できるように作られています。

図1-14 OSIの通信モデル

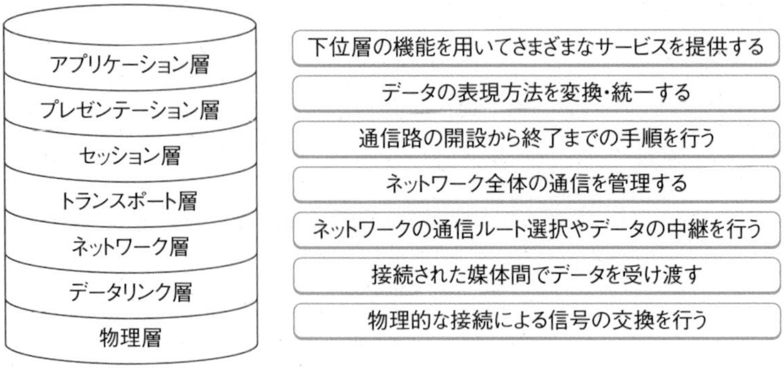

層	役割
アプリケーション層	下位層の機能を用いてさまざまなサービスを提供する
プレゼンテーション層	データの表現方法を変換・統一する
セッション層	通信路の開設から終了までの手順を行う
トランスポート層	ネットワーク全体の通信を管理する
ネットワーク層	ネットワークの通信ルート選択やデータの中継を行う
データリンク層	接続された媒体間でデータを受け渡す
物理層	物理的な接続による信号の交換を行う

＊1 Open Systems Interconnection

OSI[＊1]では、通信を行うための論理的かつ理想的なモデル（OSIモデル）を決めています。すべての通信モデルがこのOSIモデルに従うわけではありませんが、私たちが日常的に利用する通信手段の多くはこのモデルに従っています。例えば、電話のネットワークでは次のように考えることができます。

固定電話網や携帯電話網	ハードウェア層
電話会社の内部の処理	データリンク層〜トランスポート層
電話をかける手順	セッション層
電話の中で話す内容	アプリケーション層

私たちは、電話をかけるときには、「もしもし、○○社さんでしょうか？　△△さんをお願いします。」と相手を呼び出しますが、これもセッション層やプレゼンテーション層の働きをします。この会話の中では、正確な通信相手を決め、日本語で話をすることが暗黙で決められています。

TCP/IP

＊2 Transmission Control Protocol/Internet Protocol

インターネットでは、さまざまな通信が行われていますが、この通信はTCP/IP[＊2]と呼ばれるプロトコル群で成り立っています。

図1-15 TCP/IPの通信モデル

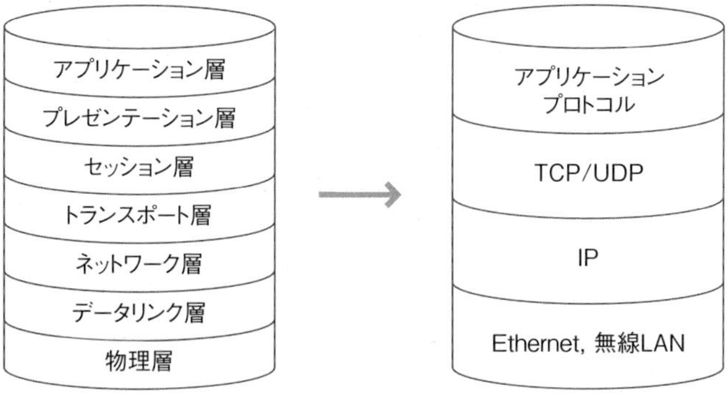

TCP/IPでは、各階層で次のようなプロトコルが働いています。

物理層、データリンク層

TCP/IPでは、この階層のことはあまり取り決められておらず、さまざまな物理ネットワークで利用することができます。一般的にはEthernetや無線LANなどの物理ネットワークが使われます。

ネットワーク層

特定の相手と通信を行う基本的な通信のレベルです。IP[*3]が担います。インターネットの語源となっているプロトコルです。

*3 Internet Protocol

トランスポート層、セッション層

正確に情報を伝えるための手続きであるTCP[*4]と、迅速に情報を伝えるための手続きであるUDP[*5]などが、トランスポート層とセッション層の役割を担います。

*4 Transmission Control Protocol

*5 User Datagram Protocol

アプリケーション層

TCP/IPには、利用用途に合わせて多種多様なアプリケーション層のプロトコルがあります。ここでは、そのうちの代表的なものを紹介しておきます。

HTTP

WWWサーバとクライアントの間のデータ通信方法を規定したプロトコルです。

SSH

リモートからサーバを管理するための暗号化された安全な通信を行うためのプロトコルです。

01
02
03
04
05
06
07
08
09
10
11
12
13
14
15
16
17
18
19

FTP

ファイルを転送する方法を規定したプロトコルです。

SMTP

コンピュータ間での電子メールの交換方法を規定したプロトコルです。

POP

メールサーバとクライアント間のデータ通信方法を規定したプロトコルです。

IMAP

POPと同様に、メールサーバとクライアント間のデータ通信方法を規定したプロトコルです。POPに比べて複雑な処理を行うことができ、サーバ上でメールフォルダの管理をするなどの機能が利用できます。

DNS

「http://www.designet.jp/」のようなURLから、IPで利用できる形式のアドレス（IPアドレス）を調べるためのプロトコルです。

IPアドレスとサブネット

TCP/IPでは、通信する機器を特定するために**IPアドレス**と呼ばれる番号を使います。TCP/IPで通信する機器には、個別に異なるIPアドレスをつける必要があります。

IPアドレスは、0～255までの数値を4つ組み合わせて表現します。数字と数字の間には「.」（ドット）を記載し、次の例のように表記します。

例 192.168.10.1

IPアドレスは、正式にはICANN[*6]を中心とした組織で管理されていて、この組織から割り当てを受けたアドレスを利用する必要があります。日本では、JPNIC（日本ネットワークインフォメーションセンター）が管理をしています。私たちが実際にIPアドレスを割り当ててもらうためには、インターネットへの接続サービスを提供してくれているISPが窓口となって、IPアドレスの割り当てを受けることができます。

＊6 The Internet Corporation for Assigned Names and Numbers

IPアドレスは、組織に対して必要なエリアで割り当てられます。例えば、筆者の会社では211.5.215.224～211.5.215.231までのエリアでIPアドレスを割り当てられています。実際のIPアドレスは、このエリアを示す**ネットワーク部**と**ホスト部**の2つの部分から成り立っています。筆者の会社の場合には、実際には次のような表記でIPアドレスが割り当てられています。

211.5.215.224/29

後ろに付いている「/29」は、このIPアドレスの中のネットワーク部が29ビットであることを示しています。

図1-16 ネットワーク部とホスト部

211.5.215.224	11010011.00000101.11010111.11100000	ネットワーク部	ホスト部
211.5.215.226	11010011.00000101.11010111.11100010	ネットワーク部	ホスト部
211.5.215.231	11010011.00000101.11010111.11100111	ネットワーク部	ホスト部
255.255.255.248	11111111.11111111.11111111.11111000	ネットワーク部	ホスト部

■ プレフィックス（ネットワークアドレス長）

このネットワーク部の長さを示す数値29を**プレフィックス**と呼び、211.5.215.224/29のように「/」をつけてIPアドレスと区別して表記します。プレフィックスは、ネットワークアドレスの長さを表すため、**ネットワークアドレス長**とも呼びます。

■ ネットマスク

ネットワークアドレスの大きさを示すために、ネットワーク部のすべてのビットが1で、ホスト部のビットがすべて0のアドレスという、**ネットマスク**と呼ばれる表記を使う場合があります。この例では、「255.255.255.248」がネットマスクになります。

■ ネットワークアドレス

この例の211.5.215.224のように、ホスト部がすべて0のIPアドレスを**ネットワークアドレス**と呼び、ネットワーク全体を指し示すために使います。

■ ブロードキャストアドレス

この例の211.5.215.231のように、ホスト部がすべて1のIPアドレスをブロードキャストアドレスと呼びます。**ブロードキャストアドレス**は、このネットワークのすべてのホストに通信する特殊な通信で使います。

グローバルアドレスとプライベートアドレス

IPアドレスのうち ICANNから正式に割り当てられたアドレスをグローバルアドレスと呼びます。IPアドレスは0 ~ 255の数値を4つ使って表記しますので、256の4乗 (4,294,967,295) 個のアドレスを表現することができます。しかし、インターネットにつながっているコンピュータのすべてがこのIPアドレスを使うとなると、この数では不足する可能性があります。そのため、インターネットに対して公開するサービス用のサーバなどではグローバルアドレスを使い、組織の中で利用するコンピュータにはプライベートアドレスと呼ばれるIPアドレスを使うようになりました。プライベートアドレスとしては、表1-3の領域の使用が許されています。

表1-3 プライベートアドレスの領域

プライベートアドレスの領域	プレフィックス	利用可能なホスト数
10.0.0.0 ~ 10.255.255.255	8	213,847,190
172.16.0.0 ~ 172.31.255.255	16	65,534
192.168.0.0 ~ 192.168.255.255	24	255

ポート番号

TCP/IPで通信を行う場合には、IPアドレスの他にポート番号と呼ばれる数値も使います。ポート番号は、1 ~ 65535の数値で、ホスト上の通信を管理するために使う数値です。

図1-17 通信に使用されるポート番号の例

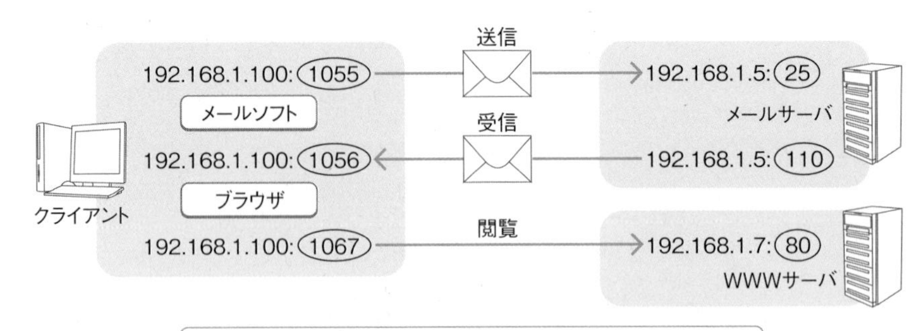

ポート番号は、IPアドレスと「：」で区切って表記します。この例では、次の3つの通信が行われています。

192.168.1.100:1055 ⟷ 192.168.1.5:25
192.168.1.100:1056 ⟷ 192.168.1.5:110
192.168.1.100:1067 ⟷ 192.168.1.7:80

このような1つ1つの通信のつながりをセッションと呼びます。例えば、図1-17のメールサーバとクライアント間では、メールの送信用と受信用の2つのセッションが作成されています。

また、メールサーバやWWWサーバで使われているポート番号は、Well-knownポート（よく知られたポート、の意）と呼ばれています。メール送信用サービスであればポート25、メール受信用サービスであればポート110、WWWサービスであればポート80というように、アプリケーションプロトコルの種類によって利用するポート番号が決まっています。WWWサーバのサービス用のポートはいつも80番ですから、WWWサーバのIPアドレスだけを知っていれば、ホームページを閲覧することができます。

一方で、クライアント側のポート番号はリザーブドポートとよばれ、1024番以降の任意の番号が使われます。この番号は、同時に同じ番号が使われないように管理されていて、セッションを作るたびに、新しい未使用の番号が使われます。

表1-4 代表的なWell-knownポート

ポート番号	用途
22	SSH
25	SMTP
53	DNS
80	WWW
110	POP3
143	IMAP

ルーティング

TCP/IPでは異なるネットワークに所属するホスト同士は、直接は通信することができません。

図1-18　直接通信できないホストの例

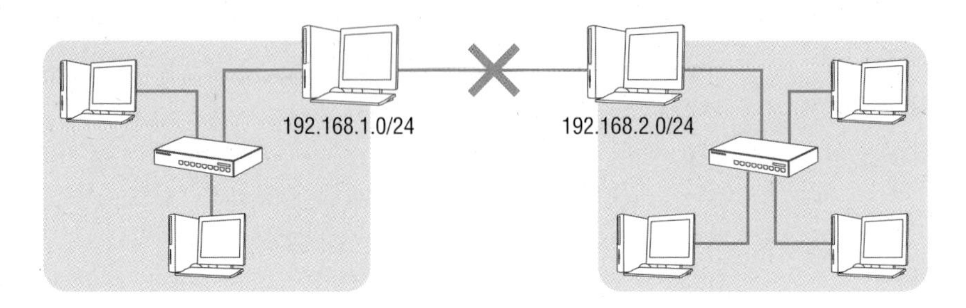

異なるネットワーク間での通信を行うためには、ネットワークとネットワークの間にルータと呼ばれる装置を配置し、通信を中継する必要があります。

図1-19　ルータを使った通信の例

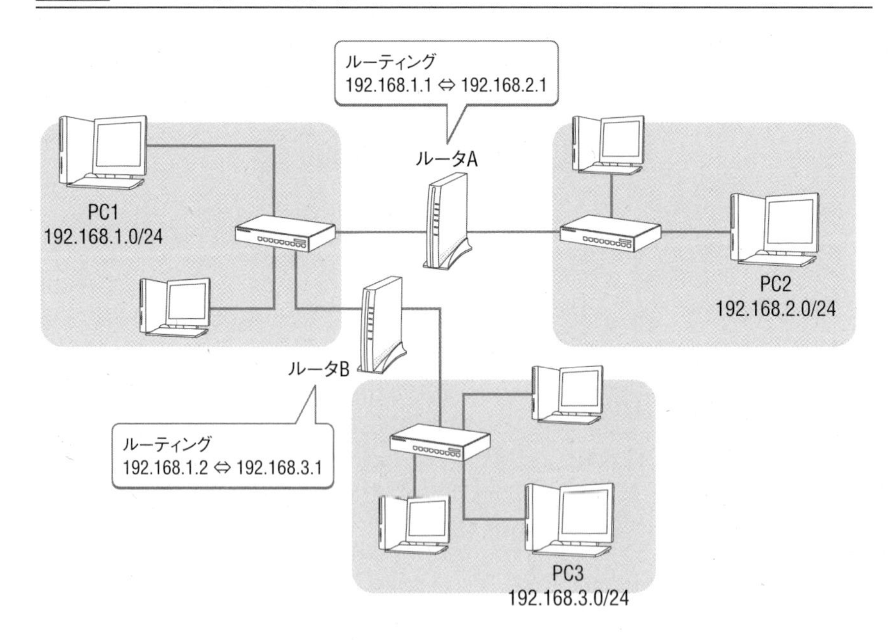

例えば、PC1とPC2が通信を行う場合には、必ずルータを経由する必要があります。このときにルータが行う中継処理を、**ルーティング**と呼びます。PC1はPC2へ通信するときはルータA、PC3へ通信するときはルータBを経由しなければなりません。そのため、PC1にはあらかじめ経路の情報を記録しておく必要があります。

表1-5 宛先ネットワークとルータ

宛先ネットワーク	ルータ
192.168.2.0/24	192.168.1.1
192.168.3.0/24	192.168.1.2

このような情報を**ルーティングテーブル**と呼びます。宛先ネットワークに応じて、このルーティングテーブルに経路を設定しておく必要があります。しかし、インターネット上にはさまざまなネットワークがあり、すべての経路情報を設定しておくことはとてもできません。そこで、宛先のネットワークが特に設定されていない場合には、すべて同じルータを経由して通信を行うという設定をすることができます。このようなルータを**デフォルトゲートウェイ**と呼びます。

図1-20 デフォルトゲートウェイ

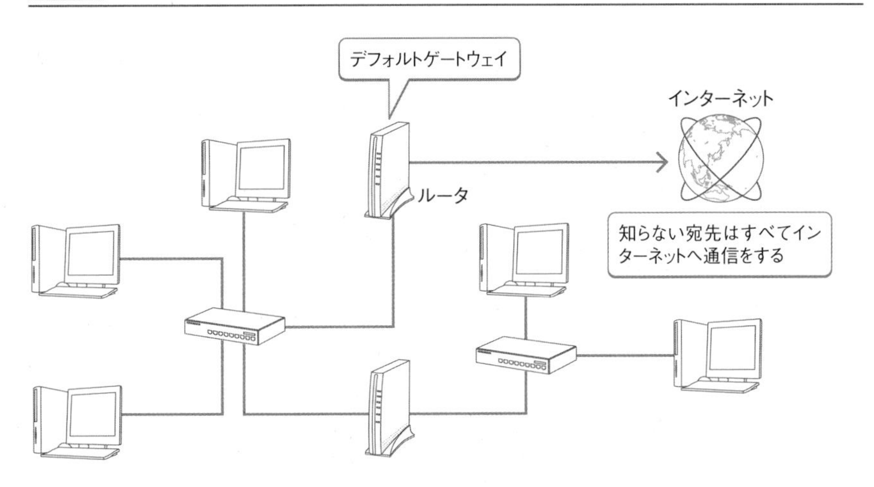

IPv6アドレス

インターネットで利用されているグローバルアドレスは、2011年中に枯渇したと言われています。世界中でインターネットが普及し、インターネットに接続する組織やサーバが増えたために、IPアドレスが足りなくなってしまったのです。そのため、より大きな数値を使ってアドレスを管理する必要が出てきました。

IPv6は、そのような大きな数値をアドレスとして使うことができる、次世代のプロトコルです。ここまで解説してきたIPは、正式にはInternet Protocol Version 4（通称**IPv4**）ですが、この次世代のプロトコルはIP Protocol Version 6（通称IPv6）と呼ばれています。

IPv6のアドレスの割り当てはすでに始まっていて、実際に利用することができます。さらに、2012年6月6日には、Google、Facebook、Yahoo!などの主要なネットサービス、AT&TやKDDIなどの通信事業者、シスコシステムズなどのネットワーク機器メーカーなどが正式にIPv6対応をスタートしました。これを、「IPv6ローンチ」と呼びます。IPv6ローンチ以降は、IPv6アドレスの利用が徐々に増えています。

アドレス表記

IPv6で利用するIPアドレスは、次の例の0000～FFFFまでの16進数の数値8個を「:」で区切って表記します。

例 fe80:0000:0000:0000:5e26:0aff:fe09:f7ae

これだと長いので、連続した0000は1つの「::」で置き換えます。また、「0aff」のような各16進数の先頭の0も省略して、「aff」のようにすることができます。こうして省略すると、次の例のようになります。

例 fe80::5e26:aff:fe09:f7ae

なお、IPv6でもIPアドレスとポート番号とを併せて表記する場合があります。このような場合には、単純にポート番号を「:80」のように付けて、次のようにすることができます。

例 fe80::5e26:aff:fe09:f7ae:80

しかし、これでは紛らわしいため、次のようにIPアドレスを[ ]で囲って表記する場合があります。

例 [fe80::5e26:aff:fe09:f7ae]:80

プレフィックス

IPv6アドレスでも、このアドレスはホスト部とネットワーク部とで分かれています。例えば、ネットワーク長が64ビットの場合には、次の例のように表記します。IPv6では、このネットワーク長をプレフィックスと呼びます。

例 fe80::5e26:aff:fe09:f7ae/64

スコープ

IPv6ではアドレスの領域に余裕があるため、すべてのホストにインターネット上で通信可能なアドレスを割り振ることができます。そのため、通常はグローバルユニキャストアドレスを使います。しかし、用途に合わせて、同時にリンクローカルユニキャストアドレス、ユニークローカルユニキャストアドレスというアドレスを独自に付けることもできるようになっています。このようなアドレスの範囲を、IPv6ではスコープと呼びます。

表1-6 アドレスと用途

用途	プレフィックス	アドレス数
予約領域	0000::/8 0100::/8 0200::/7 0400::/6 0800::/5 1000::/4 4000::/3 6000::/3 8000::/3 A000::/3 C000::/3 E000::/4 F000::/5 F800::/6 FE00::/9 FE80::/10 FEC0::/10	
グローバルユニキャストアドレス	2000::/3	4.3×10^{37}
ユニークローカルユニキャストアドレス	FC00::/7	2.7×10^{36}
リンクローカルユニキャストアドレス	FE80::/64	3.3×10^{35}
マルチキャストアドレス	FF00::/8	1.3×10^{36}

先ほどから例として使ってきたfe80::5e26:aff:fe09:f7aeは、リンクローカルユニキャストアドレスであることがわかります。

ユニークローカルユニキャストアドレスは、インターネットに接続されていないネットワーク内で自由に利用できるアドレスです。アドレスのうち40ビットは、グローバルIDと呼ばるエリアで、乱数で計算して算出する必要があります。乱数を使うことで、他の組織で使っているアドレスと重複しにくくなっています。ただし、乱数の計算方法が特殊ですので注意が必要です。

次のホームページ上で、このアドレスを計算することができます。

https://www.ultratools.com/tools/rangeGenerator

インターネットへの接続

Section

01-05 インターネットにつなぐ仕組みを知る

インターネットは、TCP/IPのプロトコル群を使って構成された巨大なネットワークです。LANをインターネットに接続すると、LANに接続しているすべてのコンピュータからインターネットが利用できるようになります。このセクションでは、LANをまるごとインターネットに接続する方法について解説します。

このセクションのポイント

1 インターネットへ接続するには、ISPと契約する必要がある。
2 回線の種類に応じた回線終端装置が必要である。
3 LANを接続するためには、ブロードバンドルータを使って接続する。
4 LANの中のコンピュータは、ブロードバンドルータをデフォルトゲートウェイとして利用する。
5 プライベートアドレスを使う場合には、アドレス変換を行う必要がある。
6 ドメイン名からIPアドレスを調べるために、DNSの利用方法を決定する必要がある。

接続方法

インターネットに接続するためには、まずインターネットへの接続サービスを提供するISP(インターネットサービスプロバイダ)と契約し、ISPとの接続に必要な通信回線を用意する必要があります。接続に利用できる回線は、光インターネット、無線などさまざまですが、その回線の種類に合わせて機器を用意する必要があります。

図1-21 インターネットへの接続方法

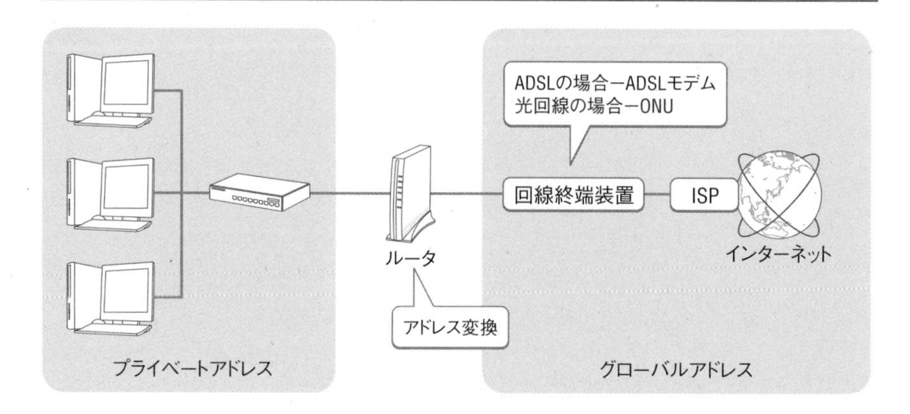

光回線との接続では、**回線終端装置**と呼ばれる機器が必要です。ONUと呼ばれる機器になりますが、回線事業者から専用の機器を貸与されるか、購入する場合がほとんどです。

インターネットは、組織内のLANとは異なるネットワークですので、インターネットへの通信を行うためにはルーティングを行うルータが必要になります。ルータは、回線終端装置とLANの間に設置します。各PCのデフォルトゲートウェイがルータのLAN側のIPアドレスとなるように設定を行います。

アドレス変換

インターネットでは、グローバルアドレスが使われています。IPv6のネットワーク等で、組織内のLANに参加するコンピュータすべてにグローバルアドレスを割り当てることができる場合を除き、通常は組織内ではプライベートアドレスを使います。

しかし、プライベートアドレスのままではインターネットと直接通信することができません。そのため、プライベートアドレスからグローバルアドレスへのアドレス変換を行う装置が必要になります。最近のブロードバンドルータには、このアドレス変換の機能が装備されていますので、その機能を有効にします。

ドメイン名とホスト名

インターネットでは、www.example.comのような名前でサービスが使われています。この名前は、言わばインターネット上の住所のような役割を持っています。例えば、www.example.comは、example.comという組織のwwwという名称のホストを示しています。この「example.com」の部分を、**ドメイン名**と呼びます。また、「example」は「com」ドメインの**サブドメイン**であるというように表現されます。

図1-22　ドメイン名とホスト名

この住所は、階層的に管理されています。

図1-23 ドメインの階層構造

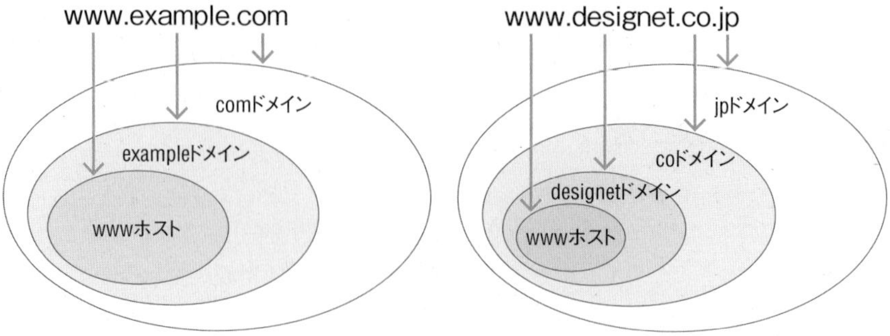

つまり、www.example.comという名称は、example.comという組織の中の、wwwというコンピュータの名称であるということです。普通、example.com組織の中ではwwwと言えば特定のコンピュータを指しますので、www.example.comという正式な名称を使わず、単純にwwwという省略名で呼ぶ場合があります。wwwもwww.example.comもどちらも**ホスト名**と呼ばれていますが、www.example.comのようにドメイン名まですべてを含む正式な名称を**FQDN**[*1]と呼びます。

*1 Fully Qualified Domain Name

名前解決の仕組み（DNS）

インターネットで実際にサービスを利用するためには、このホスト名からサービスを提供するサーバのIPアドレスを調べる必要があります。私たちがインターネットを利用するときには、あまり意識していませんが、こうした処理はWindowsやLinuxなどのサーバが自動的に行ってくれています。

図1-24 DNSの仕組み

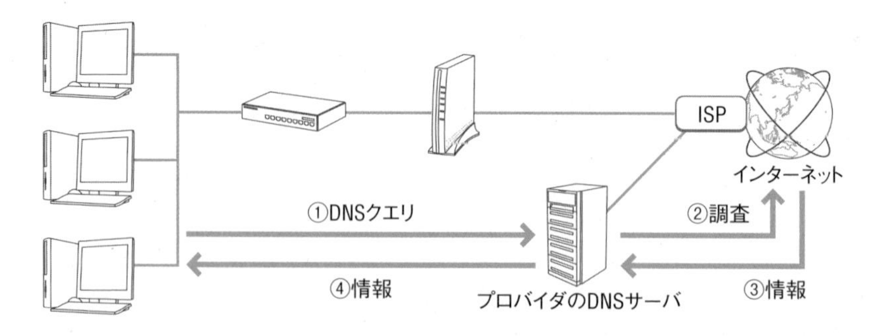

インターネットで、サービス名（ホスト名）からIPアドレスを調べるためのプロトコルは、**DNS**[*2]と呼ばれています。私たちが利用しているコンピュータが実際に名前

*2 Domain Name System

からIPアドレスを調べる場合には、DNSキャッシュサーバというサーバへ名前解決を依頼します。DNSで情報を問い合わせる処理を**DNSクエリ**と呼びます。

実際にインターネット上で名前解決をするためには、DNSの階層ごとに管理しているDNSコンテンツサーバがあるため、いくつかのサーバに問い合わせてアドレスを調査します。このように階層を遡って調査をするような問い合わせを**再帰クエリ**と呼びます。

一般的に、ISPは利用者が再帰クエリを行うためのサーバを公開していますので、このDNSキャッシュサーバを直接利用することができます。また、ブロードバンドルータの中には、自動的にプロバイダのDNSキャッシュサーバの情報を受け取り、代理で問い合わせを行う機能を持ったものもあります。

こうした仕組みをLANの中で利用すると、外部へのDNSクエリのための通信が増加します。そのため、LANの中にDNSクエリを処理するサーバを配置する場合もあります。

図1-25 DNSキャッシュサーバを組織内に設置する場合

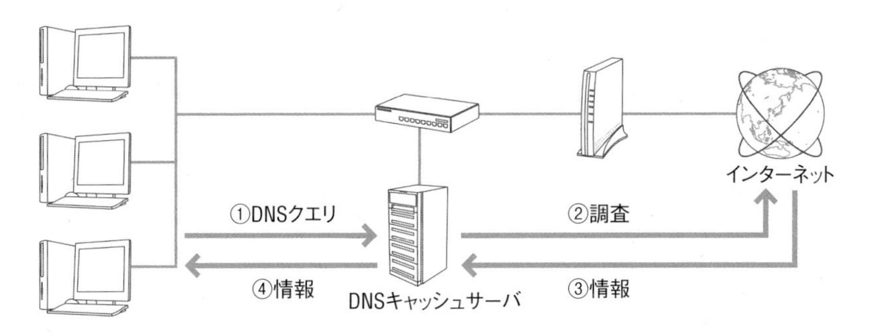

組織内のLANにDNSキャッシュサーバを設置すると、このサーバはISPのDNSキャッシュサーバに名前解決を依頼するのではなく、インターネット上のさまざまな情報をもとに自分でIPアドレスを調査するようになります。

つまり、実際にインターネットへつなぐ場合には、次のどの方法でDNSを利用するのかを考えておく必要があります。

①ISPのDNSキャッシュサーバを使う
②ブロードバンドルータの代理DNS機能を使う
③LAN内にDNSキャッシュサーバを設置し、それを使う

Section 01-06

Linuxについて知る

本書で扱うCentOS 8は、Linuxの一種です。このセクションでは、Linuxとは何かについて説明します。

このセクションのポイント

1. Linuxはオープンソースの基本ソフトウェアである。
2. Linuxディストリビューションは、カーネルとユーザランドをまとめて配布する。
3. Linuxディストリビューションは、用途や目的に合わせて選ぶ必要がある。

Linuxは基本ソフトウェアである

みなさんのPCの電源を入れると、どのようなソフトが動作するでしょうか？おそらく、最初に動作するのはWindowsだと思います。Windowsは、キーボード、マウス、モニタ、ハードディスク、メモリのようなハードウェアを制御し、アプリケーションソフトウェアを動作させるのに必要な基本的な機能を提供してくれます。このような機能のソフトウェアを、基本ソフトウェアと呼びます。Linuxは、この基本ソフトウェアの一種で、インターネットのサーバなどでよく使われています。最近では、スマートフォン用の基本ソフトウェアとしてAndroidが注目されていますが、AndroidもLinuxを基礎として開発されたものです。

オープンソースソフトウェア

Linuxは、Linus Torvalds氏が中心となって開発している基本ソフトウェアです。Linuxの最大の特徴は、オープンソースソフトウェアだということです。つまり、ソースコードと呼ばれる設計情報が全面的に公開されていて、しかも無料で配布されているのです。ソースコードが全面的に公開されているため、誰でも機能を修正したり付け加えたりすることができます。そのため、全世界でたくさんの技術者がさまざまな形でLinuxに関わっています。こうした技術者や利用者の団体をコミュニティと呼びます。

Linuxのコミュニティは、とても活発に活動していますので、非常に早く機能が追加され、ソースコード上に間違いなどがあっても迅速に修正が行われています。また、Linux上で動作するWebサーバ、メールサーバ、データベースなどのソフトウェアもオープンソースソフトウェアとして公開されていて、いろいろな用途で安くシステムを作ることができます。

Linuxの特徴

Linuxは、近年とても注目されている基本ソフトウェアです。注目を集めている理由の1つはオープンソースソフトウェアであり、無償で使うことができることです。しかし、その他にも次のような理由があります。

高品質

多くの人が参加した結果、不具合が迅速に修正され、Linuxはとても安定した品質の良いシステムになってきました。最近では、商用のUNIXやWindowsサーバなどと比べても安定性が高いと言われていて、24時間365日の連続稼働にも耐えられる基本ソフトウェアとして、厳しい環境の中でも利用されるようになってきています。

軽量な基本ソフトウェア

さまざまな人が開発に参加した結果、Linuxにはとてもたくさんの機能が組み込まれています。これらの機能は、利用者の必要に応じて選択して利用することができます。例えば、LinuxではWindowsのようなGUIの画面も利用することができますが、それが不要な場合には削除してしまうことすら可能です。このように、不要な機能を削除し、必要な機能だけを利用すれば、Linuxは非常に軽量な基本ソフトウェアでもあります。旧型の性能の低いコンピュータ上でも、十分に動作することができます。

幅広い用途

Linuxは、サーバとしてだけではなくさまざまな用途で使われています。例えば、スーパーコンピュータの世界でも、標準的な基本ソフトウェアはLinuxで、世界のスーパーコンピュータのランキングの上位500台のすべてがLinuxを採用しています。最近は、Androidのようなスマートフォン、カーナビのような組み込みデバイスでも頻繁に使われるようになってきました。

このように、最近ではPC以外のほとんどの分野でLinuxが利用されるようになってきています。

カーネルとユーザランド

Linuxは基本ソフトウェアであると説明しましたが、実際のLinuxは次の2つの部分で構成されています。

カーネル

ハードウェアを直接制御し、アプリケーションソフトウェアを動作させるのに必要な基本的な機能を提供します。

ユーザランド

コンピュータとしての基本的な機能を制御するソフトウェア群です。Linuxではカーネル以外が直接ハードウェアを制御することができません。そのため、ファイルの管理、プログラムの実行の管理、ネットワークの設定管理などは、カーネル外のユーティリティプログラムがカーネルとの橋渡しをする役割を果たします。これらのユーティリティプログラムを総称してユーザランドと呼びます。Linuxは、カーネルだけでなくユーザランドの部分まで、すべてオープンソースソフトウェアで構成されています。

Linuxディストリビューション

オープンソースソフトウェアであるLinuxの最大の特徴は、さまざまな選択肢の中から必要に応じて機能を選ぶことができることです。例えば、プログラムの実行を管理するシェルと呼ばれるユーザランドのプログラムだけでも、1種類ではなく何種類ものソフトウェアが公開されています。私たちは、こうしたソフトウェアの中から自分の好みに合うものを選んで使うことができます。

しかし、必要なソフトウェアを1つ1つ選ぶのはとても大変ですし、ソフトウェア同士の相性や技術的な難しさもあります。そのため、Linuxカーネルにさまざまなユーザランドのプログラムやアプリケーションを組み合わせたものが、**Linuxディストリビューション**としてまとめられています。

Linuxディストリビューションには、企業が提供する商用ディストリビューションと、企業とは関係なくコミュニティで管理されるディストリビューションがあります。日本国内でよく使われている主なディストリビューションには、次のようなものがあります。

RedHat Enterprise Linux

日本で一番よく使われている商用のLinuxディストリビューションです。RedHat社から提供されていて、パッケージのアップデート、Q&Aなどの有償サポートが付いています。

CentOS

RedHat Enterprise Linuxと同じ設計情報(ソースコード)を使って作られた無償のディストリビューションです。CentOSプロジェクトは、従来は完全なコミュニティーベースの開発でしたが、2013年からはRedHat社の支援もあり、半ば公式の無償ディストリビューションという位置付けになっています。インターネット上でパッケージのアップデートを受けることができますが、サポートはありません。ただし、日本国内では書籍が一番充実しています。サポートへの問い合わせが不要で、書籍などの情報で自分で管理できる人がよく使っているディストリビューションです。

Fedora

RedHat社が主宰するFedoraプロジェクトが提供しているディストリビューションです。年に1回から2回ほど新しいバージョンが出ます。RedHat社は、このプロジェクトでの成果をまとめて、数年に1度RedHat Enterprise Linuxをリリースしています。最新の技術を使いたい上級者向けのLinuxです。

Ubuntu

軽量なデスクトップで日本国内でも人気のあるLinuxディストリビューションです。最近になって、デスクトップ用途でもサーバ用途でも、日本国内でサポートが提供されるようになりました。

SuSE Linux Enterprise Server

RedHat Enterprise Linuxに次いで人気のあるSuSE Linuxの商用ディストリビューションです。特にヨーロッパでは、RedHat Enterprise Linuxよりも高いシェアを維持しています。RedHat Enterprise Linuxに比べ、やや先進的な機能を採用する傾向にあります。デスクトップ用途でもサーバ用途でも、日本国内でサポートが提供されています。

OpenSuSE

OpenSuSEプロジェクトが主宰するディストリビューションで、無償で利用することができます。SuSE Linux Enterprise ServerはOpenSuSEの成果をまとめてリリースされます。アップデートの頻度が高く、最新の技術をどんどん導入する傾向のある上級者向けのディストリビューションです。

Debian GNU/Linux

多くのフリーソフトウェアを扱うことで有名なGNUプロジェクトが作成しているディストリビューションで、無償で利用することができます。新しいソフトウェアを積極的に採用する傾向があります。Ubuntu、Rasbianなど、Debianを元に開発されているディストリビューションも多く、根強い人気があります。

CentOS 8

Section 01-07

CentOS 8について知る

CentOS 8は、無償のLinuxディストリビューションであり、日本国内で最も人気のあるRedHat社の商用ディストリビューションをベースに開発されたディストリビューションで、最先端の技術が使われています。このセクションでは、その一端をご紹介します。

このセクションのポイント

1. CentOS 8は、RedHat Enterprise Linux 8のソースコードから作られた最新のLinuxディストリビューションである。
2. CentOS 8では、Web画面からシステム管理を行えるようになった。
3. CentOS 8では、モジュラーパッケージが採用されている。

CentOS 8

本書で扱うCentOS 8は、RedHat Enterprise Linux 8と同じソースコードから作られたディストリビューションで、2019年9月にリリースされました。CentOS 8には、次のような特徴があります。

Webコンソール(Cockpit)

CentOS 8では、Webからシステム管理を行えるようにCockiptを採用しています。Cockpitを使うと、コマンドラインの知識がなくても、Webインタフェースからシステムを管理することができます。また、システムの負荷状況などをグラフで表示することができることから、システムの情報を視覚的に把握しやすくなります。Cockpitは、モバイルデバイスからも利用できるように設計されています。また、複数のLinuxを1つのダッシュボードで管理することができます。

インストーラの改良

インストーラで、システムの目的の情報を入力できるようになりました。また、ハードディスクの暗号化としてLUKS2ディスク暗号化フォーマットを指定できるようになりました。これまでより安全に情報を保管することができます。

モジュラーパッケージの採用

ソフトウェアのリポジトリがBaseOSとApplication Streamの2つに分れました。BaseOSは、OS機能のコアなソフトウェア提供するレポジトリです。一方、Application Streamは、ユーザランドのアプリケーションや開発言語、データベースなどを収録したリポジトリで、モジュールとしてソフトウェアが管理されるようになりました。また、Application Streamでは、同じソフトウェアでも複数のバージョンをサポートします。例えば、開発言語のpythonは、python 2.7とpython 3.2の2つのモジュールが提供されます。

ソフトウェアライフサイクルの変更

ディストリビューションのリリースのタイミングが明確になりました。また、ソフトウェアのライフサイクルの考え方が変更されました。これまでのCentOSでは、CentOSのサポート終了までソフトウェアのサポートが継続して行われました。例えば、CentOS 8では、2029年までの10年間がサポート期間となります。しかし、Application Streamに収録されているソフトウェアは、モジュールごとにサポート期限が設定されます。

ソフトウェアマネージャの改良

ソフトウェア管理マネージャのYUMが改良され、パフォーマンスが向上しました。特に、パッケージの依存関係の処理やメタデータの同期処理などのスピードが改善されています。Pythonに対する依存度が低くなり、メモリ消費量も低減しました。また、モジュール型のパッケージにも対応しています。

ウィンドウシステムの改善

デフォルトのディスプレイサーバとしてWaylandが採用されました。Waylandでは、従来のX.orgに比べて、より強力なセキュリティモデルを採用しています。また、マルチモニターの処理が改善されています。

セキュリティ機能の強化

長い間パケットフィルタリングの標準だったiptablesに替わり、nftablesが採用されました。また、暗号化ポリシーという機能が追加され、システムで利用可能な暗号アルゴリズムのセットをシステムポリシーとして選択することができるようになりました。そして、最新の暗号アルゴリズムであるTLS 1.3が採用され、DSA(Digital Signature Algorithm)が非推奨になりました。さらに、SSHバージョン1などの問題のある古い暗号通信方式が利用できなくなっています。

ハードウェア要件

従来は、インテル32ビットCPUのアーキテクチャi686をサポートしていましたが、CentOS 8は、インテル64ビットCPUのアーキテクチャであるx86_64のみのサポートとなりました。CentOS 8を利用できるハードウェア要件として決まっているのは、表1-7のとおりです。

表1-7 CentOS 8を利用できるハードウェア要件

CPUアーキテクチャ	Intel x86_64
最小メモリ	1.5GB
最大メモリ	24TB
最大CPU数	768コア/8192スレッド
ネットワーク	10M/100M/1G/10G Ethernet、Infiniband
最小ハードディスク容量	10GB
ディスプレイ	1024×768以上の解像度

最小ハードディスク容量は、CentOS 8の推奨値です。最小構成など、より少ないディスク容量で利用することができる構成を選ぶこともできます。実際にサーバとして利用するためには、より多くのディスク容量が必要になります。

なお、CentOS 8はネットワークからのインストールをサポートしていますが、本書ではUSBからのインストール方法について解説します。そのため、USBポートが付属したコンピュータを用意してください。

仮想環境での利用

最近は、コンピュータの中に仮想的なコンピュータを作って動作させる仮想化技術が普及してきています。Windowsでも、Hyper-V、VMWare、VirtualBoxなどの仮想化技術を利用することができます。Linuxを勉強する場合や、はじめてCentOSを使う場合には、こうした仮想化技術を利用して作成した仮想マシンを利用するのもよいでしょう。

なお、CentOSは、1024×768以上の解像度で動作することを前提としています。仮想環境上で動作させる場合には、この解像度に加えて、仮想化ソフトウェアを管理するためのメニューなどが表示されるため、1024×768よりも大きな解像度を持ったコンピュータを利用することをお勧めします。

構築の準備

実際にネットワークサーバを構築する前に、まずはネットワーク環境をきちんと準備しておくことが大切です。このChapterでは、本書の想定するネットワーク環境と、その作り方について解説します。

Contents

Section 02-01

インストールサーバ

サーバにする機器を用意する

実際にネットワークサーバを構築するためには、サーバをインストールするためのハードウェアが必要です。ただし、最近では、仮想化ソフトウェアを使って、Windows PCの中に擬似的にサーバを作り出すことも可能です。ここでは、インストールサーバの準備について説明します。

このセクションのポイント

1 PCを使ってサーバを構築する場合には、LANポートやUSBポートがある機器を用意する。
2 仮想サーバを使って構築する場合には、VirtualBoxなどの仮想化ソフトウェアをインストールする。

ネットワークサーバをどこに構築するのか

一口にネットワークサーバを構築するといっても、サーバの構築先の環境には、最近では様々な選択肢があります。

デスクトップPCやノートPC

CentOSは、特別なハードウェアでなくてもインストールすることができます。そのため、普通に家電量販店やネット通販などで入手することができるデスクトップPCやノートPCにもインストールすることができます。また、CentOSは、古いPCでも十分に動作します。そのため、学習用や実験用などの用途でネットワークサーバを構築するのであれば、デスクトップPCやノートPCでも問題ありません。

ただし、ネットワークサーバですので、LANポートがあるものを選択してください。また、本書ではインストール用にUSBメモリを使いますので、USBポートも必要になります。

なお、通常のPCにはWindowsがインストールされていますが、CentOSをインストールする時にはWindowsを消してインストールすることになりますので、注意が必要です。

専用のサーバ用PC

本格的なネットワークサーバを構築するのであれば、ネットワークサーバ用に設計されたサーバハードウェアを利用することをお勧めします。デスクトップPCやノートPCに比べて、たくさんのCPUを搭載できたり、多くのメモリやディスクを搭載することができます。また、連続稼働が前提で設計されているため、長い期間でも安定して動作することが期待できます。

メモ

専用サーバの場合でも、LANポートとUSBポートが必要になります。

仮想化ソフトウェアで作った仮想マシン

学習用や実験用にインターネットサーバを構築する場合には、普段使っているWindows環境を壊すことなくLinuxを使いたい場合があります。そのような場合には、Windows上に仮想化ソフトウェアをインストールし、仮想マシンを作成します。

仮想マシンとはいっても、実際にLinuxを動かすためにはメモリもディスクも必要になります。十分なメモリがあり、ディスク容量に余裕のあるPCを選んでください。

Section 02-05では、仮想化ソフトウェアとしてVirtualBoxを紹介します。

仮想化ソフトウェアには他にも様々な選択肢があります。また、最近ではたくさんの仮想マシンを作成できる仮想基盤を用意している組織もあるでしょう。仮想マシンの作成方法の手順などは異なりますが、基本的な考え方は同じですので、次のセクションを参考に仮想マシンを作成してください。

クラウド上の仮想マシン

最近では、比較的簡単にクラウド上の仮想マシンを借りることができます。自分で仮想マシンを用意しなくても、こうしたクラウド上のサービスを利用しても構いません。ただし、その場合には、本書で紹介しているCentOS 8が利用できることを確認してください。CentOSをインストール済みの場合もありますので、その場合にはChapter 3をスキップして、Chapter 4以降を読み進めて下さい。

ネットワークへの接続

Section 02-02

ネットワークにつないでみる

ネットワークサーバは単体では動作しません。実際には、ネットワークに接続し、そのサーバ上で動作しているサービスを利用するクライアントがあって初めて動作します。そのため、まずはネットワークの準備を行っておきましょう。

このセクションのポイント

1 新しくLANを作る場合には、ネットワークで利用するIPアドレス、ネットマスクなどを決めておく。
2 既存のLANがある場合には、LANの構成をきちんと確認しておく。

新しくLANを作る

新しくLANを作りLinuxサーバを接続する場合には、図2-1のような機材を使って接続します。

図2-1 LAN構築のモデル図

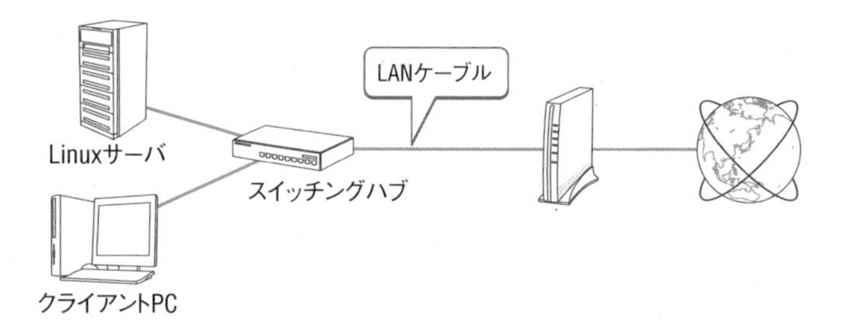

スイッチングハブ

ネットワークを構成するスイッチングハブが必要です。100Mbps、1000Mbpsなどの通信速度の製品がありますので、用途に合わせて適切な製品を用意してください。

LANケーブル

スイッチングハブの通信速度に合ったケーブルを用意する必要があります。通信速度とケーブルの対応については、表1-1を参照してください。

Linuxサーバ

これから作成するLinuxサーバ用の機器です。ネットワークインタフェースを1つ以上備えたPCを用意します。

クライアントPC

設定したLinuxサーバの動作確認に使用するクライアントPCです。ネットワークインタフェースを1つ以上備えたPCを用意します。

新しくLANを作った場合には、そのLANでどのようなIPアドレスを使うのかも決めておく必要があります。表1-3を参考に、利用するプライベートアドレスを決めておいてください。なお、本書では次のようなネットワークを利用します。

ネットワーク　192.168.2.0/24

既存のLANにつなぐ

図2-2　既存ネットワークへの接続

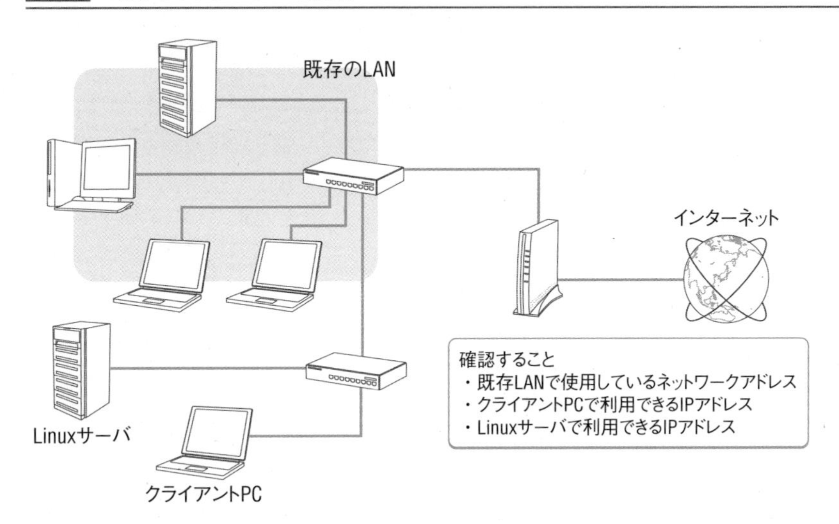

既存のLANに接続する場合には、既存のスイッチングハブにそのままクライアントPCやLinuxサーバを接続することもできます。ただし、これからの動作確認のために、図2-2のように別のスイッチングハブを用意して、スイッチングハブを既存のLANに接続することをお勧めします。こうしておくと、何かトラブルがあった場合に、LANケーブルを外すだけで既存のLANへの影響を最小限にすることができます。

既存のLANにつなぐ場合には、次のことを確認しておく必要があります。

- 既存のLANで利用しているネットワークアドレス
- クライアントPCで利用できるIPアドレス
- Linuxサーバで利用できるIPアドレス

接続を確認する

クライアントPCやLinuxをLANに接続したら、接続が確実に行えていることをきちんと確認しておきましょう。接続が正しく行えているかは、ハブやPCのリンクランプが正常に点灯しているかで確認します。

図2-3　PCのLANコネクタとリンクランプ

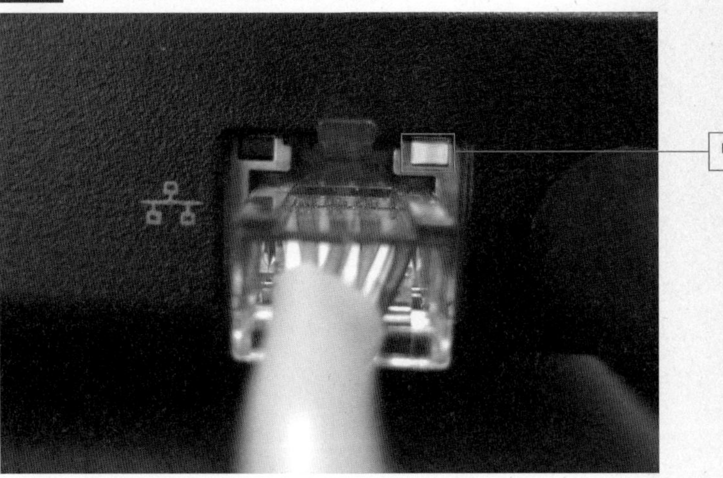

図2-3は、PCのLANコネクタです。コネクタの右上と左上にランプがあります。この写真では、右側のオレンジ色(写真では白色)をしているのがリンクランプです。機種によって場所や形状に若干違いがありますが、通常はリンクランプとデータランプの2つのランプがあります。データランプは、データを送受信すると点滅します。それに対して、リンクランプはPCとネットワークが正しく接続されている場合には常時点灯します。

リンクランプは、クライアントPCのようにあらかじめOSがインストールされている場合には、OSが完全に起動してから確認します。また、OSがインストールされていないPCの場合には、OSが起動する前の状態でも確認することができます。OSが起動した後は、OSが正しくLANインタフェースを認識するまでは、点灯しないことがあります。

Section 02-03

インターネットサーバの公開準備を行う

インターネットにサーバを公開するためには、LANをインターネットにつなぎ、適切な設定を行う必要があります。このセクションでは、サーバを公開するために必要な準備について解説します。

このセクションのポイント

1 インターネットへ接続するためにはルータが必要である。
2 サーバを公開する場合には、グローバルアドレスとドメイン名を取得する。
3 公開するサーバはLANに直接つなぐのではなく、ルータの機能でDMZを用意し、そこへ接続する。

インターネットにつなぐ

インターネットはとても大きなネットワークの集合体です。別のネットワークへつなぐ場合には、ルータが必要です。図2-4は、その最小のネットワーク構成です。

図2-4 ネットワークの構成

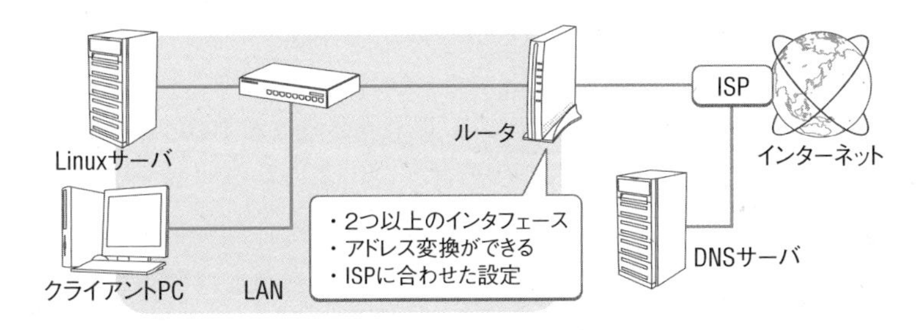

実際にネットワークを構成する場合には、次のような点に注意する必要があります。

- ルータには、インターネット側に接続するネットワークインタフェースと、LANへ接続するネットワークインタフェースの最低でも2つのインタフェースが必要です。
- ルータでは、アドレス変換機能を有効にする必要があります。
- ルータの設定は、ISPとの契約形態によって異なります。そのため、ISPの指示に従って適切な設定を行う必要があります。
- ルータのLAN側のインタフェースには、LANで利用可能なIPアドレスを設定する必要があります。
- ルータのLAN側のIPアドレスが、LinuxサーバやクライアントPCのデフォルトゲートウェイとして利用されます（本書では、192.168.2.1として解説します）。

・利用するDNSキャッシュサーバを決める必要があります。自分でDNSキャッシュサーバを作る、ISPのDNSキャッシュサーバを利用する、ルータの代理DNS機能を利用するなどの方法があります。

グローバルアドレスを取得する

インターネットにサーバを公開するためには、グローバルアドレスを利用するのが一般的です。できれば、グローバルアドレスを用意しましょう。

どこから割り当ててもらうのか

グローバルアドレスは、インターネット接続に利用しているISPを通じて申請を行い取得します。ISPのサービスメニューによっては、接続のたびに異なるIPアドレスが割り当てられる動的アドレス割り当てになっていたり、グローバルアドレスを使えない契約になっていたり、利用できるIPアドレスの数が限られる場合があります。

ただし、動的アドレス割り当てしか受けられない場合でも、諦める必要はありません。その場合の対処方法については、次のセクションで解説します。

グローバルアドレスの数

割り当てを受けることができるグローバルアドレスの数には、限りがあります。利用用途に応じて申請をして、割り当てを依頼することになります。将来も含めて本当に必要なアドレスの数を考えて申請を行ってください。実際のアドレスの割り当ては、ネットワーク単位になります。そのため、ネットワーク長で表記できる4個(/30)、8個(/29)、16個(/28)のような単位で割り当てられます。さらに、このうちのネットワークアドレス、ブロードキャストアドレスで2つのアドレスは利用することはできませんので注意してください。

メモ

2011年秋ころにはIPv4のグローバルアドレスが使い尽くされてしまい、現在は新たな割り当てを受けることが難しくなってきています。現時点では、IPv4アドレスの利用が一般的ですが、今後は、IPv6アドレスの割り当てを受けることになります。

独自ドメインを取得する

グローバルアドレスの割り当てを受けたら、次にドメイン名を取得する必要があります。実際には、IPアドレスだけを使ってサービスをすることはできないわけではありません。しかし、IPアドレスのような番号を覚えるのは難しいですから、「www.example.com」のような名前で使えるようにした方が、ずっとわかりやすくて便利です。

例えば、example.comというドメイン名の割り当てを受けると、ドメインに所属するホストの分だけ、必要に応じてアドレスを作ることができます。「www.example.com」、「mail.example.com」のように、そのドメインの中で自由に名前をつけていくことができます。また、「www.sales.example.com」のように、サブドメインを作って、そこに別の名前をつけていくことも自由に行えます。

実際のドメイン名の取得には、いくつかの方法がありますが、主なものは次のような方法です。

レジストラに依頼をする

インターネットのドメイン名全体を管理しているICANNからドメインの登録・管理サービスを委託された**レジストラ**と呼ばれる組織があります。各レジストラは、インターネット上でドメイン名の割り当て申請を受け付けています。クレジットカード等を利用して、すぐにドメイン名を割り当ててくれるレジストラもあります。

ISPに依頼をする

IPアドレスの割り当てと同様に、ISPにドメインの登録代行を依頼をすることができます。

実際には、ドメイン名を取得したら、そのドメイン名を管理するためのDNSコンテンツサーバを作る必要があります。ISPなどの外部の組織に依頼することも可能ですが、本書ではDNSコンテンツサーバの作り方をChapter 13で説明していますので、参考にしてください。

DMZをつくる

ここまでの解説では、LANではプライベートアドレスを使うと説明してきましたが、インターネットに公開するサーバではグローバルアドレスを利用する必要があります。そのため、単純にLANに接続してしまうのではなく、**DMZ**[*1]と呼ばれるグローバルアドレスのLANを別に作る必要があります。図2-5は、DMZを作ったネットワークの典型的な構成例です。

＊1 DeMilitarized Zone

図2-5 DMZを使ったネットワーク構成

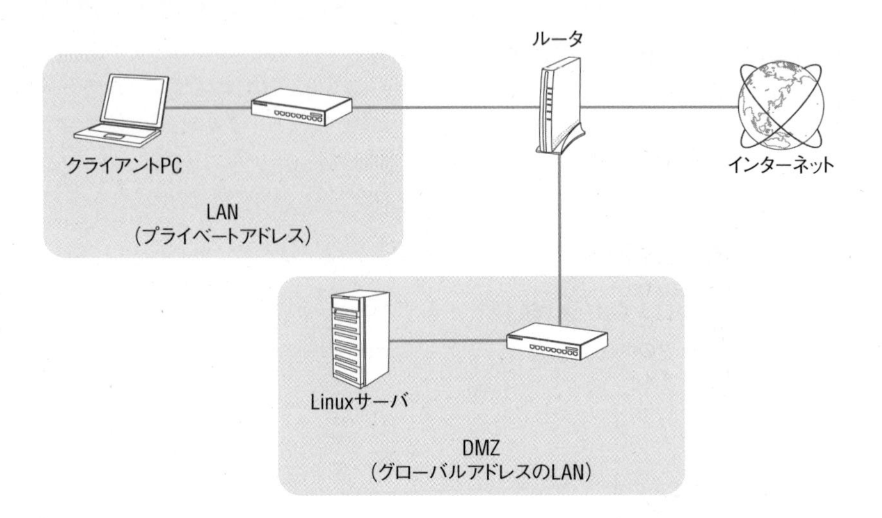

図2-5のように、ルータにはインターネットをつなぐインタフェース、LANにつなぐインタフェースの他に、DMZをつなぐ別のインタフェースが必要になります。ルータを選ぶときには、こうした構成をサポートしているかをきちんと確認しておく必要があります。

また、この構成では少なくとも、ルータとLinuxサーバのための2つのグローバルアドレスが必要になります。そして、Linuxサーバのデフォルトゲートウェイには、ルータに付けたグローバルアドレスを指定することになります。

インターネットサーバの公開②

Section 02-04

動的アドレス割り当てでサーバを公開する

インターネットにサーバを公開する場合には、グローバルアドレスとドメイン名を取得するのが一般的です。しかし、ISPとの契約などの制約で、サービス用のグローバルアドレスの割り当てを受けられない場合があります。このセクションでは、そのような場合にサービスを公開する方法を解説します。

このセクションのポイント

1. ISPから固定のグローバルアドレスの割り当てが受けられない場合でも、ルータにグローバルアドレスが割り当てられていればサービスを公開できる。
2. ブロードバンドルータのポートフォワーディングという機能と、DDNSという機能を利用する。
3. DDNSでは、独自のドメイン名を使うことはできないが、ホスト名は選択することができる。

ネットワークの構成

ISPからグローバルアドレスの割り当てを受けることができない場合でも、ISPからルータにグローバルアドレスが割り当てられる場合には、インターネットにサービスを公開することができます。この場合には、図2-6のようにルータのLAN側のインタフェースには、プライベートアドレスを付けることになります。

図2-6　ルータにグローバルアドレスを割り当てる場合

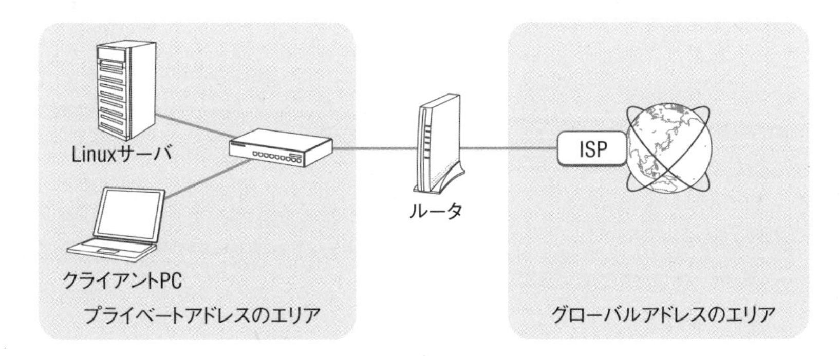

注意

まれに、ISPからプライベートアドレスが割り当てられる場合があります。この場合には、インターネットへサービスを提供することはできません。

01
02
03
04
05
06
07
08
09
10
11
12
13
14
15
16
17
18
19

ポートフォワーディング

ISPからルータへグローバルアドレスが割り振られる場合には、ルータの該当のTCPポートに着信した通信を、LAN内のLinuxサーバへ転送することでインターネットへサービスを公開することができます。

図2-7 ポートフォワーディング

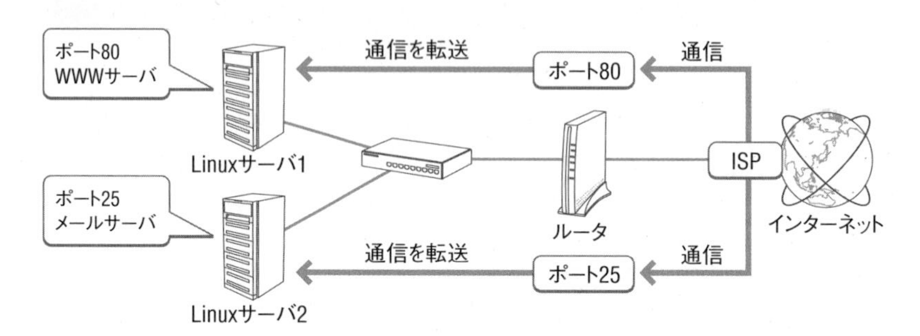

図2-7は、WWWサーバとメールサーバを公開する場合の通信の例です。例えば、インターネットからのWWWサーバへの通信は、ルータのグローバルアドレスの80番ポートに対して送られてきます。ルータは、80番ポートへの通信を着信すると、Linuxサーバ1の80番ポートへ転送します。同様に、メールの通信は、ルータの25番ポートへ送られてきますが、これはLinuxサーバ2の25番ポートへ転送します。

このように、サービスの特定のポートに届いた通信を別のサーバへ転送する処理をポートフォワーディングと呼びます。LAN内の通信はプライベートアドレスになるため、ポートフォワーディングの機能はアドレス変換の機能と同時に動作する必要があります。

最近のブロードバンドルータの多くが、こうしたポートフォワーディングの機能を持っています。この機能を利用すればISPから特別なIPアドレスを割り当ててもらえないような構成の場合でも、インターネットへサービスを公開することができるのです。

DDNSサービス

ISPからルータへグローバルアドレスが割り振られる場合には、割り当てられるIPアドレスは、接続のたびに変わってしまいます。このようなアドレスの割り当て方を動的アドレス割り当てと呼びます。

ときどきIPアドレスが変更になってしまうと、WWWサーバやメールサーバへ通信をするために、まずIPアドレスを調べなければ通信することができません。通信をするたびに、IPアドレスを調べなければならないのは、非常に不便です。そこで、インターネット上では、**DDNS**[*1]と呼ばれるサービスが提供されています。

*1 Dynamic DNS

図2-8 DDNSを利用する場合のネットワーク構成

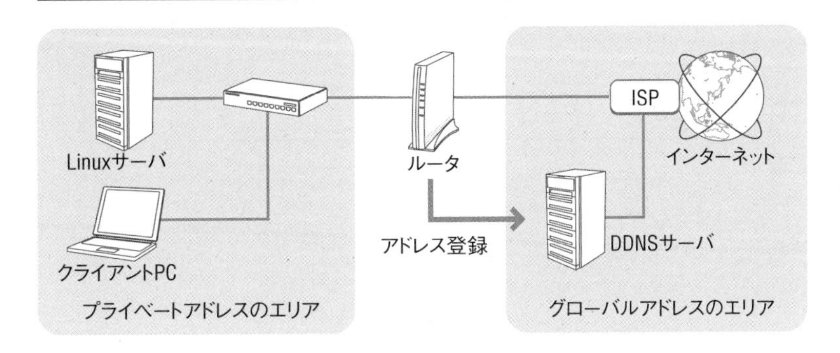

DDNSをサポートしたルータは、ISPとの接続が確立すると、割り当てられたIPアドレスをインターネット上のDDNSサーバに自動的に登録してくれます。残念ながら、ドメイン名に独自のドメイン名を使うことはできませんが、ホスト名は他の人と重複しないものであれば、自由に名づけることができます。

Section
02-05 インストールメディア インストール環境を用意する

CentOS 8のインストールメディアは、公式サイトからISO形式で配布されています。そのため、CentOS 8をインストールするためには、インストーラをダウンロードして、インストールメディアを用意する必要があります。インストールに先立って、インストールメディアを用意しておきましょう。また、仮想マシンを使う場合には、仮想化ソフトウェアをインストールしておきましょう。

このセクションのポイント

1 CentOSの公式サイトからインストールメディアをダウンロードする。
2 仮想マシンにインストールする場合には、インストールメディアのイメージをそのまま利用できる。
3 PCにインストールする場合には、インストールメディアをDVDまたはUSBメモリに書き込む必要がある。

CentOS 8の入手

CentOSは、次の公式サイトから入手することができます。

https://www.centos.org/

公式サイトにアクセスすると、図2-9のようなページが表示されます。

図2-9 CentOS公式ページ

[Get CentOS Now] をクリックします。すると、「Download CentOS」のページが表示されます。

図2-10 CentOSダウンロードページ

[CentOS Linux DVD ISO]をクリックすると、図2-11のようにダウンロードが可能なサイトの一覧が表示されます。

図2-11 ダウンロードサイトの選択

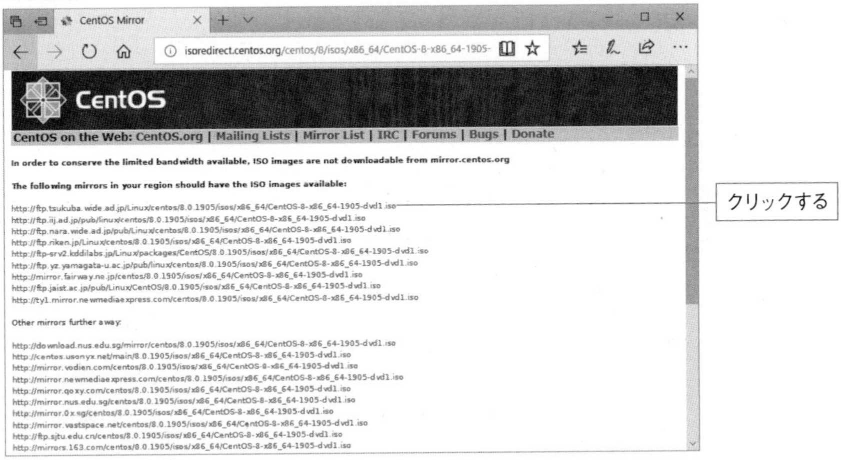

このリストから、1つを選んでクリックします。クリックすると、ダウンロードが開始されます。「CentOS Stream DVD ISO」は、CentOS 8をインストールするPCが直接インターネットに接続できない場合だけに必要です。もし、そのような環境で利用する場合には、同様の手順でCentOS Stream DVD ISOもダウンロードします。

仮想マシンを利用する場合には、このISOイメージをそのまま利用することができます。次の「仮想マシンの作成」の説明に従って、仮想マシンを作成し、ISOイメージを指定します。通常のPCにインストールする場合には、Fedora Media Writerをダウンロードし、インストール用のUSBメモリを作成します。

仮想マシンの作成

仮想マシンを利用する場合には、仮想化ソフトウェアが必要です。本書では、VirtualBoxを例にとって解説します。

VirtualBoxのダウンロード

VirtualBoxは、次のサイトからダウンロードできます。

https://www.virtualbox.org/

サイトにアクセスすると、図2-12のようなページが表示されます。

図2-12 VirtualBoxの公式サイト

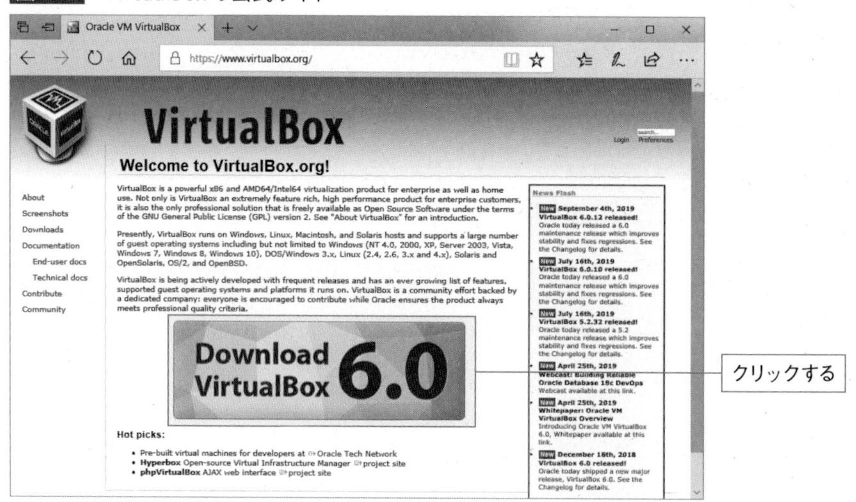

［Download VirtualBox 6.0］の部分をクリックします。すると、図2-13のようなページが表示されます。

図2-13 VirtualBoxのダウンロードページ

[Windows hosts]のリンクをクリックすると、ダウンロードが開始され、行う操作を問い合わせるダイアログが表示されます。ここで[実行]をクリックします。しばらくしてダウンロードが完了すると、VirtualBoxのインストーラが起動されます。

VirtualBoxのインストール

VirtualBoxのインストーラを起動すると、図2-14のようなインストールウィザードが始まります。

図2-14 VirtualBoxのインストールウィザード

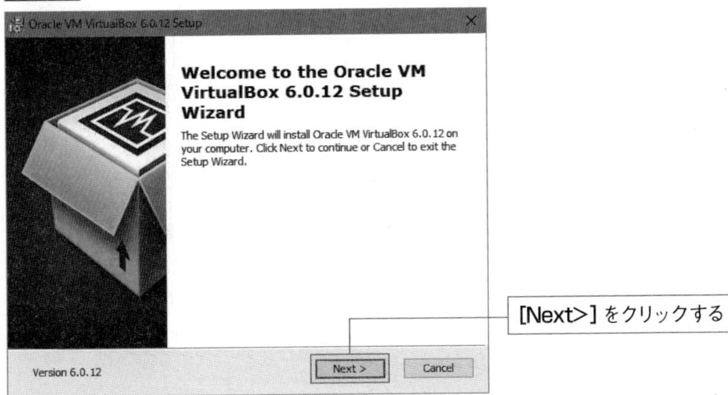

[Next>]をクリックして、インストールを開始します。すると、図2-15のような画面が表示されます。

図2-15 VirtualBoxの機能選択

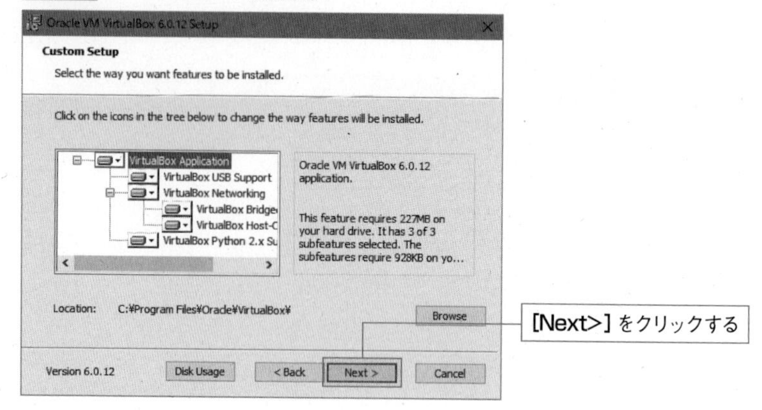

この画面では、インストールする機能を選択することができます。特別な設定は必要ありませんので、[Next>] をクリックして手順を進めます。

図2-16 VirtualBoxのインストールオプション設定画面

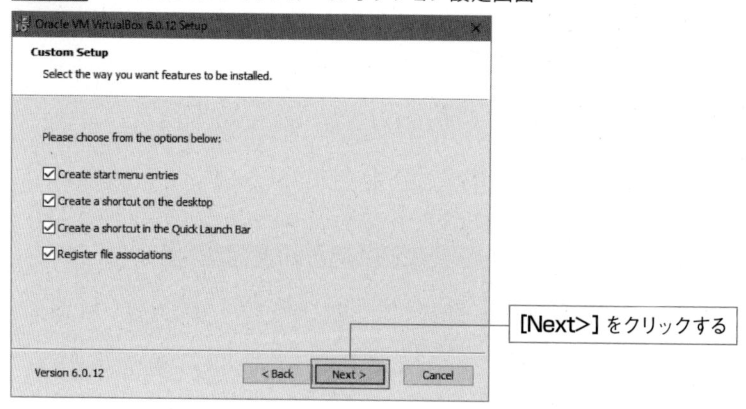

この画面では、インストールオプションを選択します。スタートメニューへの登録やクイックラウンチバーへの登録などを選択することができます。好みに応じてチェックを外し [Next>] をクリックします。すると、図2-17のような警告画面が表示されます。

図2-17　VirtualBoxの警告画面

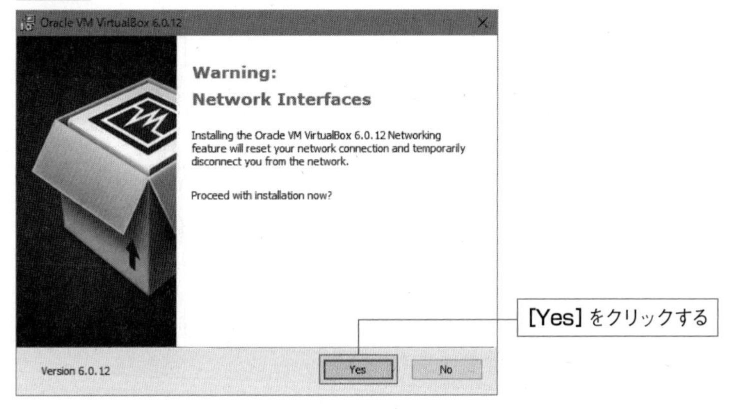

VirtualBoxをインストールすると、ネットワーク設定がリセットされ、接続が一時的に切断される可能性があるという警告です。他のソフトウェアをダウンロードしていたり、ネットワーク越しにファイルをコピーしている場合等、ネットワークを利用しているときには作業が完了するのを待ちます。ネットワークをリセットしてよい条件になったら、[Yes] をクリックします。インストールの準備が整うと、図2-18のような画面が表示されます。

図2-18　VirtualBoxのインストール準備完了

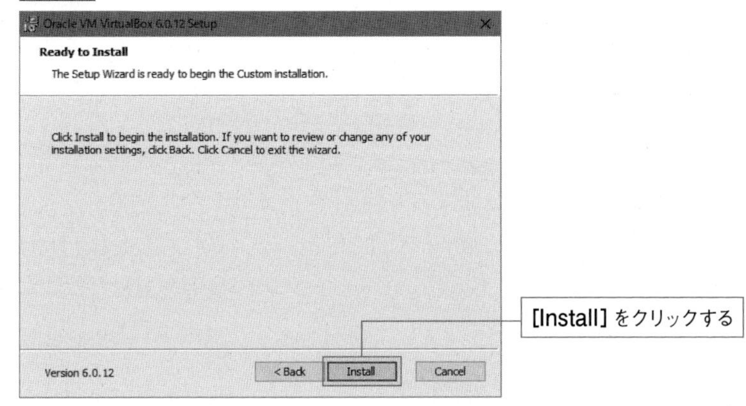

ここで [Install] をクリックするとインストールが始まります。しばらくして、インストールの途中で、図2-19のような画面が表示されます。

図2-19 VirtualBoxのデバイスインストールの確認

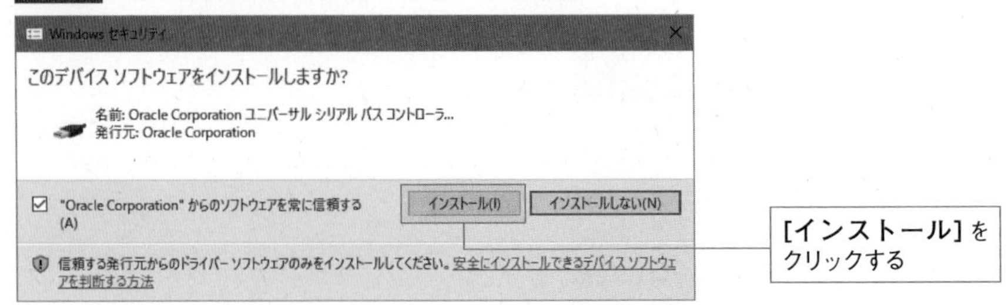

これは、VirtualBoxのインストーラがドライバをインストールしようとしていることに対するメッセージです。[YES]をクリックして、インストールを続けます。インストールが終わると、図2-20のような画面が表示されます。

図2-20 VirtualBoxのインストールの完了

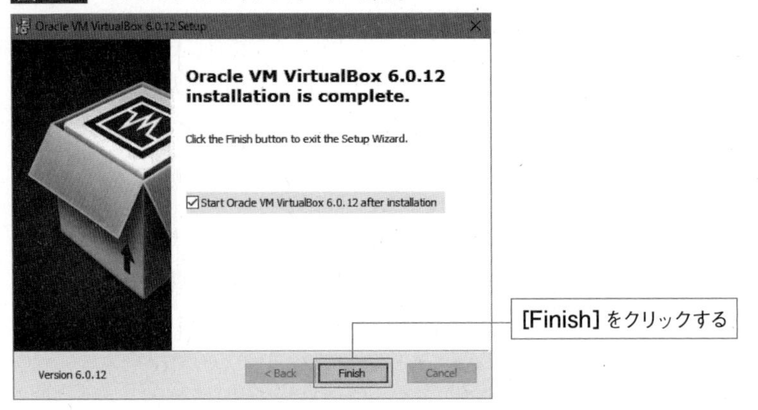

[Finish]をクリックすれば、インストールは完了です。[Start Oracle VM VirtualBox 6.0.12 after installaiton]にチェックしていた場合にはVirtualBoxマネージャが起動します。チェックしていなかった場合には、スタートメニューから起動して下さい。

仮想マシンの作成

VirutalBoxマネージャーを起動すると、図2-21のような画面が表示されます。

図2-21 VirtualBoxマネージャーの起動画面

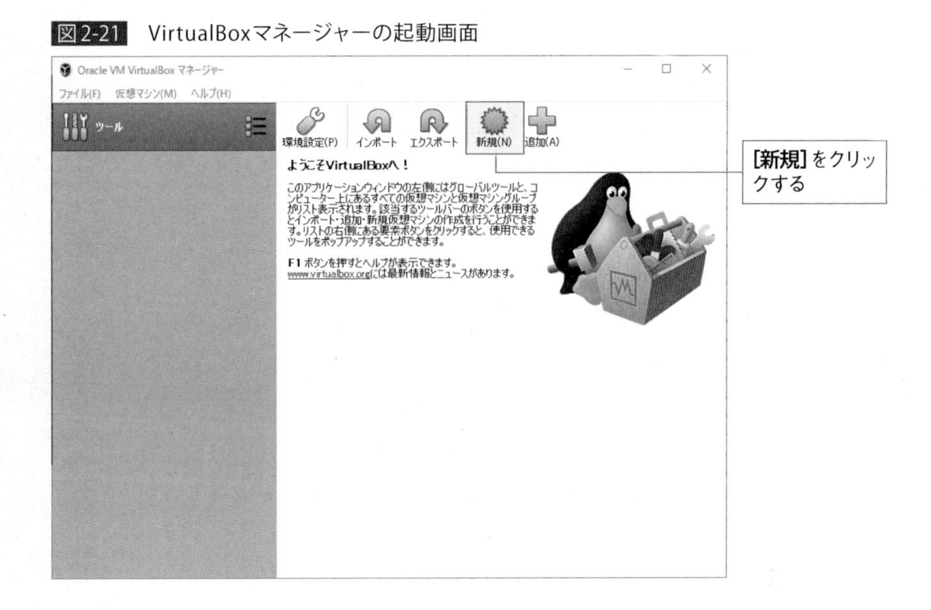

この画面で「新規」をクリックすると、仮想マシンを作成することができます。クリックすると、ウィザードが起動され、図2-22のような画面が表示されます。

図2-22 仮想マシンの作成

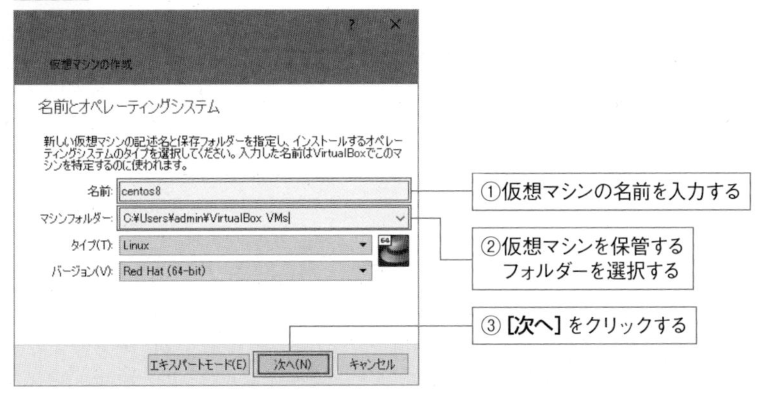

[名前] の欄に、作成する仮想マシンの名称を設定します。マシンフォルダーは、仮想マシンのイメージを保管するフォルダーです。特に問題がなければ、デフォルトで構いません。タイプとバージョンには、標準で「Linux」、「Red Hat(64bit)」が設定されていますので、変更する必要はありません。設定ができたら、**[次へ(N)]** をクリックします。

次に、図2-23のような仮想マシンのメモリサイズの設定画面が表示されます。

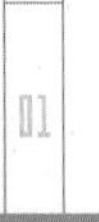

図2-23　仮想マシンの作成（メモリサイズ）

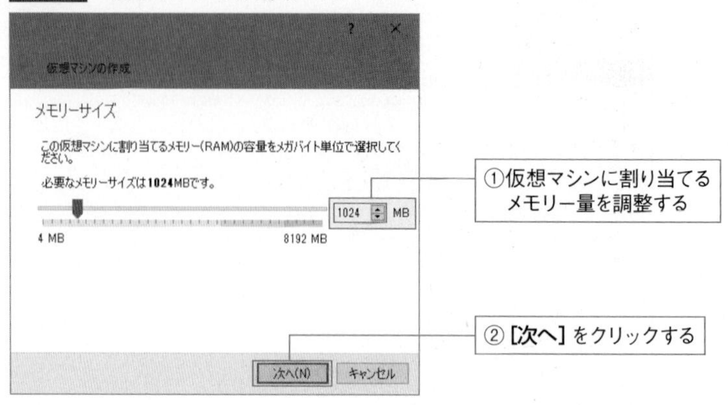

CentOS 8の最小メモリは1.5Gbyteですので、それ以上の値を設定します。設定したら、**［次へ(N)］**をクリックします。

次に、図2-24のような仮想マシンのハードディスクの設定画面が表示されます。

図2-24　仮想マシンの作成（ハードディスク）

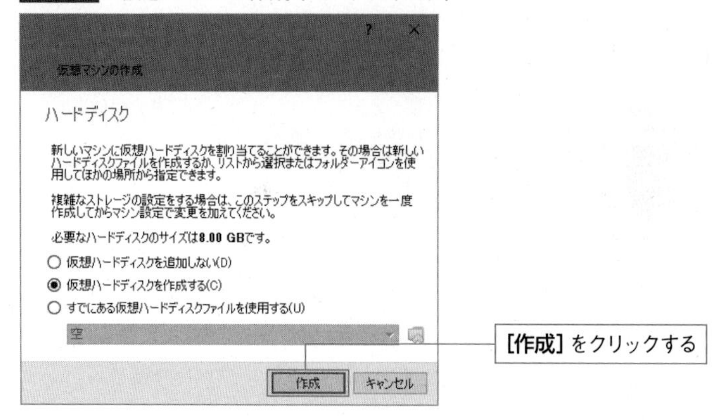

デフォルトで**［仮想ハードディスクを作成する］**がチェックされています。このまま変更する必要はありません。**［作成］**をクリックします。図2-25のように仮想ハードディスクの作成のための設定画面が表示されます。

図2-25 仮想ハードディスクの作成（ファイルタイプ）

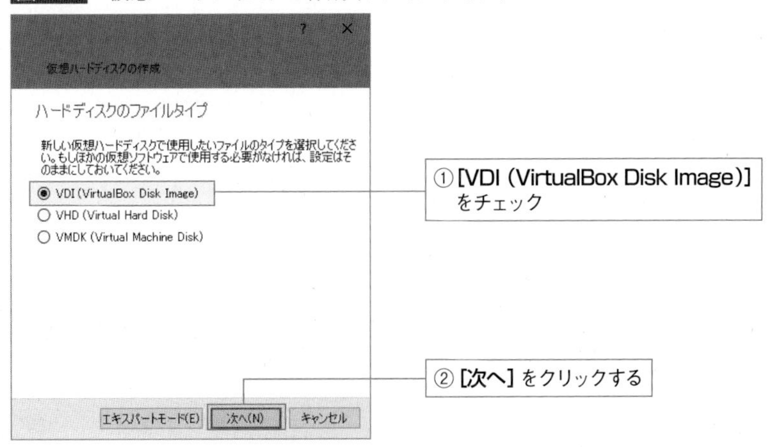

仮想ハードディスクは、1つのファイルとして作成されます。この画面では、そのファイルの形式を設定します。特に変更する必要はありませんので、デフォルトの [**VDI(VirtualBox Disk Image)**] を選択して [**次へ(N)**] をクリックします。すると図2-26のようなストレージを固定サイズにするか、可変サイズとするかを選択する画面が表示されます。

図2-26 仮想ハードディスクの作成（物理ハードディスクにあるストレージ）

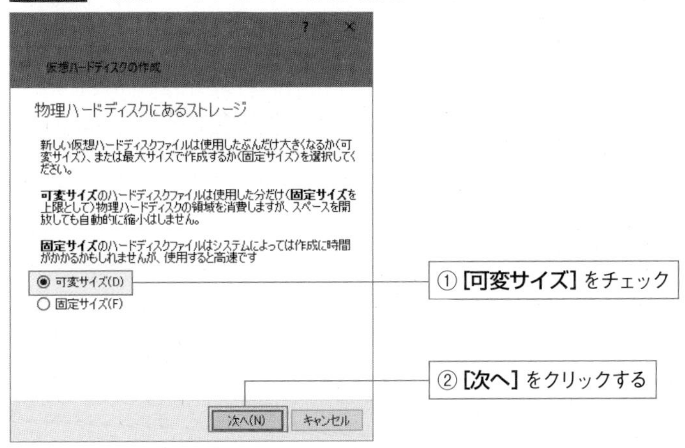

ストレージを固定サイズにしておくと、仮想ハードディスクの作成時点で指定したディスク容量が予約されます。この方法では、連続したディスク領域が割り当てられる可能性が高いため、高速に動作します。ただし、仮想ハードディスクの作成には時間がかかります。

一方、可変サイズを選択すると、必要な時にディスク領域を割り当てます。ディスク領域が断片化しやすく性能は劣りますが、ディスクサイズを節約することができます。また、仮想ハードディスクの作成も短時間で行うことができます。

どちらかの方式を選択したら、[次へ(N)] をクリックします。図2-27のような仮想ハードディスクのファイル名とサイズを設定する画面が表示されます。

図2-27 仮想ハードディスクの作成（ファイルの場所とサイズ）

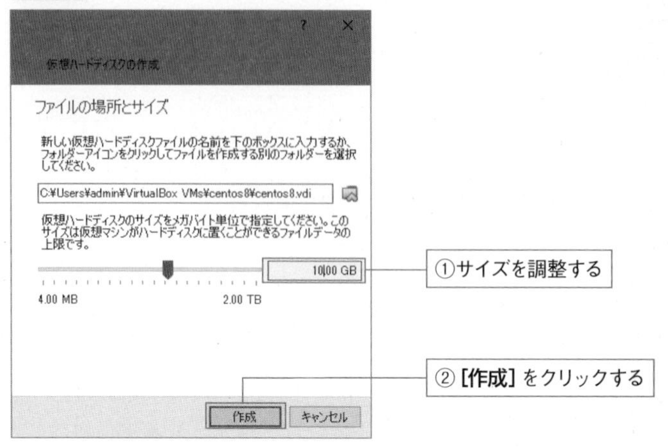

ファイル名は、デフォルトのまま変える必要はありません。別の場所にしたい場合には、変更することができます。ディスク容量は、用途に合わせて調整します。CentOS 8の最低ディスク容量は10GBですので、それ以上を割り当てます。

設定ができたら [作成] をクリックします。仮想マシンと仮想ハードディスクが作成され、VirutalBoxマネージャーに戻ります。

図2-28 仮想マシン作成後のVirtualBoxマネージャー

図2-28のように、画面左側に作成した仮想マシンの名前と「電源オフ」という表示がされています。これで、仮想マシンが作成できました。

インストールメディアの設定

次に、仮想マシンにインストール用のISOを設定します。仮想マシンを選択して、**[設定]**をクリックします。図2-29のような仮想マシンの設定画面が表示されます。

図2-29 仮想マシンの設定

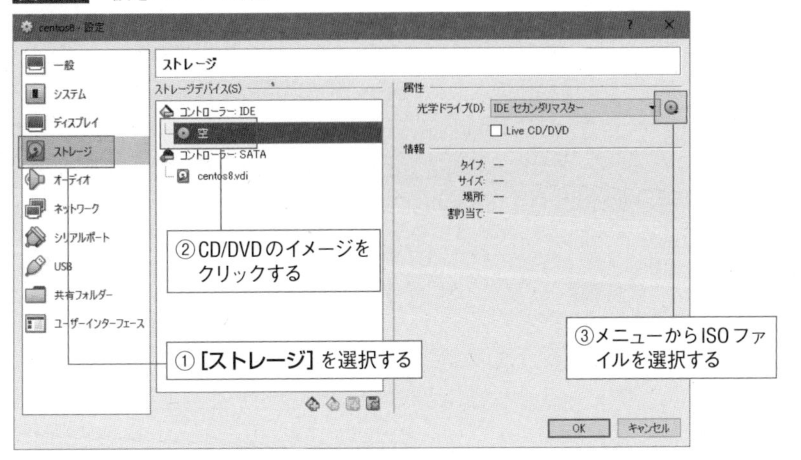

[ストレージ]を選択すると、右側画面がストレージの設定画面に変わります。**[ストレージデバイス]**の中からCD/DVDのイメージ(**[空]**と表示されている)をクリックします。さらに右側に光学ドライブの設定画面が表示されますので、CD/DVDのマークがついているメニューをクリックします。ISOイメージを選択する画面が表示されるので、ダウンロードした**[CentOS Linux DVD]**のISOを指定します。すると、図2-30のような画面になります。

図2-30 仮想マシンの設定(ISO設定後)

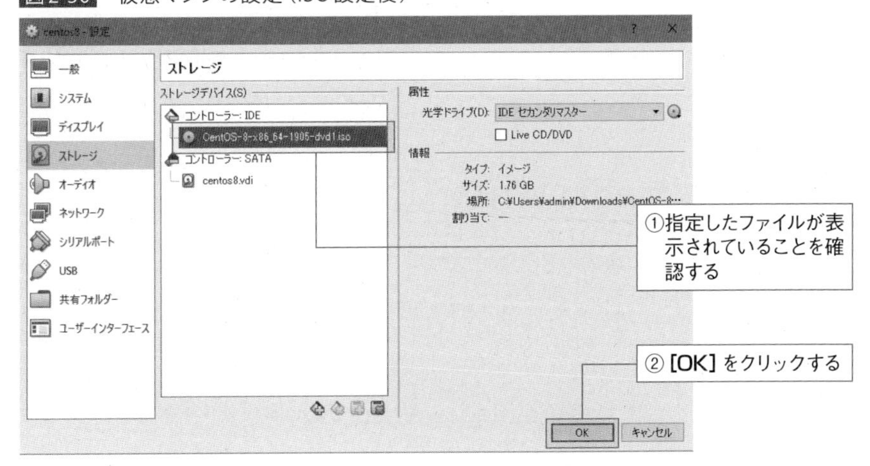

ネットワークの設定

次に、仮想マシンのネットワークの設定を行います。VirtualBoxのデフォルトでは、仮想マシンのネットワークはNAT（Network Address Translation）の仕組みを使って、Windows PCのIPアドレスに変換されるようになっています。NAT設定では、仮想マシンから外部へは通信できても、外部から仮想マシンへ通信することができません。

しかし、本書では、仮想マシンをネットワークサーバとして設定することを想定していますので、これでは都合が悪いため、修正しておきます。

仮想マシンの設定画面から、左側メニューの［**ネットワーク**］を選択します。右側が、ネットワークの設定画面に変わります。［**割り当て**］のメニューをクリックして、［**NAT**］から［**ブリッジアダプター**］に設定を変更します。

図2-31　仮想マシンの設定（ISO設定後）

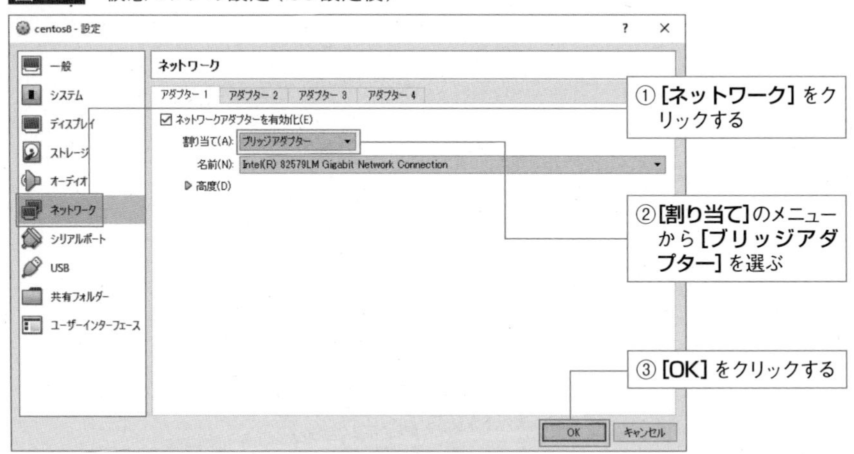

最後に［**OK**］をクリックすると、設定が保存されます。これで、仮想マシンの起動準備が整いました。仮想マシンを選んで［**起動**］をクリックすると、仮想マシンの電源を入れることができます。

Fedora Media Writerによるメディアの作成

通常のPCにインストールする場合には、ISOイメージをメディアに書き込むソフトウェアが必要です。メディア書き込み用のソフトウェアは、CentOSと密接な関係にあるFedora Projectのサイトからダウンロードすることができます。

Fedora Media Writerの入手

まずは、次のURLを参考に、Fedora Projectのサイトにアクセスします。

https://getfedora.org/

図2-32のようなページが表示されます。

図2-32　Fedoraプロジェクトのページ

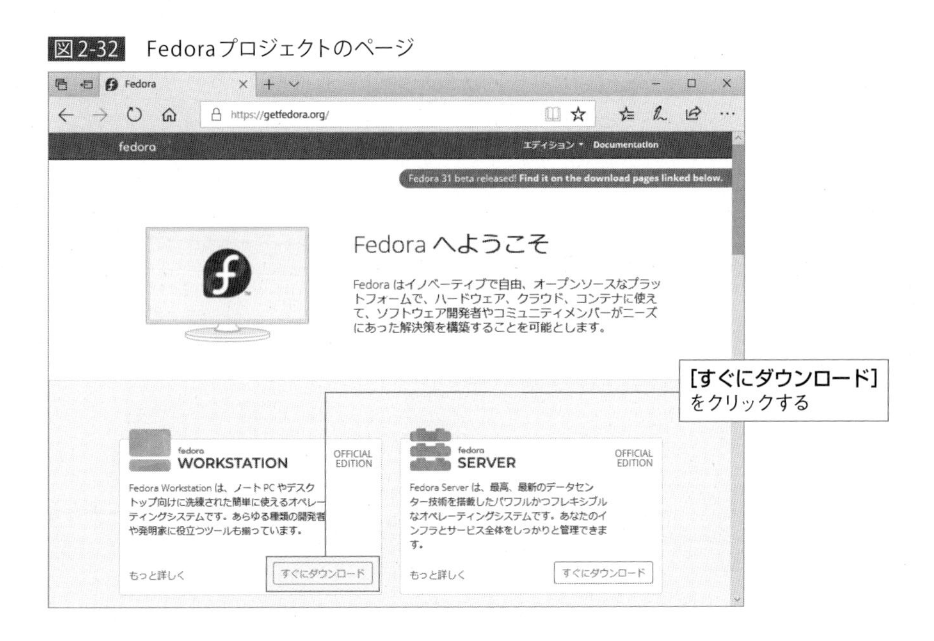

Workstationの欄にある **[すぐにダウンロード]** をクリックします。すると、図2-33のようなページが表示されます。

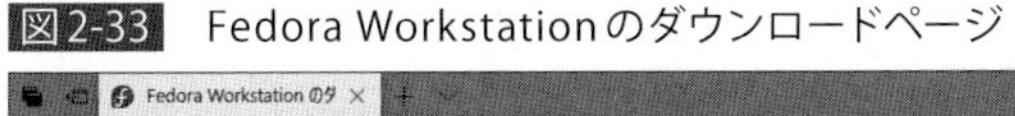
図2-33　Fedora Workstationのダウンロードページ

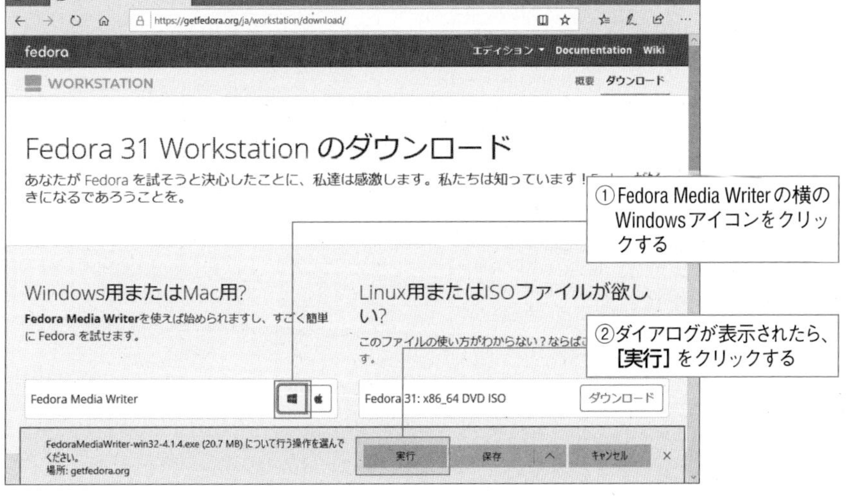

［**Fedora Media Writer**］の横にあるWindowsアイコンをクリックします。Windows用のFedora Media Writerのソフトウェアのダウンロードが始まります。画面下部に操作を選択するダイアログが表示されますので、［**実行**］を選択します。

Fedora Media Writerのインストール

ダウンロードが終了したら、自動的にファイルが実行され、インストールが始まります。最初に図2-34のようなライセンスの確認画面が表示されます。

図2-34　Fedora Media Writerのインストール画面（ライセンス）

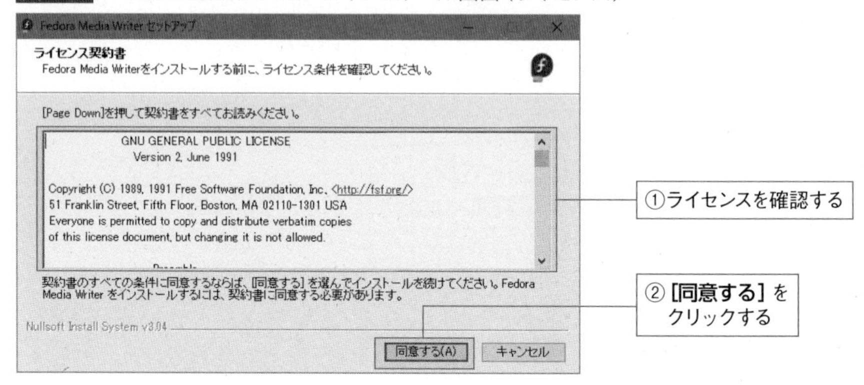

ライセンスを確認し、［**同意する**］をクリックします。すると、図2-35のようにインストール先フォルダを設定する画面が表示されます。

図2-35　Fedora Media Writerのインストール画面（インストール先）

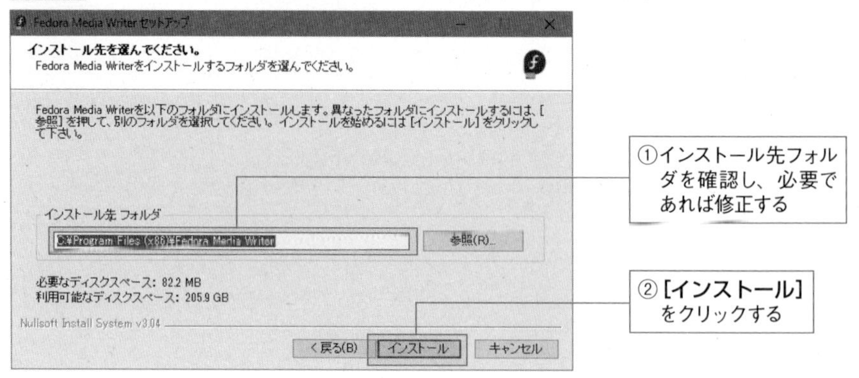

インストール先フォルダを確認し、［**インストール**］をクリックします。インストールが開始され、図2-36のようなインストール状況を表示する画面が表示されます。

図2-36 Fedora Media Writerのインストール画面（インストールの進捗）

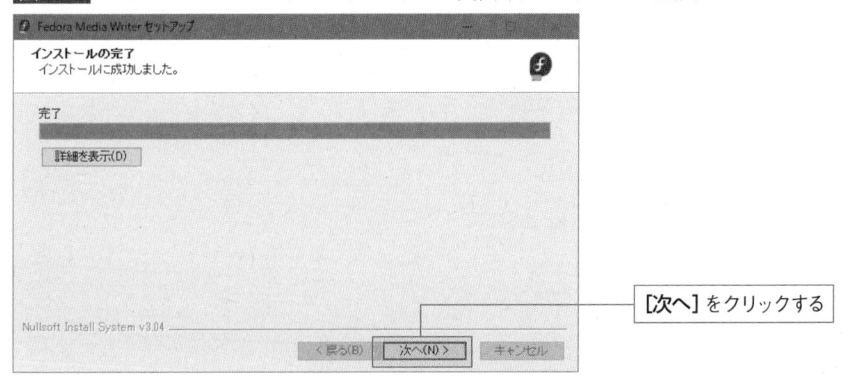

インストールが完了したら、[次へ(N)] をクリックします。

図2-37 Fedora Media Writerのインストール画面（インストールの完了）

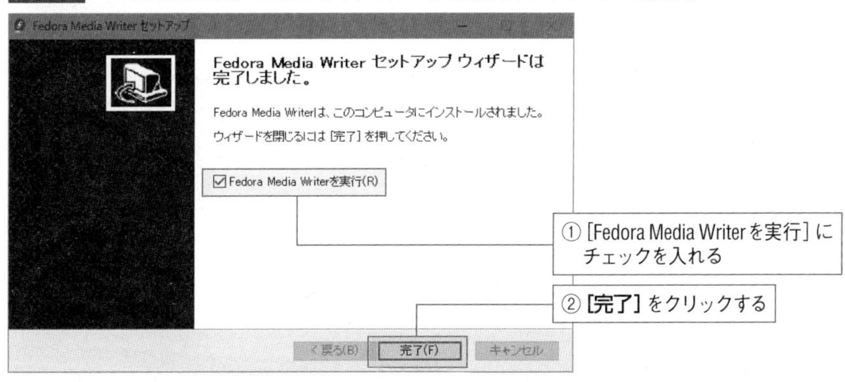

図2-37のようなインストールウィザードの完了画面が表示されます。[Fedora Media Writerを実行] にチェックを入れ、[完了] ボタンをクリックします。自動的に、Fedora Media Writerが起動します。

Fedora Media Writerによるメディアの作成

Fedora Media Writerが起動したら、インストールメディアの作成を行うことができます。インストールメディアとしては、8GB以上の容量のUSBメモリを用意します。Fedora Media Writerで書き込むと、USBメモリに保管されているデータは消去されてしまいます。そのため、必要なデータがある場合には、先にデータをバックアップしておいてください。

PCにインストールを行うUSBメディアを挿入したら、Fedora Media Writerでの書き込みを行います。

Fedora Media Writerを起動すると図2-38のような画面が表示されます。

図2-38 Fedora Media Writerの画面（トップ）

画面下部の［Custom Image］をクリックします。すると、ファイル検索画面が表示されますので、［CentOS Live DVD］のISOイメージファイルを指定します。ファイルを指定すると、図2-39のようなメディアへの書き込みを行う画面が表示されます。

図2-39 Fedora Media Writerの画面（メディアへの書込み）

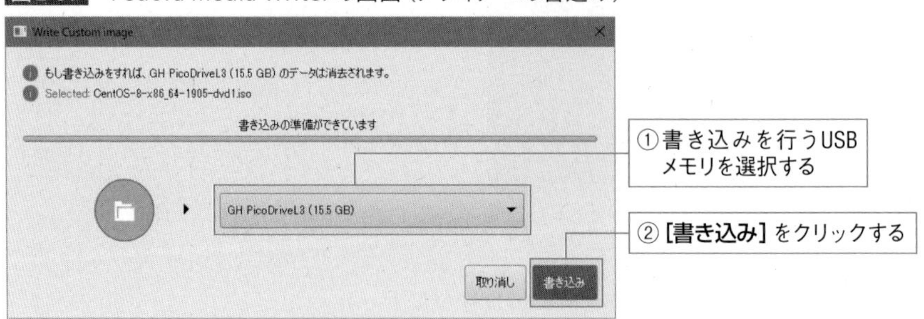

中央のメニューから、書込みを行うUSBメモリを選択し、［書き込み］をクリックします。Fedora Media Writerは、指定されたISOファイルのデータをメディアに書き込みます。書込みが終了すると、図2-40のように「終わりました！」と表示されます。

図2-40 Fedora Media Writerの画面（書き込み終了）

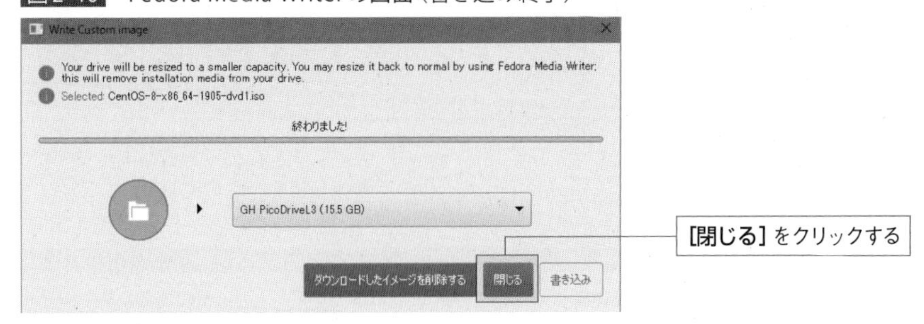

[閉じる] をクリックします。なお、**[ダウンロードしたイメージを削除する]** をクリックすると、ISOイメージのファイルが削除されます。インターネットに直接接続できない環境で利用する場合には、ISOイメージも使用します。削除せずに残しておくことをお勧めします。

CentOS Application StreamのISOイメージは、CentOSをインストールした後のサーバにコピーして使用しますので、メディアに書き込む必要はありません。

Section 02-06

クライアントの構成

クライアントを用意する

ネットワークサーバは、実際にサーバ上で動作しているサービスを利用するクライアントがあって初めて動作します。このセクションでは、動作の確認のためのクライアントを用意しておきましょう。

このセクションのポイント

1 ネットワークサーバの動作を確認するためにはWindowsクライアントが必要である。
2 あらかじめ条件に合わせてネットワークの設定を行っておく必要がある。

どんなクライアントが必要か？

本書では、次のようなサービスを行うネットワークサーバを紹介します。

・クライアントへIPアドレスを割り当てるサーバ
・DNSで名前解決を行うサーバ
・ファイルサーバ（Windowsファイル共有）
・WWWサーバ
・メールサーバ

これらのネットワークサーバの動作を確認するクライアントでは、次のような機能が使えるようにしておく必要があります。

・TCP/IPによる通信が行える
・ホームページが参照できる（Webブラウザが使える）
・メールを読むことができる（メールソフトが使える）
・Windowsファイル共有ができる

これらの要件を満たせば、どんなクライアントでも構いません。そのため、通常のWindowsのPCにネットワークの設定をして利用するのが一般的です。Windowsのバージョンは、Windows 95以降のどのバージョンでも構いませんが、本書では最新のWindows 10を例にあげて解説します。なお、WindowsのPCへは、あらかじめネットワークの設定を行っておく必要がありますが、特別な設定が必要なわけではありません。すでにネットワークを利用しているPCがある場合には、そのまま確認に利用することができます。

Windowsのネットワーク設定

初めてネットワークに接続するPCの場合には、事前にネットワークの設定を行っておきましょう。また、すでにネットワークを利用しているPCの場合には、設定を確認しておきましょう。

Windows 10の設定例

Windows 10のネットワーク設定は次のような手順で行います(本書では、マウスでの操作方法について説明します)。

①コントロールパネル

画面の左下隅のWindowsロゴをクリックすると表示されるスタートメニューから**[Windowsシステムツール]**－**[コントロールパネル]**を選択します。

図2-41 コントロールパネルを起動する

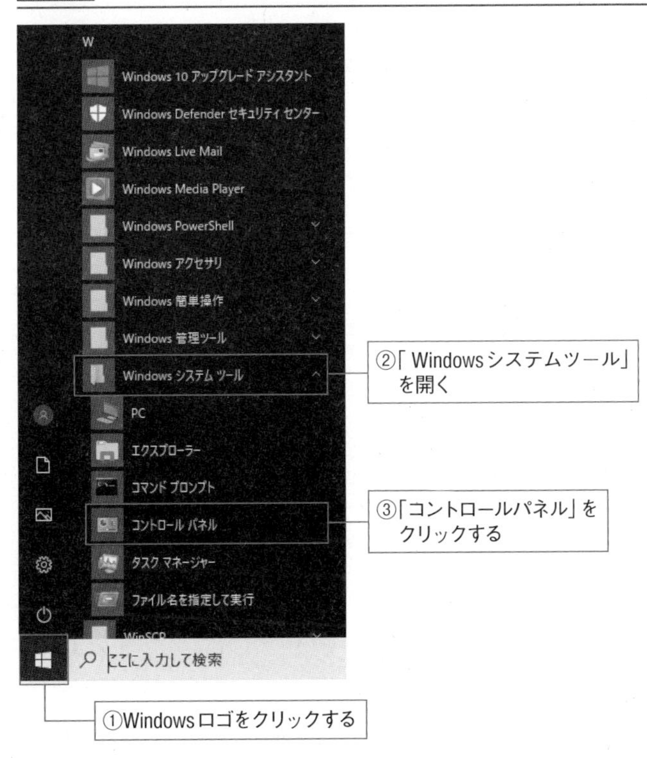

②ネットワークの状態とタスクの表示

コントロールパネルの中から、[**ネットワークの状態とタスクの表示**] をクリックします。すると、ネットワークと共有センターが開きます。

図2-42　ネットワークと共有センター

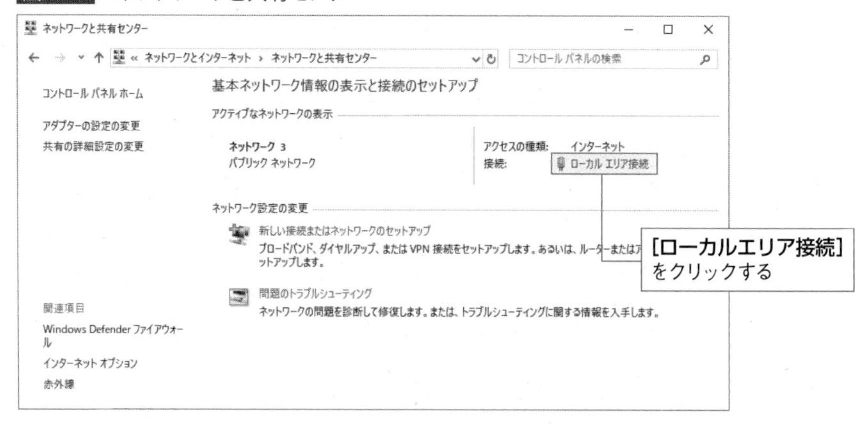

③ローカルエリア接続の状態

次に、[**ローカルエリア接続**] をクリックします。ローカルエリア接続の状態が開きます。

図2-43　ローカルエリア接続の状態

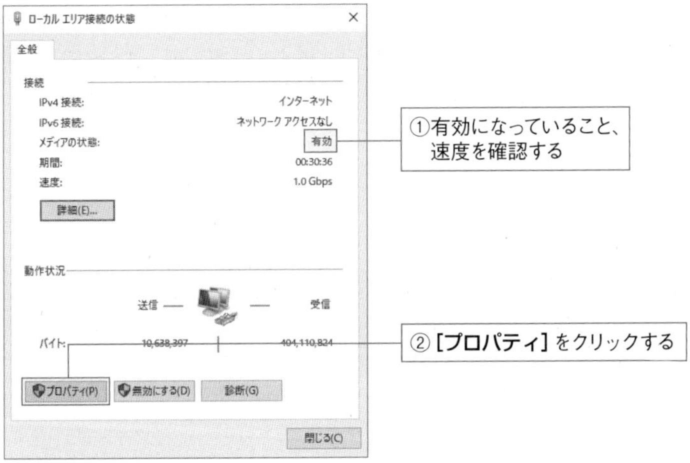

①有効になっていること、速度を確認する

②[プロパティ]をクリックする

[**メディアの状態**]が「有効」となっていることを確認します。また、速度の欄には100.0Mbpsなどの通信速度が表示されています。この速度が、接続しているネットワークの状況に合ったものであることを確認します。

④ローカルエリア接続のプロパティ

次に[**プロパティ**]をクリックします。ローカルエリア接続のプロパティ画面が開きます。

図2-44　ローカルエリア接続のプロパティ

①[インターネット プロトコル バージョン4（TCP/IPv4）]を選択する

②[プロパティ]をクリックする

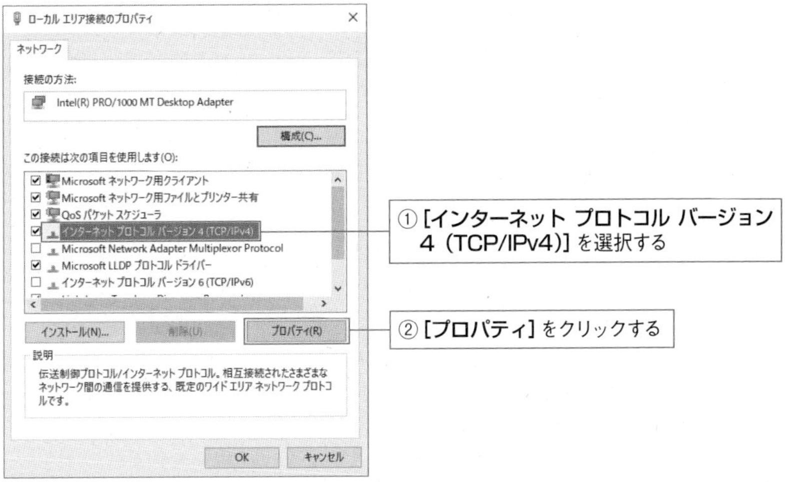

[**この接続は次の項目を使用します**]の欄に、「インターネットプロトコルバージョン4（TCP/IPv4）」があることを確認してください。

⑤インターネットプロトコルバージョン4（TCP/IPv4）のプロパティ

［インターネットプロトコルバージョン4（TCP/IPv4）］を選択し、［プロパティ］をクリックします。すると、インターネットプロトコルバージョン4（TCP/IPv4）のプロパティが開きます。

図2-45　インターネットプロトコルバージョン4（TCP/IPv4）のプロパティ

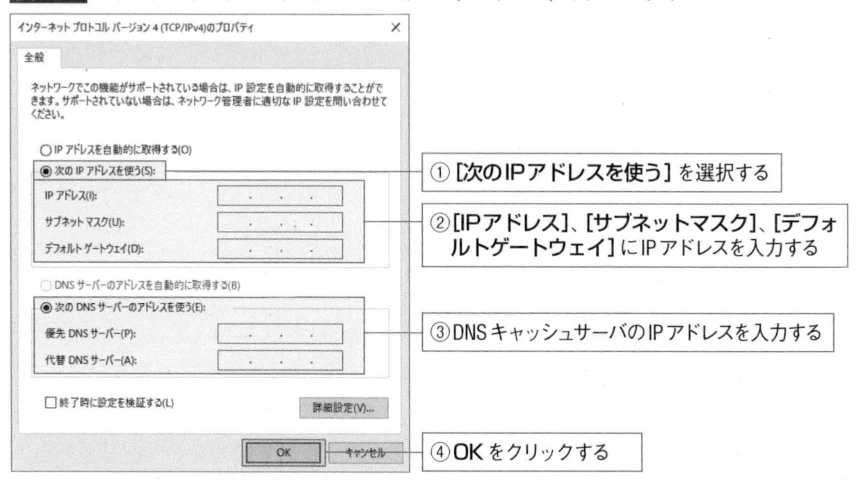

初めてネットワークに接続するPCでは、「IPアドレスを自動的に取得する」が設定されています。LANの中に、DHCPサーバがある場合には、このまま設定を使うことができます。DHCPサーバがない場合には、次のように設定を行います。

- ［次のIPアドレスを使う］を選択します。
- IPアドレス、ネットマスク、デフォルトゲートウェイを入力します。
- IPアドレスは、他のコンピュータと同じものは使えません。必ず違うものを使ってください。
- DNSサーバのアドレスを入力します。次のような項目を［優先DNSサーバ］［代替DNSサーバ］に設定します。
  - LANの中にDNSキャッシュサーバが設置されている場合には、そのDNSキャッシュサーバのアドレスを入力します。
  - ブロードバンドルータのDNS代理応答機能を使う場合には、ブロードバンドルータのIPアドレスを入力します。
  - ISPのDNSキャッシュサーバを使う場合には、ISPから連絡されているDNSサーバのアドレスを入力します。

［優先DNSサーバ］［代替DNSサーバ］のどちらか片方でも設定されていれば名前解決をすることができますが、できれば両方に違うIPアドレスを設定します。

設定が完了したら［OK］ボタンをクリックし、これまで開いたウインドウをすべて閉じます。

動作確認

ネットワークの設定ができたら、動作確認を行います。動作確認には、コマンドプロンプトを使います。

①コマンドプロンプトの表示

スタートメニューから、[Windowsシステムツール]→[コマンド プロンプト]を選択し、コマンドプロンプトを表示します。

②設定の確認（ipconfigコマンド）

ipconfigコマンドを実行します。図2-46のように「/all」オプションをつけて実行することで、DNSサーバ(DNSキャッシュサーバ)の情報等も表示することができます。

図2-46　ipconfigを実行した画面

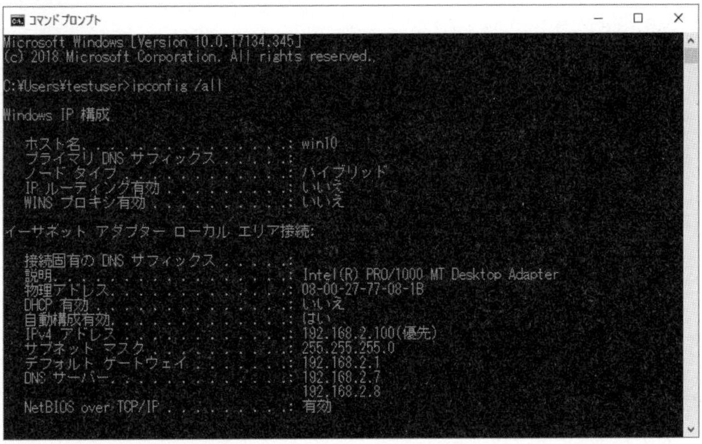

```
コマンドプロンプト
Microsoft Windows [Version 10.0.17134.345]
(c) 2018 Microsoft Corporation. All rights reserved.

C:¥Users¥testuser>ipconfig /all

Windows IP 構成

   ホスト名. . . . . . . . . . . . . . . . : win10
   プライマリ DNS サフィックス . . . . . . :
   ノード タイプ . . . . . . . . . . . . . : ハイブリッド
   IP ルーティング有効 . . . . . . . . . . : いいえ
   WINS プロキシ有効 . . . . . . . . . . . : いいえ

イーサネット アダプター ローカル エリア接続:

   接続固有の DNS サフィックス . . . . . :
   説明. . . . . . . . . . . . . . . . . . : Intel(R) PRO/1000 MT Desktop Adapter
   物理アドレス. . . . . . . . . . . . . . : 08-00-27-77-08-1B
   DHCP 有効 . . . . . . . . . . . . . . . : いいえ
   自動構成有効. . . . . . . . . . . . . . : はい
   IPv4 アドレス . . . . . . . . . . . . . : 192.168.2.100(優先)
   サブネット マスク . . . . . . . . . . . : 255.255.255.0
   デフォルト ゲートウェイ . . . . . . . . : 192.168.2.1
   DNS サーバー. . . . . . . . . . . . . . : 192.168.2.7
                                             192.168.2.8
   NetBIOS over TCP/IP . . . . . . . . . . : 有効
```

③pingによる動作確認

設定が正しい場合には、他のネットワーク機器への通信の疎通確認を行います。疎通確認にはpingコマンドを使います。次の図2-47のように、「ping」の後に、疎通確認を行いたい相手のIPアドレスを入力して実行します。インターネットに接続している場合には、DNSサーバやデフォルトゲートウェイのIPアドレスに対して、確実に通信ができることを確認してください。

図2-47　pingコマンドの成功例

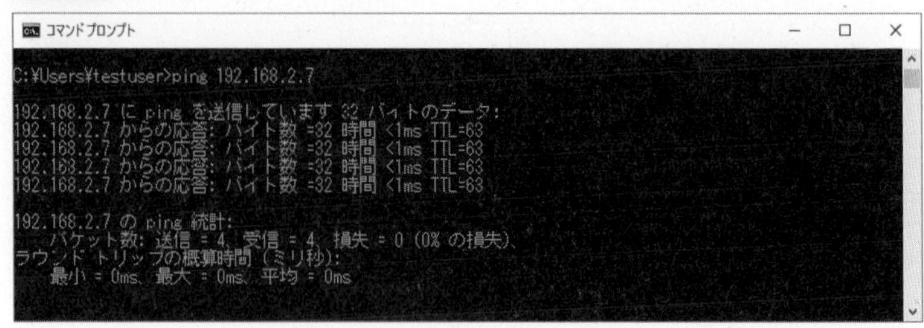

疎通がとれれば、図2-47のように「～の応答:　バイト数　○○..」と表示されます。疎通がとれない場合には、図2-48のように「要求がタイムアウトしました」と表示されます。

図2-48　pingコマンドの失敗例

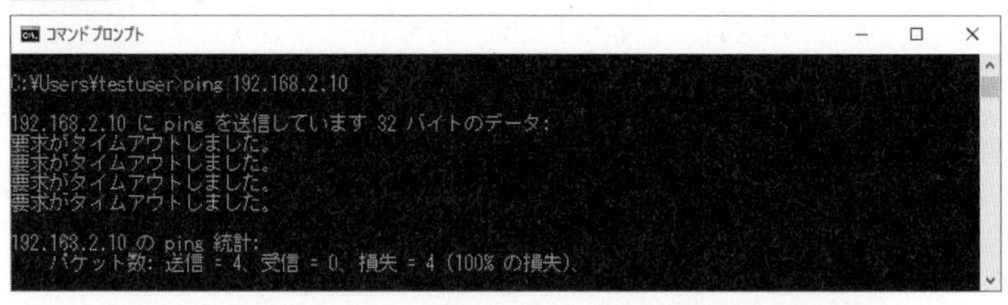

疎通がとれない場合には、ネットワーク設定を再確認します。

④DNSの動作確認

インターネットに接続している場合には、DNSによる名前解決ができることも確認しておきます。pingコマンドに、適当なFQDNホスト名を指定して、疎通確認がとれればOKです。図2-49の例は、www.yahoo.co.jpへの疎通確認の場合です。

図2-49　www.yahoo.co.jpとの疎通確認

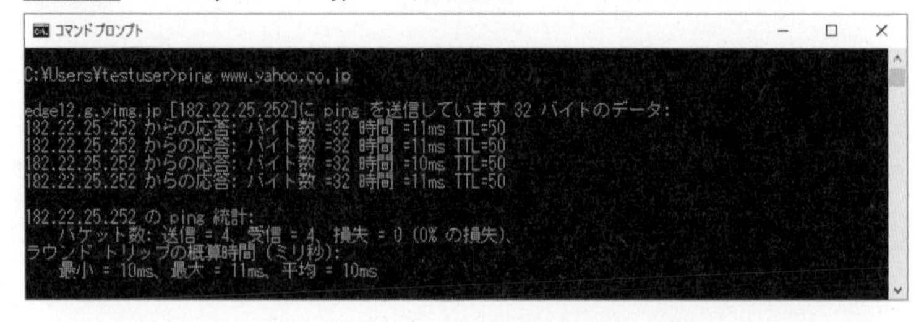

名前解決がうまくできていれば、きちんと疎通確認がとれます。

CentOS 8 のインストール

Linuxを使ってサーバを構築するために、いよいよLinuxをインストールします。このChapterでは、Linuxのインストールの手順を順番に説明していきます。なお、CentOS 8のディストリビューションには、多くのパッケージがインストールされています。本書では、その中から最低限必要なものだけをインストールするという方針で説明します。

Contents

Section 03-01

インストールを準備する

実際のインストールでは、いろいろな情報を入力していく必要があります。このセクションでは、インストールを開始する前に、情報を整理しておきましょう。

このセクションのポイント

1 あらかじめサーバのスペックを確認する。
2 ネットワークのパラメータを決めておく。
3 メモリ容量とディスク容量を考慮しながら、パーティションの構成を決めておく。
4 管理者ユーザのユーザ名、パスワードとrootユーザのパスワードを決めておく。

サーバスペックを確認しておく

まず、LinuxをインストールするPCのハードウェアのスペックを調べておきましょう。購入時の情報やハードウェアマニュアルなどから調べられる内容がほとんどです。次のようなことがらを調べておきます。

メモリの大きさ

CentOS 8では、最小で1.5GByteのメモリが必要です。

キーボードの種類

通常の日本国内で販売されているPCの場合には日本語キーボードです。まれに、英語（International）キーボードのPCもあります。それ以外のキーボードの場合には、特に種類を把握しておきましょう。

ハードディスクの容量

最近のPCは、比較的大容量のハードディスクをサポートしていますので、あまり注意する必要はありませんが、最低でも10GByte程度のディスクが必要です。

なお、ハードディスク上にWindowsなどの他のオペレーティングシステムがインストールされている場合には、それを削除してよいかの確認もしておく必要があります。削除してはいけない場合でも、Linux専用の領域として、10Gbyte以上のディスク領域を確保しておきましょう。

ネットワークインタフェースの数

使用できるネットワークインタフェースの数と、実際に使用するネットワークインタフェースの数を考えておきましょう。

ネットワークのパラメータを決める

ネットワークの構成を考えて、次の情報を確認しておきます。

①ホスト名
②ドメイン名
③使用するIPプロトコル（IPv4またはIPv6）
④IPアドレス
⑤プレフィックス
⑥DNSサーバのIPアドレス
⑦デフォルトゲートウェイのIPアドレス

表3-1は、必要な構成要素と、本書の解説で使用する値です。本書では、IPv4とIPv6の両方のIPアドレスを使って解説していきます。

表3-1　使用する値（IPv4、IPv6）

項目	IPv4の場合の値	IPv6の場合の値
ホスト名	centos8	
ドメイン名	designet.jp	
プロトコル	IPv4	IPv6
IPアドレス	192.168.2.10	2001:DB8::10
プレフィックス	24	64
DNSサーバ	192.168.2.7	2001:DB8::7
デフォルトゲートウェイ	192.168.2.1	2001:DB8::1

swapの大きさを決める

Linuxでは、物理的なメモリが不足したときに一時的にメモリの中のあまり使われていない領域をハードディスク上に退避して、物理的なメモリを有効利用する機能があります。swapは、この一時的な退避に使われるディスク領域です。

図3-1 swap領域へのメモリ退避

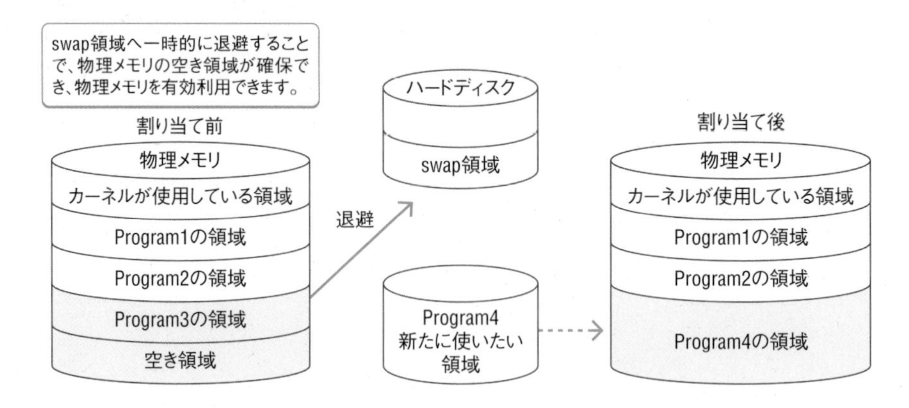

swap領域には、物理的なメモリの大きさの倍の大きさを確保するのが一般的です。例えば、メモリが4GByteあるPCの場合には、swapには8GByteを用意します。

パーティションの大きさを決める

Linuxでは、ハードディスクをいくつかの領域に分割して利用します。この分割された領域のことをパーティションと呼びます。先ほど解説したswap領域も、このパーティションの1つです。

Linuxでは、このパーティションという単位でディスクを管理します。用途に合わせてパーティションを分割しておくことには、次のようなメリットがあります。

容量の増減の管理

特定の用途のデータが増えても、そのパーティションの上限までしかディスクを使うことができません。例えば、ログ用の領域をパーティションとして確保しておけば、ログが増加してもデータベースのような他のプログラムが使う領域に影響することがありません。

安全性の確保

Linuxでは、突然の電源断などで最後のデータが正常に書き込めなかった場合でも、データをできるだけ保全し修復するファイルシステムチェックという機能があります。しかし、頻繁にデータを書き込む領域ほど修復できない可能性が高くなります。逆に、まったくデータを変更しない領域は修復の必要がありません。このため、用途によってパーティションを分けることで、データの安全性を高めることができます。

修復時間の短縮

ファイルシステムチェックによるデータの修復処理は、ディスク容量が大きいととても時間がかかります。そのため、パーティションという小さな単位に分けて管理すると、処理の必要な領域だけを修復することができ、時間を短縮することができます。

パーティションを分割する場合には、まずswap領域を確保します。それから他の領域のデータ容量を順に計算します。なお、本書ではswapと/bootを独立した領域として確保し、それ以外の領域はすべて/として管理する方法で説明を行います。

表3-2 よく使われるパーティション領域の例

領域	最低容量	説明
swap	物理メモリの2倍	【必須】物理メモリが不足したときに、データを退避するために使われる。
/	200MByte	【必須】システムの起動に最低限必要なプログラムや設定ファイルが含まれる領域。
/boot	1GByte	システムの起動で最初に読み込まれるカーネルなどのデータが含まれる領域。複数のカーネルデータを配置できる必要がある。
/var	3GByte	ログや動的に変更されるデータを格納する領域。
/usr	5GByte	システムの起動には必要ないが、システムが機能を果たすのに必要なプログラムやデータなどを格納する領域。
/home	—	ユーザのデータを格納する領域。利用用途に応じて作成する。

図3-2 本書で扱うパーティション

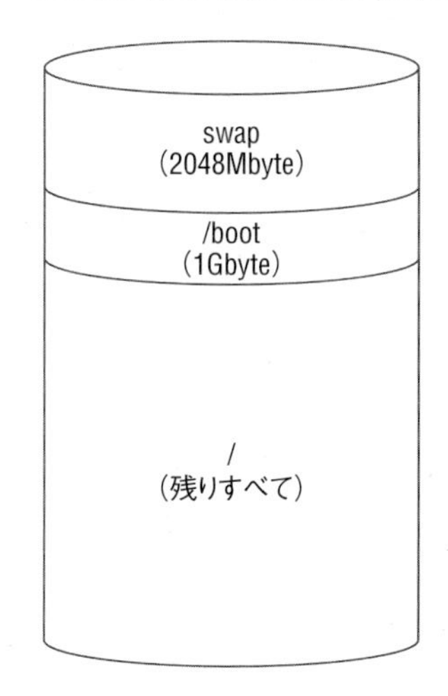

ユーザとパスワードを決める

Linuxをインストールすると、管理用のユーザ（root）が自動的に作成されます。しかし、rootはとても権限が大きいため、ネットワーク経由で使うのは、セキュリティの観点からよくないと考えられています。そのため、通常はroot以外の管理ユーザを作成し、そのユーザを使ってログインします。そして、どうしてもrootユーザの権限が必要な場合のみ、rootユーザに切り替えて作業を行います。

ですから、インストール前に次のことを決めておきましょう。

- rootユーザのパスワード
- 管理用ユーザのユーザ名
- 管理用ユーザのパスワード

rootや管理用ユーザのパスワードは、簡単に推測できないようなパスワードにする必要があります。次のようなことに注意しましょう。

- 文字数 — 最低でも6文字以上のパスワードを付けましょう。
- 文字種 — 小文字、大文字、記号など、複数種類の文字を使いましょう。
- 文字列 — 辞書に載っている単語など、推測が簡単な文字列は避けましょう。

インストールの開始

Section 03-02

インストールを開始する

Chapter 2で用意したメディアや仮想マシンを使って、CentOS 8のインストールを開始していきましょう。

このセクションのポイント

1 インストールは、言語の設定からスタートする。
2 マークの付いた項目は、必ず設定が必要である。

インストーラを起動する

通常のPCにCentOS 8をインストールする場合には、Chapter 2で作成したCentOS 8のUSBメディアをPCにセットし、電源を入れます。仮想マシンの場合には、すでにCentOS 8のISOイメージを設定済みですので、そのまま起動ボタンをクリックします。

すると、図3-3のような画面が表示されます。

図3-3 USBメディアから起動

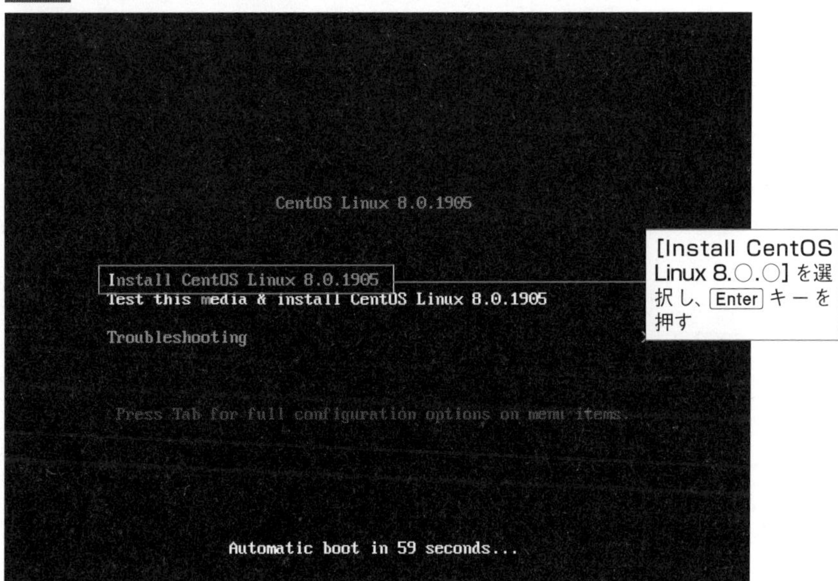

メモ

USBから起動されない場合には、BIOSの起動順の設定等を調整する必要があります。

白色で表示されている行が、選択行です。矢印キーでメニューを移動し、[Install CentOS Linux 8.○.○] を選択し、Enter キーを押します。

メディアテスト

図3-3で、[Test this media & Install CentOS Linux 8.○.○] を選択すると、インストールを行う前に図3-4のようにインストールメディアのテストを行う画面が表示されます。

図3-4 メディアテスト

```
         Starting Open-iSCSI...
[  OK  ] Reached target Local File Systems (Pre).
[  OK  ] Reached target Local File Systems.
         Starting Create Volatile Files and Directories...
[  OK  ] Started Open-iSCSI.
[  OK  ] Started Create Volatile Files and Directories.
[  OK  ] Reached target System Initialization.
[  OK  ] Reached target Basic System.
         Starting dracut initqueue hook...
[    5.375993] dracut-initqueue[870]: mount: /run/install/repo: WARNING: device write-protected, mou
nted read-only.
[  OK  ] Started Show Plymouth Boot Screen.
[  OK  ] Started Forward Password Requests to Plymouth Directory Watch.
[  OK  ] Reached target Local Encrypted Volumes.
[  OK  ] Reached target Paths.
[  OK  ] Started udev Wait for Complete Device Initialization.
         Starting Device-Mapper Multipath Device Controller...
[  OK  ] Started Device-Mapper Multipath Device Controller.
         Starting Open-iSCSI...
[  OK  ] Reached target Local File Systems (Pre).
[  OK  ] Reached target Local File Systems.
         Starting Create Volatile Files and Directories...
[  OK  ] Started Open-iSCSI.
[  OK  ] Started Create Volatile Files and Directories.
[  OK  ] Reached target System Initialization.
[  OK  ] Reached target Basic System.
         Starting dracut initqueue hook...
[    5.375993] dracut-initqueue[870]: mount: /run/install/repo: WARNING: device write-protected, mou
nted read-only.
[  OK  ] Created slice system-checkisomd5.slice.
         Starting Media check on /dev/sr0...
/dev/sr0:   a3cac8f4291d524543889a5a7c9ba849
Fragment sums: 4f679cce36f4ca84cc93af449dd7a232bcea92bb5e6a4a84a7dc53b3442b
Fragment count: 20
Supported ISO: yes
Press [Esc] to abort check.
Checking: 021.2%_
```

最初の設定

図3-5　言語の選択

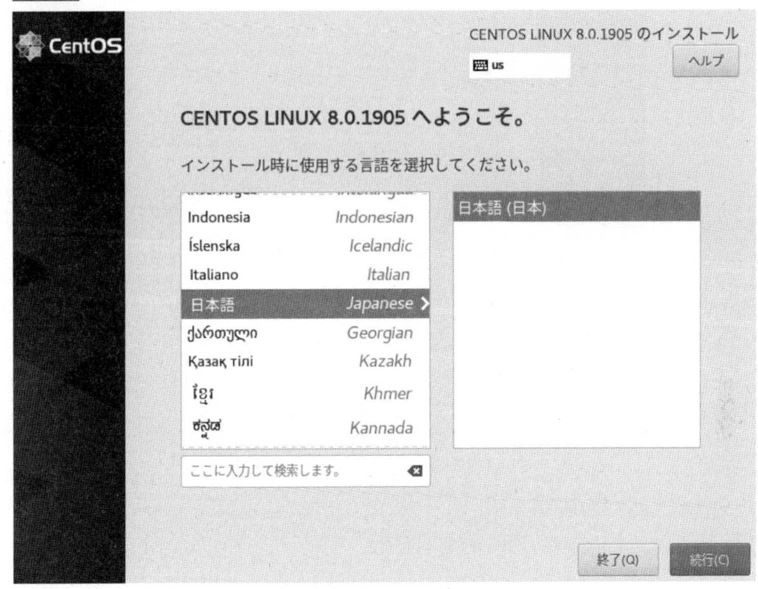

インストールが始まると、まずは言語の選択をする画面が表示されます。ここまでの表示はすべて英語でしたが、ここで日本語に設定すると、それ以降のインストール画面の表示は日本語で行われるようになります。

図3-5で左側のメニューの[**日本語　Japanese**]を選択すると、右側のメニューに[**日本語（日本）**]と表示されます。また、画面右下の[**Continue**]というボタン表示が[**続行**]に変わります。

[**続行**]をクリックすると、図3-6のようなインストーラのメニュー画面が表示されます。

図3-6　インストールメニュー画面

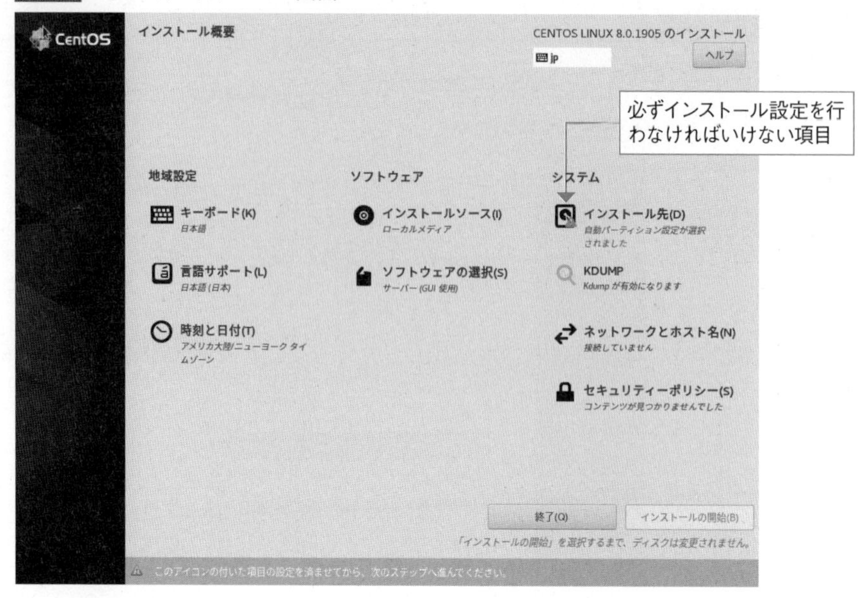

この画面を中心に、インストールに必要な様々な設定を行います。図3-6では、インストール先の項目にオレンジ色の三角形の中に「！」がついたアイコンが表示されています。このアイコンが付いている項目は、必ず設定を行わなければならない項目です。

メモ

PCの解像度によっては、インストール画面の右端が切れてしまい、全体が表示できない場合があります。ただ、全体が表示できなくても、インストールを進められる場合がほとんどです。本書の画面例を参考にインストールを進めてください。

インストール先ディスク

Section 03-03

インストール先ディスクを設定する

このセクションでは、インストールメニューのインストール先の設定の項目の設定方法を解説します。

このセクションのポイント

1. ディスクパーティションの設定は自動的に行う方法もあるが、カスタムパーティションを選べば自由に変更できる。
2. カスタムパーティション設定では、不要なパーティションがある場合には削除する。
3. カスタムパーティション設定では、マウントポイントと容量を指定するだけで簡単にパーティションの指定ができる。

ディスク設定

［**インストール先**］のアイコンをクリックすると、図3-7のような画面が表示されます。この画面では、インストール先のディスクの設定を行います。

図3-7　ディスク設定を行う画面

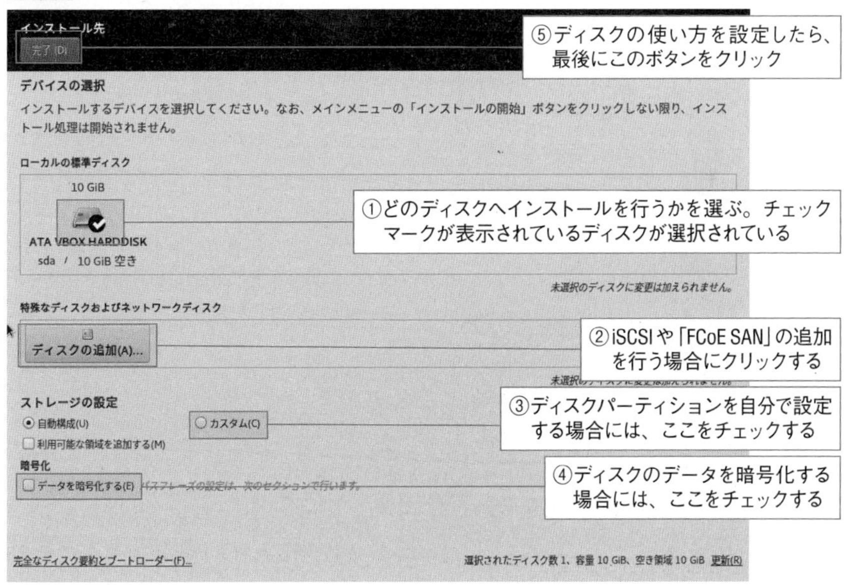

01
02
03
04
05
06
07
08
09
10
11
12
13
14
15
16
17
18
19

最初に、次の4つの項目について、どのような方針でディスクを使うかを設定していきます。

■ ディスクの選択と追加

図3-7のハードディスクのアイコンは、インストールを行うディスクデバイスを選択します。ハードディスクが1つしかない場合には、図3-7のように1つのディスクのアイコンが表示されチェックマークが付いていますので、特に何も行う必要はありません。

複数のディスクが表示されている場合には、インストールを行うディスクをクリックし、チェックマークを付けます。

■ ディスクの追加

CentOS 8のインストーラでは、iSCSIやFCoEのディスクの設定も行うことができます。そのようなディスクを使う場合には、[**ディスクの追加**]をクリックします(本書では詳細は割愛します)。

■ パーティションの設定

標準では、図3-7のように[**自動構成**]が選択されています。自分でパーティション構成を行う場合には、[**カスタム**]をチェックします。あらかじめ決めたパーティションのサイズに合わせるため、この項目をチェックしておきます。

■ ディスクの暗号化

CentOS 8では、ハードディスクを暗号化することができます。暗号化を行う場合には、[**データを暗号化する**]をチェックしておきます。

ディスクの使い方の方針を設定したら、画面左上の[**完了**]ボタンをクリックします。すると、先ほど設定した方針に基づき、詳細な設定を行う画面が順番に表示されます。

手動パーティション設定

図3-7のパーティションの設定で［**カスタム**］をチェックすると、図3-8の画面が表示されます。

図3-8　パーティション構成画面

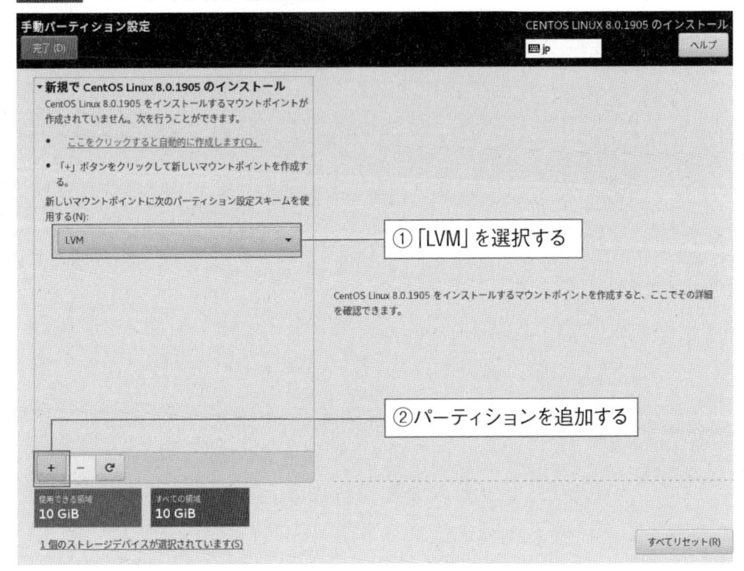

パーティション設定スキームの設定

まず、パーティション設定のスキームを選択します。ここではLVM（標準）を選択しておきます。

メモ

CentOS 8では、LVM（Logical Volume Manager）という機能を使ってディスクを管理することができます。LVMは、ハードディスク上のデータを物理的な状態にかかわらず論理的に管理しようという機能です。ハードディスクのミラーリングをしたり、スナップショットを取ったりといった多くの機能を利用することができます。CentOS 8のインストーラが自動的にパーティションを分割する場合には、標準的にLVMの機能を使うようになっています。ですので、本書でもLVMの機能を使えるように設定を行う方法を解説します。

古いパーティションの削除

ディスクに別のOSがインストールされていたり、別の用途に使ったことがある場合には、図3-9のようにパーティション設定スキームの下にOSとパーティションの情報が表示されている場合があります。OS名の横の▶をクリックすると、詳細が表示されます。

図3-9 古いOSとパーティションの情報が表示されている

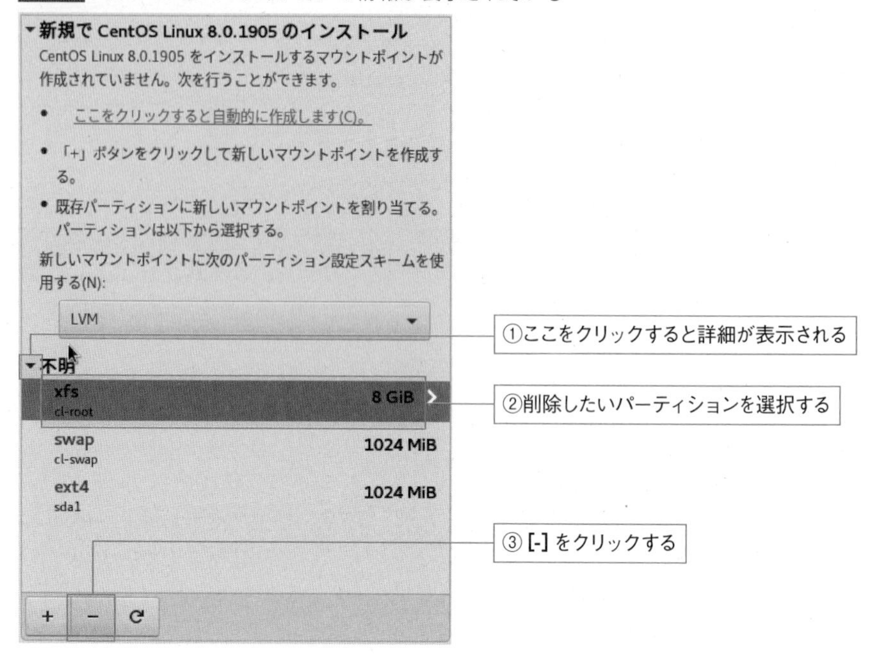

パーティションが不要な場合には、削除するパーティションを選択し、[-] ボタンをクリックします。すると、図3-10のようなダイアログが表示されます。

図3-10 パーティション削除の確認

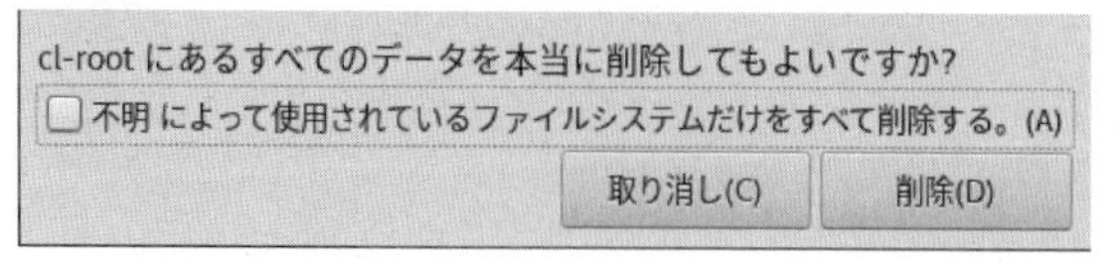

該当するパーティションだけを削除する場合には **[削除]** をクリックします。すると、そのパーティションが削除されます。また、**[○○によって使用されているファイルシステムだけをすべて削除する]** にチェックして **[削除]** をクリックすると、そのOSのパーティションがすべて削除されます。

/bootパーティションを作成する

[+] ボタンをクリックすると、図3-11のようなダイアログが表示されます。マウントポイントには/bootを設定します。テキストを入力することもできますが、メニューから選択することもできます。割り当てる容量には値(1GiB)を設定します。

図3-11 新規のマウントポイントの追加

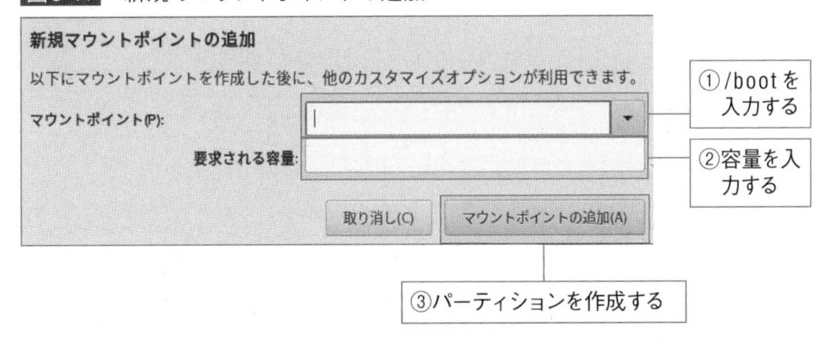

/bootはLVMパーティションではなく、自動的にsda1などの標準パーティションとして作成され、図3-12のような画面が表示されます。

図3-12 /bootパーティション

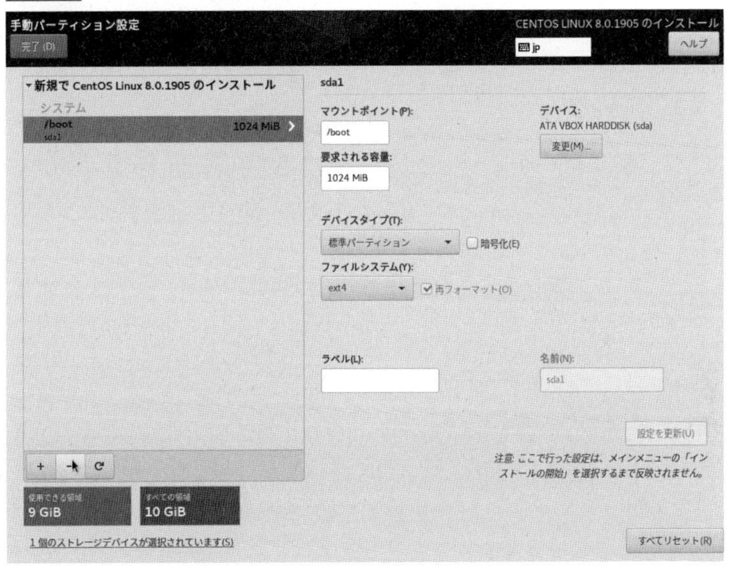

swapパーティションを作成する

同様に、swapパーティションを作成します。**[マウントポイント]** の項目は、メニューから「swap」を選択します。**[割り当てる容量]** に容量（2GiB）を入力し、**[マウントポイントの追加]** をクリックすると、パーティションが作成され、図3-13のような画面が表示されます。

図3-13　swapパーティション

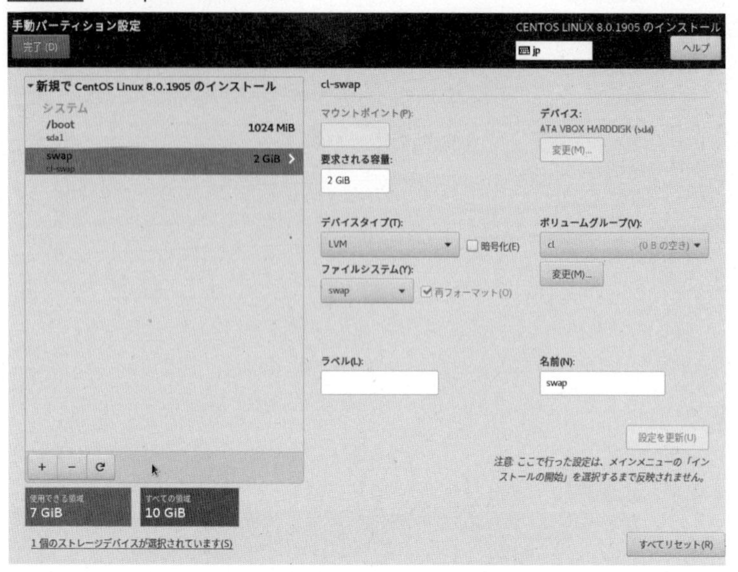

/パーティションを作成する

最後に/パーティションを作成し、残りの容量をすべて割り当てます。[**マウントポイント**]の項目は、メニューから「/」を選択します。残り容量をすべて割り当てるため、[**割り当てる容量**]は空欄にしておきます。[**マウントポイントの追加**]をクリックすると、パーティションが作成され、図3-14のような画面が表示されます。

図3-14　/パーティション

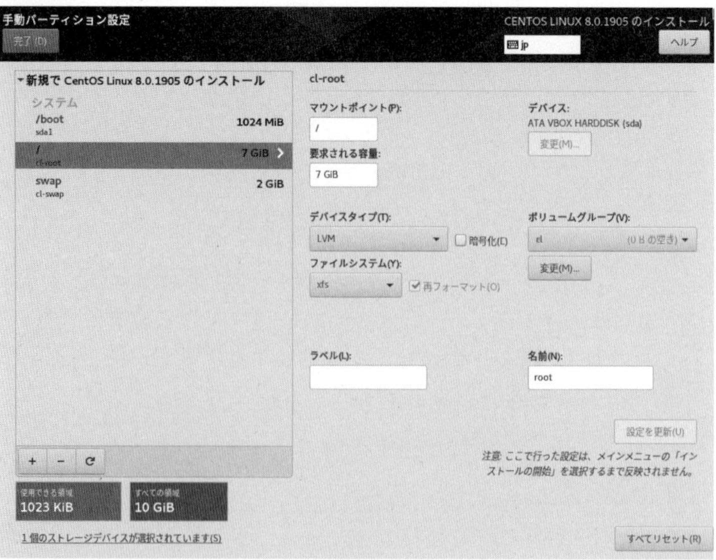

パーティション設定の完了

すべてのパーティションの作成が終わったら、画面左上にある［**完了**］のボタンをクリックします。すると、図3-15のように、これからディスクに行われる処理の一覧が表示されます。

図3-15 パーティション変更の概要

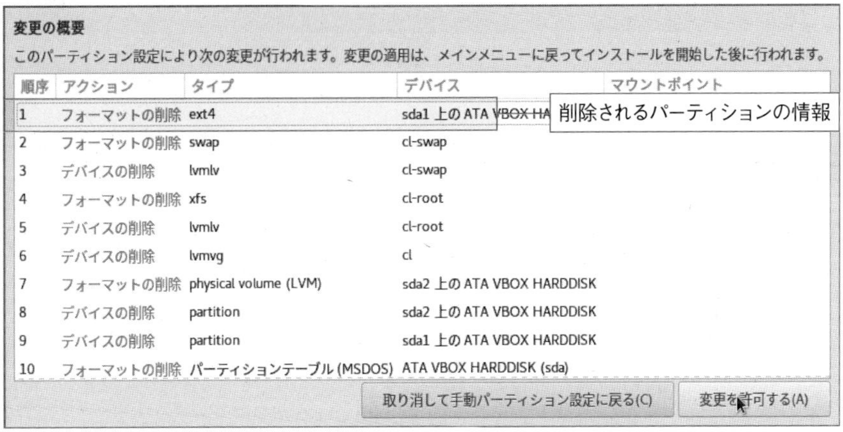

変更の概要

このパーティション設定により次の変更が行われます。変更の適用は、メインメニューに戻ってインストールを開始した後に行われます。

順序	アクション	タイプ	デバイス	マウントポイント
1	フォーマットの削除	ext4	sda1 上の ATA VBOX HA	
2	フォーマットの削除	swap	cl-swap	
3	デバイスの削除	lvmlv	cl-swap	
4	フォーマットの削除	xfs	cl-root	
5	デバイスの削除	lvmlv	cl-root	
6	デバイスの削除	lvmvg	cl	
7	フォーマットの削除	physical volume (LVM)	sda2 上の ATA VBOX HARDDISK	
8	デバイスの削除	partition	sda2 上の ATA VBOX HARDDISK	
9	デバイスの削除	partition	sda1 上の ATA VBOX HARDDISK	
10	フォーマットの削除	パーティションテーブル (MSDOS)	ATA VBOX HARDDISK (sda)	

削除されるパーティションの情報

取り消して手動パーティション設定に戻る(C)　変更を許可する(A)

スクロールバーを使って内容を確認します。特に、削除するパーティションがある場合には、しっかり確認を行っておきましょう。何か問題があった場合には、［**取り消して手動パーティション設定に戻る**］をクリックし、もとの画面に戻ります。この内容で問題がない場合には、［**変更を許可する**］をクリックします。すると、インストールメニュー画面に戻ります。

ネットワーク設定

Section 03-04

ネットワークとホスト名を設定する

このセクションでは、ネットワークとホスト名の設定の項目について解説します。

このセクションのポイント

1 ホスト名を忘れずに設定する。
2 DHCPでのアドレス割り当ての場合には、スイッチを【オン】に変えるだけである。
3 手動でアドレスを割り当てる場合には、必要に合わせてIPv4、IPv6の設定を行う。

ネットワーク設定

［**ネットワークとホスト名**］のアイコンをクリックすると、図3-16のような画面が表示されます。この画面では、ネットワークの設定を行います。

図3-16　ネットワーク設定画面

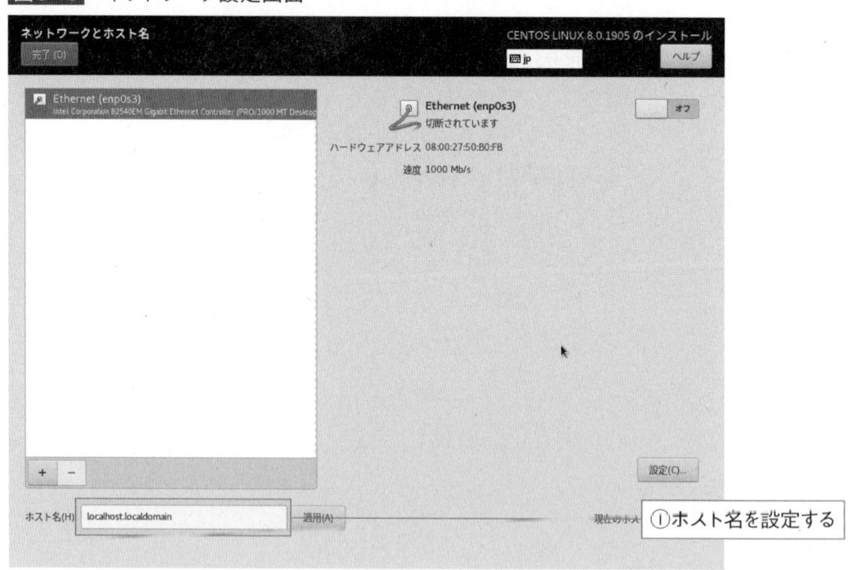

ホスト名の設定

画面左下のテキストボックスに、ホスト名を設定することができます。標準では、「localhost.localdomain」となっていますので、これを適宜変更します。FQDN

形式のホスト名を付けても構いませんし、ドメイン名なしのホスト名を登録しても構いません。本書の例では、「centos8」というホスト名を設定します。

インタフェースの設定

画面左の中段には、このPCに存在するネットワークアダプターのリストが表示されています。設定を行うインタフェースを選択します。すると、画面右にインタフェースに対する設定情報が表示されます。

DHCPでのアドレス割り当て

DHCPでアドレスを割り当てる場合には、**[オフ]** となっているスイッチをクリックし、**[オン]** に変えます。すると、自動的にDHCPでアドレスを取得しようとします。無事にアドレスが取得できた場合には、図3-17のように状態が「接続済みです」となり、割り当てられたIPアドレスの情報が表示されます。

図3-17 DHCPアドレスの取得

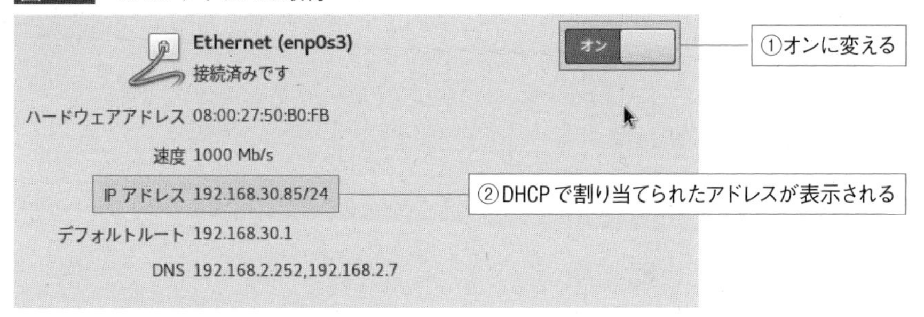

手動でのアドレス割り当て

手動でアドレスを割り当てる場合には、画面右下にある **[設定]** ボタンをクリックします。

次に、**[IPv4設定]**（図3-18）または **[IPv6設定]**（図3-19）のタブの中で、実際に使用するプロトコルをクリックします。これらの画面では、最初は方式の欄が **[自動]** または **[自動（DHCP）]** になっています。これを「手動」に変えると、個々の項目に設定ができるようになります。

アドレスを追加するためには、**[追加]** をクリックします。IPアドレスや、プレフィックス、ゲートウェイなどが設定できるようになります。事前に決めておいた内容に合わせて設定します。

図3-18 IPv4アドレスの設定

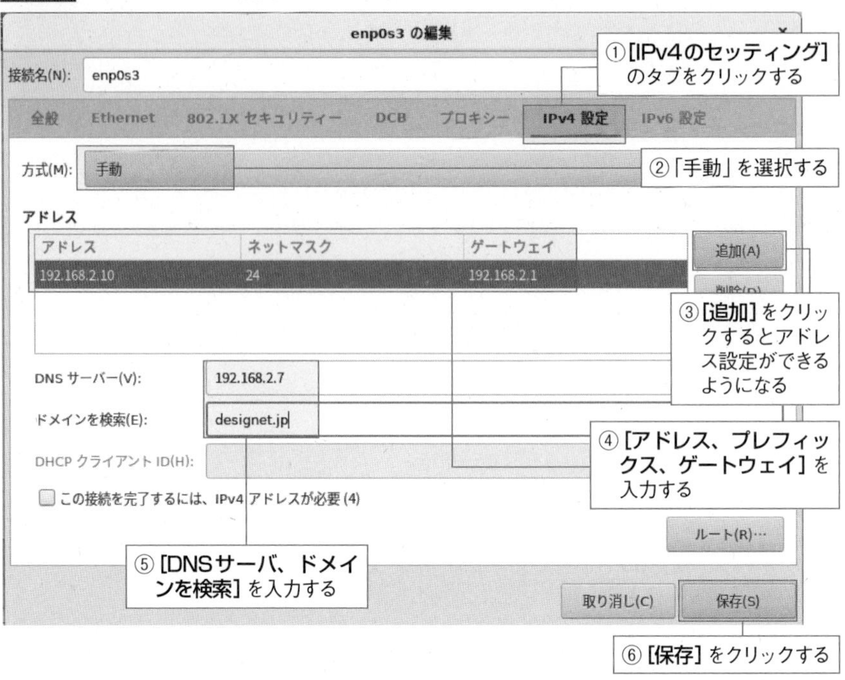

図3-19 IPv6アドレスの設定

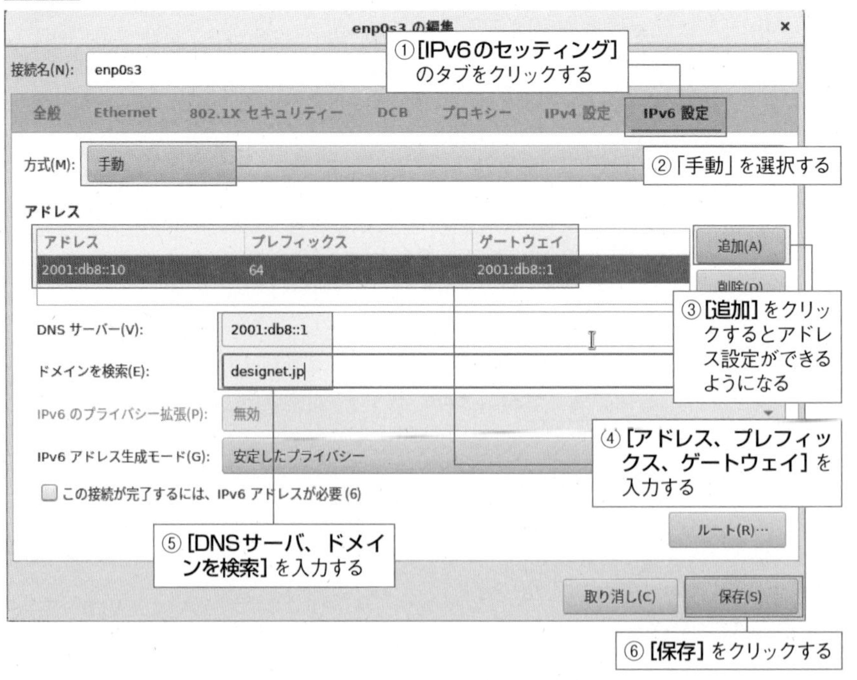

設定が終了したら、**[保存]** をクリックします。図3-20のように、「ネットワークとホスト名の設定」画面に戻ります。画面右上のスイッチを「オン」に変更します。ネットワークに接続し、先ほど設定した情報が画面に表示されることを確認します。ネットワークの設定が正しくできたことを確認したら、**[完了]** をクリックします。

図3-20　手動アドレス割り当ての結果

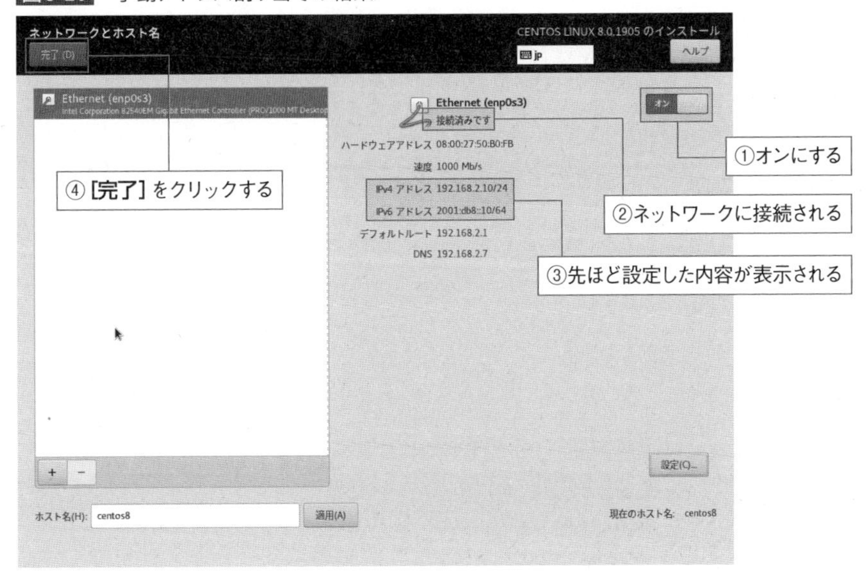

地域設定

Section 03-05

地域とキーボードを設定する

このセクションでは、インストールメニューの地域設定とキーボードの項目の設定方法を解説します。

このセクションのポイント

1 ネットワークの設定を行ってから設定を行った方が効率的である。
2 日本語キーボード以外を使っている場合には、キーボードの設定が必要になる。
3 ほとんどの項目は標準設定のままで問題ない。

日付と時刻の設定

[日付と時刻]のアイコンをクリックすると、図3-21のような画面が表示されます。この画面では、日付と時刻の設定を行います。

図3-21　日付と時刻の設定

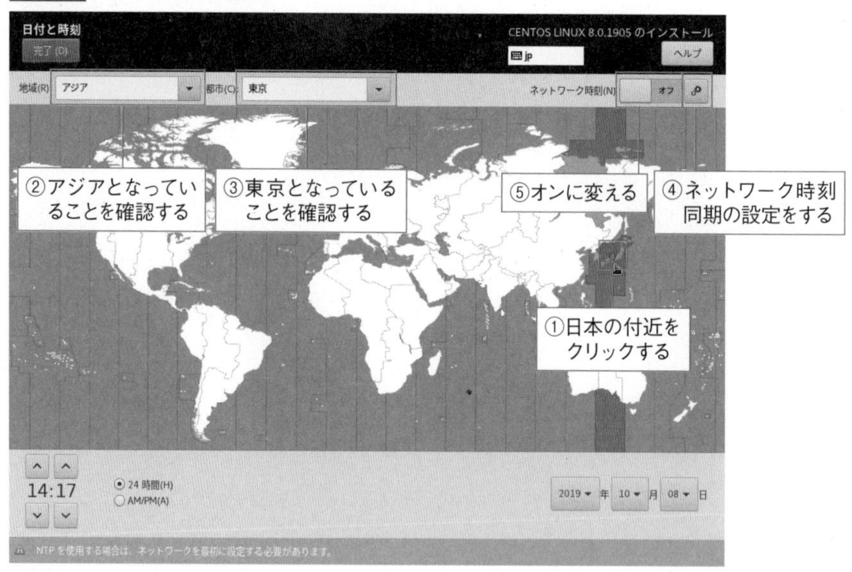

地域と都市

利用する環境に合わせて、地域と都市の設定をします。世界地図の日本の付近をクリックします。地域と都市は自動的に「アジア」、「東京」に設定されます。なお、海外でPC を利用する場合には、適切な地域と都市をメニューから選択します。

ネットワーク時刻同期の設定

画面の右上にある歯車のボタンをクリックすると、図3-22のような画面が表示され、ネットワーク時刻同期で利用するサーバを設定することができます。筆者の環境では、2.centos.pool.ntp.orgが設定されています。ネットワークの設定が適切に行われていて、これらのホストに接続することができれば、「稼働中」の欄が緑色になっています。特に変更の必要がなければ、このまま[OK]をクリックします。

標準のNTPサーバを使わない場合には、[使用]の欄のチェックを外します。画面上部のテキストボックスにNTPサーバの名前を入力し、[+]をクリックするとNTPサーバを追加することができます。

図3-22 NTPサーバの設定

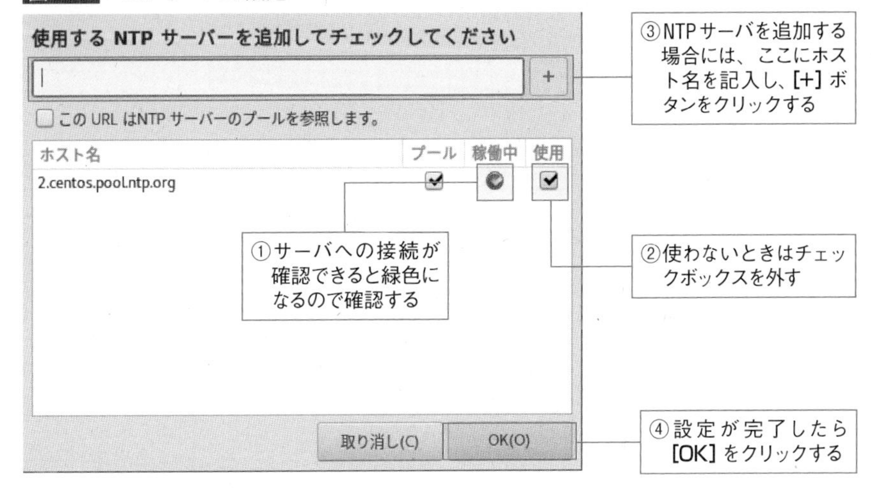

設定を行い[OK]をクリックすると、日付と時刻の画面に戻ります。次に、[ネットワーク時刻]のスイッチを[オン]に変更すれば、ネットワーク時刻同期の設定は完了です。

日付と時刻を手動で合わせる

ネットワーク時刻同期のスイッチが[オフ]になっていると、画面下部の時間や日付の選択メニューが指定できるようになります。表示されているものが、現在時刻とずれている場合には、設定をしておきましょう。

設定の完了

設定が完了したら、画面右上の[完了]ボタンをクリックして、インストールメニューに戻ります。

キーボードの設定

インストール言語で日本語を選択している場合には、キーボードは標準で日本語キーボードに設定されていて、インストールメニュー画面のキーボードの欄にも「日本語」と表示されています。

利用しているキーボードが日本語キーボードでない場合には、設定を変更する必要がありますので、キーボードのアイコンをクリックします。

図3-23 キーボードの設定

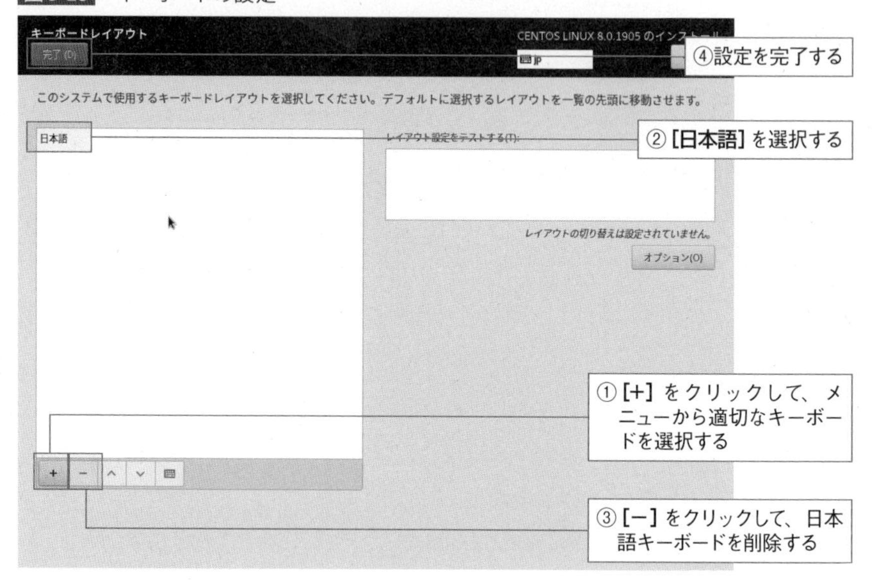

キーボード設定の追加

図3-23の画面で、[+]をクリックすると、キーボードの一覧画面が表示されます。メニューから適切なキーボードを選択し、[追加]ボタンをクリックすると、キーボード設定が追加できます。

キーボード設定の削除

日本語キーボード以外を使っている場合には、日本語キーボードの設定を削除しておくのが良いでしょう。左側中央のメニューの「日本語」を選択し、[-]ボタンをクリックすると設定が削除できます。

言語サポートの設定

インストール言語で日本語を選択している場合には、日本語の言語サポート機能が有効になるように設定されていて、インストールメニュー画面の言語サポートの欄にも「日本語（日本）」と表示されています。その他の言語のサポートが必要な場合には、言語サポートのアイコンをクリックします。

図3-24　言語サポートの設定

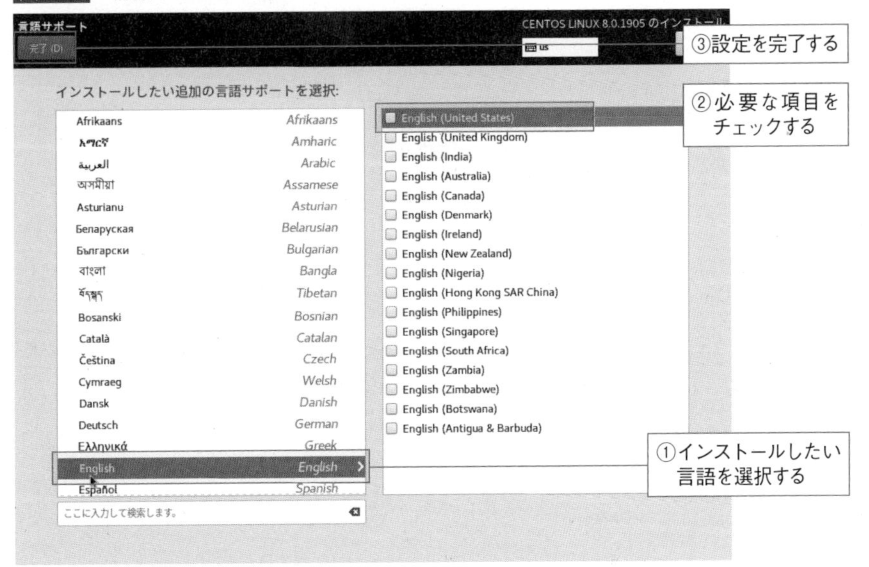

左側メニューから、インストールしたい言語を選択します。すると、右側のメニューにその言語の詳細なサポート項目が表示されますので、必要な項目にチェックを入れます。これを繰り返して、必要な言語すべてにチェックを入れます。設定が完了したら、画面左上の **[完了]** ボタンをクリックして、インストールメニューに戻ります。

インストールソフトウェア設定

Section 03-06

インストールソフトウェアを設定する

このセクションでは、インストールするソフトウェアの設定方法を解説します。

このセクションのポイント

1 通常は、インストールソースの設定を行わなくてよい。
2 インストールソフトウェアでは「サーバ（GUI使用）」を選択する。
3 アドオンのソフトウェアを選択しない。

インストールソースの設定

標準では、ローカルメディア（USBメモリやISOファイル）からインストールを行います。ネットワークインストールなど、それ以外からインストールを行う場合には、インストールソースの設定を行う必要があります。その場合には、インストールソースのアイコンをクリックし、ダウンロード元のURLなどの設定を行います。

ソフトウェアの選択

CentOS 8のインストーラでは、標準で「サーバ（GUI使用）」が行われるようになっています。本書では、GUIを使った解説も行うため、特に変更する必要はありません。ただし、ソースコードからソフトウェアをコンパイルしてインストールする予定がある場合と、仮想マシン上にCentOSをインストールする場合には、アドオンを追加します。

［ソフトウェアの選択］のアイコンをクリックすると、ソフトウェアの選択画面が表示されます。

図3-25 ソフトウェアの選択

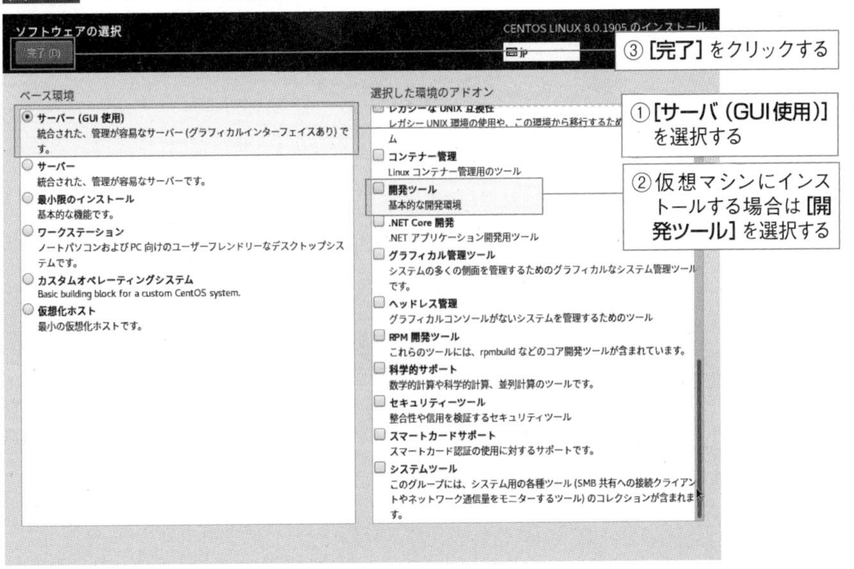
③[完了]をクリックする
①[サーバ(GUI使用)]を選択する
②仮想マシンにインストールする場合は[開発ツール]を選択する

初期表示では、画面左側の[**ベース環境**]メニューの中の[**サーバ(GUI使用)**]が選択されています。本書では、グラフィカルな管理ツールの使い方を説明しますので、そのまま[**サーバ(GUI使用)**]を選択してインストールを行います。グラフィカルな管理ツールが不要な場合には、[**サーバ**]を選択します。

また、ソースコードからソフトウェアをコンパイルしてインストールする予定がある場合には、右側の[**選択した環境のアドオン**]のメニューからの中の[**開発ツール**]を選択します。なお、仮想マシンにインストールを行う場合には、仮想マシンへアドオンソフトウェアやドライバをインストールするために開発ツールが必要になります。そのため、必ず[**開発ツール**]を選択します。本書では[**開発ツール**]をインストールした状態で解説します。

設定ができたら、[**完了**]ボタンをクリックして、インストールメニューに戻ります。

Section 03-07

kdumpとセキュリティポリシー

ここでは、kdumpとセキュリティポリシーの概要と、設定について解説します。

このセクションのポイント

1. kdumpは、カーネルのクラッシュダンプを取得する仕組みである。
2. CentOSでは、CentOS 8.0の段階では利用可能なセキュリティポリシーが提供されていない。

kdumpの設定

kdumpは、カーネルがクラッシュしたときに、状態をダンプする仕組みです。カーネルレベルで発生する様々な障害を解析するために利用することができます。ただし、カーネルの解析には相当な技術が必要となり、一般の利用者が簡単に利用できるものではありません。つまり、kdumpは問題発生時に専門家に解析してもらうための機能だと言えます。ただ、kdumpを有効にすると、メモリ上にkdump専用の領域が予約されるという欠点があります。

CentOS 8のインストーラでは、標準でkdumpに必要な設定が行われるようになっています。しかし、カーネルダンプを解析してもらえる相手がいない場合や、メモリに余裕がない場合には、kdumpを無効にすることができます。

kdumpを無効にするには、インストールメニューから[**kdump**]を選択します。すると、図3-26のような画面が表示されます。

図3-26 kdumpの設定画面

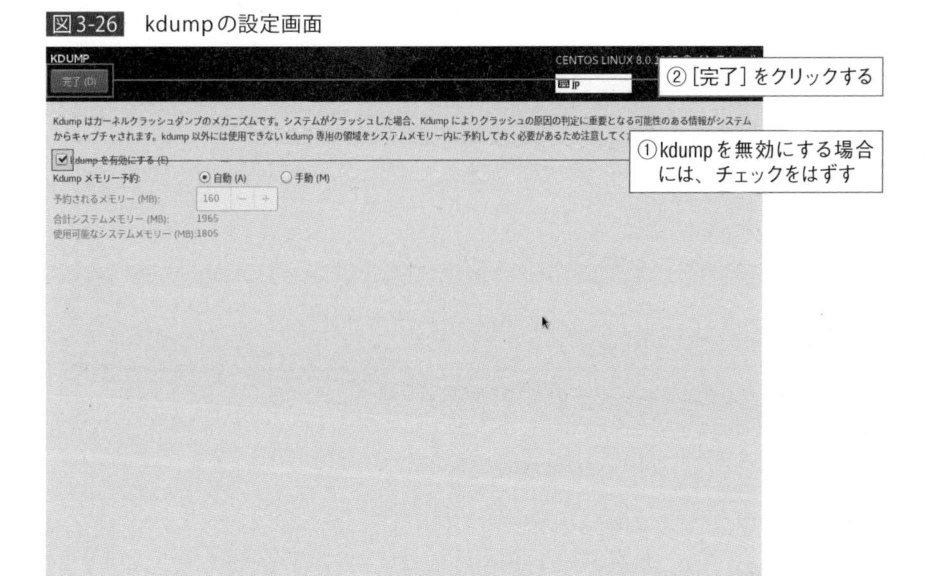

[**kdumpを有効にする**]のチェックを外し、[**完了**]をクリックします。

セキュリティポリシーの設定

セキュリティポリシーは、システムの用途に合わせてシステム全体のセキュリティのポリシーを設定する機能です。Security Content Automation Protocol (SCAP) という標準で、システムの制限や推奨事項が定められています。セキュリティポリシーを使うと、強度の弱い暗号方式を使わなくしたり、通信上に不必要な情報を流さないように設定を変更したりという、セキュリティ強化のプロセスを自動的に行うことができます。セキュリティポリシーを設定すると、自動的に強固なセキュリティが適用されるというメリットがありますが、システム上の制約が増えるというデメリットもあります。

Red Hat Enterprise Linux 8では、用途に合わせたプロファイルが何種類か提供されています。しかし、CentOS 8では、本書執筆の時点ではプロファイルの提供がありません。そのため、インストールメニューには[**セキュリティポリシー**]という項目が存在しますが、残念ながらセキュリティポリシーの機能を設定することができません。また、特に設定を行う必要もありません。

Section 03-08

インストール開始

インストールを開始する

設定が完了したら、インストールを始めましょう。インストールが行われている間に、rootパスワードと管理用ユーザの作成を行います。

このセクションのポイント

1 インストールメニューで［インストールの開始］をクリックするとインストールが始まる。
2 インストール中に、rootパスワードとユーザを設定しておく。

インストールの開始

インストールメニューの各項目の設定が終わったら、**［インストールの開始］**ボタンをクリックします。インストールが開始されると、図3-27のような画面が表示されます。

図3-27 インストール状況の表示

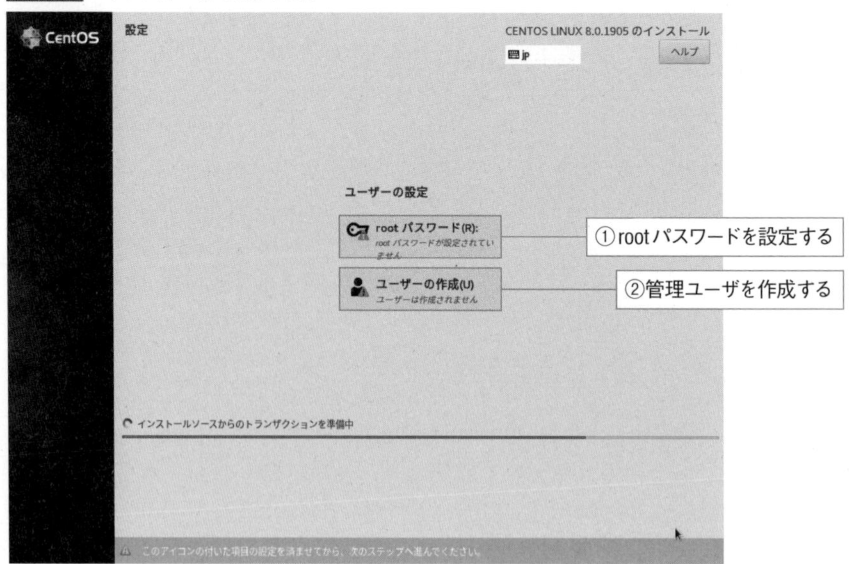

図3-27の画面では、インストールの進捗が表示されていますが、インストールが行われている間に、rootパスワードとユーザの設定を行う必要があります。

rootパスワードの作成

[rootパスワード] のアイコンをクリックすると、図3-28のような画面が表示されます。

図3-28　rootパスワードの設定画面

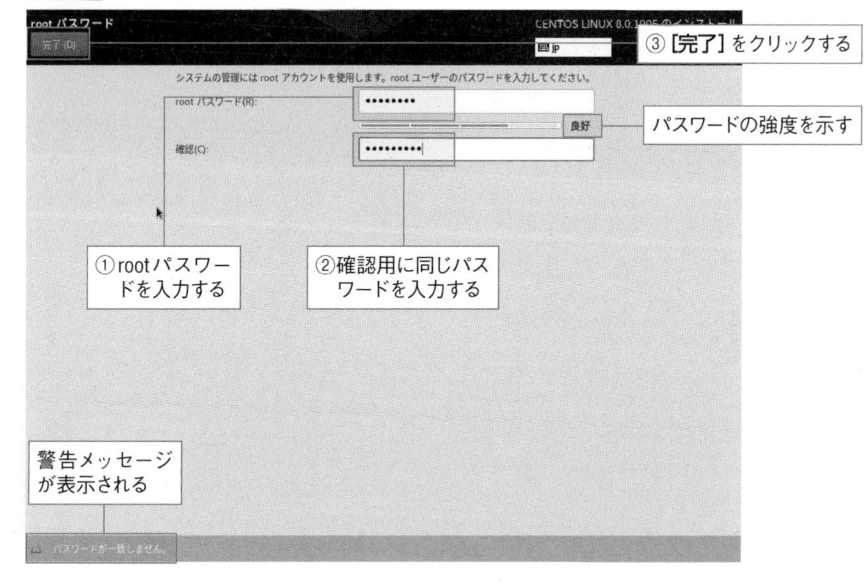

[rootパスワード] の欄と **[確認]** の欄に、あらかじめ決めたおいたrootパスワードを入力します。ここで入力したパスワードを忘れてしまうと、インストール完了後にログインができなくなりますので、十分に注意して設定を行ってください。設定ができたら **[完了]** をクリックして、インストール状況の表示画面に戻ります。

なお、rootパスワードは、インストール後のシステムではもっとも重要なパスワードとなります。英文字の大文字、小文字、数字、記号などを組み合わせた十分に複雑なパスワードを登録してください。パスワードの強度がどの程度かを示すインジケータも表示されています。パスワードの複雑さが足りず脆弱な場合や、2つのパスワードが異なる場合には、画面の最下部にオレンジ色の警告が表示されます。

ユーザの作成

図3-27の画面で [**ユーザの作成**] のアイコンをクリックすると、図3-29のような画面が表示されます。この画面では、管理用のユーザを作成します。

図3-29　ユーザ作成画面

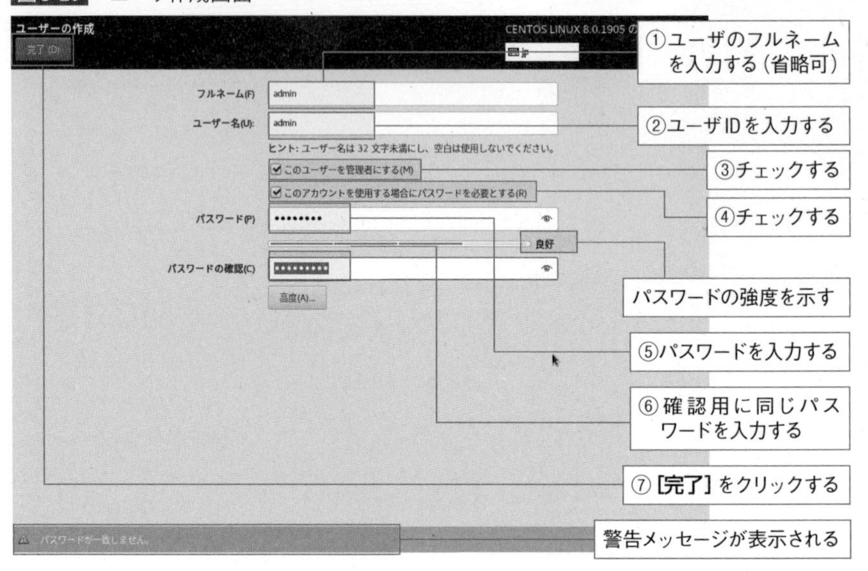

[**ユーザ名**]、[**パスワード**]、[**パスワードの確認**] の欄は、必ず入力しなければなりません。[**フルネーム**] は必須ではありませんが、設定しておくとログイン画面などで表示名として使われます。フルネームを適切に入力しておくと、ユーザを管理するときにも便利です。また、[**このユーザを管理者にする**] と [**このアカウントを使用する場合にパスワードを必要とする**] の欄は、チェックしておきましょう。設定を行ったら [**完了**] をクリックして、インストール状況の表示画面に戻ります。

再起動する

インストールが完了すると、図3-30のような画面が表示されます。**[再起動]** をクリックして、システムを再起動します。

図3-30　インストール完了と再起動

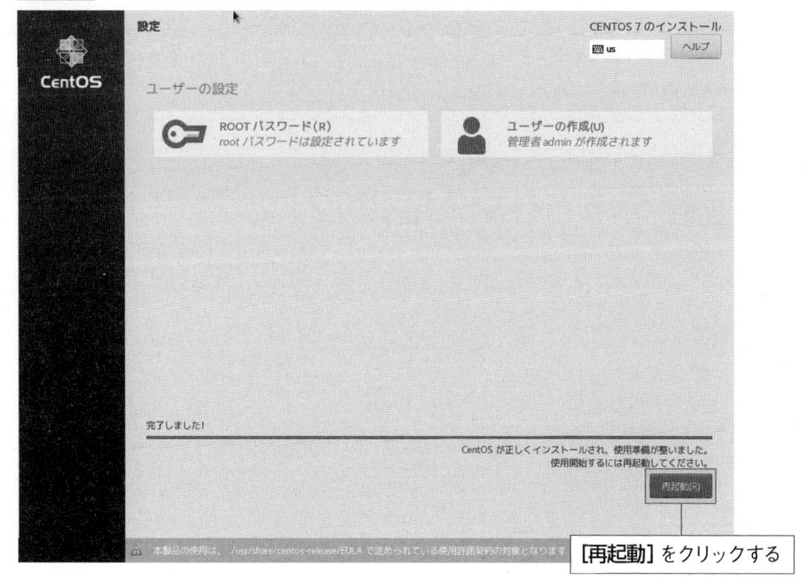

インストール終了

Section 03-09

インストールを完了させる

インストール後には、システムは再起動します。再起動後に、ライセンスの確認を行います。

このセクションのポイント

1 ライセンス情報を確認し、ライセンス契約に同意するとインストールが完了する。
2 インストールが無事に完了すると、ログイン画面が表示される。

再起動後のライセンス確認

サーバが再起動されると、図3-31のような画面が表示されます。この画面では、ライセンス情報の確認を行います。

図3-31 初期セットアップ画面

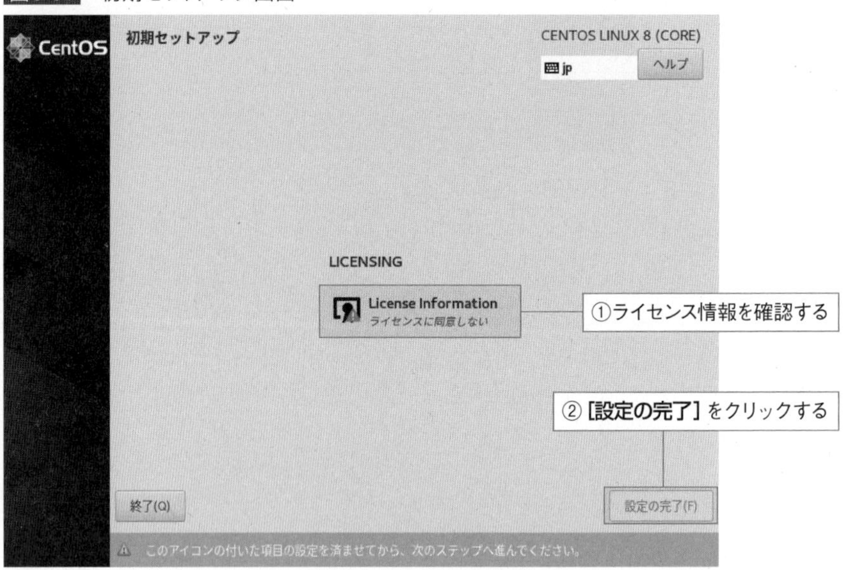

［License Information］のアイコンをクリックすると、図3-32のような画面が表示されます。この画面でライセンス情報を確認します。

図3-32 ライセンス情報画面

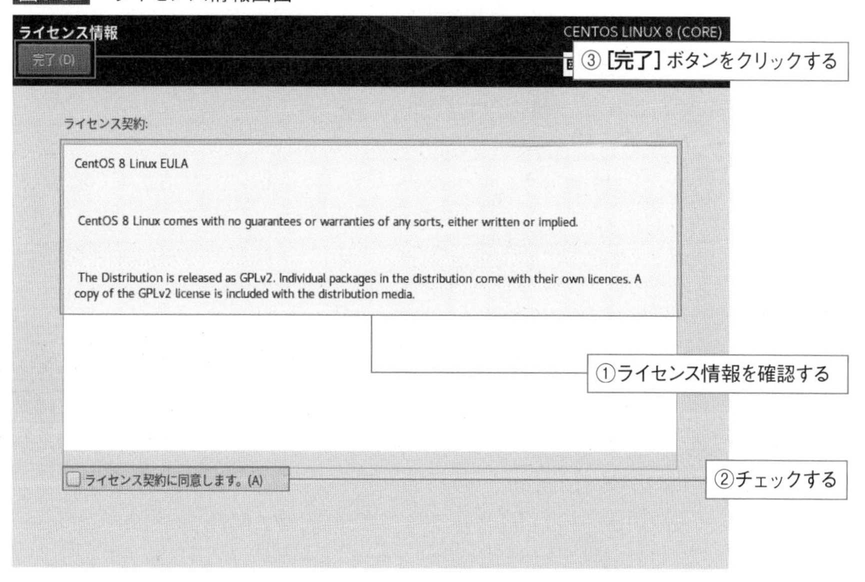

ライセンス契約の内容をよく読んで、問題がなければ画面下部の **[ライセンス契約に同意します。]** というチェックボックスをクリックします。**[完了]** ボタンをクリックして、前の画面に戻ります。**[設定の完了]** ボタンをクリックすると、インストール作業がすべて完了します。

本書の手順どおりに設定すると、ログイン画面が表示されるはずです。

図3-33 ログイン画面

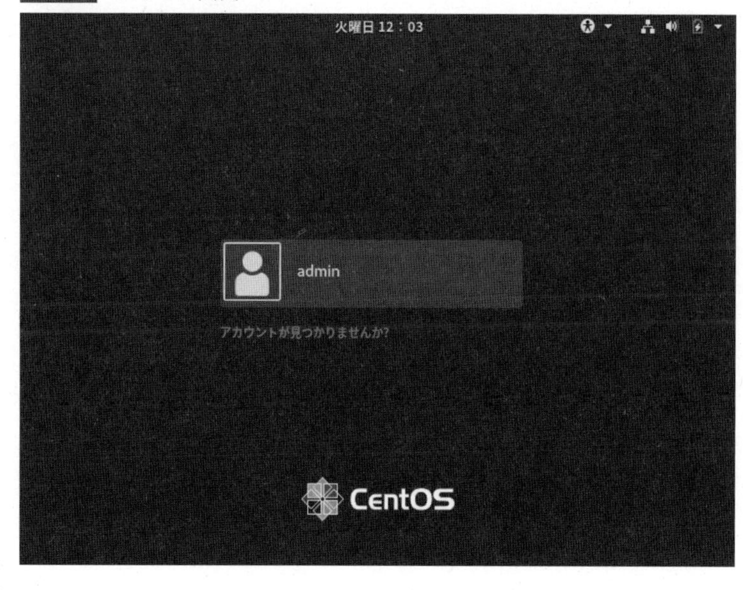

コラム

CentOS 8のインタフェース名

従来、Linuxではネットワークインタフェースの名称にeth0、eth1…やwlan0、wlan1…のような名称が使われてきました。しかし、CentOS 8では名称の付け方が変更になっています。

従来は、カーネル内でドライバがネットワークインタフェースを見つけると、自動的にeth0、eth1…のように名前が割り当てられていました。そのため、複数のNICを持つコンピュータではドライバの読み込み順で名称が決まってしまい、物理的な配置からネットワークインタフェース名を予測することができませんでした。

また、この命名規則ではすべてのコンピュータで同じような名称を使うことになります。ファイアウォールのような重要なセキュリティ機器でもルールは同じでした。しかし、セキュリティの観点から考えると、攻撃者があらかじめインタフェース名を予測できることは、好ましくないと考えられていました。

そこで、導入されたのがCentOS 8でも採用されているPredictable Network Interface Name（予測可能なネットワークインタフェース名）という命名規則です。CentOS 8では、systemdが名称を管理し、ネットワークインタフェースのドライバの情報を基に次のような名前が付けられます。

①enoX：オンボードデバイスとしてファームウェア/BIOSが管理するインタフェース
②ensX：PCI Expressホットプラグスロットのファームウェア/BIOSが管理するインタフェース
③enpXsX：ハードウェアのコネクタの場所による命名規則
④ethX：従来の命名規則
⑤enxXXXXXXXXXXXX：MACアドレスを使った命名規則

systemdは、ファームウェアやBIOSから得られる情報を基に、この順に名称を付けようとします。つまり、オンボードデバイスであるとわかった場合にはenoX、PCI Expressホットプラグスロットとわかった場合にはensX、いずれでもなく配置がわかる場合にはenpXsX、何も情報が得られない場合にはethXが使われることになります。⑤は、特別な設定を行った場合にだけ使われます。

デスクトップの基本操作

CentOS 8には、GNOMEと呼ばれるデスクトップ環境が用意されています。このChapterでは、デスクトップ環境の使い方について、サーバを構築するのに最低限必要な項目を選んで簡単に説明します。

Contents

Section 04-01 まず使ってみる

インストールが終了したら、Linuxのいろいろな部分がどうなっているのかを確認してみましょう。

このセクションのポイント

1 rootユーザは、どうしても必要な場合だけ使う。
2 「アプリケーション」メニューは、Windowsのスタートメニューに該当するメニューである。
3 ユーティリティメニューには、ログアウト、シャットダウンのための項目や、システムを管理するための項目がある。

rootユーザと一般ユーザ

Linuxでは、管理用のユーザ（root）が必ず設定されています。rootユーザだけがシステムの設定を変更したり、ソフトウェアのインストールを行うことができるようになっています。rootの権限はたいへん強力で、できないことはほとんどありません。そのため、間違ってファイルを消せばシステムの全ファイルを消すこともできてしまいますし、二度とシステムが起動しないようなことになってしまう可能性もあります。

これに対して、root以外の一般ユーザの権限は制約されています。逆に言えば、システムの重要なファイルを消すことはできませんし、何をやってもシステムの起動ができなくなるような状況に陥ることはありません。権限が制約されている半面で、とても安全にシステムを使うことができるのです。

こうした特性があるため、Linuxではできるだけ一般ユーザを使います。そして、rootユーザの権限が必要な場合だけrootユーザにスイッチして使うようにします。

メモ

ユーザの切り替えについては、セクション06-01で解説します。

GUIからログインしてみる

インストールが終了すると、図4-1のようなログイン画面になります。本書の例では、root以外の一般ユーザとしてadminを設定しましたので、そのユーザ名である「admin」が表示されています。

図4-1　ユーザ名の表示

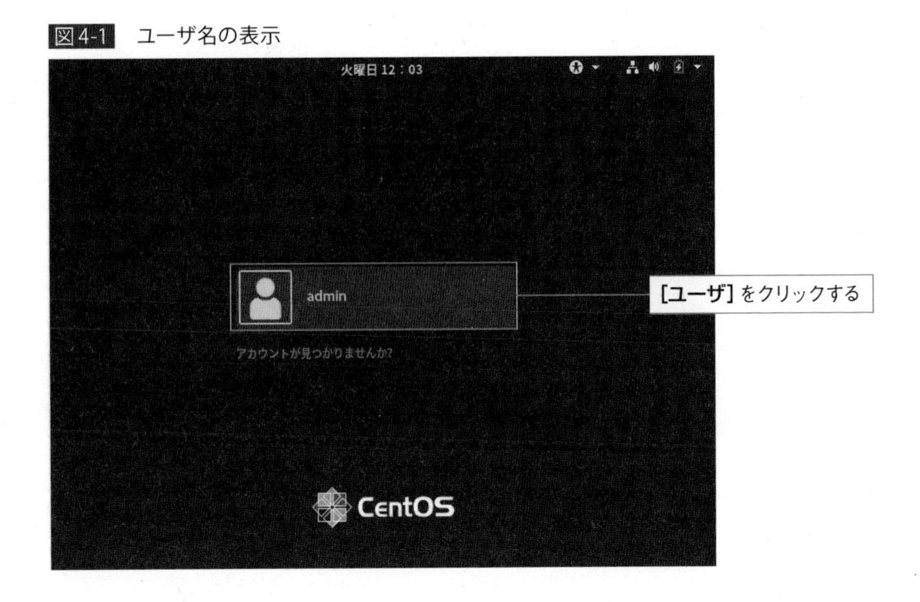

このユーザをクリックすると、パスワード入力欄が表示されます。インストールしたときにユーザ設定画面で指定したパスワードを入力し、ログインします。

最初のログイン設定

ユーザが最初にログインすると、画面の中央に図4-2のようなメニューが表示されます。あらかじめ日本語にチェックが入っているはずですので、そのまま **[次へ]** ボタンをクリックします。日本語以外の言語セットを使いたい場合には、ここで言語を変えることができます。

図4-2　使用言語の設定

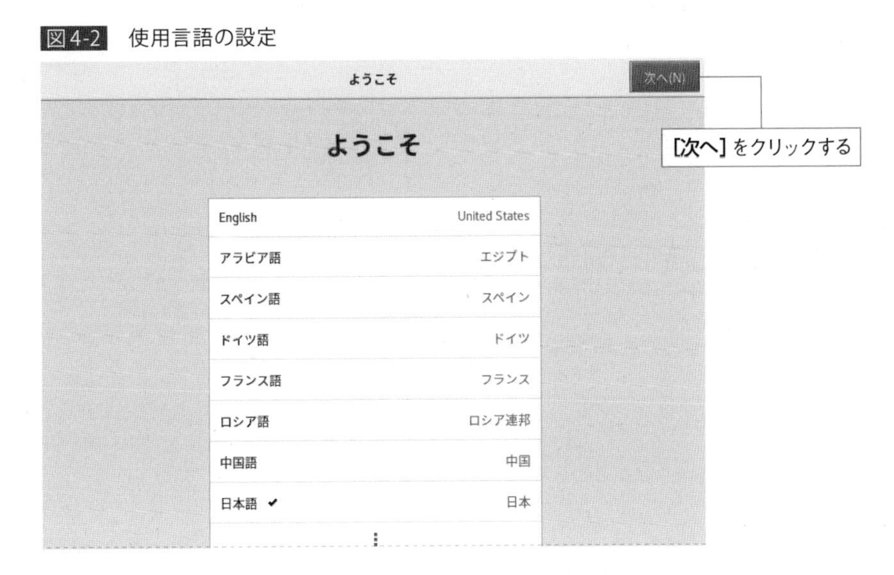

次に、入力ソースの選択画面が表示されます。英語キーボードなど、異なるタイプのキーボードを使いたい場合には、[+] ボタンをクリックして、設定することができます。標準で、日本語の入力に必要な設定になっていますので、通常は **[次へ]** ボタンをクリックします。

図4-3　入力ソースの選択

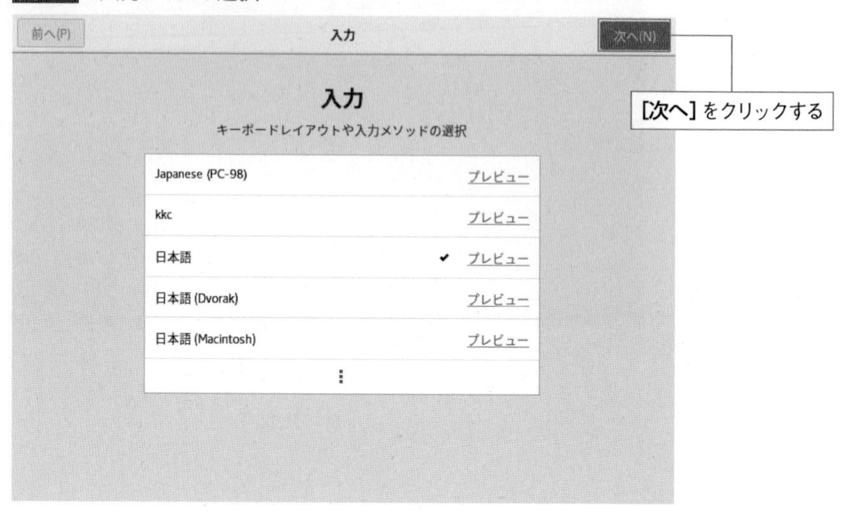

次に、プライバシー設定画面が表示されます。この画面では、ブラウザなどで利用する位置情報サービスの設定を行います。標準では位置情報サービスがオンになっていますが、位置情報サービスを無効にしたい場合には、オフにします。設定を確認したら、**[次へ]** をクリックします。

図4-4　プライバシー設定画面

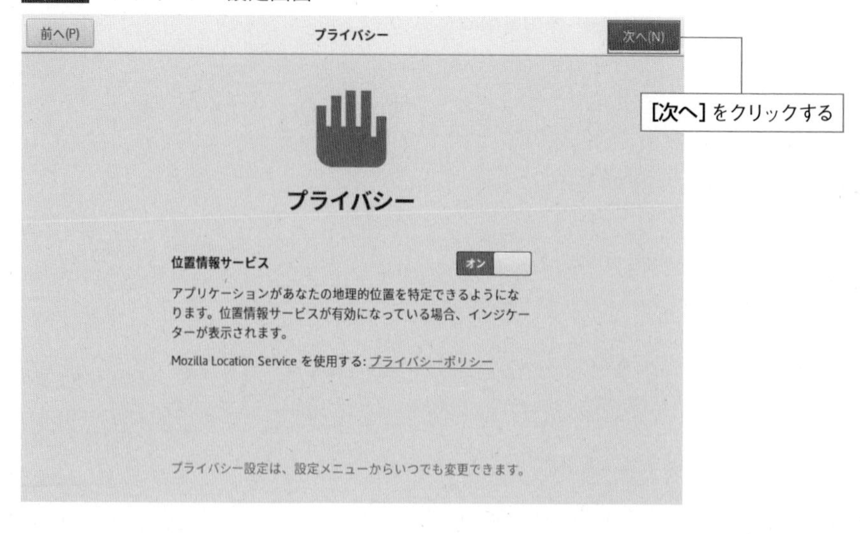

次に、オンラインアカウントへの接続画面が表示されます。

図4-5　オンラインアカウント設定

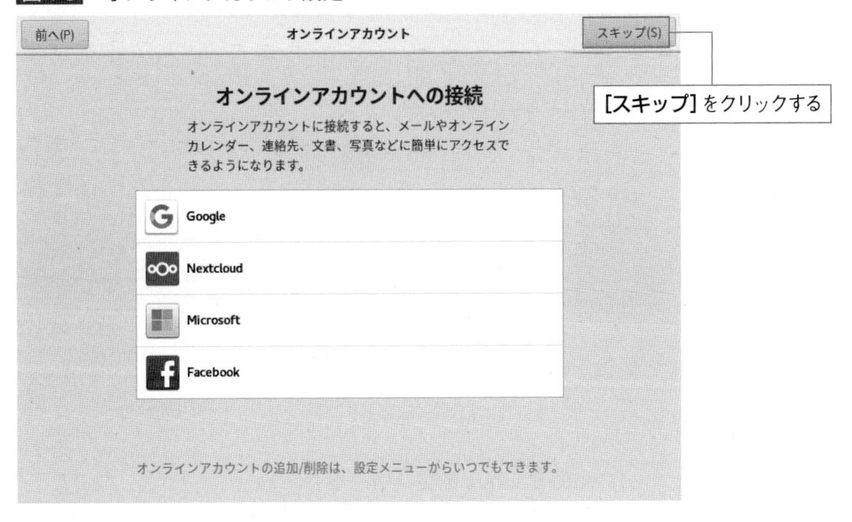

設定可能なクラウドサービスの一覧が表示されます。この各項目を設定していくことで、デスクトップに各サービスと連携してお知らせを表示する機能などを利用することができるようになります（本書は、サーバ構築の本ですので詳しい解説は割愛します）。設定を行わない場合には、**[スキップ]** をクリックします。設定を行う場合には、オンラインアカウントの項目をクリックすると、設定ウィザードが始まります。一つでもオンラインアカウントを設定すると、右上のボタンが **[スキップ]** から **[次へ]** に変わります。設定が終わったら **[次へ]** をクリックします。

次に **[次へ]** をクリックすると、図4-6のような画面が表示されます。

01 02 03 04 05 06 07 08 09 10 11 12 13 14 15 16 17 18 19

図4-6　CentOSの利用開始

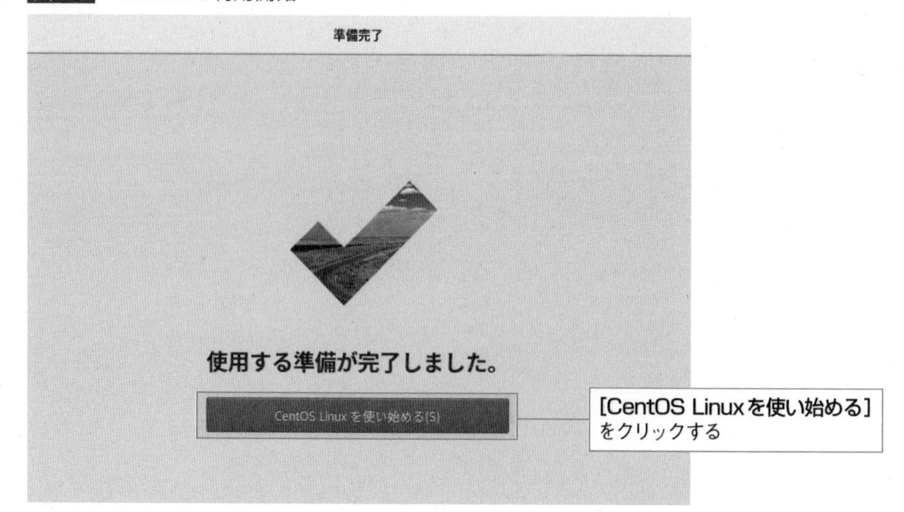

[**CentOS Linuxを使い始める**]をクリックすると、ログイン時の設定は終了です。最後に、GNOMEのヘルプ画面が表示されます。少し内容を確認したら、画面右上の[×]ボタンをクリックして画面を閉じておきましょう。これで、GNOMEデスクトップの利用を開始することができます。

GNOMEデスクトップ

2回目以降のログインの場合には、ログインが成功すると、図4-7のような画面になります。これが、ユーザのデスクトップ画面です。

図4-7　GNOMEデスクトップ画面

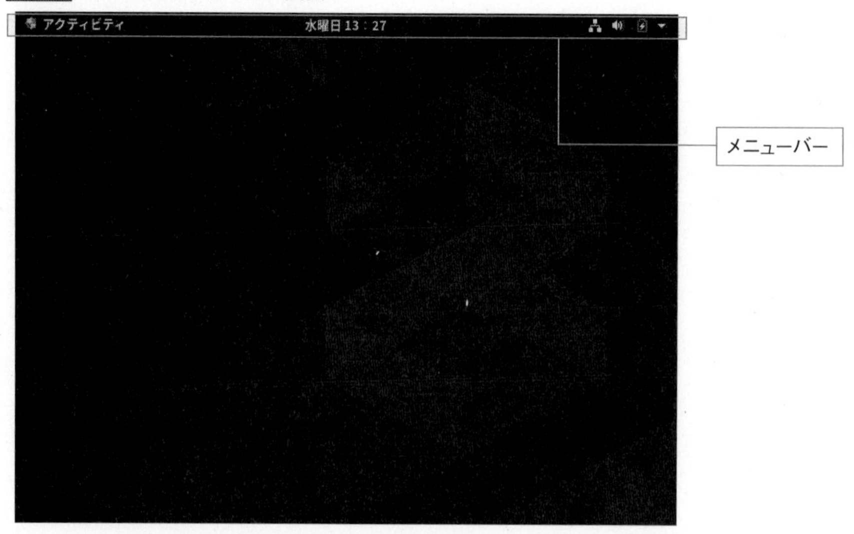

Linuxでは、デスクトップ環境もディストリビューションによって違います。CentOS 8では、GNOME、KDEなど複数のデスクトップ環境をサポートしていますが、特に指定しなければ、この画面のようにGNOMEと呼ばれるデスクトップ環境になります。まずは、GNOMEデスクトップ環境の使い方を簡単にチェックしてみましょう。

メニューを確認してみる

画面上部のメニューバーの内容を確認してみましょう。

図4-8 メニュー

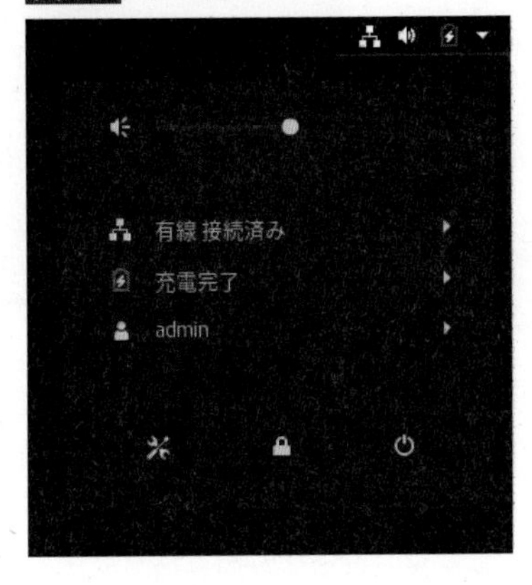

画面右上のネットワークや電源のアイコンが表示されている部分をクリックすると、図4-8のようなユーティリティメニューが表示されます。

アクティビティ・オーバービュー

画面左上の「アクティビティ」をクリックするか、マウスポインタを画面の左上隅に移動すると、図4-9のような画面が表示されます。

図4-9 アクティビティ・オーバービュー

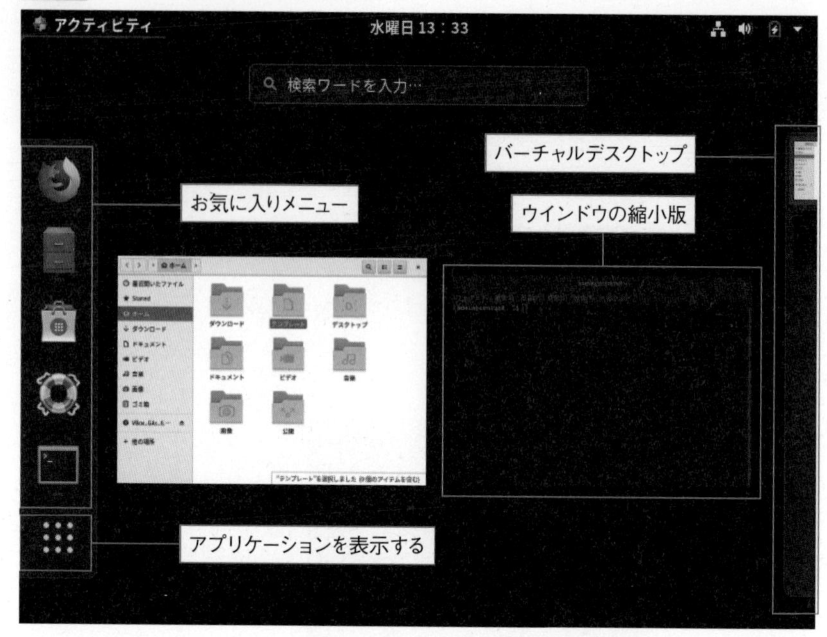

画面の真ん中には、いくつかのウィンドウが小さく表示されています。これは、すべてのウィンドウの縮小版です。この縮小版のウィンドウをクリックすることで、表示されるアプリケーションを切り替えることができます。

画面の右端には、バーチャルデスクトップの切り替えスイッチが表示されています。標準で4つのバーチャルデスクトップを使うことができます。この画面イメージをクリックすることで、そのバーチャルデスクトップへ切り替えることができます。

また、画面の左端には、アプリケーションのアイコンが表示されています。ここには、お気に入りアプリケーションが表示されています。このアイコンをクリックすることでアプリケーションを起動できます。

また、アプリケーションの一番下にある黒丸9個のアイコンをクリックすると、よく使うアプリケーションの一覧が表示されます。

図4-10 アプリケーション一覧（常用）

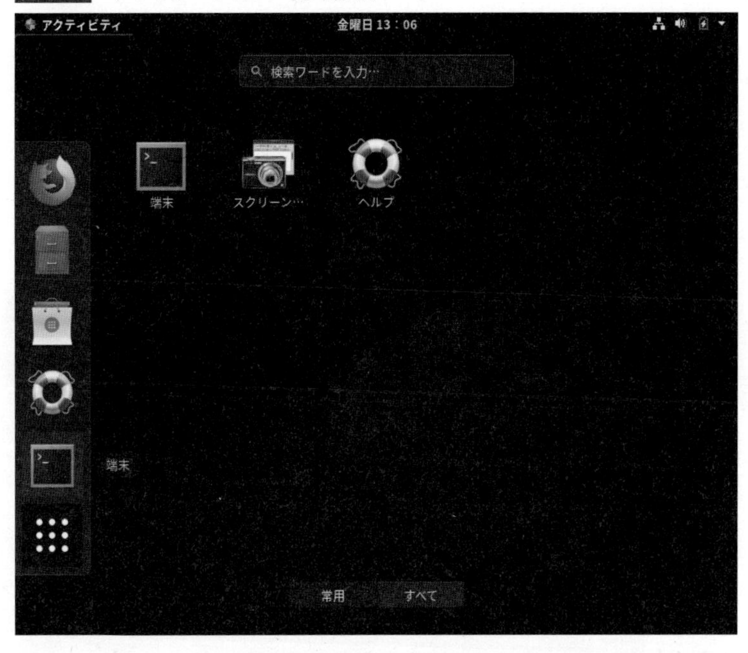

［すべて］をクリックすると、GUI画面で利用できるアプリケーションすべてが表示されます。

図4-11 アプリケーション一覧（すべて）

これらのアイコンをクリックすると、アプリケーションを起動することができます。また、アプリケーションのアイコン上で右クリックをすると表示されるメニューから**[お気に入りに追加]**を選択することで、お気に入りメニューに追加することができます。

[ユーティ ...]のように複数のアイコンが1つに表示されているアイコンは、クリックするとさらにアプリケーションの一覧が表示されます。

図4-12 ユーティリティのサブメニュー

Section 04-02

ログアウト・シャットダウン

ログアウトとシャットダウンの方法を知る

ログインができたら、このセクションでログアウトやシャットダウンの方法を確認しておきましょう。

このセクションのポイント

1. システムを停止するときには、シャットダウン処理を行う。
2. シャットダウンをするには、ユーティリティメニュー、ログイン画面、コマンドラインからの3つの方法がある。

ログアウト

GUIの画面を使わないときには、ログアウトしておく必要があります。ユーティリティメニューで、ユーザ名をクリックすると、ユーザメニューが表示され**[ログアウト]**という項目が現れます。

図4-13　ログアウトの選択

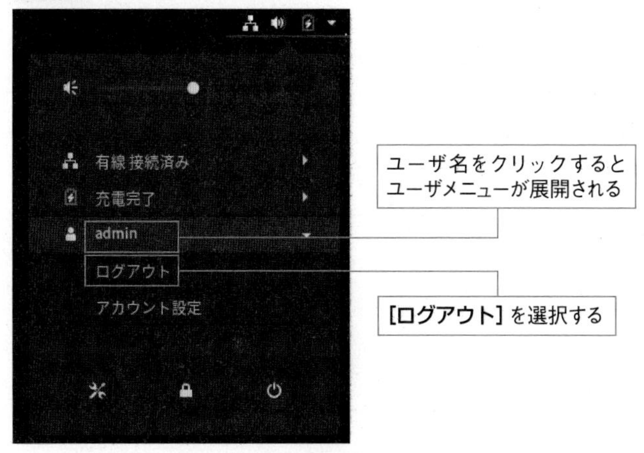

この項目を選択すると、図4-14のようなポップアップが表示されます。ここで、**[ログアウト]**を選択すると、ログアウト処理が実行され、ログイン画面に戻ります。

図4-14 ログアウトの実行

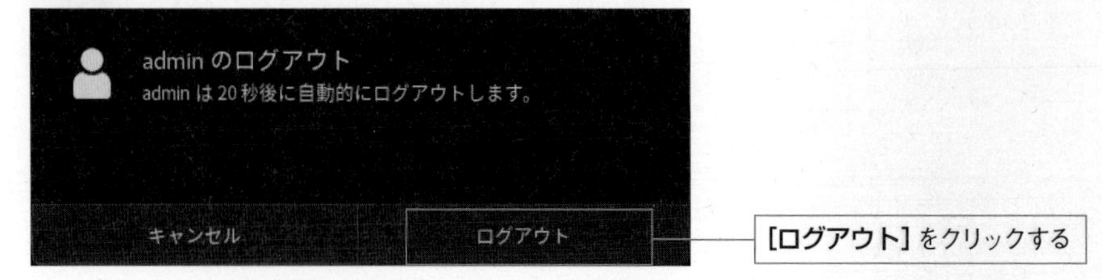
admin のログアウト
admin は 20 秒後に自動的にログアウトします。
キャンセル
ログアウト
[ログアウト] をクリックする

シャットダウン(電源オフ)

システムの利用が終わったら、システムを停止する必要があります。システムの停止は、いきなり電源ボタンを切るのではなく、必ずシャットダウン処理を行います。シャットダウンには、次の3つの方法があります。

- ユーティリティメニューからのシャットダウン
- GUIでのログイン画面でのシャットダウン
- コマンドラインからのシャットダウン

ここでは、ユーティリティメニュー、GUIログイン画面からのシャットダウンを解説します。コマンドラインからのシャットダウンについては、セクション06-01で解説します。

ユーティリティメニューからのシャットダウン

ユーティリティメニューからのシャットダウンはメニューの電源ボタンを選択します。

図4-15 電源オフの選択

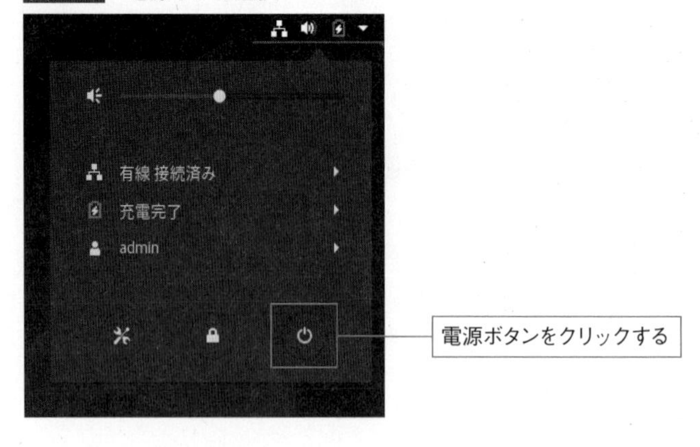
有線 接続済み
充電完了
admin
電源ボタンをクリックする

電源ボタンを選択すると、図4-16のようなポップアップが表示されます。

図4-16　シャットダウンの実行

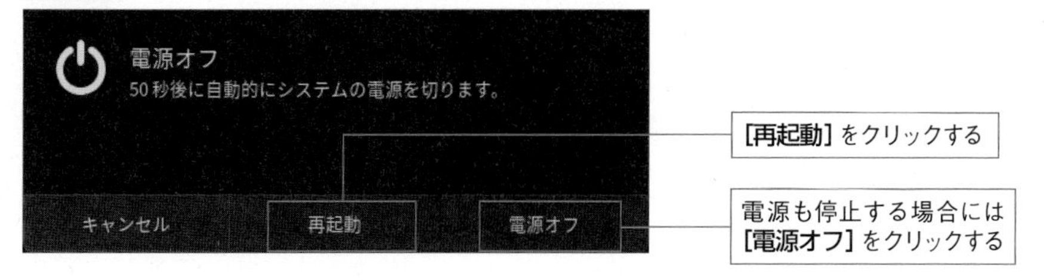

ここで、**[電源オフ]** か **[再起動]** をクリックすると、シャットダウン処理が始まります。**[電源オフ]** をクリックした場合には、自動的に電源まで停止します。

ログイン画面からのシャットダウン

ログイン画面からシャットダウンを行う場合にも、画面右上の電源マークをクリックするとユーティリティメニューが表示されます。

図4-17　ログイン画面からのシャットダウン

電源のボタンをクリックすると、図4-16と同じ画面が表示されますので、**[再起動]** か **[電源オフ]** をクリックします。

ロック画面

システムを管理する人は、知らないうちに誰かにコンピュータを使われてしまうことがないよう、コンピュータの前を離れる場合には画面をロックしておきましょう。ユーティリティメニューから鍵ボタンをクリックすると、ロック画面に切り替えることもできます。また、一定の期間、キーボードやマウスを使わないとロック画面が表示されます。

図4-18 ロック画面

ロック画面を解除するにはキーボードを押すか、マウスで画面を下から上に向かってドラックします。パスワード画面が表示されますので、ログインしていたユーザのパスワードを入力することで、ロック画面を解除することができます。

Section 04-03

ファイルシステム

ファイルとディレクトリを管理する

場所メニューの各項目を使って、ファイル管理をGUI画面から行うことができます。このセクションでは、GUIからのファイル管理の方法について解説します。

このセクションのポイント

1 nautilusを使ってファイルとフォルダの管理を行うことができる。
2 Linuxでは、フォルダを「ディレクトリ」と呼び、用途によって分類されている。

nautilusを起動する

CentOS 8のGNOME環境ではnautilus（ノーチラス）というファイルマネージャを使うことができます。**[アクティビティ]** をクリックして、お気に入りアプリケーションの中から **[ファイル]** のアイコンをクリックすると、nautilusを起動することができます。

図4-19 nautilusを起動する

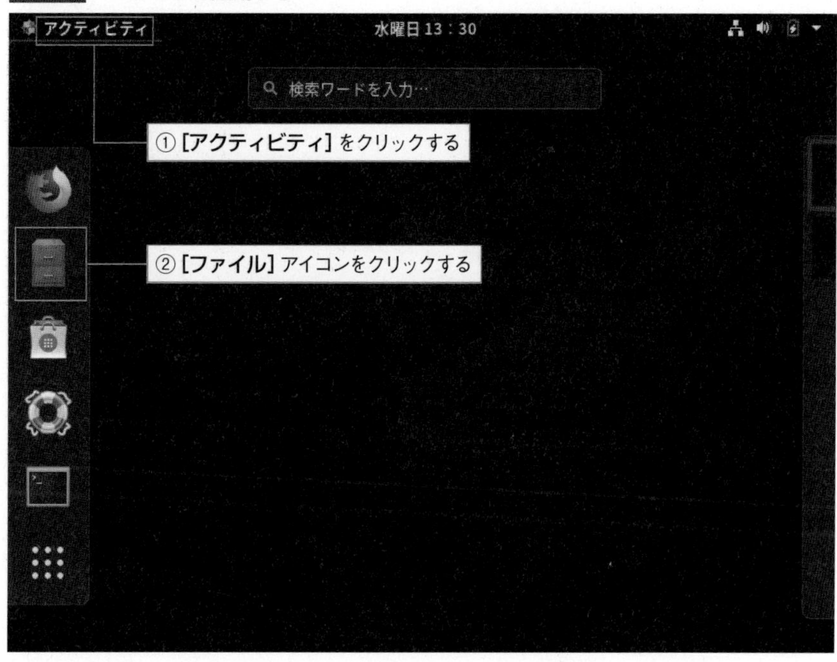

図4-20のように、ユーザのホームフォルダが表示されます。

図4-20 nautilusの起動画面（表示例）

クリックすると表示が変わる

表示形式の変更

［**表示切り替え**］のボタンをクリックすると、図4-21のように、サイズ、種類、更新日時が表示される形式に変わります。また、もう一度同じボタンをクリックすると、元の表示に戻すことができます。

図4-21 ［アイテムの一覧表示］を選択した場合（表示例）

/ディレクトリ

nautilusの左側のアイコンから、[**＋他の場所**]をクリックすると、図4-22のように表示されます。

図4-22 その他の場所

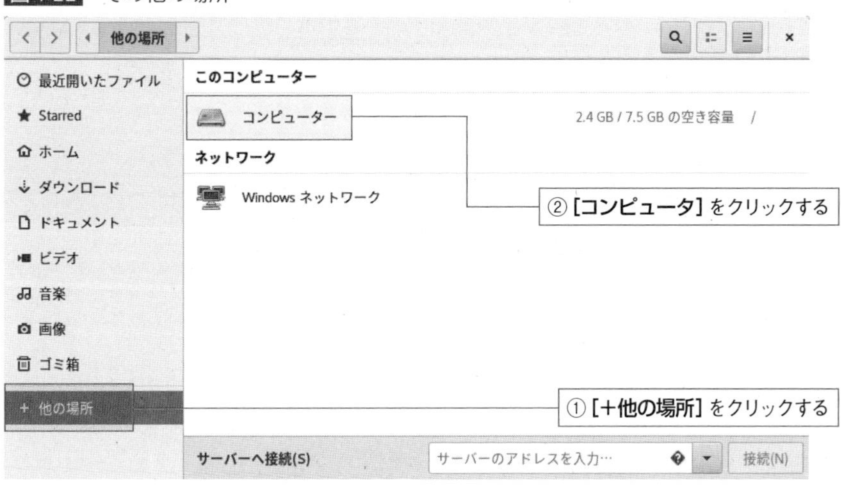

そして、右側に表示されたアイコンのうち、[**コンピュータ**]をクリックすると、図4-23のように表示されます。

図4-23 ルートディレクトリ

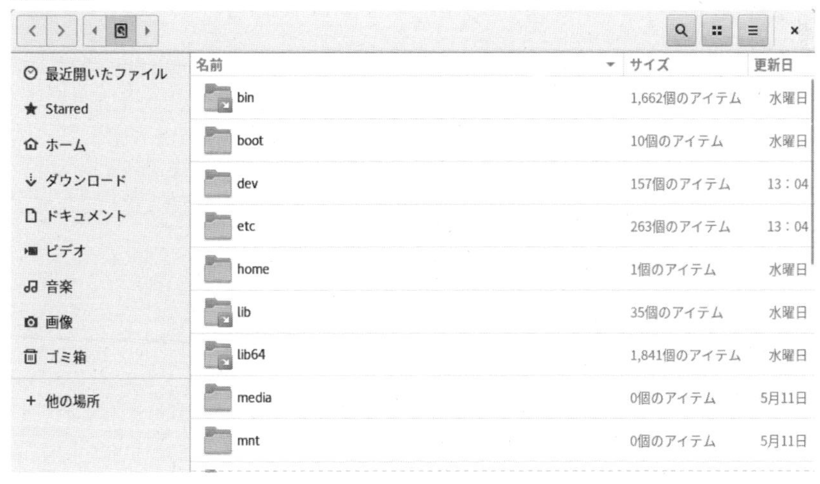

これは、「/」というフォルダです。Linuxでは、ファイルを格納するエリアである「フォルダ」をディレクトリという名称で呼ぶのが一般的です。本書では、これ以降、ディレクトリという表現に統一していきます。

「/」は、このコンピュータのトップディレクトリで、ルートディレクトリと呼びます。図4-23を見ると、ルートディレクトリには様々なディレクトリが表示されています。Linuxでは、表4-1のようにディレクトリは用途別に分類されています。

表4-1　主なディレクトリと用途

ディレクトリ名	用途
/boot	システムの起動に必要なファイル
/sbin	システムの動作や管理に必要なプログラム
/lib	システムの動作に必要なライブラリ
/etc	システムの設定ファイル等
/usr	ユーザ用のプログラムやライブラリ
/var	システムの動作中に変更されるログやデータ
/root	rootユーザのホームディレクトリ
/home	root以外のユーザのホームディレクトリ
/tmp	一時ファイル
/lost+found	電源断などでファイルやディレクトリが壊れたときに、修復プログラムが利用する領域

ルートディレクトリから、[usr]のアイコンをクリックし、さらに[src]というアイコンをクリックしてみましょう。

図4-24　/usr/srcディレクトリ

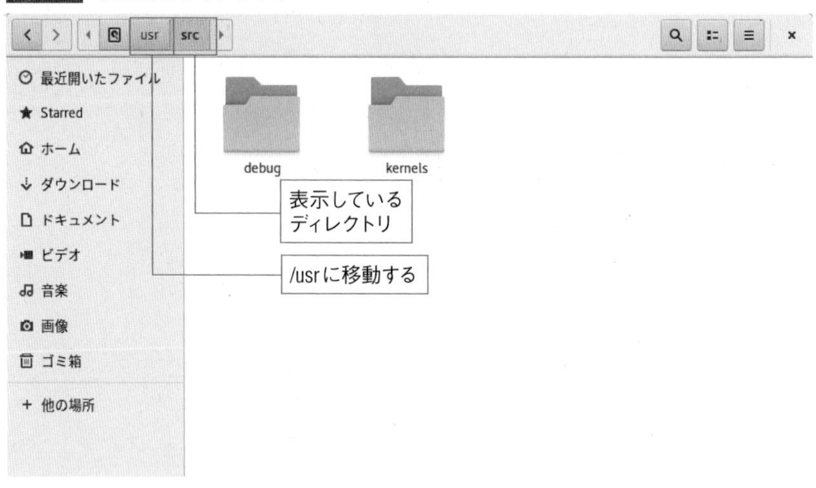

図4-24のような画面が表示されます。画面上部の[usr][src]というボタンは、表示している場所を示しています。Linuxでは、ファイルやフォルダの場所を指し示すのに、各項目を「/」で区切って表記します。そのため、図4-24のディレクトリは、

「/usr/src」のように表記します。

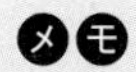

本書では、ファイルを表記するときには「/etc/passwd」のように表記し、ディレクトリを表記するときには「/usr/src/」のように最後に「/」を表記します。

特定のディレクトリやファイルが格納されているディレクトリの1つ上位のディレクトリは、**親ディレクトリ**と呼ばれます。例えば、/usr/src/のようなディレクトリの場合には、usrはsrcの親ディレクトリであるということになります。

nautilusで、親ディレクトリや上位のディレクトリに移動したい場合には、画面上部の表示場所を示すボタンをクリックします。例えば、**[usr]**のボタンをクリックすることで、「/usr」に移動することができます。また、[<] [>] のボタンをクリックすることで、直前に表示していたディレクトリに移動したり、戻ったりすることができます。

また、Linuxではユーザの専用ディレクトリが用意されています。これを**ホームディレクトリ**と呼びます。ホームディレクトリは、/home/admin/のように/home/の下にユーザ名のディレクトリとして作成されています。

ファイルとディレクトリの管理

ファイルやディレクトリの管理は、nautilusを利用すれば直感的に行うことができます。

ディレクトリの作成

ディレクトリを作成したい場合には、nautilusで該当のディレクトリを開きます。画面右上の三本線のボタンをクリックするとメニューが表示されますので左上のフォルダ追加ボタンを選択すると、新しいディレクトリを作ることができます。図4-25は、adminのホームディレクトリで新しくディレクトリを作成する場合の例です。

メニューを選択すると、「新しいフォルダ」というダイアログが表示され入力待ちになります。ディレクトリ名を入力して**[作成]**ボタンを押すと、指定した名前でディレクトリが作成されます。

図4-25 adminのホームディレクトリでディレクトリを作成する場合

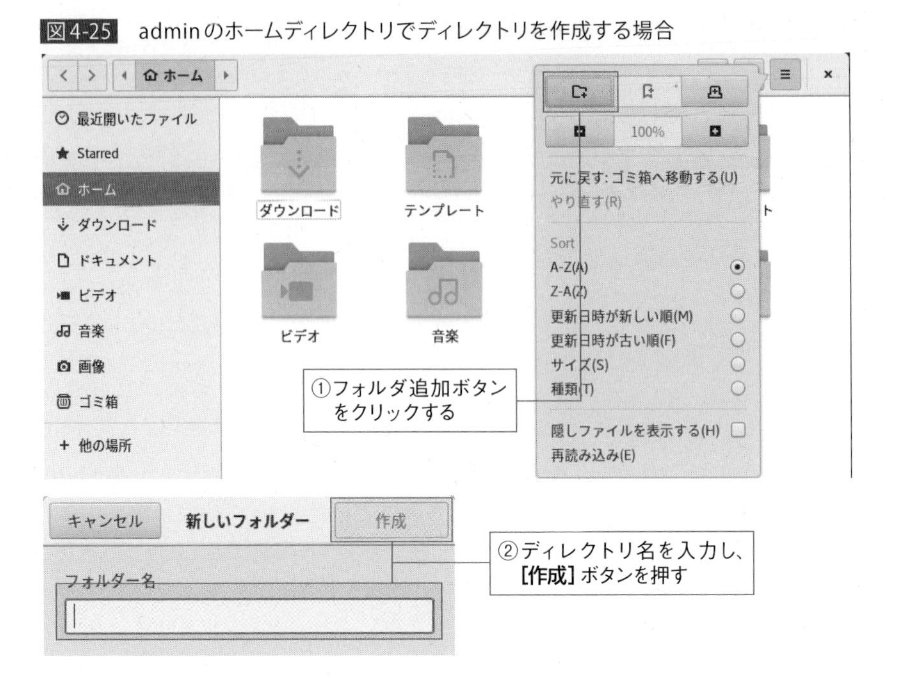

ディレクトリの削除

ディレクトリを削除したい場合には、nautilusで親ディレクトリを開きます。削除したいディレクトリのアイコンを右クリックし、メニューから **[ゴミ箱へ移動する]** を選択すると、ゴミ箱へ移動することができます。また、ディレクトリやファイルのアイコンを選択し、Delete キーを押しても削除されます。

図4-26 ディレクトリやファイルを削除する場合

名前の変更

ディレクトリやファイルの名前を変更したい場合には、nautilusで親ディレクトリを開きます。変更したいディレクトリやファイルのアイコンを右クリックし、メニューから[**名前の変更...**]を選択すると、入力待ちになりますので、新しい名前を入力します。

ディレクトリやファイルの移動

ディレクトリやファイルを移動したい場合には、nautilusで親ディレクトリを開きます。変更したいディレクトリやファイルのアイコンを右クリックし、メニューから[**切り取り**]を選択します。次に、移動先のディレクトリを開き同様にメニューから、[**貼り付け**]を選択します。

ディレクトリやファイルのコピー

ディレクトリやファイルをコピーしたい場合には、nautilusで親ディレクトリを開きます。変更したいディレクトリやファイルのアイコンを右クリックし、メニューから[**コピー**]を選択します。次に、移動先のディレクトリを開き同様にメニューから、[**貼り付け**]を選択します。

また、複数のnautilusの画面を開き、ドラック&ドロップすることでもファイルやディレクトリを移動することができます。

タブ機能

nautilusには、1つのウィンドウ内に複数のタブを開く機能があります。Ctrl＋Tを押すと、図4-27のように新規のタブを作成することができます。

図4-27 nautilusのタブ表示

最初にタブを作成した時は、元の画面に表示されていたのと同じディレクトリが表示されます。タブごとに表示するディレクトリを別々に変更することができます。必要に応じて複数のタブを開くことで、ファイルのコピーや移動を簡単に行うことができます。

Section 04-04

gedit

テキストファイルを編集する

Linuxでは、ほとんどの設定ファイルはテキストファイルになっています。そのため、サーバの設定は、テキストファイルを編集することで行います。このセクションでは、GUIのエディタを使ったテキストファイルの編集について簡単に解説します。

このセクションのポイント

1 テキストファイルを編集する場合にはgeditを使う。
2 自動バックアップを有効にしておく。

テキストエディタgedit

CentOS 8で使用しているGNOME環境には、geditというテキストエディタが付属しています。これを使って、ファイルを編集することができます。geditは、アクティビティオーバービューから、**[すべて]**を撰ぶと表示される**[テキストエディタ]**をクリックすることで起動することができます。

また、nautilusでテキストファイルをダブルクリックしたり、ファイルを右クリックして、**[テキストエディタで開く]**を選択することでも起動することができます。

図4-28　geditの起動画面

ファイルを開く

nautilusから起動した場合には、指定したファイルが自動的に開かれます。新規のファイルを作成する場合には、そのままファイルを編集します。いずれかのファイルを開きたい場合には、画面上の**[開く]**ボタンをクリックして、編集するファイルを読み込みます。

ファイルを保存する

ファイルを編集したら、画面上の **[保存]** ボタンを使ってデータを保存します。

バックアップの自動取得

設定ファイルを編集するときに、編集前のファイルのバックアップを取っておくことがとても大切です。geditでは、バックアップファイルを自動的に作成するように設定することができます。

GNOMEのメニューバー上にある **[テキストエディター]** アイコンをクリックするとメニューが表示されます。ここで **[設定]** を選択すると、設定画面が表示されます。**[エディター]** タブを選択すると図4-30のような画面になります。

図4-29 geditのメニュー

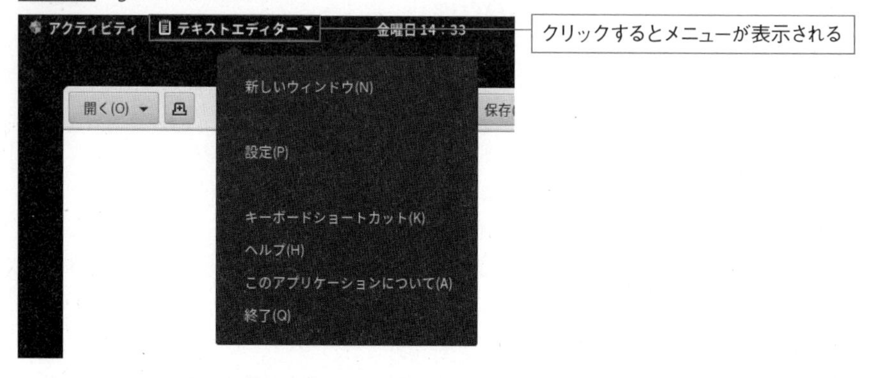

図4-30 バックアップの自動取得

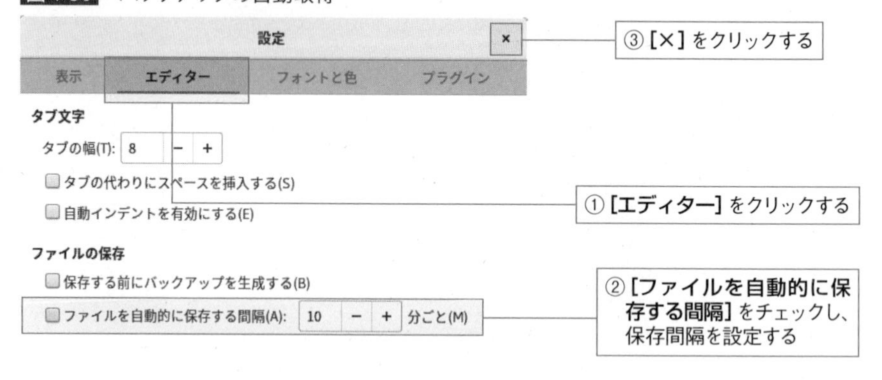

[保存する前にバックアップを生成する] は標準でチェックされていません。**[ファイルを自動的に保存する間隔]** をチェックすることで、保存間隔を変更することができます。画面右上のメニューバーの [×] をクリックすると設定が変更されます。

コマンドラインからの操作

Linuxでは、GUI画面での操作よりも、コマンドラインでの操作を使う方が便利だと言われています。このChapterでは、コマンドラインからの操作方法について解説します。

Contents

Section 05-01

コマンドラインの基本

なぜコマンドラインを使うのか？

Linuxでは、GUIを使わずに文字だけで操作を行うことができます。このセクションでは、GUIを使わない操作について解説します。

このセクションのポイント

1 GUIに比べて、コマンドラインが便利なことも多い。
2 サーバコンピュータでは、コマンドラインを使うことが多い。
3 端末の中では、シェルと呼ばれるプログラムが動いている。

実はコマンドラインが便利！

Linuxでは、利用者とのやりとりを文字だけで行う機能を頻繁に使います。マウスは使わないで、キーボードからの文字入力だけでコンピュータへの指示を出します。もちろん表示も文字だけです。コンピュータに対して出す命令（コマンド）を行単位で指示するため、このような使い方をコマンドラインと呼んでいます。

Linuxをよく使っている人たちに聞くと、ほとんどの人がGUIよりもコマンドラインの方が便利だと言います。これには、次のような理由があるようです。

- Linuxでは、コマンドラインで使うプログラムがたくさん用意されている
- 小さなツールを組み合わせて利用することで、いろいろなデータの加工が簡単にできる
- 連続して操作が可能で、GUIに比べて速く操作できる
- 遠隔からの操作が行いやすい
- GUIに比べて、操作の記録や説明がしやすい
- GUIに比べて、メモリやCPUなどのリソースを少ししか使わずに動く

こうした特徴があるので、特にサーバコンピュータではGUIをまったく使わずに、コマンドラインだけで操作する場合も多いようです。

コマンドラインでのファイル操作やファイルの編集にはかなり癖があり、最初はなかなか覚えにくいようです。Linuxを初めて使うユーザは、必要に応じてGUIとコマンドラインを使い分けるとよいでしょう。

シェル

CentOS 8でコマンドラインを使う一番簡単な方法は、GNOMEの「端末」を使うことです。アクティビティ・オーバービューの画面から、**[アプリケーションを表示する]** → **[すべて]** → **[ユーティリティ]** → **[端末]** の順に選択すると、図5-1のような画面が表示されます。

図5-1　GNOMEの端末

[admin@centos8 ~]$のように表示されていて、入力待ちの状態になります。これを、プロンプトと呼びます。プロンプトの@の前はユーザ名、後ろはホスト名です。さらに「~」は、現在のディレクトリを表しています。ここにコマンドを入力することで、コンピュータに指示を与えることができます。

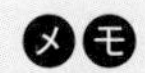

この画面の中では、シェルというプログラムが動いています。シェルは、コンピュータと利用者の仲立ちをします。私たちはシェルを使って、いろいろなコマンドを実行することができるのです。

シェルの終了（exit）

まず、exitコマンドを入力してみましょう。exitは、シェルを終了するコマンドです。

図5-2　シェルの終了

図5-2のように、「exit」を入力して Enter キーを押すと、ウインドウが閉じます。これは、動作していたシェルが終了したためです。

なお、本書では、この画面を画像で表示するのではなく、次のように文字だけで情報として掲載します。プロンプトは、ホスト名やユーザ名で変わってしまいますので、「$」とだけ表記します。

■ exitコマンドの表記例

```
$ exit Enter
```

Section 05-02

マニュアル

オンラインマニュアルを読む

Linuxではオンラインマニュアルが充実しています。コマンドラインで使うことのできるコマンドは、すべてオンラインマニュアルで使い方を調べることができます。このセクションでは、マニュアルの読み方を紹介します。

このセクションのポイント

1. manコマンドを使って、コマンドの使い方を調べることができる。
2. manの表示は、見やすいように1画面ごとで停止するので、矢印キーなどで前後に移動しながら見る。
3. 必要に応じて、マニュアルセクションの番号を指定する。

manコマンド

＊1 MANual

Linuxには、man[*1]というオンラインマニュアルを閲覧するコマンドが用意されています。コマンドの使い方を忘れてしまった場合や、もっと詳しく知りたい場合には、オンラインマニュアルでいつでも調べることができます。

例えば、catというコマンドの使い方を調べるときには、次のようにします。

manコマンドの使用例

```
$ man cat Enter
CAT(1)                          User Commands                         CAT(1)

NAME
       cat - concatenate files and print on the standard output

SYNOPSIS
       cat [OPTION]... [FILE]...

DESCRIPTION
       Concatenate FILE(s) to standard output.

       With no FILE, or when FILE is -, read standard input.

       -A, --show-all
              equivalent to -vET

       -b, --number-nonblank
              number nonempty output lines, overrides -n

 Manual page cat(1) line 1 (press h for help or q to quit)
```

01 02 03 04 05 06 07 08 09 10 11 12 13 14 15 16 17 18 19

画面の大きさに合わせて表示が行われ、最後の行に「Manual page cat(1) line 1 (press h for help or q to quit)」が表示されて停止しています。

マニュアルの説明を読んでみる

マニュアルの「NAME」の欄には、このコマンドの名前(cat)と概要が記載されています。catは、「concatenate files and print on the standard output (ファイルの内容を連結して標準出力に出力する)」という機能のコマンドであることがわかります。また、「DESCRIPTION」の欄にこのコマンドの使い方の説明が記載されています。

「SYNOPSIS」の欄には、このコマンドの書式が解説されています。

[OPTION]と表記されていますが、これは下の「DESCRIPTION」の欄に個別に説明されている「-A」、「-b」、「 -e」、「 -n」…というオプションが使えるということです。例えば、「-b」オプションを付けると「空行を除いて行番号を付け加える」という機能が付加されることがわかります。

つまり、catはファイルの中身を表示するコマンドで、次のように使うと行番号を付けて表示するということです。

■ ファイルの中身を行番号を付けて表示

```
$ cat -b /etc/passwd Enter
     1 root:x:0:0:root:/root:/bin/bash
     2 bin:x:1:1:bin:/bin:/sbin/nologin
     3 daemon:x:2:2:daemon:/sbin:/sbin/nologin
     .........
```

「-b」のようなオプション、「/etc/passwd」のようなファイル指定などを、コマンドの**引数**と呼びます。

画面表示を移動する

先ほどのcatのマニュアルを表示したときには、「Manual page cat(1) line 1 (press h for help or q to quit)」が表示されて途中で表示が停止していました。その次の情報を表示するには、いくつかの方法があります。Enterキーを押すと、次の行が表示されます。Spaceキーを押すと、ページ単位でスクロールします。移動は、キーボードの矢印キー↑↓でも行うことができます。この他にも、表5-1のようなキー配列で移動することができます。なお、qを押すと表示を終了します。

表5-1 画面表示の移動等に使用するキー

移動	キー
1行下	Ctrl+N・Ctrl+E・Enter・j・e・↓

1行上	Ctrl + P・Ctrl + Y・Ctrl + K・y・k・↑
1ページ下	Ctrl + F・Ctrl + V・Space・f
1ページ上	Ctrl + B・b・Esc + v
終了	q

manコマンドのセクション

Linuxのオンラインマニュアルでは、一般コマンドだけではなく、システムを管理するためのコマンドや、いろいろな開発言語で使うライブラリ関数なども調べることができます。種類に応じて、8つのセクションに分類されています。

①実行プログラムまたはシェルのコマンド
②システムコール（カーネルが提供するC言語向けの関数）
③ライブラリコール（システムライブラリに含まれる関数）
④スペシャルファイル
⑤ファイルのフォーマット
⑥ゲーム
⑦マクロのパッケージ
⑧システム管理用のコマンド（通常はroot専用）

先ほどのcatコマンドを調べた例では、1行目に「cat(1)」と表示されていましたが、これはcatコマンドがセクション1のコマンドだという意味です。まれに、同じ名前で複数のセクションに説明がある場合があります。例えば、passwdという名前は、コマンドとしてセクション1に、ファイルのフォーマットの名前としてセクション5に掲載されています。こうした場合には、次の例のようにセクションの番号を指定してマニュアルを調べます。

■ セクションの番号を指定してマニュアルを調べる

```
$ man 5 passwd Enter
PASSWD(5)                  Linux Programmer's Manual                  PASSWD(5)

NAME
       passwd - password file

DESCRIPTION
       The  /etc/passwd file is a text file that describes user login accounts for
       the system.  It should have read permission allowed  for  all  users  (many
       utilities,  like  ls(1)  use  it  to  map user IDs to usernames), but write
       access only for the superuser.
```

ファイル管理コマンド

Section 05-03 ファイルの管理をコマンドラインからやってみる

コマンドラインでの作業の基本として、このセクションではまずファイルの操作について説明します。

このセクションのポイント

1. ディレクトリの指定方法には、絶対パスと相対パスがある。
2. カレントディレクトリは、自分が現在いるディレクトリである。
3. ファイルのコピーには、cpコマンドを使う。
4. ファイルの移動や名前の変更には、mvコマンドを使う。
5. ファイルを削除するには、rmコマンドを使う。

ディレクトリを移動する

nautilusなどのGUIのファイルマネージャでは、ウインドウに表示されているディレクトリが、自分が見ているディレクトリです。コマンドラインでは、この「自分が見ているディレクトリ」のことをカレントディレクトリまたはワーキングディレクトリと呼びます。

GNOMEで「端末」を開くと、最初はユーザのホームディレクトリがカレントディレクトリになります。次のように、pwd[*1]コマンドでカレントディレクトリを表示することができます。

＊1 Print Working Directory

カレントディレクトリを表示

```
$ pwd Enter ―― カレントディレクトリを表示
/home/admin
```

カレントディレクトリを変更するには、cd[*2]コマンドを使います。

＊2 Change Directory

絶対パスで移動

```
[admin@centos8 ~]$ cd /home Enter ―― /home/へ移動
[admin@centos8 home]$ pwd Enter
/home ―― カレントディレクトリが変わっている
[admin@centos8 home]$ cd Enter ―― 引数なしでcdを実行
[admin@centos8 ~]$ ―― プロンプトがホームディレクトリに！
```

cdコマンドで/home/へ移動してから、ディレクトリを指定せずにcdを実行しました。ここでは、あえてプロンプトを表示していますが、プロンプトの表示が変わったのがわかるでしょうか? プロンプトの「~」はホームディレクトリを表しています。それが、/home/へ移動したら「home」と表記が変わりました。そして、cdをディレクトリを指定せずに実行すると、ホームディレクトリへ戻るのです。

実は、次のようにしても同じ/home/へ移動することができます。

■ 相対パスで移動

```
[admin@centos8 ~]$ cd .. Enter ——— 親ディレクトリへ移動
[admin@centos8 home]$ pwd Enter
/home ——— /home/へ移動している
```

Linuxでは、1つ上の親ディレクトリを「..」(ドット2つ)、現在のディレクトリを「.」(ドット1つ)で指定することができます。

/homeのようにルートディレクトリからの絶対的な位置を指定する方法を**絶対パス**と呼び、「..」のように現在のディレクトリからの位置関係を指定する方法を**相対パス**と呼びます。ほとんどのコマンドでは、絶対パスも相対パスも区別なく使うことができます。このように、どちらの指定方法でも構わないときには、ファイルやディレクトリの位置を単にパス(path)と呼びます。

ファイルの一覧を見る

＊3 List Segments

ファイルの一覧を見るためには、ls＊3コマンドを使います。引数にディレクトリを指定するとそのディレクトリ内のファイルの一覧を表示します。ディレクトリを指定しなければ、カレントディレクトリのファイルを表示します。次の例は、/home/admin/から親ディレクトリとカレントディレクトリの一覧を表示した例です。

■ lsコマンド

```
$ pwd Enter ——— カレントディレクトリを確認
/home/admin
$ ls .. Enter ——— 親ディレクトリの一覧
admin
$ ls Enter ——— カレントディレクトリの一覧
new    ダウンロード  デスクトップ  ビデオ  画像
test   テンプレート  ドキュメント  音楽    公開
```

ディレクトリは青色で、ファイルは黒色で表示されます。「-F」オプションを付けると、よりわかりやすくディレクトリには「/」を付けて表示します。

■ ディレクトリに「/」を付けて表示

```
$ ls -F Enter
new/   ダウンロード/   デスクトップ/   ビデオ/   画像/
test   テンプレート/   ドキュメント/   音楽/    公開/
```

紙面上では、色の表記だとわかりにくいため、この表記を主に使っていきます。また、さらに「-l」オプションを指定すると、ファイルサイズなど詳しい情報も表示します。

■ カレントディレクトリの詳細を表示

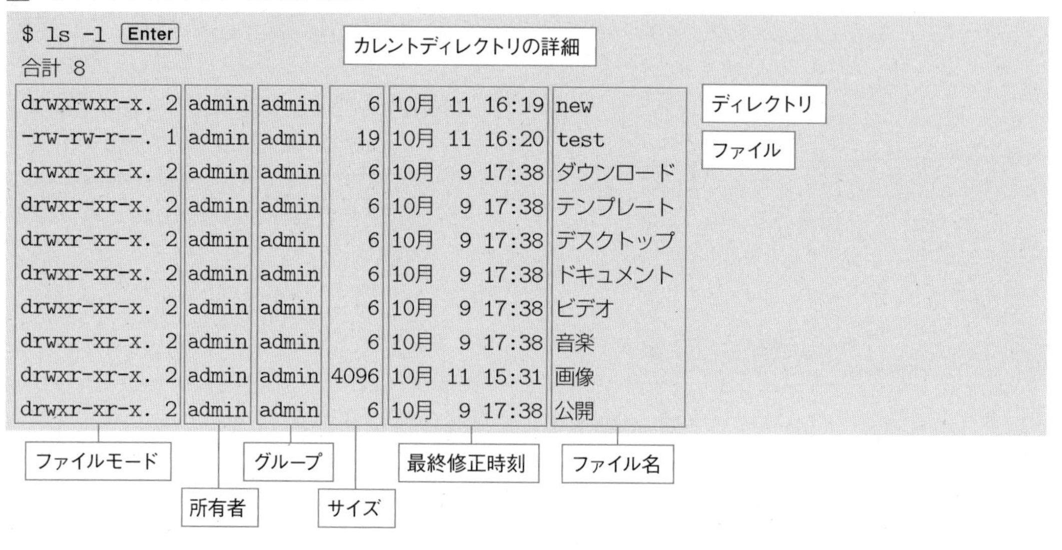
```
$ ls -l Enter
合計 8
drwxrwxr-x. 2 admin admin    6 10月 11 16:19 new
-rw-rw-r--. 1 admin admin   19 10月 11 16:20 test
drwxr-xr-x. 2 admin admin    6 10月  9 17:38 ダウンロード
drwxr-xr-x. 2 admin admin    6 10月  9 17:38 テンプレート
drwxr-xr-x. 2 admin admin    6 10月  9 17:38 デスクトップ
drwxr-xr-x. 2 admin admin    6 10月  9 17:38 ドキュメント
drwxr-xr-x. 2 admin admin    6 10月  9 17:38 ビデオ
drwxr-xr-x. 2 admin admin    6 10月  9 17:38 音楽
drwxr-xr-x. 2 admin admin 4096 10月 11 15:31 画像
drwxr-xr-x. 2 admin admin    6 10月  9 17:38 公開
```


詳細を表示すると、ファイルのモード、所有者、グループ、サイズ、最終修正時刻、ファイル名などを表示します。ファイルのモードは、先頭が「d」のものはディレクトリ、「-」のものはファイルです。その後ろの「r」や「w」の意味については、セクション07-01で解説します。

ファイルの中身を見る

＊4 CATenate

ファイルの中身を見る一番簡単な方法は、cat[＊4]コマンドを使うことです。次の例は、/etc/passwdというファイルの中身を見る場合です。

■ ファイルの中身を見る

```
$ cat /etc/passwd Enter
```

catは、単純にファイルの中身を画面に表示しますので、ファイルの内容が多いと画面が流れてしまって見ることができません。そのような場合には、less[*5]コマンドを使います。

*5 moreの反対の意味。

■ ファイルの画面一枚分だけを表示

```
$ less /etc/passwd Enter
```

lessコマンドは、画面1枚分だけを表示してくれます。使い方は、manコマンドとまったく同じです。

ファイルをコピーする

ファイルのコピーにはcp[*6]コマンドを使います。最初の引数にはコピー元のファイルのパスを、2番目の引数にはコピー先のパスを指定します。

例えば、/etc/passwdというファイルを、カレントディレクトリにpasswdという名前でコピーする場合には、次のようにします。

*6 CoPy

■ コピー先にファイルを指定してコピー

```
$ cp /etc/passwd passwd Enter
```

コピー先にディレクトリを指定した場合には、そのディレクトリに同じファイル名で作成されます。したがって、先ほどの例と次の例は、同じ動作をします。

■ コピー先にディレクトリを指定してコピー

```
$ cp /etc/passwd . Enter
```

ファイルを移動する・名前を変える

ファイルを移動するときには、mv[*7]コマンドを使います。使い方は、cpコマンドとほぼ同じです。例えば、testというファイルを/tmp/testに移動する場合には、次のようにします。

*7 MoVe

■ ファイルを移動

```
$ mv test /tmp Enter
```

01 02 03 04 05 06 07 08 09 10 11 12 13 14 15 16 17 18 19

名前を変えるときも、同じようにmvコマンドを使います。

■ ファイルの名前を変更

```
$ mv test test.org Enter
```

ファイルを消す

*8 ReMove

ファイルを消すときには、rm[*8]コマンドを使います。

■ ファイルを消す

```
$ rm /tmp/test Enter
```

書き込みが禁止されたファイルを消そうとすると、次の例のように本当に消してよいのかを問い合わせてきます。

■ 書き込みが禁止されたファイルを消す

```
$ rm /tmp/test Enter
rm: 書き込み保護されたファイル 通常の空ファイル `test' を削除しますか? y Enter
```

y と入力すれば、ファイルが削除されます。なお、nautilusではファイルはゴミ箱に移動します。そのため、ゴミ箱から消してしまわなければ、後から回復することも可能です。しかし、rmコマンドでは実際にファイルは削除されてしまい、元に戻すことはできません。十分に注意して使いましょう。

TM

ディレクトリ管理コマンド

Section 05-04

ディレクトリの管理をコマンドラインからやってみる

ファイルと同様に、ディレクトリもコマンドラインから操作することができます。このセクションでは、ディレクトリ管理コマンドを紹介します。

このセクションのポイント

1. ディレクトリを作るにはmkdirコマンドを使う。
2. ディレクトリを消すにはrmdirコマンドを使う。
3. ディレクトリと中のファイルを一緒に消すには、「rm -r」を使う。
4. ディレクトリの移動にはmvコマンドを使う。
5. ディレクトリを中のファイルも含めて丸ごとコピーするには、「cp -R」を使う。

ディレクトリを作る・消す

＊1 MaKe DIRectory

ディレクトリを作成するときには、mkdir[＊1]コマンドを使います。

ディレクトリを作成

```
$ mkdir newdir [Enter]
```

＊2 ReMove DIRectory

ディレクトリを削除するときには、rmdir[＊2]コマンドを使います。

ディレクトリを削除

```
$ rmdir newdir [Enter]
```

rmdirコマンドは、ディレクトリの中にファイルがあるときにはエラーとなり消すことができません。

ディレクトリの中にファイルが存在する場合

```
$ rmdir newdir [Enter]
rmdir: `newdir' を削除できません: ディレクトリは空ではありません
```

ディレクトリの中のファイルも一括して消したい場合には、次のようにrmコマンドに「-r」オプションを付けて使います。

■ ディレクトリの中のファイルも一括して消す

```
$ rm -r newdir Enter
```

ディレクトリを移動する・名前を変える

ディレクトリを移動したり名前を変えたりするには、ファイルのときと同じmvコマンドを使います。

■ ディレクトリを移動

```
$ mv newdir /tmp Enter
```

/tmp/newdir/へディレクトリが移動します。

ディレクトリをコピーする

移動ではなく、ディレクトリをまるごとコピーする場合には、cpコマンドに「-R」オプションを付けて使います。

■ ディレクトリをまるごとコピー

```
$ cp -R newdir /tmp Enter
```

/tmp/newdir/へディレクトリ全体がコピーされます。

Section 05-05

viエディタ

viでファイルを作成・編集する

Linuxでコマンドラインを使う場合の一番の難関がファイルの作成や編集です。文字だけでファイルの編集をしますので、覚えるまではちょっと複雑に感じるかもしれません。このセクションでは、コマンドラインにおけるファイル編集について紹介します。

このセクションのポイント

1 テキストファイルの作成や編集にはviを使う。
2 インサートモードと、コマンドモードを使い分ける。

viの基本的な使い方

＊1 VIsual editor

ファイルの作成や編集には、vi[＊1]というコマンドを使います。慣れると、どんなファイルでも簡単に編集できるようになり、とても便利です。

viを起動する

次のように、作成や編集を行いたいファイルのパスを指定してviを起動します。次の例では、testfileという名前のファイルを指定しています。

■ viの起動

```
$ vi testfile Enter
```

まだ作られていない新しいファイルを指定してviを起動すると、図5-3のような表示になります。

01 02 03 04 05 06 07 08 09 10 11 12 13 14 15 16 17 18 19

図5-3 新しいファイルの作成

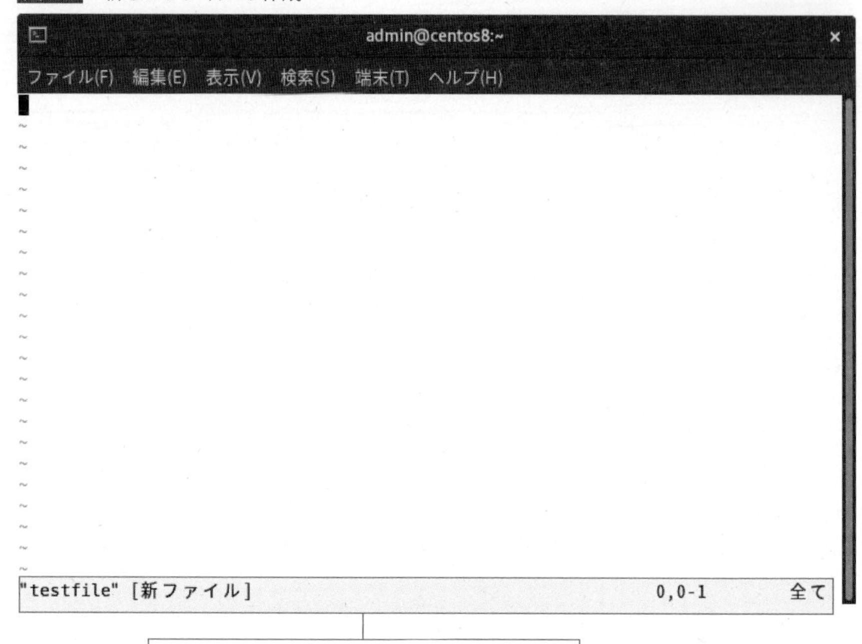

一番下の行はステータスラインで、現在のファイルの状態を示しています。今回は、testfileという新しいファイルを指定して起動しましたので、[新ファイル]のように表示されています。

コマンドモードと挿入モード

ファイルに文字を入力するためには、i を押します。i を押すと、その瞬間にステータスラインが次のように変わります。

■ 挿入モード

```
-- 挿入 --                                    0,1          全て
```

これは、挿入モードに変わったということです。ここで必要なデータを入力していきます。データの入力が終わったら Esc キーを押します。ステータスラインの「-- 挿入 --」の表示が消えます。

図5-4 コマンドモード

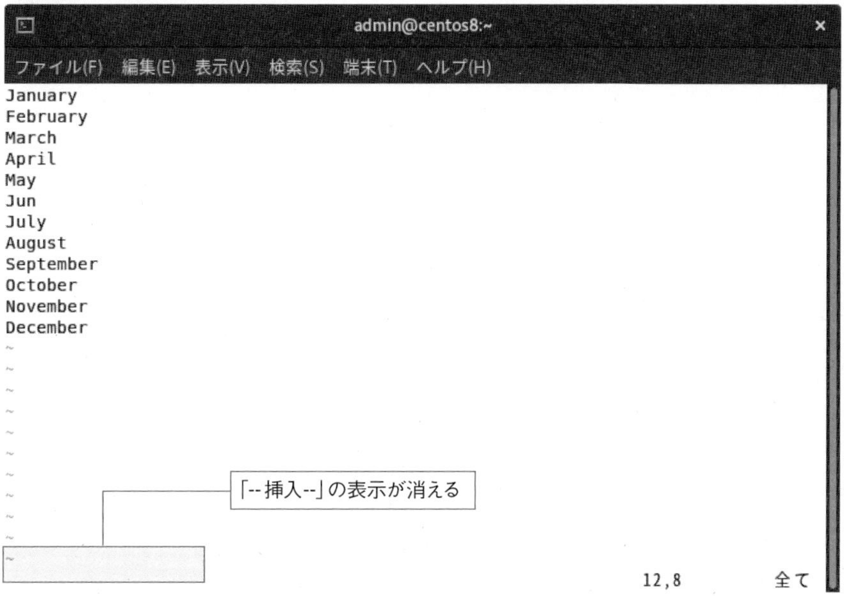

```
admin@centos8:~
ファイル(F) 編集(E) 表示(V) 検索(S) 端末(T) ヘルプ(H)
January
February
March
April
May
Jun
July
August
September
October
November
December
~
~
~
~
~
~
~
~
~
~
~
                                          12,8          全て
```

「-- 挿入 --」の表示が消える

データの入力は、常に挿入モードで行います。この「-- 挿入 --」の表示が消えている状態を、コマンドモードと呼びます。入力場所（カーソル）を移動したり、文字や行を削除するなどの処理はコマンドモードで行います。

図5-5 コマンドモードと挿入モード

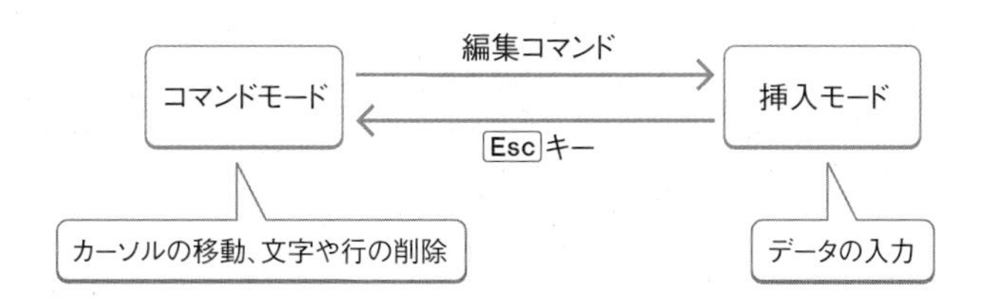

コマンドモードから挿入モードへ移るには、何らかの編集コマンドを入力します。挿入モードで Esc キーを押すといつでもコマンドモードに戻ることができます。

カーソルを移動する

カーソルの移動はコマンドモードで行います。h j k l の各キーで、左、下、上、右へそれぞれ移動することができます。同様に、矢印キーでも移動できます。ただし、viを完全に習得するためには、h j k l の4つのキーでできるようにすることをお勧めします。

図5-6 カーソルの移動

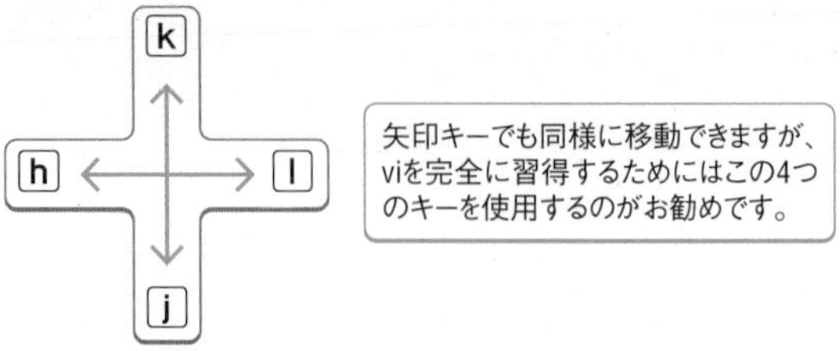

k
h l
j

矢印キーでも同様に移動できますが、viを完全に習得するためにはこの4つのキーを使用するのがお勧めです。

表5-2 カーソルの移動に使用するキー

キー	動作
h	カーソルを左へ移動する。
j	カーソルを下へ移動する。
k	カーソルを上へ移動する。
l（エル）	カーソルを右へ移動する。

文字列を検索する

ファイルの中の文字列を検索して、移動することもできます。コマンドモードで / を入力すると、ステータスラインのところに移動し、入力待ちの状態になります。ここで、検索したい文字列を入力して Enter キーを押すと検索が行われます。

図5-7 文字列の検索

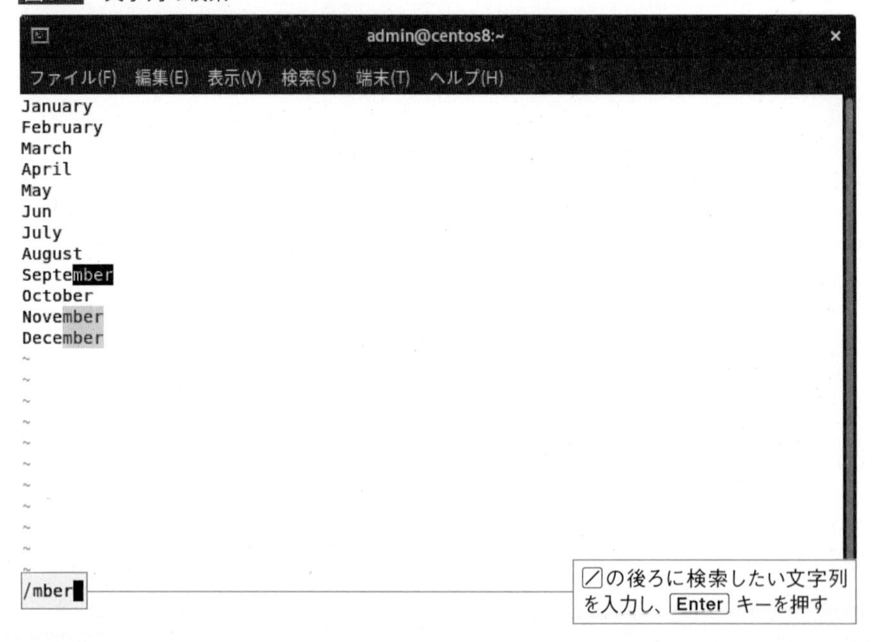

検索を実行すると、その文字列が最初に見つかった場所にカーソルが移ります。さらに、nを押すと、同じ条件で次の候補を検索します。Nを押すと、同じ条件で逆方向に検索します。

また、/の代わりに?を使うことで、文書の最後から前に向かって検索を行うことができます。

表5-3　文字列の検索に使用するキー

キー	動作
/	ステータス行に移り、検索文字列を入力する。後ろへ検索を行う。
?	ステータス行に移り、検索文字列を入力する。前へ検索を行う。
n	以前の検索を繰り返し、次の候補へ移動（next）する。
N	以前の検索を逆方向に行い、次の候補へ移動する。

文字や行を挿入・追加する

先ほど、文字列を挿入するときにはiを入力して挿入モードに移りました。挿入モードになって文字を入力するには、表5-4のような方法もあります。

表5-4　文字の入力に使用するキー

キー	動作
i	カーソルの前に、文字を挿入（insert）する。
I	行の先頭の文字の前に、文字を挿入する。
a	カーソルの後に、文字を追加（append）する。
A	行末に、文字を追加する。
o	下に新しい行を挿入（open）する。
O	上に新しい行を挿入する。

いずれの場合にも、コマンドモードでキーを入力すると挿入モードになります。文字の入力が終わったらEscキーを押すことでコマンドモードに戻ることができます。viでは、表5-4のように操作を表す単語の頭文字がキーとして使われ大文字と小文字が対になっていることがほとんどです。キー操作を覚える手がかりにしてください。

文字や行を消す

文字や行の削除は、コマンドモードで行います。xを押すと、カーソルのある文字を1文字消すことができます。また、ddとdを続けて2回押すと、カーソルのある行を削除することができます。

表5-5 文字や行の削除に使用するキー

キー	動作
x	1文字消す（切り取る）。
dd	1行削除（delete）する（切り取る）。

たくさんの文字を一度に消したい場合には、xの前に消したい文字数を入力します。例えば、10xと入力すると、カーソルから右に10文字が削除されます。

行も同様の方法で削除することができます。つまり、3ddと入力すると、カーソルの行から下に3行が削除されます。

カット（コピー）&ペーストをする

xやddで削除した文字は、クリップボードに保管されています。pを押すと、直前に削除した行や文字をペースト（貼り付け）することができます。これを使って、カット&ペーストをすることができます。

表5-6 ペーストに使用するキー

キー	動作
p	クリップボードに保管された文字を後ろに挿入（paste）する。行の場合には、次の行に挿入される。
P	クリップボードに保管された文字を前に挿入する。行の場合には、前の行に挿入される。

ddを使うと行が削除されてしまいますが、同じようにyyを使うと行を削除せずにクリップボードに保管することができます。

表5-7 コピーに使用するキー

キー	動作
yy	カーソル行をクリップボードに保管（yank）する（コピーする）。

たくさんの行を一度にクリップボードにコピーしたい場合には、yyの前に行数を入力します。例えば、3yyと入力すると、カーソルから下の3行がクリップボードへコピーされます。pやPを使えば、それを貼り付けることができます。

ファイルを保存する

変更した内容をファイルへ保存したい場合には、まず : と入力します。ステータス行にカーソルが移りますので、続けて w を入力し、Enter キーを押します。この場合には、開いたファイルに上書き保存をすることになります。

表5-8 ファイルの保存に使用するキー

キー	動作
: w Enter	ファイルを保存（write）する。
: w Space filename Enter	ファイルを「filename」に別名保存する。
: w ! Enter	書き込み不可のファイルに強制的に上書きする。
: w ! Space filename Enter	ファイルを「filename」に別名保存する。 書き込み不可でも強制的に上書きする。

: w に続いて、「:w filename」のようにファイル名を入力して Enter キーを押すと、別名で保存することもできます。

なお、書き込もうとするファイルが読み取り専用のファイルの場合には、「:w」ではエラーになります。: w ! は、ファイルを書き込み可能に変更して、強制的に書き込みを行います。書き込み後、ファイルの属性は読み取り専用に戻されます。

書き込み可能にすることもできなければ、エラーになります。

viの終了

viを終了するには、まず : と入力します。ステータス行にカーソルが移りますので、続けて q を入力し Enter キーを押すと、viが終了します。ファイルを編集中の場合には、エラーになります。ファイルを編集中の場合に、q ! と入力するとviを強制的に終了することができます。

また、viを使っていると、ファイルを保存して終了という手順になることがとても多いです。こうした場合には、Z Z と大文字の Z を2回続けて入力します。ファイルを上書き保存し、viが終了します。また : w q と入力しても、同じ動作になります。

表5-9 viの終了に使用するキー

キー	動作
: q Enter	viを終了（quit）する。
: q ! Enter	編集中でも強制的にviを終了する。
Z Z	ファイルを上書き保存してviを終了する。
: w q Enter	ファイルを上書き保存してviを終了する。

その他の便利なコマンド

直前の動作を繰り返したり、取りやめにしたりすることができます。

表5-10 その他のコマンドに使用するキー

キー	動作
.	直前の操作を繰り返す。
u	直前の操作を取りやめる（undo）。

viには、その他にもさまざまな機能があります。vimtutorコマンドを実行すると、viのチュートリアル（練習用）画面が表示されます。たくさんの機能を実際に使ってみて学習できるように作られていますので、より便利にviを使いたい場合には、ぜひ使ってみてください。

vimtutorコマンド

```
$ vimtutor Enter
```

図5-8 チュートリアル（練習用）画面

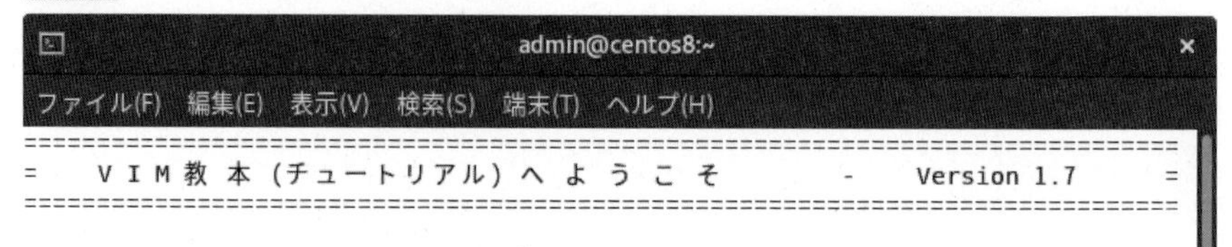


```
===============================================================================
=    V I M 教 本 (チュートリアル) へ よ う こ そ        -    Version 1.7      =
===============================================================================

     Vim は、このチュートリアルで説明するには多すぎる程のコマンドを備えた非常
     に強力なエディターです。このチュートリアルは、あなたが Vim を万能エディ
     ターとして使いこなせるようになるのに十分なコマンドについて説明をするよう
     になっています。

     チュートリアルを完了するのに必要な時間は、覚えたコマンドを試すのにどれだ
     け時間を使うのかにもよりますが、およそ25から30分です。

     ATTENTION:
     以下の練習用コマンドにはこの文章を変更するものもあります。練習を始める前
     にコピーを作成しましょう("vimtutor"したならば、既にコピーされています)。

     このチュートリアルが、使うことで覚えられる仕組みになっていることを、心し
     ておかなければなりません。正しく学習するにはコマンドを実際に試さなければ
     ならないのです。文章を読んだだけならば、きっと忘れてしまいます!

     さぁ、Capsロック(Shift-Lock)キーが押されていないことを確認した後、画面に
     レッスン1.1 が全部表示されるところまで、j キーを押してカーソルを移動しま
     しょう。
"/tmp/tutorY6soAf" 976 行, 44030 文字
```

シェル操作

Section 05-06

シェルの便利な使い方を知る

初めてコマンドラインを使う人は、コマンド名やファイル名が覚えられなかったり、タイプミスでなかなか正しい操作を行えないことがあります。このセクションでは、シェルのコマンドライン操作を支援するためのいろいろな機能を紹介します。

このセクションのポイント

1 「Tab」キーを使うと、パスやコマンドの候補を表示したり、補完することができる。
2 ヒストリ機能を使うと、以前に実行したコマンドをもう一度実行することができる。
3 コマンドの出力をファイルに保存したり、別のプログラムに渡すことができる。

ファイルのコンプリーション

例えば、/usr/lib/systemd/system/sshd.serviceというファイルを参照する場合を考えてみましょう。ファイルのパスがとても長いので、入力するのがとても大変です。また、このファイル名を正確に覚えて入力しなければなりません。

こうした場合に、シェルのファイル名の補完（コンプリーション）機能を使うととても便利です。例えば、ファイルを見るためのコマンドcatの引数に、次のように最初の2文字「/e」までを入力します。

■ 「/e」まで入力

```
$ cat /u
```

ここで、Tabキーを押すと、次のように自動的に入力が補われます。

■ Tabキーを押す

```
$ cat /usr/
```

「/u」で始まるパスは、/usr/というディレクトリしかないため、シェルが自動的にそれを判断して入力を補ってくれるのです。さらに、ここで次の「l」を入力してTabキーを2回押すと、次のようになります。

■ 「l」を入力し、Tabキーを2回押す

```
$ cat /etc/l Tab
lib/     lib64/    libexec/ local/
```

このように「l」から始まるパスの候補が表示されます。ちょうど、「ls -F」の出力結果のように、ディレクトリは最後に「/」が付いています。この候補を見ながら、残

りのパスを入力することができます。例えば、「li」まで入力して再度 Tab キーを押せば、次のように補われます。

■「/usr/li」まで入力し、Tab キーを押す

```
$ cat /usr/li Tab
```

■ ディレクトリ名が補われる

```
$ cat /usr/lib
```

同様に、入力を続けていくことで、長いパス名でもスムーズに入力していくことができます。

■ 長いパス名をコンプリーションを使いながら入力する

```
$ cat /usr/lib/sys Tab Tab ―― Tabキーを2回押す
sysctl.d/   sysimage/   systemd/   sysusers.d/ ―― 候補が表示される
$ cat /usr/lib/syst Tab ―― 候補を見ながら少し入力して、Tabキーを押す
$ cat /usr/lib/systemd/ ―― 補完される
$ cat /usr/lib/systemd/sy Tab ―― さらに少し入力してTabキーを押す
$ cat /usr/lib/systemd/system/ ―― 補完される
$ cat /usr/lib/systemd/system/ssh Tab ―― さらに少し入力してTabキーを押す
$ cat /usr/lib/systemd/system/sshd Tab Tab ―― 補完される。Tabキーを2回押す
sshd-keygen.target      sshd.service      sshd@.service
sshd-keygen@.service    sshd.socket
$ cat /usr/lib/systemd/system/sshd.se Tab ―― 候補を見ながら少し入力して[Tab]キーを押す
$ cat /usr/lib/systemd/system/sshd.service ―― ファイル名の入力が完了。Enterキーで実行
```

コマンドのコンプリーション

ファイル名と同じように、コマンド名も補完することができます。プロンプト直後で、「ca」だけ入力し Tab キーを2回押すと、次のようになります。

■「ca」を入力し、Tab キーを2回押す

```
$ ca Tab Tab
ca-legacy              cache_writeback    callgrind_control    captoinfo
cache_check            cairo-sphinx       canberra-boot        case
cache_dump             cal                canberra-gtk-play    cat
cache_metadata_size    calibrate_ppa      cancel               catchsegv
```

```
cache_repair        caller              cancel.cups     catman
cache_restore       callgrind_annotate  capsh
```

このように、コマンド名の候補が表示されます。この機能は、コマンド名をおぼろげにしか覚えていないときには、とても便利です。Linuxコマンドの多くが英単語の略で構成されていますので、ある程度の連想ができれば思い出しやすくなります。

例えば、ディレクトリを作るコマンドが思い出せない場合には、「作る」から「make」→「mk」を連想します。そして、「mk」を入力して Tab キーを2回押せば、次のように候補が表示されます。じっくり候補を調べれば、「mkdir」を思い出すことができるかもしれません。

■ 「mk」を入力し、Tab キーを2回押す

```
$ mk Tab Tab
mkafmmap        mkfontscale     mkfs.msdos          mkmanifest
mkdict          mkfs            mkfs.vfat           mknod
mkdir           mkfs.cramfs     mkfs.xfs            mkrfc2734
mkdosfs         mkfs.ext2       mkhomedir_helper    mksquashfs
mkdumprd        mkfs.ext3       mkhybrid            mkswap
mke2fs          mkfs.ext4       mkinitrd            mktemp
mkfifo          mkfs.fat        mkisofs
mkfontdir       mkfs.minix      mklost+found
```

ヒストリ

コマンドラインでの入力を助けるもう1つの機能がヒストリ機能です。まず、コマンドラインで「history」というコマンドを実行してみましょう。

■ historyコマンドを実行

```
$ history Enter
.........
   73  ls
   74  pwd
   75  ls
   76  cat /usr/lib/systemd/system/sshd.service
   77  history
```

これまでに実行したコマンドラインが、すべて表示されます。このようにシェルは、これまでに入力したコマンドラインの内容を記憶しているのです。この記憶を使って、コマンドを実行することができます。

プロンプトで、「Ctrl-P」キー（Ctrl キーを押しながら P を押す）を入力してみましょう。

■ 「Ctrl-P」を入力

```
$ history
```

先ほど入力した「history」が表示されます。さらに、もう一度「Ctrl-P」を入力してみると、その前に実行したコマンドが表示されます。

■ 「Ctrl-P」を再入力

```
$ cat /usr/lib/systemd/system/sshd.service
```

ここで Enter キーを押すと、そのまま実行することができます。

さらに、このコマンドラインを編集することもできます。「Ctrl-A」を入力すると、コマンドラインの先頭の「c」の文字にカーソルが移動します。

■ 「Ctrl-A」を入力

```
$ cat /usr/lib/systemd/system/sshd.service
```

Delete キーを3回押して、「cat」を消しましょう。

■ Delete キーを3回押す

```
$  /usr/lib/systemd/system/sshd.service
```

「vi」と入力します。

■ 「vi」を入力

```
$ vi /usr/lib/systemd/system/sshd.service
```

ここでこのまま Enter キーを押せば、修正したコマンドラインが実行されます。つまり、viが起動し、/usr/lib/systemd/system/sshd.serviceを編集する画面が表示されます。

もし、編集途中で止めたくなったら「Ctrl-C」を入力すれば、それまでの入力はキャンセルされます。

■ 「Ctrl-C」でキャンセル

```
$ vi^Cusr/lib/systemd/system/sshd.service ―― 「Ctrl-C」でキャンセルされる
$
```

このように、表5-11のようなキーを使ってコマンドラインを自由に編集することができます。

表5-11 コマンドラインの編集キー

キー	動作
Ctrl + P、↑	ヒストリの1つ前のコマンドラインを表示する。
Ctrl + N、↓	ヒストリの1つ次のコマンドラインを表示する。
Ctrl + A	行頭に移動する。
Ctrl + E	行末に移動する。
Ctrl + F、→	1文字右に移動する。
Ctrl + B、←	1文字左に移動する。
Delete	カーソルの次の文字を削除する。
Back Space	カーソルの前の文字を削除する。

リダイレクト

コマンドラインでいろいろな操作をしていると、コマンドが出力した結果を保管しておきたいと思うことがあります。そのような場合には、リダイレクトと呼ばれる機能を使って、結果をファイルに保存することができます。

実行したいコマンドの後ろに、「>」を入力し、続いて保存するファイル名を指定します。

■ 結果をファイルに保存

```
$ ls -l / > /tmp/list Enter
```

このように実行すると、実行結果が/tmp/list に保存されます。

■ 保存された実行結果を見る

```
$ cat /tmp/list Enter
合計 24
lrwxrwxrwx.   1 root root    7  5月 11 09:33 bin -> usr/bin
dr-xr-xr-x.   6 root root 4096 10月  9 16:09 boot
drwxr-xr-x.  20 root root 3180 10月 11 13:04 dev
drwxr-xr-x. 136 root root 8192 10月 11 13:04 etc
drwxr-xr-x.   3 root root   19 10月  9 16:06 home
lrwxrwxrwx.   1 root root    7  5月 11 09:33 lib -> usr/lib
.........
```

/tmp/listの中には、実行結果が保存されます。

エラーメッセージを保存する

リダイレクトでは、エラーメッセージだけを保存することもできます。その場合には、「2>」を入力し、続いて保存するファイル名を指定します。

エラーメッセージをファイルに保存

```
$ ls -l /abc 2> /tmp/error Enter
```

/tmp/errorには、次のようにエラー内容が保存されています。

保存されたエラー内容を見る

```
$ cat /tmp/error Enter
ls: '/abc' にアクセスできません: そのようなファイルやディレクトリはありません
```

このように、Linuxでは一般的なコマンドは、標準出力（通常の出力）、エラー出力（エラーの場合の出力）を別々に分離して扱うことができます。標準出力とエラー出力を同時に同じファイルに書き出すこともできます。

標準出力とエラー出力を同時に同じファイルに書き出す

```
$ ls -l / /abc > /tmp/list 2>&1 Enter
$ cat /tmp/list Enter
ls: '/abc' にアクセスできません: そのようなファイルやディレクトリはありません ―― エラー出力部分
/:
合計 24
lrwxrwxrwx.   1 root root    7  5月 11 09:33 bin -> usr/bin
dr-xr-xr-x.   6 root root 4096 10月  9 16:09 boot
………
```

リダイレクトでファイルを作る

リダイレクトを使って、簡単にファイルを作成することができます。catコマンドは、引数を指定しなければ標準入力からファイルを読み込み、それを表示します。そのため、次の例のように実行するとリダイレクトしたファイルに、その内容が保管されます。

■ リダイレクトでファイルを作成

```
$ cat > new.txt [Enter] ―― 入力したデータをnew.txtに保存
This is an example. [Enter]
[Ctrl]+[D] ―― 実際には何も表示されない
$ cat new.txt [Enter] ―― ファイルの中身を確認
This is an example.
```

この例のように、行頭で、Ctrl+Dを入力するまで、入力が行われます。

コマンドへのデータ入力

コマンドへのデータ入力は、**標準入力**と呼びます。標準入力は、先ほどの例のように通常はキーボードからの入力になっています。これを「<」を使ってファイルに切り替えることができます。

■ 標準入力からファイルを読み込み

```
$ cat < new.txt [Enter] ―― ファイルを標準入力から読み込む
This is an example.
```

catの場合には、引数にnew.txtを指定したのと同じです。コマンドによっては、このことが役立つケースもあります。

標準入力、標準出力、エラー出力

このようにLinuxでは、コマンドへの入力や出力を簡単に切り替えることができます。

図5-9 標準入力、標準出力、エラー出力

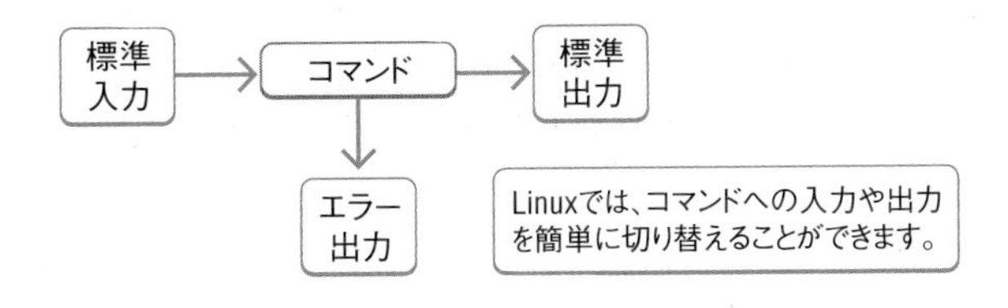

表5-12　リダイレクトの種類

リダイレクトの種類	使う文字	動作
標準出力	>	標準出力を指定したファイルに書き出す。
	>>	標準出力を指定したファイルに追記する。
エラー出力	2>	エラー出力を指定したファイルに書き出す。
	2>&1	エラー出力を標準出力と同じファイルに書き出す。
標準入力	<	ファイルの内容をコマンドへの入力として渡す。

パイプ

リダイレクトの機能をさらに発展させたのがパイプです。次の例では、lsコマンドの出力結果をgrepコマンドに渡しています。

パイプの使用例

```
$ ls -F /etc/sysconfig | grep / Enter
cbq/
console/
modules/
network-scripts/
rhn/
```

lsコマンドの引数の後ろに「|」という文字があり、次のgrepコマンドが続いています。この「|」が前のコマンドの標準出力を後ろのコマンドの標準入力に引き渡せという指定です。この例では、ls -Fの出力結果をgrepコマンドに渡し、「/」を含む行（つまりディレクトリ）だけを表示しています。パイプの機能を使うと、いろいろなコマンドを組み合わせて利用することができ、とても便利です。

図5-10　便利なパイプの機能

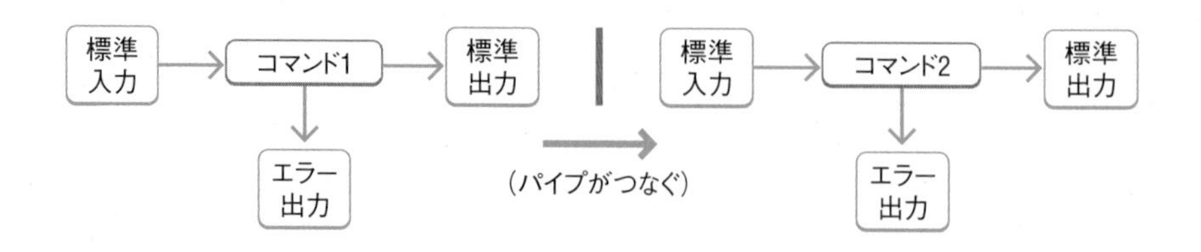

最初にやっておくべきこと

Linuxをインストールし、コマンドラインの使い方を把握できたら、システム管理に必要ないろいろな手順について確認しておきましょう。このChapterでは、インストール後に確認しておくべき管理の手順と、最初に行ったほうがよい設定変更について説明します。

Contents

Section 06-01

rootユーザ

管理ユーザrootを使う

Linuxでは、システムの管理を行うときだけrootユーザの権限を使うようになっています。このセクションでは、rootユーザの権限で作業をするための手順を説明します。

このセクションのポイント

1 suコマンドを使ってrootユーザの権限を得ることができる。
2 コマンドラインから、シャットダウンなどの重要な作業も行うことができる。

rootユーザになる

Linuxでシステムを管理するときには、コマンドラインから行う場合と、GUIの管理画面から行う場合があります。CentOS 8では、GUIの管理画面からシステムへの重要な変更をしようとすると、システム管理権限を持ったユーザのパスワードを求められるようになっています。そのため、GUIの管理画面を使うには、rootというユーザを意識する必要はありません。

しかし、コマンドラインからシステムの管理をする場合は、rootユーザになって作業をする必要があります。コマンドラインでrootユーザになるにはsu[*1]コマンドを使います。

*1 Switch User

suコマンドでrootユーザになる

```
$ su - Enter
パスワード: ******** Enter ——— rootユーザのパスワードを入力
#
```

suの引数に「-」を付けていますが、これを付けるとrootユーザへのログイン手続きが行われます。ログイン手続きを行うと、ホームディレクトリやプログラムの検索パスなどが、rootユーザに適したものに変わり、カレントディレクトリはrootのホームディレクトリである/root/に移動します。「-」を付けない場合には、カレントディレクトリは変更されませんが、root用の環境にならないため注意して使う必要があります。

メモ

本書では一般ユーザのプロンプトを「$」とし、rootユーザで行うべき作業はプロンプトを「#」として表示します。

コマンドラインからシャットダウンする

suによりrootユーザの権限を使えるようになると、コマンドラインからシステムをシャットダウンすることができるようになります。システムのシャットダウンは、shutdownコマンドで行います。

shutdownコマンド（今すぐ電源停止）

```
# shutdown -h now Enter
```

「-h」は、システムの電源を停止するというオプションです。引数のnowは、いつ停止するかを指定しています。nowは今すぐという意味ですが、代わりに「03:15」（3時15分）のような時間を指定してシステムの停止時間を予約することもできます。また、「+10」のように指定すると10分後にシャットダウンが行われます。次の例は、03:15にシャットダウンを行うように予約した場合の動作例です。

shutdownコマンド（03:15に予約）

```
# shutdown -h 03:15 Enter
Shutdown scheduled for Fri 2019-10-18 03:15:00 JST, use 'shutdown -c' to cancel.
```

「-r」オプションを使うと、システムを再起動（reboot）します。

shutdownコマンド（今すぐ再起動）

```
# shutdown -r now Enter
```

USBメモリ・scp

Section 06-02

ファイル交換の方法を確認する

Linux上で作成したファイルをWindowsへ持っていきたい場合や、Windowsで作成したファイルをLinuxへ持っていきたい場合があります。このセクションでは、他のコンピュータとファイルの交換を行う方法を確認しておきましょう。

このセクションのポイント

1 ファイルの交換には、USBメモリなどのメディアを使う方法と、scpを使ってネットワークでファイルを交換する方法がある。

2 Windowsでもscpコマンドを使うことができる。

USBメモリを使う

ファイルを移動する一番簡単な方法は、USBメモリなどのメディアを使う方法です。ログインしている状態でUSBメモリを取り付けると、自動的にマウントされます。

アクティビティメニューから **[ファイル]** を選択してnautilusを起動すると、図6-1のようにUSBメモリが自動的にマウントされ、「16GBボリューム」と表示されています。

図6-1　nautilusの画面表示

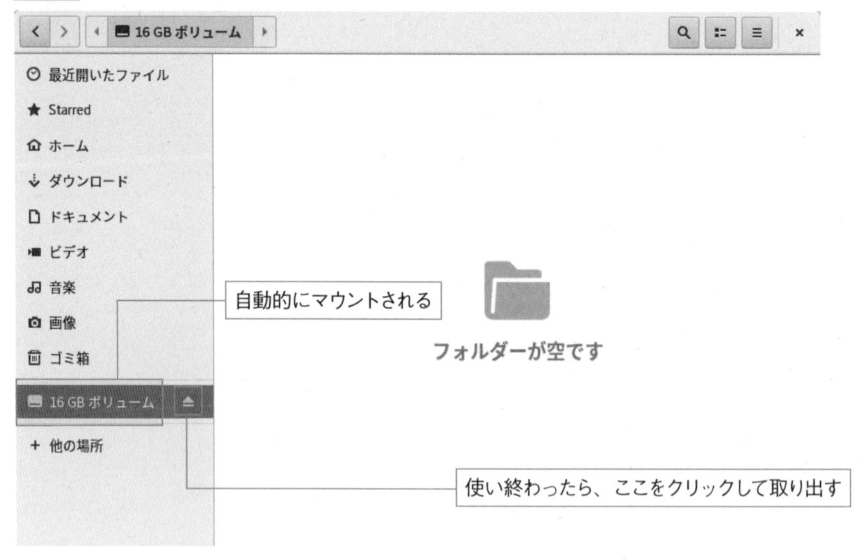

ファイルの移動やコピーは、通常のファイルやディレクトリと同じように行うことができます。USBメモリを使い終わったら、ボリュームの横に表示されているマークをクリックするとアンマウントが行われ、USBメモリを取り外すことができるよう

になります。

また、コマンドラインからUSBをマウントすることもできます。ただし、USBを示すデバイスが何であるかがわかりません。まず、デバイスを調べる必要があります。

USBを挿入したら、まずlsusbコマンドでUSBのディスクがシステムに認識されているかを確認します。

■ USBメモリの確認

```
# lsusb Enter
Bus 002 Device 003: ID 0a5c:5801 Broadcom Corp. BCM5880 Secure Applications
Processor with fingerprint swipe sensor
Bus 002 Device 005: ID 0a6b:0020 Green House Co., Ltd ——— USBメモリ
Bus 002 Device 002: ID 8087:0024 Intel Corp. Integrated Rate Matching Hub
Bus 002 Device 001: ID 1d6b:0002 Linux Foundation 2.0 root hub
Bus 001 Device 003: ID 0eef:7356 D-WAV Scientific Co., Ltd
Bus 001 Device 002: ID 8087:0024 Intel Corp. Integrated Rate Matching Hub
Bus 001 Device 001: ID 1d6b:0002 Linux Foundation 2.0 root hub
```

この例では、2番目の「Green House Co., Ltd」がUSBメモリです。次にdmesgコマンドを実行し、USBメモリを挿入したときのカーネルの出力したメッセージを確認します。

■ dmesgコマンドを実行

```
# dmesg Enter
.........
[ 1050.382181] usb 2-1.2: new high-speed USB device number 6 using ehci-pci
                                                  └──── USBメモリが挿入された
[ 1050.476728] usb 2-1.2: New USB device found, idVendor=0a6b, idProduct=0020,
bcdDevice= 1.10
[ 1050.476737] usb 2-1.2: New USB device strings: Mfr=1, Product=2, SerialNumber=3
[ 1050.476741] usb 2-1.2: Product: PicoDriveL3
[ 1050.476745] usb 2-1.2: Manufacturer: GH
[ 1050.476750] usb 2-1.2: SerialNumber: 0713942D0D25E477
[ 1050.477825] usb-storage 2-1.2:1.0: USB Mass Storage device detected
[ 1050.478809] scsi host6: usb-storage 2-1.2:1.0
[ 1051.512268] scsi 6:0:0:0: Direct-Access     GH       PicoDriveL3      PMAP
PQ: 0 ANSI: 6
[ 1051.512623] sd 6:0:0:0: Attached scsi generic sg2 type 0
[ 1051.513129] sd 6:0:0:0: [sdb] 30326784 512-byte logical blocks: (15.5 GB/14.5
GiB)
[ 1051.513883] sd 6:0:0:0: [sdb] Write Protect is off
```

```
[ 1051.513887] sd 6:0:0:0: [sdb] Mode Sense: 45 00 00 00
[ 1051.514646] sd 6:0:0:0: [sdb] Write cache: disabled, read cache: enabled,
doesn't support DPO or FUA
[ 1051.669900]  sdb: ——— デバイス名
[ 1051.672990] sd 6:0:0:0: [sdb] Attached SCSI removable disk
```

dmesgは古いメッセージから順に表示しますので、最近のメッセージが最後に表示されます。「new high-speed USB device number 2」というメッセージが表示されているところから後ろが、USB挿入時に出力されたメッセージです。後半に「sdb:」と表示されています。これでUSBのデバイスは/dev/sdbとなることがわかります。また、USBのフォーマットによっては、「sdb: sdb1」のように表示されることもあります。その場合には、デバイスは/dev/sdb1となります。

デバイス名がわかったら、それを使ってマウントすることができます。

■ マウントの実行と確認

```
# mount /dev/sdb /mnt Enter ——— マウント
# df Enter ——— 状態を確認
ファイルシス          1K-ブロック      使用      使用可  使用% マウント位置
devtmpfs                1857864         0     1857864     0% /dev
tmpfs                   1874084         0     1874084     0% /dev/shm
tmpfs                   1874084     17876     1856208     1% /run
tmpfs                   1874084         0     1874084     0% /sys/fs/cgroup
/dev/mapper/cl-root    52403200   4825168    47578032    10% /
/dev/sda1                999320    137680      792828    15% /boot
/dev/mapper/cl-home   254917004   1823748   253093256     1% /home
tmpfs                    374816        20      374796     1% /run/user/42
tmpfs                    374816         8      374808     1% /run/user/1000
/dev/sdb               15148576         8    15148568     1% /mnt ——— マウントされている
```

マウントができたら、cpコマンドやmvコマンドでファイルを読み書きすることができます。

■ cpコマンドの実行例

```
# cp screenshot.png /mnt Enter
```

デバイスを使い終わったら、umountコマンドでアンマウントします。

■ unmountコマンド

```
# umount /mnt Enter
```

scpを使う

USBのような外部デバイスを使わなくても、LinuxとLinuxの間ではscpを使ってファイルを転送することができます。scpは、リモートからコマンドラインを使うために使うSSHと同じ仕組みを使って、ファイルをコピーするコマンドです。

例えば、new.txtを192.168.2.1というホストの/tmp/にコピーする場合には、次のように実行します。

■ scpを使用したコピーの実行例

```
$ scp new.txt 192.168.2.1:/tmp Enter
admin@192.168.2.1's password: ******* Enter  ―― パスワードを入力
new.txt                                        100%   20      0.0KB/s    00:00
```

これは、192.168.2.1には現在のログインユーザ（admin）と同じ名前のユーザがある場合の例です。ホスト名からIPアドレスが変換できる場合には、IPアドレスの代わりにホスト名を使うこともできます。相手サーバのadminのパスワードを入力してOKなら、コピーが行われます。

同じ名前のユーザがない場合には、次のようにIPアドレス（ホスト名）の前にユーザ名と「@」を付けて実行します。

■ ユーザ名を付ける場合

```
$ scp new.txt exuser@192.168.2.1:/tmp Enter
exuser@192.168.2.1's password: ******* Enter  ―― パスワードを入力
new.txt                                        100%   20      0.0KB/s    00:00
```

逆に、リモートのサーバからファイルをダウンロードしてくることもできます。

■ scpを利用したファイルのダウンロード

```
$ scp exuser@192.168.2.1:/tmp/new.txt . Enter
exuser@192.168.2.1's password: ******* Enter  ―― パスワードを入力
new.txt                                        100%   20      0.0KB/s    00:00
```

Windowsにscpをインストールする

Windows 10には、Linuxと同じscpコマンドが付属していて、コマンドプロンプトやWindows PowerShellで利用することができます。ただし、Windows 10のオプション機能として提供されているため、標準ではインストールされていない場合があります。まず、インストールされていることを確認しておきましょう。

Windowsメニューで **[設定]** → **[アプリ]** と選択すると、図6-2のようなアプリと機能の画面が表示されます。

図6-2　Windows 10のアプリと機能の設定画面

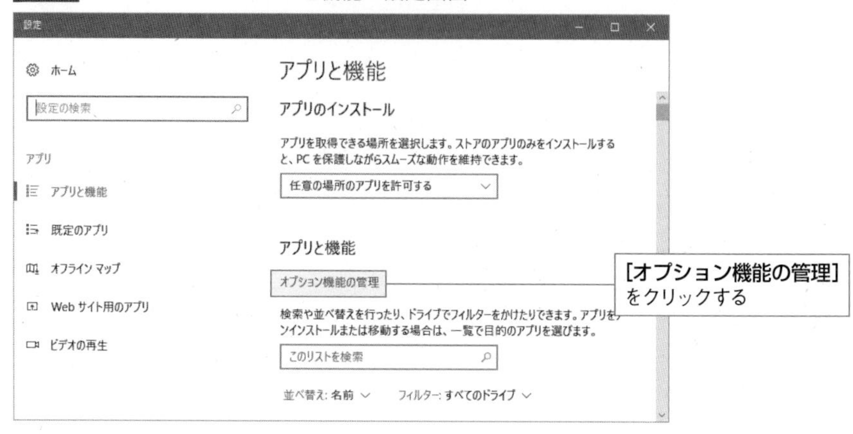

[オプション機能の管理] をクリックすると、図6-3のような画面が表示されます。

図6-3　Windows 10のアプリと機能の設定画面

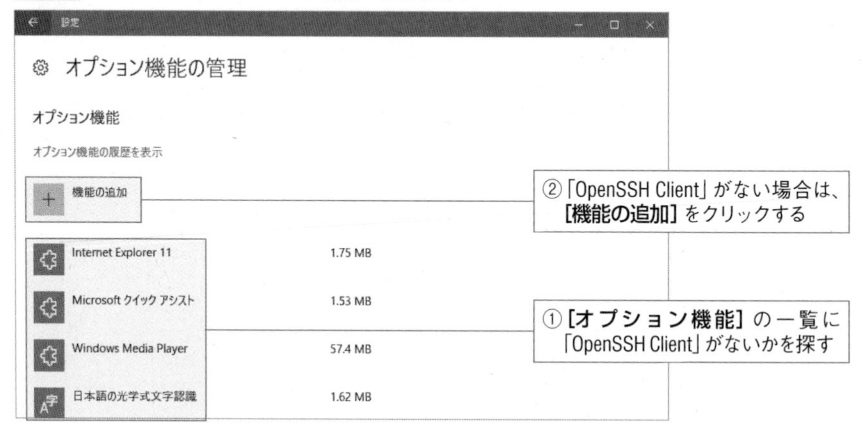

有効になっているオプション機能の一覧が表示されますので、「OpenSSH Client」があることを確認します。存在しない場合には、**[機能の追加]** をクリックします。図6-4のような画面が表示されます。

図6-4 Windows 10の機能の追加画面

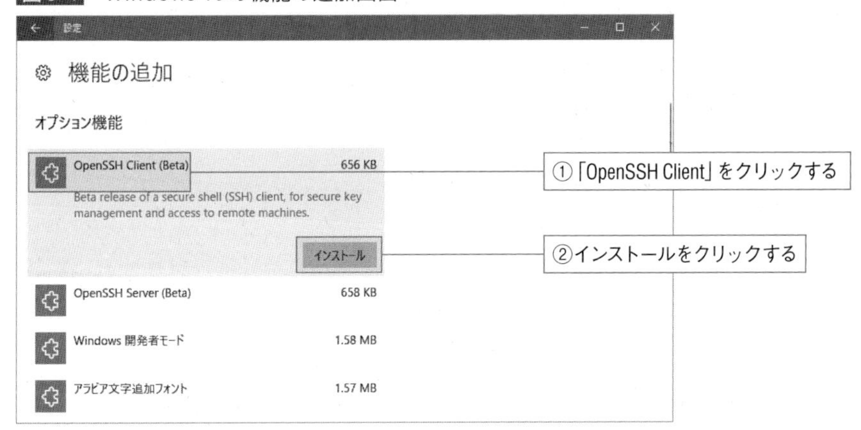

[OpenSSH Client] を探してクリックすると、説明と **[インストール]** ボタンが表示されます。**[インストール]** をクリックして、インストールを行います。インストール後には、システムを再起動します。これで、Windowsでもscpが使えるようになりました。

Windowsでscpを使う

Windowsのscpも、Linuxのscpとほぼ同じ方法で利用することができます。scpは、Windows PowerShellまたはコマンドプロンプトで利用できます。Windowsメニューから **[Windows システムツール]** → **[コマンドプロンプト]** を選択し、コマンドプロンプトを表示します。

■ コマンドプロンプトを表示

```
Microsoft Windows [Version 10.0.17134.885]
(c) 2018 Microsoft Corporation. All rights reserved.
C:¥Users¥admin>
```

コマンドプロンプトの画面が表示され、プロンプトが表示されます。ここで、Linuxと同じようにscpコマンドが使えます。例えば、CentOS上にあるファイルを取得するには、次のようにします。

■ コマンドプロンプトでscpでファイルを転送する(CentOSからWindowsへ)

```
C:¥Users¥admin>scp admin@192.168.2.10:/tmp/test.txt . Enter ―― Linux側からPCへファイルをコピー
The authenticity of host '192.168.2.10 (192.168.2.10)' can't be established.
ECDSA key fingerprint is SHA256:K6VlPz7mG008Vysprf5nYSB6b6KYjKaJlrVz10nnJrM. ―― 相手のフィンガープリント
Are you sure you want to continue connecting (yes/no)? yes Enter ―― yesを入力
Warning: Permanently added '192.168.2.10' (ECDSA) to the list of known hosts.
admin@192.168.2.10's password: ******** Enter ―― ユーザのパスワードを入力
test.txt
100%    4     0.0KB/s   00:00
```

初回だけ、相手のフィンガープリントが表示されます。接続を継続してよいかを聞かれますので、yesを入力します。次に、パスワードの入力を求められますので、パスワードを入力すると、ファイルが転送されます。

WindowsからCentOSへファイルを転送するのも同じように行うことができます。

■ コマンドプロンプトでscpでファイルを転送する(WindowsからCentOSへ)

```
C:¥Users¥admin>scp test.txt admin@192.168.30.97:/tmp Enter
admin@192.168.30.97's password:******** Enter ―― ユーザのパスワードを入力
test.txt
      100%    4     0.0KB/s   00:00
```

TM

パッケージ管理

Section 06-03 パッケージのインストールと管理を行う

CentOS 8のインストール時には、管理のために必要な最低限のパッケージだけをインストールしました。しかし、ネットワークサーバとして利用していくためには、必要に応じてパッケージをさらにインストールする必要があります。このセクションでは、CentOS 8のパッケージ管理の方法を説明します。

このセクションのポイント

1. CentOSではレポジトリと言われるソフトウェアの提供元を管理している。
2. パッケージは、yumコマンドを使って管理する。

CentOS 8のパッケージの仕組みを理解する

CentOS 8では、パッケージの管理はyumコマンドを使って行います。CentOS 8のソフトウェアは、レポジトリ（Repository）と呼ばれるソフトウェア提供元からダウンロードして、インストールします。次のように実行することで、有効になっているレポジトリの一覧を表示することができます。

```
# yum repolist Enter
メタデータの期限切れの最終確認: 2:10:05 時間前の 2019年10月17日 09時41分43秒 に
実施しました。
repo id                        repo の名前                          状態
AppStream                      CentOS-8 - AppStream                5,069
BaseOS                         CentOS-8 - Base                     2,835
extras                         CentOS-8 - Extras                       3
```

通常は、ここにリストアップされた3つのリポジトリが使われます。

Base：CentOS 8の基本的な機能を提供する
AppStream：アプリケーション、開発言語、データベースなどを提供する
Extras：BaseやAppStreamに含まれない拡張的なパッケージを提供する

これらのレポジトリは、CentOSプロジェクトが管理するインターネット上のサイトに配置されています。

インターネットにつながっていないとき

CentOSは、標準ではインターネットに直接つながっている環境で、インターネッ

ト上のレポジトリを利用することを前提としています。そのため、インターネットを直接参照できないないようなサーバではレポジトリを検索することができず、ソフトウェアの追加/削除を行うことができません。このような場合には、CentOSのサイトからダウンロードしたISOイメージをサーバに配置して利用します。

最初に、次の2つのISOイメージをサーバに配置します。

- CentOS-8-x86_64-1905-dvd1.iso
- CentOS-Stream-x86_64-dvd1.iso

Section 06-02で解説したファイル交換の方法を参考に、PCからファイルを送ります。例えば、scpコマンドを使って、次のようにファイルを転送します。

■ Windowsのコマンドプロンプトからscpでisoファイルを転送する

```
C:¥Users¥admin>cd Downloads Enter ――― Downloadsフォルダに移動

C:¥Users¥admin¥Downloads>dir Enter ――― ISOファイルを確認
 ドライブ C のボリューム ラベルがありません。
 ボリューム シリアル番号は 1A31-3D2F です

 C:¥Users¥admin¥Downloads のディレクトリ

2019/10/18  11:05    <DIR>          .
2019/10/18  11:05    <DIR>          ..
2019/10/09  15:36     7,135,559,680 CentOS-8-x86_64-1905-dvd1.iso
2019/10/18  11:17     8,572,108,800 CentOS-Stream-x86_64-dvd1.iso
               2 個のファイル      15,878,127,112 バイト
               2 個のディレクトリ  426,399,309,824 バイトの空き領域

C:¥Users¥admin¥Downloads>scp  CentOS-8-x86_64-1905-dvd1.iso CentOS-Stream-x86_64-
dvd1.iso admin@192.168.2.10: Enter ――― 2つのファイルをCentOSにコピー
admin@192.168.2.10's password: ******** Enter ――― パスワードを入力
CentOS-8-x86_64-1905-dvd1.iso
      100% 6805MB  11.1MB/s   10:11
CentOS-Stream-x86_64-dvd1.iso
      100% 8175MB  11.2MB/s   12:09
```

ファイルは、CentOSの/home/admin/にコピーされます。ファイルを転送したら、CentOS側で次のように/etc/fstabに、このISOファイルを利用する設定を行います。まず、ISOファイルをマウントするディレクトリを作成します。

```
# mkdir /media/CentOS Enter
# mkdir /media/CentOS/BaseOS Enter
# mkdir /media/CentOS/AppStream Enter
```

次に、ISOファイルをマウントするため、/etc/fstabに設定を追加します。

■ /etc/fstab

```
#
# /etc/fstab
# Created by anaconda on Fri Oct 18 10:56:04 2019
#
# Accessible filesystems, by reference, are maintained under '/dev/disk/'.
# See man pages fstab(5), findfs(8), mount(8) and/or blkid(8) for more info.
#
# After editing this file, run 'systemctl daemon-reload' to update systemd
# units generated from this file.
#
/dev/mapper/cl-root     /                       xfs     defaults        0 0
UUID=227c5383-5923-462c-a81e-205680133d5c /boot                   ext4    defaults
1 2
/dev/mapper/cl-swap     swap                    swap    defaults        0 0
/home/admin/CentOS-8-x86_64-1905-dvd1.iso       /media/CentOS/BaseOS    iso9660
loop,ro,auto    0 0 ──────────────────────────────────────── (1)
/home/admin/CentOS-Stream-x86_64-dvd1.iso       /media/CentOS/AppStream iso9660
loop,ro,auto    0 0 ──────────────────────────────────────── (2)
```

(1)と(2)の行を追加します。次のように、マウント処理を行います。

```
# mount /media/CentOS/BaseOS Enter
# mount /media/CentOS/AppStream Enter
```

次に、ローカルメディア用のレポジトリを有効にします。/etc/yum.repos.d/CentOS-Media.repoファイルを編集します。

■ /etc/yum.repos.d/CentOS-Media.repo

```
[c8-media-BaseOS]
name=CentOS-BaseOS-$releasever - Media
baseurl=file:///media/CentOS/BaseOS/BaseOS ──────────── 変更
        file:///media/cdrom/BaseOS
        file:///media/cdrecorder/BaseOS
```

```
gpgcheck=1
enabled=1 ──────────────────────────── 1にする
gpgkey=file:///etc/pki/rpm-gpg/RPM-GPG-KEY-centosofficial

[c8-media-AppStream]
name=CentOS-AppStream-$releasever - Media
baseurl=file:///media/CentOS/AppStream/AppStream ──────── 変更
        file:///media/cdrom/AppStream
        file:///media/cdrecorder/AppStream
gpgcheck=1
enabled=1 ──────────────────────────── 1にする
gpgkey=file:///etc/pki/rpm-gpg/RPM-GPG-KEY-centosofficial
```

[c8-media-BaseOS]の項目のbaseurlの設定を変更し、enabledを1にします。同様に、[c8-media-AppStream]の項目のbaseurlの設定を変更し、enableを1にします。

次に、CentOS Baseレポジトリを無効にします。/etc/yum.repos.d/CentOS-Base.repoファイルを編集します。

■ /etc/yum.repos.d/CentOS-Base.repo

```
[BaseOS]
name=CentOS-$releasever - Base
mirrorlist=http://mirrorlist.centos.org/?release=$releasever&arch=$basearch&repo=Bas
eOS&infra=$infra
#baseurl=http://mirror.centos.org/$contentdir/$releasever/BaseOS/$basearch/os/
gpgcheck=1
enabled=0 ──────────────────────────── 0にする
gpgkey=file:///etc/pki/rpm-gpg/RPM-GPG-KEY-centosofficial
```

enabledの項目を0に変更します。同様に、/etc/yum.repos.d/CentOS-AppStream.repoファイルも編集します。

■ /etc/yum.repos.d/CentOS-AppStream.repo

```
[AppStream]
name=CentOS-$releasever - AppStream
mirrorlist=http://mirrorlist.centos.org/?release=$releasever&arch=$basearch&repo=App
Stream&infra=$infra
#baseurl=http://mirror.centos.org/$contentdir/$releasever/AppStream/$basearch/os/
gpgcheck=1
enabled=0 ──────────────────────────── 0にする
gpgkey=file:///etc/pki/rpm-gpg/RPM-GPG-KEY-centosofficial
```

enabledの項目を0に変更します。
以上で設定は完了です。レポジトリのリストを取得してみましょう。

```
# yum repolist Enter
CentOS-AppStream-8 - Media                         4.2 MB/s | 4.3 kB     00:00
CentOS-BaseOS-8 - Media                            3.8 MB/s | 3.9 kB     00:00
repo id                       repo の名前                    状態
c8-media-AppStream            CentOS-AppStream-8 - Media     4,553 ——— (1)
c8-media-BaseOS               CentOS-BaseOS-8 - Media        1,655 ——— (2)
extras                        CentOS-8 - Extras              3
```

(1)(2)のように、「CentOS-AppStream-8 - Media」、「CentOS-BaseOS-8 - Media」が表示されれば正常です。

コマンドラインでのパッケージ管理

＊1 Yellowdog Updater Modified

パッケージの管理は、yum[＊1]コマンドを使ってコマンドラインで行います。

パッケージの検索と詳細の表示

例えば、パッケージの検索をする場合には、引数としてサブコマンド searchとキーワードを指定します。

詳細情報を見るの前のパッケージの検索

```
# yum search dos Enter
メタデータの期限切れの最終確認: 1:34:31 時間前の 2019年10月17日 09時41分43秒 に
実施しました。
============================ 名前 & 概要 一致: dos =============================
librados2.x86_64 : RADOS distributed object store client library
librados2.i686 : RADOS distributed object store client library
librados2.x86_64 : RADOS distributed object store client library
dosfstools.x86_64 : Utilities for making and checking MS-DOS FAT filesystems on
                  : Linux
dosfstools.i686 : Utilities for making and checking MS-DOS FAT filesystems on
                : Linux
dosfstools.x86_64 : Utilities for making and checking MS-DOS FAT filesystems on
                  : Linux
================================ 名前 一致: dos ================================
dos2unix.x86_64 : Text file format converters
dos2unix.i686 : Text file format converters
dos2unix.x86_64 : Text file format converters
```

```
============================== 概要 一致: dos ==============================
librbd1.x86_64 : RADOS block device client library
………
```

dosfstools.x86_64のようなパッケージ名に続いて、パッケージの要約が表示されます。この表示を見ながらインストールしたいソフトウェアを調べます。より詳細な情報が見たい場合には、次の例のようにinfoサブコマンドを使います。引数には、パッケージ名を指定します。

■ 詳細情報を見る

```
# yum info dos2unix.x86_64 Enter
メタデータの期限切れの最終確認: 1:36:20 時間前の 2019年10月17日 09時41分43秒 に
実施しました。
インストール済みパッケージ
名前           : dos2unix
バージョン     : 7.4.0
リリース       : 3.el8
アーキテクチ   : x86_64
サイズ         : 666 k
ソース         : dos2unix-7.4.0-3.el8.src.rpm
Repo           : @System
repo から      : anaconda
概要           : Text file format converters
URL            : http://waterlan.home.xs4all.nl/dos2unix.html
ライセンス     : BSD
説明           : Convert text files with DOS or Mac line endings to Unix line
               : endings and vice versa.
```

パッケージのインストール

パッケージのインストールには、installサブコマンドを使います。次の例のように、引数には、パッケージ名を指定して実行します。

■ パッケージのインストール

```
# yum install dos2unix.x86_64 Enter
メタデータの期限切れの最終確認: 1:39:24 時間前の 2019年10月17日 09時41分43秒 に
実施しました。
依存関係が解決しました。
```

```
================================================================================
 パッケージ          アーキテクチャー
                                    バージョン                リポジトリ       サイズ
================================================================================
Installing:
 dos2unix            x86_64          7.4.0-3.el8              BaseOS            241 k

トランザクションの概要
================================================================================
インストール  1 パッケージ

ダウンロードサイズの合計: 241 k
インストール済みのサイズ: 666 k
これでよろしいですか? [y/N]: y Enter  ―― 確認してyを入力
パッケージのダウンロード中です:
dos2unix-7.4.0-3.el8.x86_64.rpm                   211 kB/s | 241 kB     00:01
--------------------------------------------------------------------------------
合計                                               89 kB/s | 241 kB     00:02
トランザクションの確認を実行中
トランザクションの確認に成功しました。
トランザクションのテストを実行中
トランザクションのテストに成功しました。
トランザクションを実行中
  準備             :                                                        1/1
  Installing       : dos2unix-7.4.0-3.el8.x86_64                            1/1
  scriptletの実行中: dos2unix-7.4.0-3.el8.x86_64                            1/1
  検証             : dos2unix-7.4.0-3.el8.x86_64                            1/1

インストール済み:
  dos2unix-7.4.0-3.el8.x86_64

完了しました!
```

yumは、そのパッケージをインストールするのに必要な関連パッケージも探して、インストールすべきものをリストアップします。そして、インストールしてよいかどうかを「Is this ok [y/d/N]: 」と問い合わせてきます。y を入力するとインストールが始まります。

パッケージの削除

インストールされたパッケージを調べるには、listサブコマンドを使います。引数に「installed」を指定して実行します。

■ インストールされたパッケージを調べる

```
# yum list installed Enter
インストール済みパッケージ
GConf2.x86_64                          3.2.6-22.el8        @AppStream
ModemManager.x86_64                    1.8.0-1.el8         @anaconda
ModemManager-glib.x86_64               1.8.0-1.el8         @anaconda
NetworkManager.x86_64                  1:1.14.0-14.el8     @anaconda
NetworkManager-adsl.x86_64             1:1.14.0-14.el8     @anaconda
NetworkManager-bluetooth.x86_64        1:1.14.0-14.el8     @anaconda
NetworkManager-config-server.noarch    1:1.14.0-14.el8     @anaconda
NetworkManager-libnm.x86_64            1:1.14.0-14.el8     @anaconda
NetworkManager-team.x86_64             1:1.14.0-14.el8     @anaconda
………
```

このコマンドで一覧が表示されますので、その中から削除したいパッケージの名称を調べます。調べにくい場合には、grepコマンドなどと併用するとよいでしょう。

■ grepコマンドで調べる対象を絞る

```
# yum list installed | grep dos Enter
dos2unix.x86_64                        7.4.0-3.el8         @BaseOS
dosfstools.x86_64                      4.1-6.el8           @anaconda
librados2.x86_64                       1:12.2.7-9.el8      @AppStream
```

一番右側の「@BaseOS」などの表示は、インストール時に使ったレポジトリです。「@anaconda」は、CentOSのインストール時にインストールされたものであることを示しています。実際のパッケージの削除には、eraseサブコマンドを使います。引数に指定したパッケージが削除されます。

■ パッケージの削除

```
# yum erase dos2unix.x86_64 Enter
依存関係が解決しました。
================================================================================
 パッケージ          アーキテクチャー
                                  バージョン            リポジトリ        サイズ
================================================================================
削除中:
 dos2unix            x86_64       7.4.0-3.el8           @BaseOS           666 k

トランザクションの概要
================================================================================
削除  1 パッケージ
```

```
解放された容量: 666 k
これでよろしいですか? [y/N]: y Enter ——— 確認してyを入力
トランザクションの確認を実行中
トランザクションの確認に成功しました。
トランザクションのテストを実行中
トランザクションのテストに成功しました。
トランザクションを実行中
  準備             :                                        1/1
  削除             : dos2unix-7.4.0-3.el8.x86_64            1/1
  scriptletの実行中: dos2unix-7.4.0-3.el8.x86_64            1/1
  検証             : dos2unix-7.4.0-3.el8.x86_64            1/1

削除しました:
  dos2unix-7.4.0-3.el8.x86_64

完了しました!
```

パッケージのアップデート

アップデートが可能なパッケージを調べるには、check-updateサブコマンドを使います。

■ アップデート可能なパッケージを調べる

```
# yum check-update Enter
メタデータの期限切れの最終確認: 1:47:47 時間前の 2019年10月17日 09時41分43秒 に
実施しました。

anaconda-core.x86_64        29.19.0.43-1.el8_0        AppStream
anaconda-gui.x86_64         29.19.0.43-1.el8_0        AppStream
anaconda-tui.x86_64         29.19.0.43-1.el8_0        AppStream
anaconda-widgets.x86_64     29.19.0.43-1.el8_0        AppStream
bash.x86_64                 4.4.19-8.el8_0            BaseOS
………
```

各パッケージの詳細は、infoサブコマンドの引数にパッケージ名を指定して調べることができます。アップデート可能なパッケージがある場合には、現在インストールされているパッケージの情報と、アップデート可能なパッケージの情報の両方が表示されます。

パッケージの詳細を調べる

```
# yum info bash Enter
メタデータの期限切れの最終確認: 1:49:47 時間前の 2019年10月17日 09時41分43秒 に
実施しました。
インストール済みパッケージ ——— 現在インストールされているパッケージ
名前          : bash
バージョン    : 4.4.19
リリース      : 7.el8
アーキテクチ : x86_64
サイズ        : 6.6 M
ソース        : bash-4.4.19-7.el8.src.rpm
Repo          : @System
repo から     : anaconda
概要          : The GNU Bourne Again shell
URL           : https://www.gnu.org/software/bash
ライセンス    : GPLv3+
説明          : The GNU Bourne Again shell (Bash) is a shell or command language
              : interpreter that is compatible with the Bourne shell (sh). Bash
              : incorporates useful features from the Korn shell (ksh) and the C
              : shell (csh). Most sh scripts can be run by bash without
              : modification.

利用可能なパッケージ ——— アップデート可能なパッケージ
名前          : bash
バージョン    : 4.4.19
リリース      : 7.el8
アーキテクチ : i686
サイズ        : 1.6 M
ソース        : bash-4.4.19-7.el8.src.rpm
Repo          : BaseOS
概要          : The GNU Bourne Again shell
URL           : https://www.gnu.org/software/bash
ライセンス    : GPLv3+
説明          : The GNU Bourne Again shell (Bash) is a shell or command language
              : interpreter that is compatible with the Bourne shell (sh). Bash
              : incorporates useful features from the Korn shell (ksh) and the C
              : shell (csh). Most sh scripts can be run by bash without
              : modification.

名前          : bash
バージョン    : 4.4.19
リリース      : 8.el8_0
アーキテクチ : x86_64
サイズ        : 1.5 M
```

```
ソース          : bash-4.4.19-8.el8_0.src.rpm
Repo            : BaseOS
概要            : The GNU Bourne Again shell
URL             : https://www.gnu.org/software/bash
ライセンス      : GPLv3+
説明            : The GNU Bourne Again shell (Bash) is a shell or command language
                : interpreter that is compatible with the Bourne shell (sh). Bash
                : incorporates useful features from the Korn shell (ksh) and the C
                : shell (csh). Most sh scripts can be run by bash without
                : modification.
```

実際のアップデートは、updateサブコマンドで行います。パッケージを指定すれば、指定したパッケージだけがアップデートされますが、特に指定しなければすべてのパッケージがアップデートされます。

■ パッケージのアップデート

```
# yum update Enter
メタデータの期限切れの最終確認: 1:51:32 時間前の 2019年10月17日 09時41分43秒 に
実施しました。
依存関係が解決しました。
================================================================================
 パッケージ                          アーキテクチャー
                                              バージョン            リポジトリ
                                                                          サイズ
================================================================================
Installing:
 kernel                              x86_64 4.18.0-80.11.2.el8_0 BaseOS    424 k
 kernel-core                         x86_64 4.18.0-80.11.2.el8_0 BaseOS     24 M
 kernel-modules                      x86_64 4.18.0-80.11.2.el8_0 BaseOS     20 M
Upgrading:
 anaconda-core                       x86_64 29.19.0.43-1.el8_0   AppStream 2.1 M
 anaconda-gui                        x86_64 29.19.0.43-1.el8_0   AppStream 500 k
   :
 sos                                 noarch 3.6-10.el8_0.3       BaseOS    474 k
依存関係をインストール中:
 grub2-tools-efi                     x86_64 1:2.02-66.el8_0.1    BaseOS    444 k

トランザクションの概要
================================================================================
インストール     4 パッケージ
アップグレード  86 パッケージ
```

```
ダウンロードサイズの合計: 114 M
これでよろしいですか? [y/N]: y Enter ―― 確認してyを入力
パッケージのダウンロード中です:
(1/90): grub2-tools-efi-2.02-66.el8_0.1.x86_64. 371 kB/s | 444 kB     00:01
(2/90): kernel-4.18.0-80.11.2.el8_0.x86_64.rpm  285 kB/s | 424 kB     00:01
(3/90): anaconda-core-29.19.0.43-1.el8_0.x86_64 333 kB/s | 2.1 MB     00:06
………
(88/90): sos-3.6-10.el8_0.3.noarch.rpm          1.1 MB/s | 474 kB     00:00
(89/90): python3-libs-3.6.8-4.el8_0.x86_64.rpm  1.2 MB/s | 7.9 MB     00:06
(90/90): selinux-policy-targeted-3.14.1-61.el8_ 1.3 MB/s |  15 MB     00:11
--------------------------------------------------------------------------------
合計                                            2.0 MB/s | 114 MB     00:58
トランザクションの確認を実行中
トランザクションの確認に成功しました。
トランザクションのテストを実行中
トランザクションのテストに成功しました。
トランザクションを実行中
  scriptletの実行中: kmod-kvdo-6.2.0.293-53.el8_0.x86_64                  1/1
  準備             :                                                      1/1
  scriptletの実行中: bash-4.4.19-8.el8_0.x86_64                           1/1
  Upgrading        : bash-4.4.19-8.el8_0.x86_64                         1/176
………
  scriptletの実行中: kmod-kvdo-6.2.0.293-53.el8_0.x86_64              176/176
  scriptletの実行中: libvirt-daemon-config-network-4.5.0-24.3.module_ 176/176
  scriptletの実行中: podman-1.0.0-2.git921f98f.module_el8.0.0+58+91b6 176/176
  検証             : grub2-tools-efi-1:2.02-66.el8_0.1.x86_64           1/176
  検証             : kernel-4.18.0-80.11.2.el8_0.x86_64                 2/176
  検証             : kernel-core-4.18.0-80.11.2.el8_0.x86_64            3/176
………
  検証             : selinux-policy-targeted-3.14.1-61.el8_0.1.noarch 174/176
  検証             : sos-3.6-10.el8_0.3.noarch                        175/176
  検証             : sos-3.6-10.el8_0.1.noarch                        176/176
アップグレード済み:
  anaconda-core-29.19.0.43-1.el8_0.x86_64
  anaconda-gui-29.19.0.43-1.el8_0.x86_64
  anaconda-tui-29.19.0.43-1.el8_0.x86_64
………
  selinux-policy-3.14.1-61.el8_0.2.noarch
  selinux-policy-targeted-3.14.1-61.el8_0.2.noarch
  sos-3.6-10.el8_0.3.noarch

インストール済み:
  kernel-4.18.0-80.11.2.el8_0.x86_64
```

```
  kernel-core-4.18.0-80.11.2.el8_0.x86_64
  kernel-modules-4.18.0-80.11.2.el8_0.x86_64
  grub2-tools-efi-1:2.02-66.el8_0.1.x86_64

完了しました!
```

yumは、アップデートするパッケージをリストアップします。パッケージの一覧を確認し問題がなければ y を入力します。すると、自動的にパッケージのアップデートが行われます。

サービス管理

Section 06-04

サービス管理を知っておく

重要なサービスでは、パッケージをインストールしただけではサービスが開始されない場合もあります。設定に合わせて自分でサービスを開始したり、自動的にサービスが起動されるように設定する必要があります。このセクションでは、CentOS 8のサービス管理について解説します。

このセクションのポイント

1 サービスの管理はsystemctlコマンドで行う。
2 サービスの起動や停止を行ったら、必ず状態を確認する。
3 サービスが自動的に開始されるようにしておくには、enableサブコマンドを使う。
4 Cockpitサービスを有効にしておく。

systemctlコマンド

CentOS 8ではサービスの管理には、systemctlコマンドを使います。

サービスの一覧

現在利用可能なサービスを調べるには、list-unit-filesサブコマンドを使います。

■ サービスの一覧

```
# systemctl list-unit-files -t service Enter
UNIT FILE                                  STATE
accounts-daemon.service                    enabled
alsa-restore.service                       static
alsa-state.service                         static
anaconda-direct.service                    static
anaconda-nm-config.service                 static
anaconda-noshell.service                   static
anaconda-pre.service                       static
anaconda-shell@.service                    static
anaconda-sshd.service                      static
anaconda-tmux@.service                     static
anaconda.service                           static
arp-ethers.service                         disabled
atd.service                                enabled
auditd.service                             enabled
auth-rpcgss-module.service                 static
autovt@.service                            enabled
avahi-daemon.service                       enabled
```

```
blivet.service                                    static
blk-availability.service                          disabled
bluetooth.service                                 enabled
bolt.service                                      static
brltty.service                                    disabled
lines 1-23
```

左側のカラムに表示されているのがサービスの名前です。右側には、そのサービスの現在の状態が表示されます。「enabled」はシステム起動時に自動的に有効になるサービス、「disabled」はシステム起動時に有効にならないサービスです。「static」も同様にシステム起動時に有効にならないサービスです。ただし、自動起動の方法が規定されていないため、必要に応じて手動で起動すべきものです。

サービスの起動と停止

サービスを停止する場合には、stopサブコマンドにサービス名を指定して実行します。

■ サービスの停止

```
# systemctl stop atd.service Enter
```

間違ったサービス名を指定したり、サービスの停止に失敗した場合には、エラーメッセージが表示されますが、正常に停止した場合には何も表示されません。サービスを起動する場合には、startサブコマンドにサービス名を指定して実行します。

■ サービスの起動

```
# systemctl start atd.service Enter
```

サービスを再起動する場合には、restartサブコマンドにサービス名を指定して実行します。

■ サービスの再起動

```
# systemctl restart atd.service Enter
```

サービスの状態を確認する

サービスの起動や再起動を行っても、正常に処理ができていない場合があります。systemctlコマンドは、このような場合にもエラーを出力しません。そのため、起動や再起動の後には、サービスの状態を確認しておきましょう。サービスの現在の状態を確認する場合には、is-activeサブコマンドにサービス名を指定して実行します。

■ サービスの現在の状態を確認

```
# systemctl is-active atd.service Enter
active
```

この例では、サービスが稼働していますので「active」と表示されています。サービスが稼働していない状態の場合には、「inactive」と表示されます。

また、statusサブコマンドを使うと、より詳細にサービスの状態を確認することができます。

■ 詳細なサービスの状態

```
# systemctl status atd.service Enter
● atd.service - Job spooling tools
   Loaded: loaded (/usr/lib/systemd/system/atd.service; enabled; vendor preset:>
   Active: active (running) since Thu 2019-10-17 09:56:36 JST; 37s ago ―― 起動された時間
 Main PID: 15744 (atd) ―― 主要プロセスの情報
    Tasks: 1 (limit: 5062)
   Memory: 388.0K
   CGroup: /system.slice/atd.service ―― 現在のプロセスの情報
           └─15744 /usr/sbin/atd -f ―― 同じ制御グループに属するプロセスの状況

10月 17 09:56:36 centos8 systemd[1]: Started Job spooling tools. ―― 起動時のログ
```

サービス設定の再読み込み

サービスによっては、設定の再読み込みをするreloadをサポートしている場合があります。次のようにreloadサブコマンドにサービス名を指定して実行します。

■ サービスの設定を再読み込み

```
# systemctl reload sshd.service Enter
```

サービスを自動的に起動・停止する

サービスの中には、標準ではシステムの起動時に自動的に有効にならないサービスもあります。サービスのシステムの起動時の状態を設定するには、enableサブコマンドを使います。サービスの起動時の状態は、is-enabledサブコマンドで調べることができます。

■ サービスのシステム起動時の状態を調べる

```
# systemctl is-enabled atd.service Enter
enabled
```

自動起動が有効になっている場合には、この例のように「enabled」が表示されます。自動起動が無効になっている場合には、「disabled」と表示されます。

サービスの自動起動を無効にするには、disableサブコマンドにサービス名を指定して実行します。

■ サービスの自動起動無効

```
# systemctl disable atd.service Enter
Removed /etc/systemd/system/multi-user.target.wants/atd.service.
```

反対にサービスの自動起動を有効にするには、enableサブコマンドにサービス名を指定して実行します。

■ サービスの自動起動有効

```
# systemctl enable atd.service Enter
Created symlink /etc/systemd/system/multi-user.target.wants/atd.service → /usr
/lib/systemd/system/atd.service.
```

なお、enable, disableサブコマンドは、自動起動の有効/無効を切り替えるだけで、すぐにはサービスが起動/停止しません。自動起動の有効化/無効化と、サービスの起動/停止を同時に行いたい場合には、次のように--nowコマンドを付けます。

■ サービスの自動起動の有効化と同時にサービスを起動する

```
# systemctl enable --now atd.service Enter
Created symlink /etc/systemd/system/multi-user.target.wants/atd.service → /usr
/lib/systemd/system/atd.service.
```

■ サービスの自動起動の無効化と同時にサービスを停止する

```
# systemctl disable --now atd.service Enter
Removed /etc/systemd/system/multi-user.target.wants/atd.service.
```

Cockpitサービスの有効化

CentOS 8では、Web GUIからシステムの管理を行えます。ただ、標準ではサービスが有効化されていません。ここで、Cockpitサービスを有効化しておきましょう。

■ Cockpitサービスの有効化

```
# systemctl enable --now cockpit.socket Enter
```

Cockpitサービスを有効化したら、他のPCから実際にアクセスしてみましょう。

https://192.168.2.10:9090/

192.168.2.10は、CentOS 8のインストール時に指定したIPアドレスです。
このURLにアクセスすると、最初に図6-5のような警告画面が表示されます。

図6-5 Cockpitのログイン画面

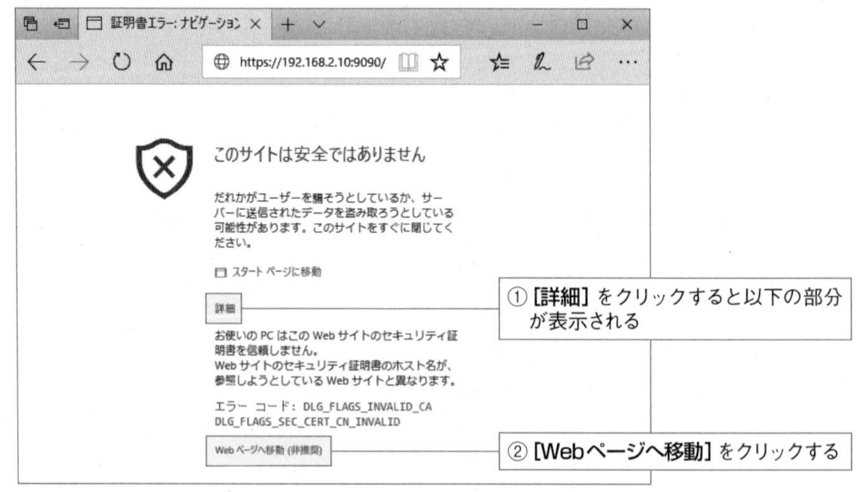

これは、Cockpitが使っているサーバ証明書が仮の証明書だからです。**[詳細]** をクリックすると、最後尾に **[Webページへ移動]** が表示されますので、それをクリックします。すると、Cockpitのログインが面が表示されます。

図6-6　Cockpitのログイン画面

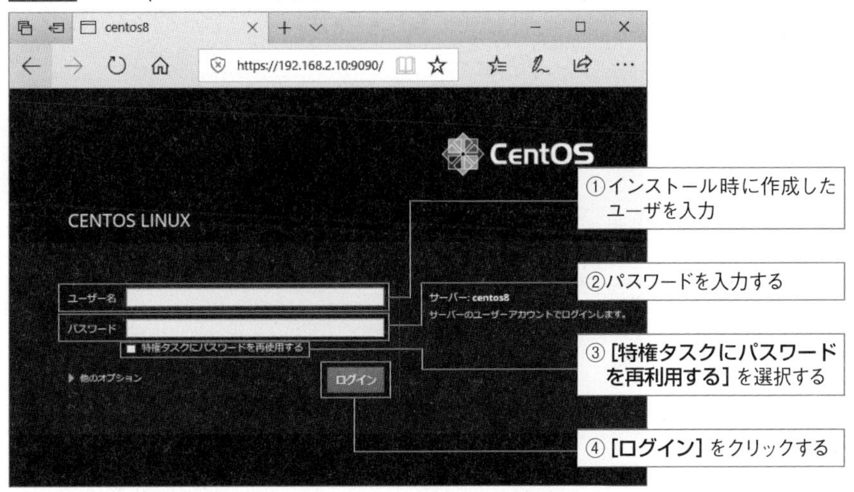

インストール時に作成したユーザアカウントとパスワードでログインすることができます。**[特権タスクにパスワードを再利用する]** をチェックしておくと、処理のたびにパスワードを聞かれないため便利です。

図6-7　Cockpitのログイン画面

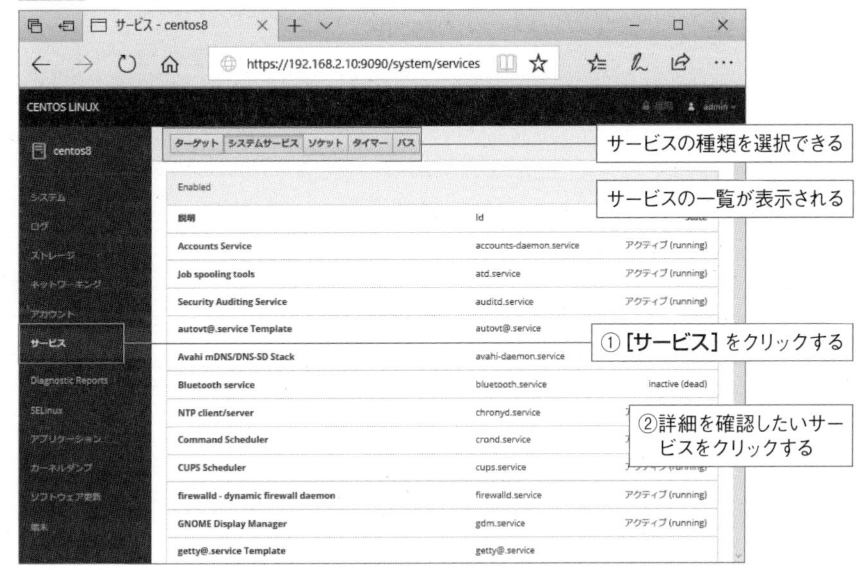

ログイン後に表示された画面で「サービス」をクリックすると、サービスの管理画面が表示され、サービスの一覧を確認することができます。さらに、各サービスをクリックすると詳細な情報を確認することができます。図6-8は、atd.serviceをクリックした場合の表示例です。

図6-8 Cockpitのログイン画面

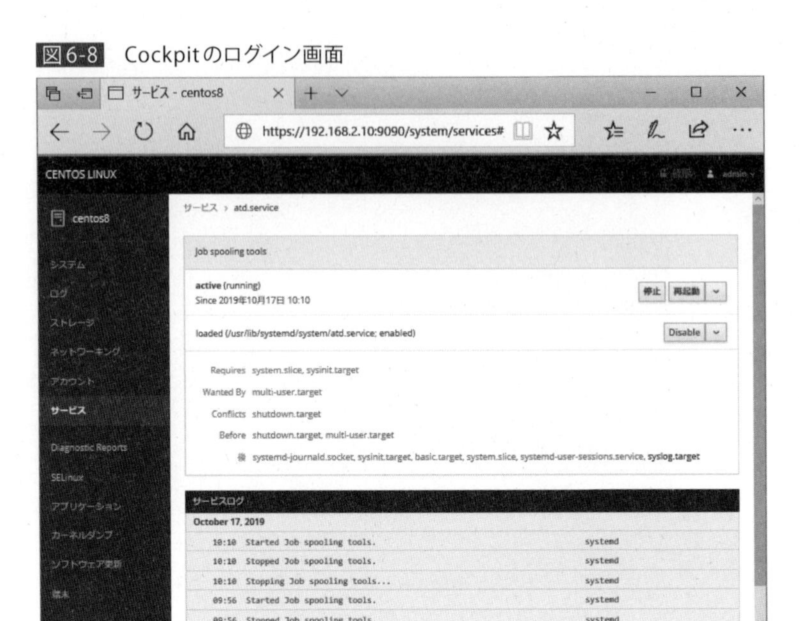

この画面では、サービスの状態が詳細に表示されています。関連するログも確認できます。さらに、サービスを起動/停止/再起動したり、自動起動の有効化/無効化の設定変更も行うことができます。

文字コード

Section 06-05

文字コードと改行コードの変換方法を確認する

WindowsとLinuxでは、取り扱う文字コードや改行コードなど、テキストファイルの扱いが異なります。このセクションでは、テキストファイルのコードの変換方法について確認しておきましょう。

このセクションのポイント

1. LinuxとWindowsでは文字コードが異なる。
2. LinuxとWindowsではテキストファイルの改行コードも異なる。
3. CentOSには、文字コードや改行コードを変換する方法が用意されている。

文字コードが違う！

以前のWindowsは、CentOSと扱う文字コードが違っていました。以前のWindowsは、SJIS(CP932)という文字コードを使っていて、Windows 10やCentOS 8ではUTF-8という文字コードを使っています。そのため、以前のWindowsとデータを交換する場合には、文字コードを意識してファイルを扱う必要があります。geditは、文字コードを自動的に認識することができます。また、コードを変換して保存することができます。メニューから **[名前を付けて保存]** を選択すると、**[文字エンコーディング]** という欄があります。ここで、ファイルを保存する時に使う文字コードを指定することができます。

図6-9　文字コードの指定

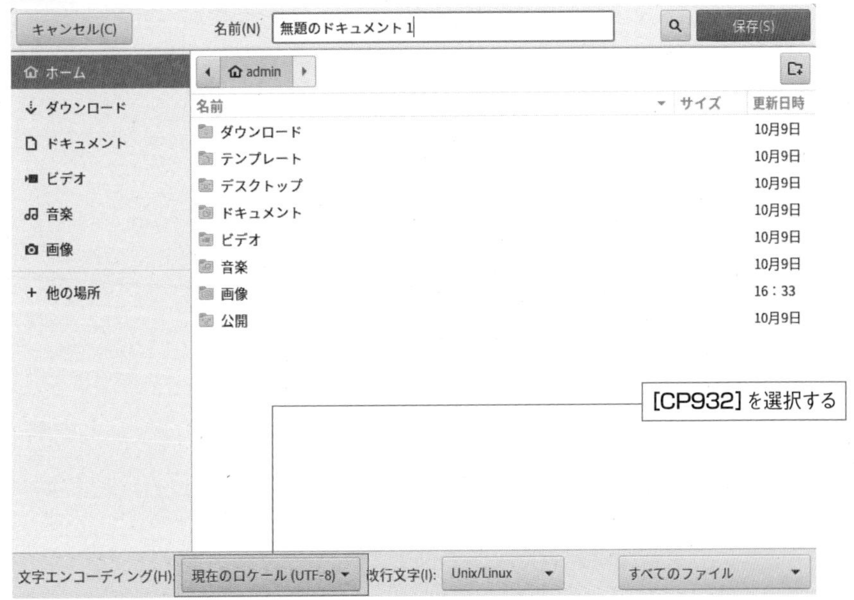

[エンコーディング]のメニューから「日本語 CP932」を選択して保存します。
コマンドラインで文字コードの変換を行う場合には、iconvコマンドを使います。Windowsで作ったSJISのファイルを、UTF-8に変換するには次のようにします。

■ SJISからUTF-8に変換

```
$ iconv -f CP932 -t UTF-8 sjis.txt > utf8.txt Enter
```

この例では、文字コードがSJISのファイルsjis.txtをUTF-8に変換し、utf8.txtに保存しています。逆に、文字コードがUTF-8のファイルをSJISに変換して保存するには、次のようにします。

■ UTF-8からSJISに変換

```
$ iconv -f UTF-8 -t CP932 utf8.txt > sjis.txt Enter
```

改行コードが違う！

WindowsとLinuxでは、さらに改行コードも違います。WindowsはCRとLFという2つのコードで改行を表すのに対して、LinuxではLFの1文字だけで改行コードを表すためです。CentOS 8では、改行コードの変換を行うためのユーティリティプログラムを使うことができます。
Windowsの形式からLinuxの形式に変換する場合には、次のようにします。

■ Windowsの形式からLinuxの形式に変換

```
$ dos2unix windows.txt Enter
dos2unix: ファイル windows.txt を Unix 形式へ変換しています。
```

改行コードが変換され、同じファイルに保存されます。逆に、Linuxの形式からWindowsの形式に変換する場合には、次のようにします。

■ Linuxの形式からWindowsの形式に変換

```
$ unix2dos linux.txt Enter
unix2dos: ファイル linux.txt を DOS 形式へ変換しています。
```

やはり、改行コードが変換され、同じファイルに保存されます。

TM

ネットワーク設定

Section 06-06

ネットワーク設定を変更する

ネットワークの設定は、CentOS 8のインストール時に行うことができます。しかし、そのときの設定が間違っていたり不十分だったりした場合など、何らかの理由でネットワークの設定を変更したい場合があります。このセクションでは、ネットワーク設定の変更について説明します。

このセクションのポイント

1 GUIからネットワーク設定を変更する画面は、インストーラと同じ画面である。
2 ネットワークの設定は、できるだけコンソールから行う。

GUIからネットワーク設定を変更する

ネットワークの設定は、GUIから行うことができます。ユーティリティメニューの[**有線　接続済み**]をクリックするとメニューが表示されます。

図6-10　ユーティリティメニュー

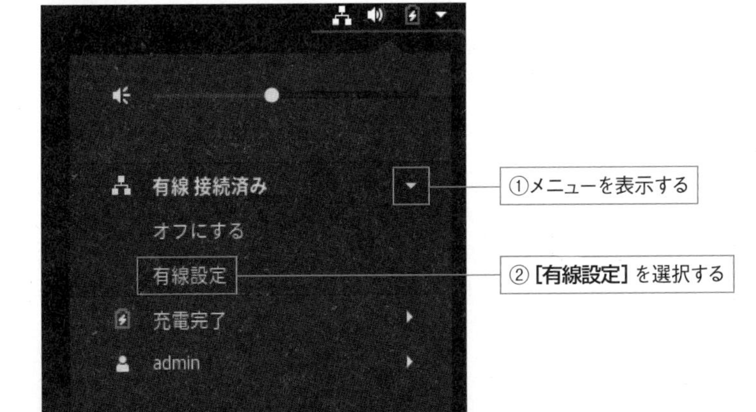

[**有線設定**]を選択すると、ネットワーク設定画面が表示されます。

図6-11 ネットワーク設定画面

[**有線**]の欄の設定ボタンをクリックすると、詳細設定画面が表示されます。

IPv4の設定

IPv4をクリックすると、IPv4の設定を変更することができます。

図6-12 有線設定画面（IPv4）

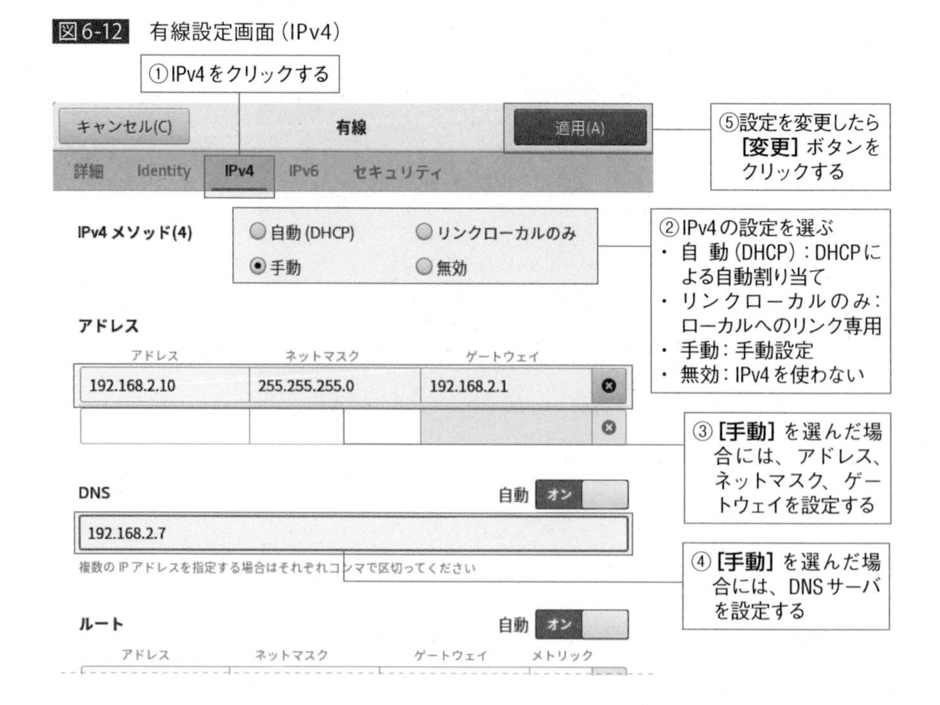

[IPv4メソッド] から、**[手動]** または **[自動 (DHCP)]** を選びます。IPv4を使わない場合には、**[無効]** を選びます。**[手動]** を選んだ場合には、下の **[アドレス]**、**[DNS]** の欄に、アドレス、ネットマスク、ゲートウェイ、DNSサーバのアドレスを設定します。設定が完了したら **[適用]** のボタンをクリックします。

IPv6の設定

IPv6をクリックすると、IPv6の設定を変更することができます。

図6-13 有線設定画面 (IPv6)

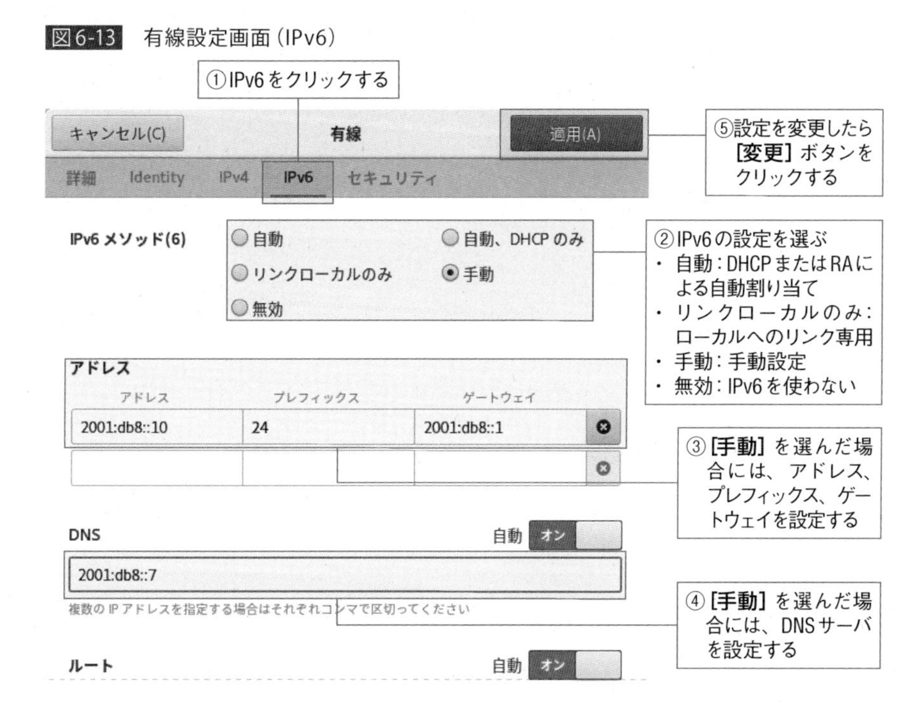

[IPv6メソッド] から、**[自動]**、**[自動、DHCPのみ]**、**[手動]** のいれかを選びます。IPv6を使わない場合には、**[無効]** を選びます。**[手動]** を選んだ場合には、下の **[アドレス]**、**[DNS]** の欄に、アドレス、プレフィックス、ゲートウェイ、DNSサーバのアドレスを設定します。設定が完了したら **[適用]** のボタンをクリックします。

コマンドラインからネットワーク設定を変更する

コマンドラインからネットワーク設定を変更するには、nmtuiコマンドを使います。次のようにnmtuiコマンドを実行します。

```
# nmtui Enter
```

図6-14のように画面表示されます。画面でハイライトになっている部分を↑↓で移動することができます。**[接続の編集]**のところに移動し、Enterキーを押します。

図6-14 nmtuiの起動画面

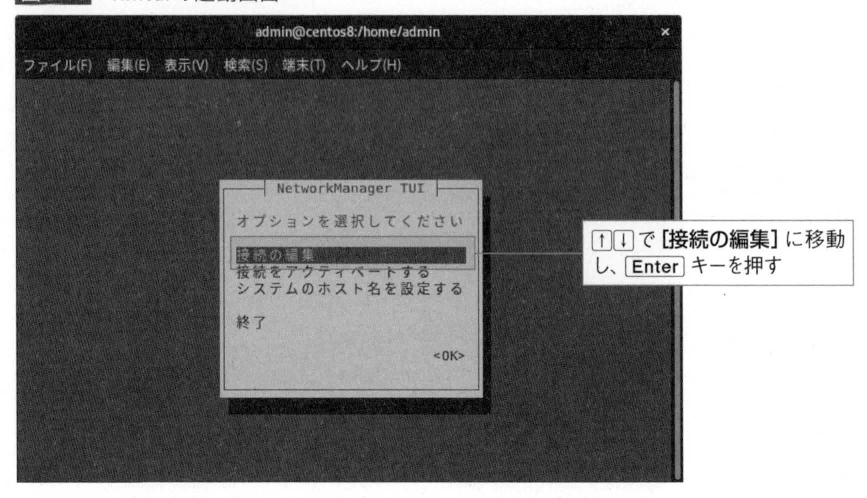

すると、図6-15のようなインタフェースの選択画面が表示されます。↑↓で設定を変更したいインタフェースを選んだ後、→を使って右側に移動し<編集...>を選びます。

図6-15 nmtuiのインタフェース選択画面

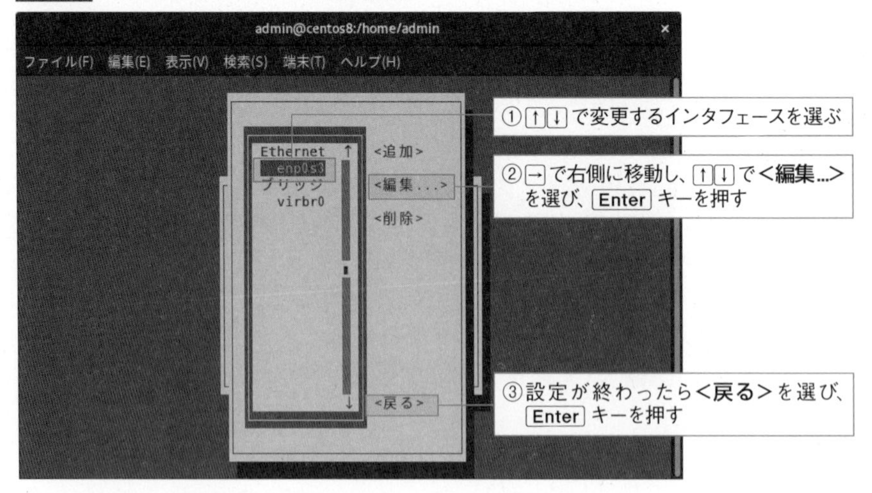

Enterキーを押すと、図6-16のような設定変更画面が表字されます。←→↑↓を使って、設定変更したい場所に移動して、設定を変更していきます。<表示す

る<表示する>と表示されている部分は、設定が隠されています。<表示する>に移動して Enter キーを押すと、隠れた設定を表示することができます。また、<隠す>に移動して Enter キーを押すと、設定を隠すことができます。

図6-16 nmtuiのインタフェース設定変更画面

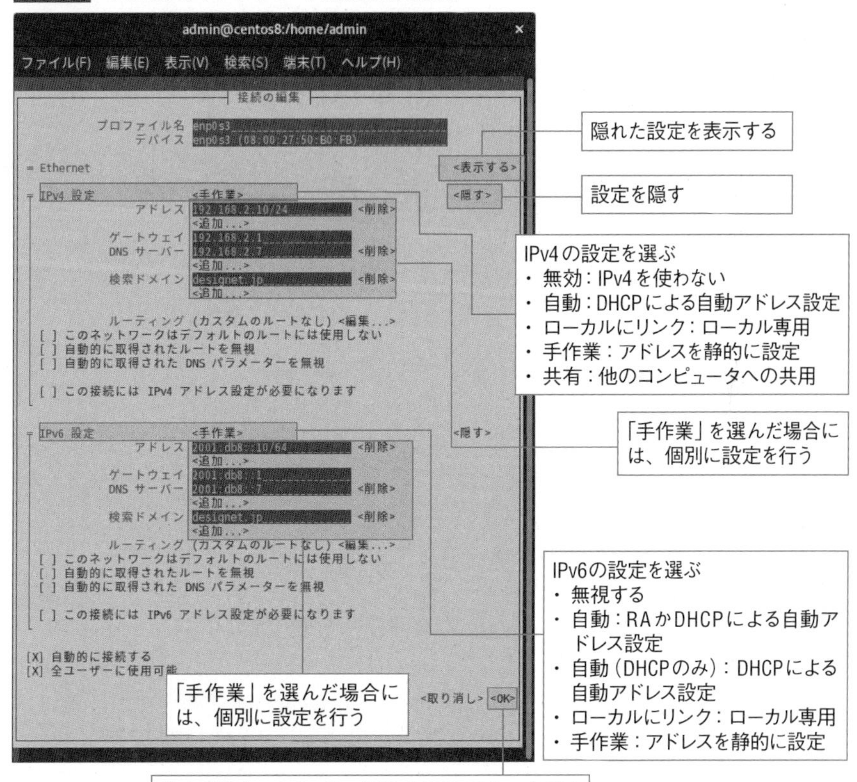

設定を変更したら、一番下にある<OK>を選択して Enter キーを押します。前の画面に戻りますので、<終了>を選び設定を終了します。

設定の反映

設定を変更しても、すぐには有効になりません。CentOS 8が採用しているネットワークマネージャでは、設定の反映は次のタイミングで行われます。

- システムを再起動したとき
- ネットワークの接続が切れ、再度接続されたとき

ネットワークの接続を切る方法には、次のような方法があります。

- 物理的にネットワークケーブルを抜いて、もう一度接続する。
- 論理的にネットワークを切断する。

GUI画面上から切断を行う場合には、ネットワーク設定画面で有線接続のスイッチを一旦「オフ」に設定することで、ネットワークが論理的に切断されます。もう一度「オン」にすれば、変更した新しい設定で接続が行われます。

図6-17　ネットワークコンピュータのアイコンをクリック

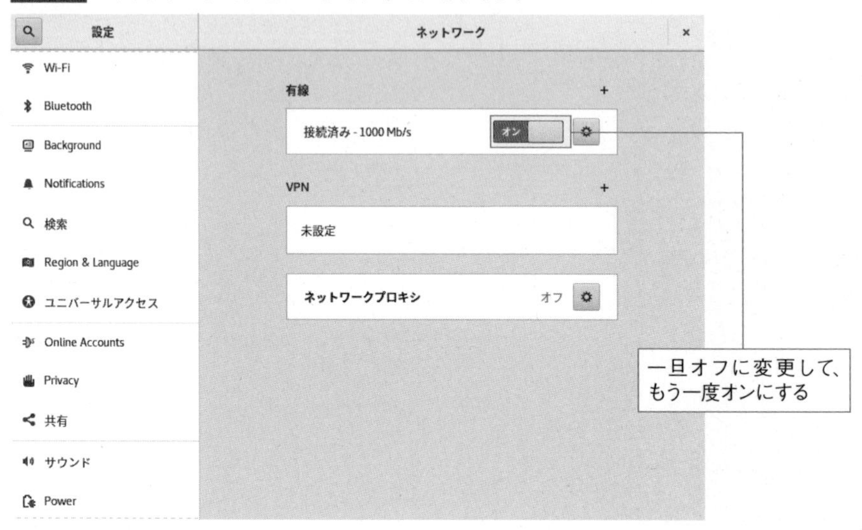

コマンドラインから設定を行った場合には、nmtuiの起動画面から**[接続をアクティベートする]**を選びます。すると、図6-18のような画面が表示されます。

図6-18　接続のアクティベート画面

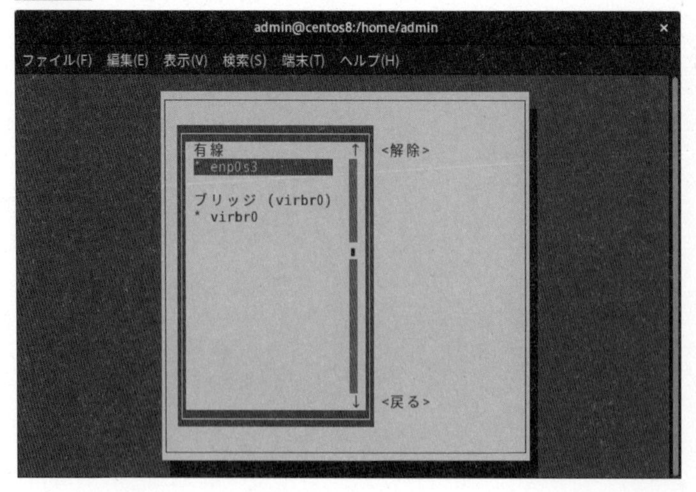

有線の項目の中から[↓][↑]で設定変更をしたインタフェースを選び、[→]を使って右側に移動し、[<**解除**>]に移動し Enter を押します。すると、接続が解除され、表示が[<**アクティベート**>]になります。もう一度 Enter を押すと、再接続が行われ、設定が反映されます。

SSHなどを使ってリモートからログインし、コマンドラインで操作を行う場合には、接続が切れてしまいます。そのため、この作業はコンソールから行う必要があります。

Cockpitからネットワーク設定を変更する

CockpitからWeb経由で、ネットワークの設定を確認したり変更したりすることもできます。図6-19は、Cockpitの画面で、「ネットワーク」を選択した場合の例です。

図6-19　Cockpitのネットワーク画面

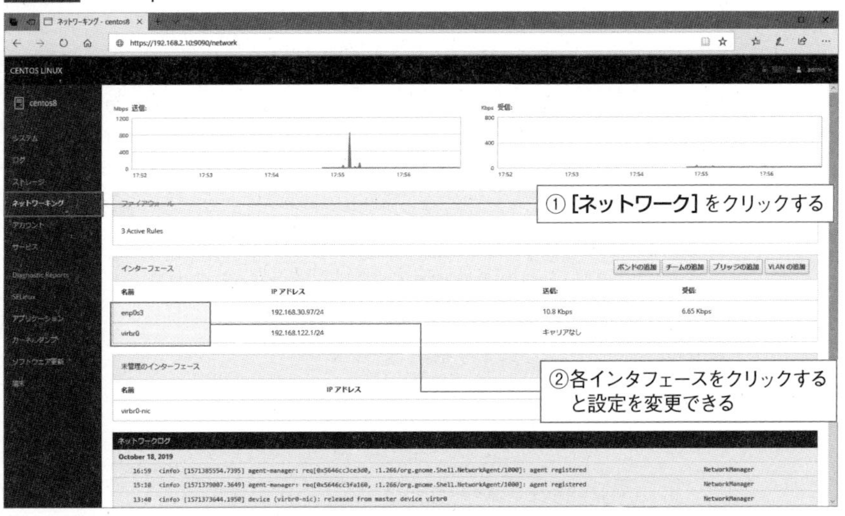

インタフェースの項目に、現在のIPアドレスなどの情報が表示されています。この行をクリックすると、詳細な設定の確認と変更を行うことができます。

ネットワークの設定をリモートから変更すると、設定を反映したときに接続が切れてしまいます。そのため、設定を間違えると再接続することができなくなります。そのため、ネットワーク設定の変更は、できるだけコンソールから行うことをお勧めします。

Section 06-07

VirtualBox Guest Additions

VirtualBox Guest Additionsをインストールする

仮想マシンにCentOSをインストールした場合には、仮想化ソフトウェアが配布しているデバイスドライバをインストールすると、ディスプレイサイズの変更やクリップボードの共有などの機能が利用でき非常に便利です。このセクションでは、VirtualBoxへの設定方法を解説します。

このセクションのポイント

1. VirtualBox Guest Additionsをインストールすると、ディスプレイサイズの変更やクリップボードの共有などができるようになる。
2. VirtualBox Guest Additionsをインストールするには、開発ツールとelfutils-libelf-develパッケージがインストールされている必要がある。
3. VirtualBox Guest Additionsは、VirtualBoxのデバイスメニューから接続すると自動インストールされる。

VirtualBox Guest Additionsとは

仮想マシンを使っている場合には、仮想化ソフトウェアが配布するデバイスドライバやツール群をインストールしておく必要があります。このアドオンソフトウェアは、VirtualBoxではVirtualBox Guest Additons、VMWareではVMWare toolsとよばれています。これらのドライバやユーティリティソフトウェアをインストールすると、次のようなことができるようになります。

・画面の大きさを自由に変更することができる

画面サイズを大きくすることができ、使いやすくなります。

・Windowsとクリップボードを共有できる

Windowsでクリップボードにコピーしたデータを、CentOSのウィンドウ内でペーストできます。反対に、CentOSのウィンドウ内でコピーしたデータを、Windows側でペーストすることができます。

・マウスの動作が安定する

WindowsとCentOSでは、本来マウスの移動速度やクリック間隔などの標準が異なります。そのため、マウスの移動がスムーズでないと感じることがあります。VirtualBox Guest Additionsをインストールするとマウスがスムーズに動作するようになります。

・Windowsフォルダを共有できる

Windowsのフォルダを共有することができるようになります。

・ディスクI/Oやネットワークの性能が向上する

仮想マシンでは、デバイスドライバのエミュレーションを行って、ハードディスクへの書き込みやネットワークの通信の処理を行っています。VirtualBox Guest Additionsをインストールすると、専用のドライバがインストールされるため、ディスクI/Oやネットワークの性能が向上します。

このような利点があるため、仮想マシンを使っている場合には必ずユーティリティソフトウェアをインストールしておきましょう。

VirtualBox Guest Additionsのインストール準備

VirtualBox Guest Additionsをインストールするときには、デバイスドライバが作成されます。そのため、開発環境をインストールしておく必要があります。本書の手順に従ってインストールを行った場合には、開発環境はすでにインストールされています。しかし、elfutils-libelf-develというパッケージが不足しています。まず、最初にこのパッケージをインストールしておきます。

パッケージのインストールは、次のように行います。

```
# yum install elfutils-libelf-devel [Enter]
メタデータの期限切れの最終確認: 0:00:17 時間前の 2019年10月09日 14時45分14秒 に
実施しました。
依存関係が解決しました。
==================================================================================
 パッケージ              アーキテクチャー    バージョン          リポジトリ     サイズ
==================================================================================
Installing:
 elfutils-libelf-devel      x86_64          0.174-6.el8          BaseOS         53 k
依存関係をインストール中:
 zlib-devel                 x86_64          1.2.11-10.el8        BaseOS         56 k

トランザクションの概要
==================================================================================
インストール  2 パッケージ

ダウンロードサイズの合計: 110 k
インストール済みのサイズ: 170 k
これでよろしいですか? [y/N]: y [Enter] ―― (1) 確認して[y]を入力する
パッケージのダウンロード中です:
(1/2): elfutils-libelf-devel-0.174-6.el8.x86_64.rpm    50 kB/s |  53 kB     00:01
(2/2): zlib-devel-1.2.11-10.el8.x86_64.rpm             51 kB/s |  56 kB     00:01
----------------------------------------------------------------------------------
```

```
合計                                                    59 kB/s | 110 kB     00:01
警告: /var/cache/dnf/BaseOS-929b586ef1f72f69/packages/elfutils-libelf-devel-0.174-6
.el8.x86_64.rpm: ヘッダー V3 RSA/SHA256 Signature、鍵 ID 8483c65d: NOKEY
CentOS-8 - Base                                         1.6 MB/s | 1.6 kB     00:00
GPG 鍵 0x8483C65D をインポート中:
 Userid     : "CentOS (CentOS Official Signing Key) <security@centos.org>"
 Fingerprint: 99DB 70FA E1D7 CE22 7FB6 4882 05B5 55B3 8483 C65D
 From       : /etc/pki/rpm-gpg/RPM-GPG-KEY-centosofficial
これでよろしいですか? [y/N]: y Enter ——— (2) 確認してyを入力する
鍵のインポートに成功しました
トランザクションの確認を実行中
トランザクションの確認に成功しました。
トランザクションのテストを実行中
トランザクションのテストに成功しました。
トランザクションを実行中
  準備              :                                                          1/1
  Installing        : zlib-devel-1.2.11-10.el8.x86_64                          1/2
  Installing        : elfutils-libelf-devel-0.174-6.el8.x86_64                 2/2
  scriptletの実行中: elfutils-libelf-devel-0.174-6.el8.x86_64                 2/2
  検証              : elfutils-libelf-devel-0.174-6.el8.x86_64                 1/2
  検証              : zlib-devel-1.2.11-10.el8.x86_64                          2/2

インストール済み:
  elfutils-libelf-devel-0.174-6.el8.x86_64      zlib-devel-1.2.11-10.el8.x86_64

完了しました!
```

yumのインストールを行うと、途中でインストールするパッケージの一覧が表示され、(1)のように確認を求められます。「y」を入力してインストールを進めます。また、初めてパッケージをインストールする場合には、(2)のように鍵ファイルをインストールしてよいかを聞かれます。これにも「y」を入力します。

VirtualBox Guest Additionsをインストールする

パッケージのインストールができたら、VirtualBox Guest Additionsをインストールします。仮想マシンのコンソール画面のメニューから、**[デバイス]→[Guest Additions CD イメージの挿入...]**を選択します。すると、図6-20のようなダイアログが表示されます。

図6-20 Guest Addtions CDの実行確認

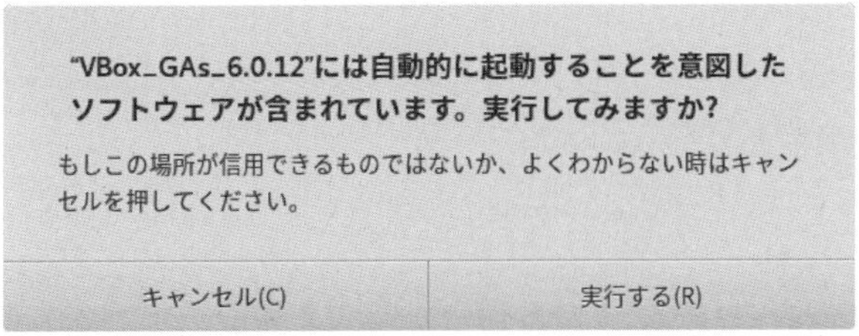

"VBox_GAs_6.0.12"には自動的に起動することを意図したソフトウェアが含まれています。実行してみますか?
もしこの場所が信用できるものではないか、よくわからない時はキャンセルを押してください。
キャンセル(C)
実行する(R)

[実行する] をクリックすると、図6-21のような認証画面が表示されます。

図6-21 Guest Addtions CDの実行の確認パスワード

認証が要求されました
Authentication is needed to run '/bin/sh' as the super …
admin
パスワード:
キャンセル
認証

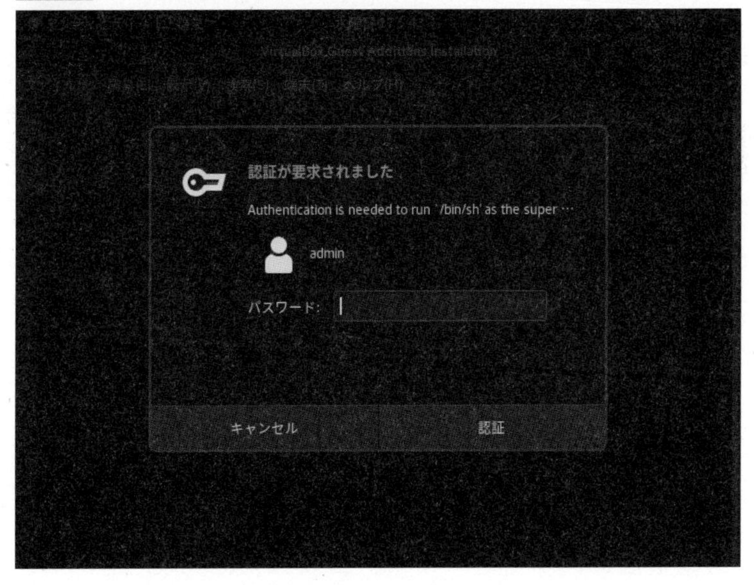

パスワードを入力し、**[認証]** をクリックすると、図6-22のようなターミナル画面が開き、インストールが開始されます。

図6-22　Guest Addtions CDの実行画面

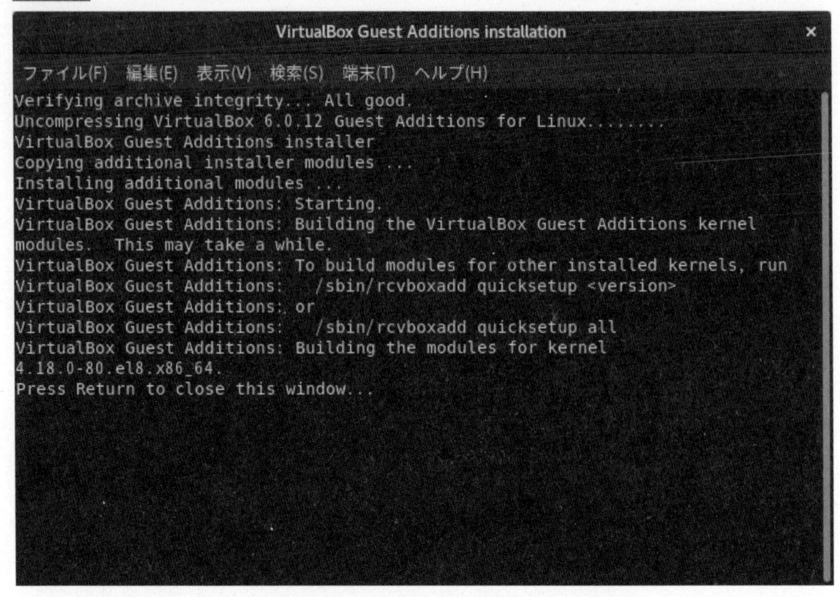

この画面例のように、モジュールを作成したカーネルのバージョンが表示されれば、処理は成功しています。「Return to close this windows..」と表示されて入力待ちになっています。改行を入力すると画面が閉じます。

CentOS 8 のセキュリティ

インターネット経由での不正アクセスやサービス妨害などの手口は、日々複雑になっています。CentOS にはさまざまなセキュリティ強化方法が用意されています。この Chapter では、ファイルのアクセスに関する基本的な設定と、セキュリティ対策を強化するための SELinux、そしてネットワークからの不正アクセスを防ぐパケットフィルタリングについて説明します。

Contents

Section 07-01

アクセス権

ファイルとディレクトリのアクセス権限を理解する

ユーザは、サーバ上でいろいろなファイルやディレクトリを作成し、利用します。ですが、それらのファイルの中には、他のユーザから参照されたり変更されたりすると好ましくないものがあります。このセクションでは、ファイルの所有者とグループの確認や変更手順、ファイルへのアクセス権限の設定方法について説明します。

このセクションのポイント

1 ファイルやディレクトリには、所有者とグループという属性がある。
2 ファイルへのアクセスを許可・制限するために、アクセス権限を設定する。

所有者とグループ

ファイルへのアクセスをファイルの所有者だけに制限したり、あるグループに所属するユーザだけに制限することができます。ファイルには、所有者とグループという属性があります。「-l」オプションを指定してlsコマンドを実行すると、所有者とグループを確認することができます。

ファイルの所有者とグループの確認

```
$ ls -l /var/cache Enter
合計 8
drwxr-xr-x.  3 root root   15  9月 25 16:12 PackageKit
drwxr-xr-x.  4 root root   31  9月 25 15:56 app-info
drwxrwx---.  3 root lp     56 10月 17 15:39 cups ——— ※
drwxr-xr-x.  6 root root 4096 10月 24 09:08 dnf
drwxr-xr-t.  2 root gdm     6  5月 14 08:50 gdm
drwxr-xr-x.  3 root root   17  9月 25 16:06 ibus
drwxr-xr-x.  2 root root    6  7月  2 01:46 krb5rcache
drwx------.  2 root root   23 10月 17 11:44 ldconfig
drwxr-xr-x.  3 root root   21  9月 25 15:49 libX11
drwx--x--x.  3 root root   18 10月  9 06:56 libvirt
drwxr-xr-x. 34 root root 4096 10月 17 11:44 man
drwx------.  2 root root    6  9月 25 15:52 private
drwxr-xr-x.  2 root root    6  5月 12 00:35 realmd
```

アクセス権限　所有者　グループ

上記の※で示した/var/cache/cups/の場合、所有者はrootでグループはlpです。

アクセス権限

ファイルには、所有者、グループ、そして所有者でもグループでもないその他のユーザのそれぞれに対して、アクセス権限を設定することができます。アクセス権限には、「読み込み」「書き込み」および「実行（ディレクトリの場合は移動）」があります。前述のとおり、「-l」オプションを指定してlsコマンドを実行すると、アクセス権限を確認できます。

■ アクセス権限の確認

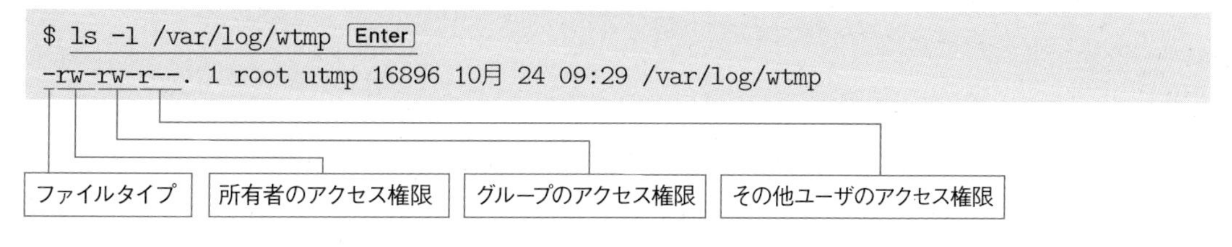

ファイルタイプおよびアクセス権限の種類を、それぞれ表7-1および表7-2に示します。上記の場合、/var/log/wtmpは通常のファイルで、rootユーザとutmpグループに所属するユーザは、このファイルへの読み込みと書き込みが許可されています。それ以外のユーザは、読み込みのみ許可されています。

表7-1 ファイルタイプの種類

記号	意味
-	通常のファイル
d	ディレクトリ
l（エル）	シンボリックリンク
b	ブロックデバイスファイル
c	キャラクタデバイスファイル
p	名前付きパイプ
s	ソケット

表7-2 アクセス権限の種類

記号	意味
r	読み込み
w	書き込み
x	実行（ディレクトリの場合は移動）

01 02 03 04 05 06 07 08 09 10 11 12 13 14 15 16 17 18 19

所有者とグループの変更

＊1 CHange OWNer

ファイルの所有者を変更するには、chown[＊1]コマンドを使います。所有者とファイル名を指定してchownコマンドを実行すると、指定したファイルの所有者を変更できます。例えば、/var/www/html/foo.htmlの所有者をapacheに変更するには、以下のように実行します。

■ 所有者の変更

```
# chown apache /var/www/html/foo.html Enter
```

注意

chownコマンドで所有者を変更できるのは、rootユーザに限られます。

＊2 CHange GRouP

ファイルのグループを変更するには、chgrp[＊2]コマンドを使います。グループとファイル名を指定してchgrpコマンドを実行すると、指定したファイルのグループを変更できます。例えば、/var/www/cgi-bin/bar.cgiのグループをapacheに変更するには、以下のように実行します。

■ グループの変更

```
# chgrp apache /var/www/cgi-bin/bar.cgi Enter
```

注意

chgrpコマンドでグループを変更できるのは、rootユーザとファイルの所有者だけです。ただし、所有者がrootユーザでない場合は、所有者が所属するグループにしか変更できません。

chownコマンドでは、所有者とグループの両方を設定することができます。その場合は、所有者とグループを「.」か「:」で区切って指定して実行します。例えば、/var/www/html/dir/の所有者をroot、グループをapacheに設定するには以下のように実行します。

■ 所有者とグループの変更

```
# chown root:apache /var/www/html/dir Enter
```

また、chownコマンドもchgrpコマンドも、「-R」オプションを指定すると、指定したディレクトリ以下にあるすべてのファイルやディレクトリの所有者もしくはグループを変更できます。例えば、/var/www/html/dir/以下にあるすべてのファイルやディレクトリのグループをapacheに設定するには以下のように実行します。

■ 指定したディレクトリ配下すべてのグループを変更

```
# chgrp -R apache /var/www/html/dir Enter
```

アクセス権限の変更

＊3 CHange MODe

ファイルのアクセス権限を変更するには、chmod[＊3]コマンドを使います。記号で指定する方法と、8進数で指定する方法があります。記号で指定する場合の書式は以下のとおりです。

■ ファイルのアクセス権限の変更（記号での指定）

設定変更するユーザ、変更内容を示す演算子、設定するアクセス権限を、それぞれ表7-3、表7-4および表7-2から選びます。いずれも複数を指定できます。また、「,」で区切って複数指定することもできます。例えば、/var/www/cgi-bin/test.cgiに対して、グループに書き込みおよび実行を追加し、その他のユーザから読み込みのアクセス権を削除するには、以下のように実行します。

■ アクセス権限の変更例

```
# ls -l /var/www/cgi-bin/test.cgii Enter ——— 設定前のアクセス権限を確認
-rw-r--r--. 1 root root 16 10月 24 09:36 /var/www/cgi-bin/test.cgi
# chmod g+wx,o-r /var/www/cgi-bin/test.cgi Enter ——— アクセス権限の変更
# ls -l /var/www/cgi-bin/test.cgi Enter ——— 設定後のアクセス権限を確認
-rw-rwx---. 1 root root 16 10月 24 09:36 /var/www/cgi-bin/test.cgi
```

表7-3 chmodコマンドで指定するユーザ

記号	意味
u	所有者
g	グループ
o	その他のユーザ
a	すべてのユーザ（ugoと指定した場合と同じ）

表7-4 chmodコマンドで指定する演算子

記号	意味
+	指定したアクセス権限を追加する
-	指定したアクセス権限を削除する
=	指定したアクセス権限に設定する

8進数で指定する場合の書式は、以下のとおりです。

■ ファイルのアクセス権限の変更(8進数での指定)

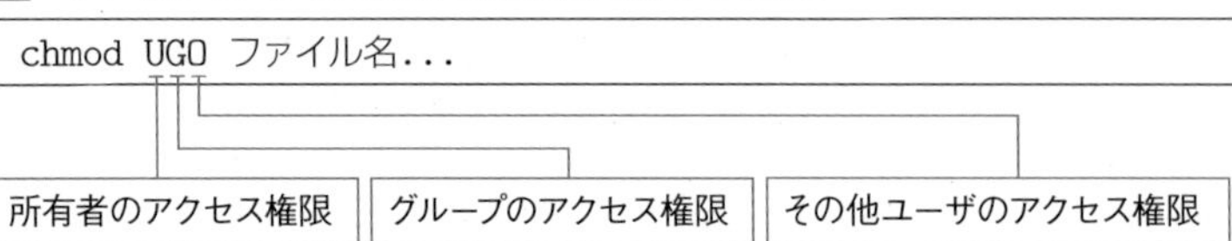

所有者、グループおよびその他のユーザのアクセス権限を、それぞれ8進数の1桁の数値で指定します。数値は、表7-5で示したそれぞれの値を足したものです。例えば、/var/www/cgi-bin/test.cgiに対して、所有者は読み込み・書き込み・実行(4+2+1=7)、グループは読み込みと実行(4+1=5)、その他のユーザは読み込み(4)のアクセスモードを設定するには、以下のように実行します。

■ 8進数でアクセス権限を変更する例

```
# chmod 754 /var/www/cgi-bin/test.cgi Enter ——— アクセス権限の変更
# ls -l /var/www/cgi-bin/test.cgi Enter ——— 設定後のアクセス権限の確認
-rwxr-xr--. 1 root root 16 10月 24 09:36 /var/www/cgi-bin/test.cgi
```

表7-5 chmodコマンドで指定するアクセス権限の数値

記号	数値	意味
r	4	読み込み
w	2	書き込み
x	1	実行(ディレクトリの場合は移動)

また、いずれの書式でも「-R」オプションを指定すると、指定したディレクトリ以下すべてのアクセスモードを変更します。

■ 指定したディレクトリ配下のすべてのアクセス権限を変更

```
# chmod -R a-w,o-x /var/www/html/dir Enter
```

SELinux

Section 07-02

高度なセキュリティの仕組みを理解する

ファイルのアクセス権限を適切に設定することで、基本的には不正なアクセスを防ぐことができます。しかし、Linuxではrootユーザがすべての権限を持っているため、rootの権限を不正に得られてしまうと、アクセス権限の設定だけでは不正アクセスを防げません。このセクションでは、SELinuxの概要と、SELinuxによる高度なセキュリティ対策を行う方法について説明します。

このセクションのポイント

1. SELinuxは、Linuxのセキュリティ機能を強化する仕組みである。
2. setenforceコマンドで、SELinuxを一時的に無効に設定できる。
3. ブールパラメータを使うと、SELinuxの設定を簡単に変更できる。

SELinuxとは

SELinuxは、アメリカ国家安全保障局（NSA[*1]）が中心に開発した、Linuxのセキュリティ機能を強化するための仕組みです。従来のLinuxでは、rootユーザがすべての権限を持っています。そのため、悪意のあるユーザがセキュリティホールなどをもとにrootの権限を不正に得てしまうと、あらゆる設定を行うことができてしまいます。そこで、SELinuxではこれらの問題に対処するため、以下の機能を提供します。

＊1 National Security Agency

RBAC（ロールベースアクセス制御）[*2]

ロールと呼ばれるアクセス権をユーザに設定することで、そのユーザに対して必要最小限の権限を設定できます。

＊2 Role-Based Access Control

TE[*3]

ドメインと呼ばれるラベルをプロセスに、タイプと呼ばれるラベルをファイルなどのリソースに設定し、ドメインとタイプの間のアクセス権限を設定することで、プロセス毎に権限を設定できます。また、そのアクセス権限のことを**アクセスベクタ**と呼びます。例えば、WWWサーバに対して、設定ファイルやコンテンツにのみアクセスを許可することで、万が一WWWサーバが乗っ取られても、WWWサーバ以外への影響を極力避けられます。

＊3 Type Enforcement

ドメイン遷移

コマンドなどを実行したときに、親プロセスと別のドメインを設定することで、そのプロセスに適切な権限を設定できます。例えば、rootユーザがWWWサーバを起動したときに、rootユーザのドメインをそのまま継承するのではなく、WWW

サーバのドメインを設定することで、不必要に大きな権限を与えなくて済みます。

*4 Mandatory Access Control

MAC(強制アクセス制御) *4

ファイルの所有者ではなく、システム管理者だけがファイルのアクセス権限を設定できます。これにより、アクセス権限の設定を一元管理できます。従来のファイルの所有者がアクセス権限を設定する方式を「DAC(任意アクセス制御) *5」と呼び、DACの確認とMACの確認の両方が行われます。

*5 Discretionary Access Control

セキュリティコンテキスト

SELinuxは、ユーザやプロセスから利用できるファイルをルールベースで集中管理する機能だと言えます。個別のユーザとプロセスとファイルを関連付けるのは効率が悪いため、ユーザ、プロセス、ファイルにセキュリティコンテキストと呼ばれるラベルを付けて管理します。

ユーザのセキュリティコンテキスト

ユーザに割り当てられたセキュリティコンテキストは、ユーザ(ユーザ識別子)とロール(ロール識別子)、TEのドメインもしくはタイプ(タイプ識別子)などから構成されます。ユーザのセキュリティコンテキストを確認するには、「-Z」オプションを指定してid *6 コマンドを実行します。

*6 IDentifier

■ ユーザのセキュリティコンテキストを確認

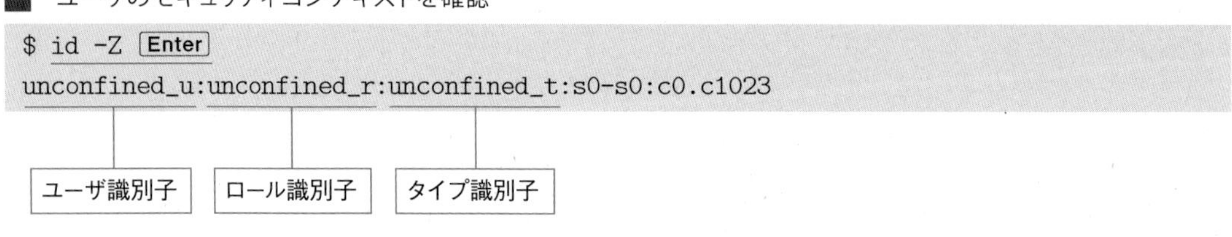

プロセスのセキュリティコンテキスト

プロセスのセキュリティコンテキストを確認するには、「-Z」オプションを指定してps *7 コマンドを実行します。

*7 Process Status

■ プロセスのセキュリティコンテキストを確認

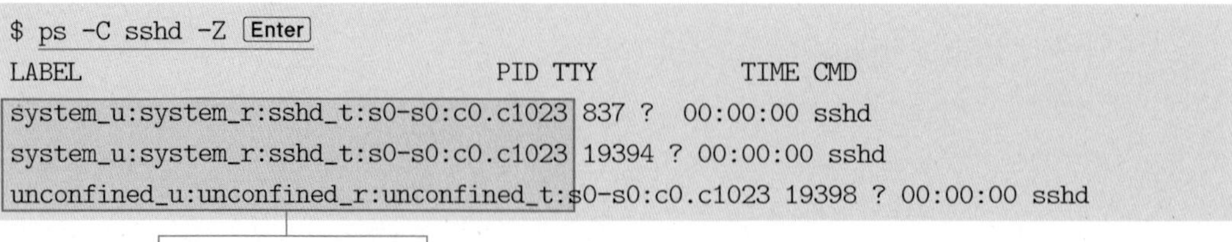

ファイルのセキュリティコンテキスト

ファイルのセキュリティコンテキストを確認するには、「-lZ」オプションを指定してlsコマンドを実行します。

■ ファイルのセキュリティコンテキストを確認

ファイルコンテキスト

```
$ ls -lZ /etc/ssh Enter
合計 588
-rw-r--r--. 1 root root      system_u:object_r:etc_t:s0       563386  5月 12 00:14
moduli
-rw-r--r--. 1 root root      system_u:object_r:etc_t:s0         1727  5月 12 00:14
ssh_config
drwxr-xr-x. 2 root root      system_u:object_r:etc_t:s0           28  9月 25 15:56
ssh_config.d
-rw-r-----. 1 root ssh_keys  system_u:object_r:sshd_key_t:s0     480  9月 25 16:11
ssh_host_ecdsa_key
-rw-r--r--. 1 root root      system_u:object_r:sshd_key_t:s0     162  9月 25 16:11
ssh_host_ecdsa_key.pub
-rw-r-----. 1 root ssh_keys  system_u:object_r:sshd_key_t:s0     387  9月 25 16:11
ssh_host_ed25519_key
-rw-r--r--. 1 root root      system_u:object_r:sshd_key_t:s0      82  9月 25 16:11
ssh_host_ed25519_key.pub
-rw-r-----. 1 root ssh_keys  system_u:object_r:sshd_key_t:s0    1799  9月 25 16:11
ssh_host_rsa_key
-rw-r--r--. 1 root root      system_u:object_r:sshd_key_t:s0     382  9月 25 16:11
ssh_host_rsa_key.pub
-rw-------. 1 root root      system_u:object_r:etc_t:s0         4444  5月 12 00:14
sshd_config
```

ファイルに割り当てられたセキュリティコンテキストは、ファイルコンテキストと呼びます。

SELinuxのポリシーと動作モード

CentOSの標準では、ユーザのセキュリティコンテキストを使わないtargetedポリシーと呼ばれるセキュリティポリシーを利用します。targetedポリシーでは、ネットワークに対してサービスを行うプロセスに専用のセキュリティコンテキストを定義し、そこから利用できるファイルコンテキストをルールとして定義しています。

SELinuxには、3つの動作モードがあります（表7-6）。Enforcingモードは、SELinuxが有効な状態です。CentOS 8では標準でEnforcingモードに設定されます。Permissiveモードは、SELinuxの評価を行うものの実際にはアクセス拒否を行わないモードです。SELinuxを一時的に無効にしたいときに使います。Disable

01 02 03 04 05 06 07 08 09 10 11 12 13 14 15 16 17 18 19

モードは、SELinuxが完全に無効になっている状態です。

表7-6 SELinuxのモード

モード	意味
Enforcing	SELinuxが有効な状態
Permissive	SELinuxは有効だがアクセス拒否は実施しない
Disable	SELinuxが無効な状態

SELinuxを無効にする

SELinuxを一時的に無効にするには、setenforceコマンドを使います。引数に「Permissive」もしくは「0」を指定して実行すると、Permissiveモードに変更されます。

■ Permissiveモードに変更

```
# setenforce Permissive Enter ——— SELinuxのモードをPermissiveに変更
# getenforce Enter ——— 現在のSELinuxのモードを確認
Permissive
```

Enforcingモードに戻すには、引数に「Enforcing」もしくは「1」を指定して実行します。

■ Enforcingモードに変更

```
# setenforce Enforcing Enter ——— SELinuxのモードをEnforcingに変更
# getenforce Enter ——— SELinuxのモードの確認
Enforcing
```

一時的ではなく、完全にSELinuxを無効にする場合は、/etc/selinux/configの「SELINUX」をdisabled に設定します。設定後再起動すると、Disableモードで起動します。

■ SELinuxの無効の設定（/etc/selinux/config）

```
SELINUX=disabled
```

注意

CentOS 8では、SELinuxが有効になっていることを前提としたセキュリティ設定が行われています。ですので、SELinuxをDisableモードで起動することは、極力避けるべきです。

SELinuxのブールパラメータの設定

SELinuxの設定を変更するには、SELinuxの知識をかなり必要とします。ですが、ブールパラメータを使うと、関連する設定をまとめて行うため、SELinuxの設定を比較的簡単に変更することができます。ブールパラメータの一覧を表示するには、getsebool[*8]コマンドを使います。「-a」オプションを指定してgetseboolコマンドを実行すると、以下のように、ブールパラメータ名とその設定が有効かどうかを一覧で表示します。

＊8 GET SELinux BOOLian value

■ ブールパラメータの一覧表示

```
$ getsebool -a Enter
abrt_anon_write --> off
abrt_handle_event --> off
abrt_upload_watch_anon_write --> on
antivirus_can_scan_system --> off
………
```

ブールパラメータの設定値を変更するには、setsebool[*9]コマンドを使います。引数にブールパラメータ名と設定値(「on」もしくは「off」)を指定してsetseboolコマンドを実行すると、ブールパラメータの設定を変更できます。

＊9 SET SELinux BOOLian value

■ ブールパラメータの設定値の変更

```
# setsebool httpd_enable_homedirs on Enter
```

ただし、この設定は、サーバの再起動を行うと元に戻ってしまいます。再起動後も同じ設定になるようにするには、「-P」オプションを付けてsetseboolコマンドを実行します。

■ 再起動後も同じ設定になるように設定

```
# setsebool -P httpd_enable_homedirs on Enter
```

ファイルコンテキストを変更する

プロセスがファイルにアクセスするには、アクセスを許可されたファイルコンテキストがそのファイルに設定されている必要があります。 各サービスのパッケージをインストールすると、サービスがアクセスするファイルには標準的なセキュリティコンテキストが設定されています。ですが、例えば以下のように、別のディレクトリにあ

01 02 03 04 05 06 07 08 09 10 11 12 13 14 15 16 17 18 19

るファイルを移動させた場合は、元のタイプのままになってしまいます。そのため、移動させたファイルを参照しようとすると、エラーになってしまう場合があります。

■ 正しいコンテキストが設定されていない状況の例

```
# cd /var/www Enter
# mv /root/invalid.html . Enter ——— 別のディレクトリからファイルを移動
# ls -lZ Enter ——— ファイルコンテキストを確認
-rw-r--r--. root root unconfined_u:object_r:httpd_sys_content_t:s0 index.html
-rw-r--r--. root root unconfined_u:object_r:admin_home_t:s0 invalid.html
(↑httpdが許可されていないタイプのため、httpdはアクセスできない)
```

restoreconコマンド

＊10 RESTORE CONtext

restorecon[＊10]コマンドを使うと、標準のセキュリティコンテキストに設定することができます。設定したいファイルを指定して実行すると、そのファイルのセキュリティコンテキストが標準の設定に変更されます。

■ 標準のセキュリティコンテキストに設定

```
# ls -lZ invalid.html Enter
-rw-r--r--. root root unconfined_u:object_r:admin_home_t:s0 invalid.html
# restorecon invalid.html Enter ——— セキュリティコンテキストを標準の設定にする
# ls -lZ Enter
-rw-r--r--. root root unconfined_u:object_r:httpd_sys_content_t:s0 invalid.html
```

また、「-R」オプションを指定すると、指定したディレクトリ以下にあるすべてのファイルやディレクトリに対して、設定が変更されます。

■ 指定したディレクトリ配下すべてに対して設定を変更

```
# restorecon -R /var/www Enter ——— /var/www/以下のセキュリティコンテキストを標準の設定にする
```

semanageコマンド

＊11 SELinux policy MANAGEment tool

新たにディレクトリを作成してhttpdがアクセスできるようにするなど、標準と異なる設定を行いたい場合は、semanage[＊11]コマンドを使って変更を行う必要があります。

現在の設定を確認するには、引数に「fcontext」と「-l」オプションを指定してsemanageコマンドを実行します。

■ 現在の設定を確認

```
# semanage fcontext -l Enter
SELinux fcontext                                     タイプ              コンテ
キスト

/                                                    directory          system_u:
object_r:root_t:s0
/.*                                                  all files          system_u:
object_r:default_t:s0
/[^/]+                                               regular file       system_u:
object_r:etc_runtime_t:s0
/\.autofsck
………
```

新たに設定を追加するには、引数に「fcontext」と「-a」オプションを指定してsemanageコマンドを実行します。例えば、/home/www/html/というディレクトリを作成し、そのディレクトリ以下にあるすべてのファイルやディレクトリに対してhttpd_sys_content_tというタイプを設定するには、以下のように実行します。

■ 設定の追加

```
# semanage fcontext -a -t httpd_sys_content_t "/home/www/html(/.*)?" Enter
# restorecon -R /home/www/html Enter ―― セキュリティコンテキストを反映
```

semanageコマンドを実行すると設定が行われますが、反映はされません。設定を反映するには、この例のようにrestoreconコマンドを実行する必要があります。

設定を削除するには、引数に「fcontext」と「-d」オプションを指定してsemanageコマンドを実行します。例えば、先ほど追加した設定を削除するには、以下のように実行します。

■ 設定の削除

```
# semanage fcontext -d -t httpd_sys_content_t "/home/www/html(/.*)?" Enter
```

Section 07-03

firewalld

パケットフィルタリングの設定を理解する

アクセス権限を適切に設定したり、SELinuxを利用することで、サーバのファイルやディレクトリを不正なアクセスから防ぐことができます。さらに、パケットフィルタリングを適切に設定することで、ネットワークからの不正なアクセスも防ぐことができます。このセクションでは、パケットフィルタリングの概要と設定方法について説明します。

このセクションのポイント

1. パケットフィルタリングを設定すると、必要なパケットだけを送受信することができる。
2. CentOS 8では、ネットワークインタフェースをゾーンという単位でグループ化し、管理する。
3. 10種類のゾーンが用意されているが、サーバではpublicを使う。

パケットフィルタリングとは

パケットフィルタリングとは、送受信するIPパケットの内容を確認して、そのパケットの送受信を許可もしくは拒否する機能です。本来アクセスされるはずのないホストからの受信を拒否したり、送信するはずのないIPパケットの送信を拒否することで、サーバのセキュリティを高めることができます。

図7-1に示すように、Linuxでは、受信、送信およびルータとして他のホストに転送する際のそれぞれに対して、パケットフィルタリングを行います。具体的には、特定のホストやネットワークからのアクセス、TCPやUDPなどのプロトコル、TCPやUDPの特定のポートなどに対して、許可もしくは拒否を行います。

図7-1 パケットフィルタリングの例

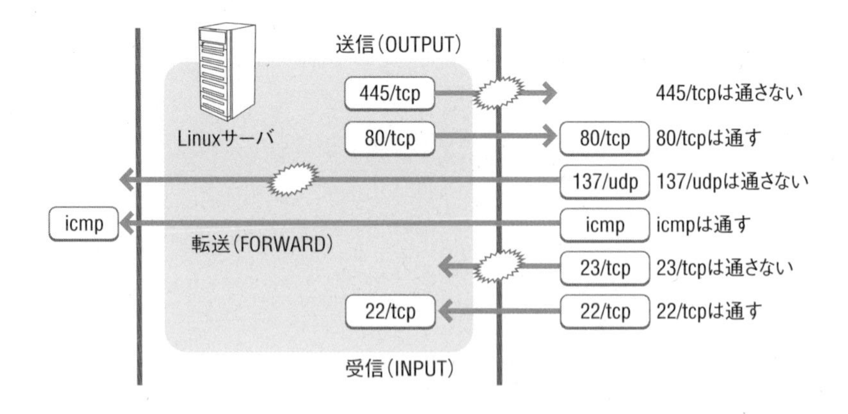

パケットフィルタリングとゾーン

CentOS 8では、パケットフィルタリングのルールを設定するためのグループを各インタフェースに設定します。このグループをゾーンと呼びます。インタフェースの属するゾーンを変更したり、各ゾーンに設定を追加、削除することでパケットフィルタリングを行います。CentOS 8では、あらかじめblock、dmz、drop、external、home、internal、public、trusted、work、libvirtという10個のゾーンが定義されています。

表7-7は各ゾーンの特徴です。どのゾーンでも、送信はすべて許可に設定されています。

表7-7 ゾーンの特徴

ゾーン	用途	特徴
drop	特殊用途	他のホストからのすべての通信をドロップし、応答しません。
block	特殊用途	他のホストからのすべての通信を拒絶します。
trusted	特殊用途	すべての通信を許可します。
public	サーバ	SSH、Cockpit、ICMPパケットなど、サーバとしての基本的な通信を許可します。
work	クライアント	DHCP、プリンタ、Cockpitなど、クライアントとして業務に必要な通信を許可します。
home	クライアント	DHCP、ファイル共有、プリンタ、Cockpitなど、クライアントとして家庭で利用するのに必要な通信を許可します。
external	NATルータ	NATルータとして動作するLinuxサーバのグローバルアドレスを設定したインタフェース用で、SSHやICMPパケットなどの基本的な通信を許可します。また、マスカレーディングが有効になっています。
internal	NATルータ	NATルータとして動作するLinuxサーバのプライベートアドレスを設定したインタフェース用で、SSH、Cockpit、ICMP パケットの他にプリンタやファイル共有などの基本的な通信を許可します。
dmz	NATルータ	DMZとして外部ネットワークと内部ネットワークから隔離したインタフェース用で、ICMPパケットやSSHなどの基本的な通信を許可します。
libvirt	仮想ホスト	仮想マシンの仮想ネットワーク用で、SSH、DNS、DHCP、FTP、ICMPパケットなどを許可します。

図7-2は、ネットワーク構成とゾーンの関係を示しています。コンピュータの用途に合わせて、ゾーンの種類を選択します。サーバとして利用する場合には、標準設定であるpublicを使うのがよいでしょう。

図7-2　ネットワーク構成図

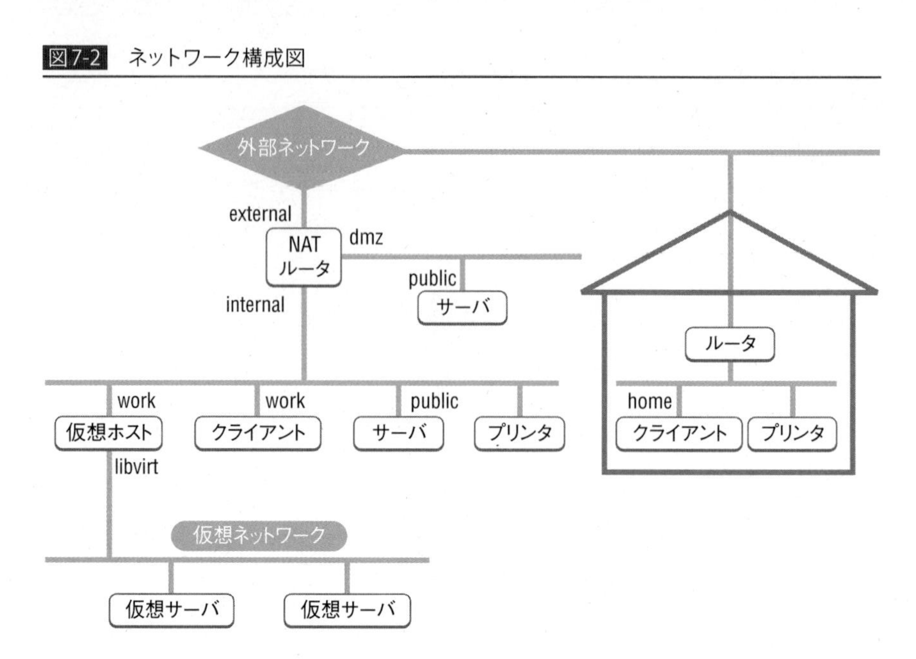

ゾーン

Section 07-04 ゾーンを設定する

ゾーンは、コンピュータが接続されているネットワークの信頼度などに合わせて、適切に選択する必要があります。このセクションでは、インタフェースごとのゾーンの確認、変更を行いましょう。

このセクションのポイント

1 ゾーンの設定を、GUIで行うことができる。
2 コマンドラインでゾーンを設定するには、firewall-cmdコマンドを使用する。

GUIで設定する

ゾーンの設定は、GUIで行うことができます。デスクトップから［**アクティビティ**］→［**アプリケーションを表示する**］→［**諸ツール**］→［**ファイアーウォール**］を選びます。最初に図7-3の画面が表示されます。

図7-3　管理者パスワードの入力画面

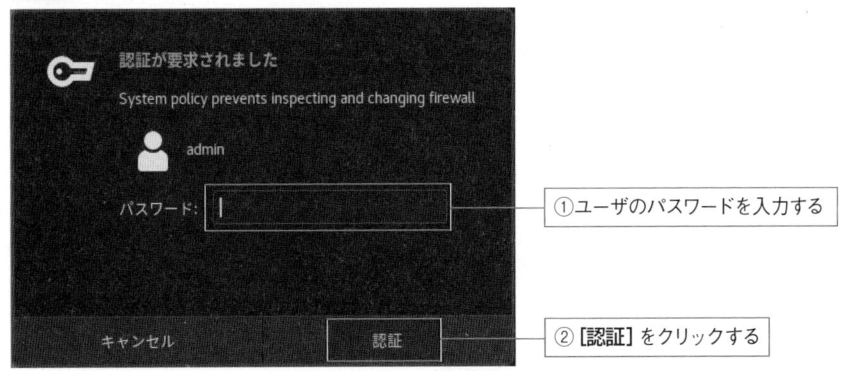

ゾーンの設定には、管理者の権限が必要となりますので、ユーザのパスワードを入力し［**認証**］をクリックします。すると、図7-4のような画面が表示されます。

図7-4 ファイアーウォールの設定画面

画面左の[**接続**]の欄には、このコンピュータのネットワークインタフェースが表示されています。図7-4では、vibr0とenp0s3です。vibr0は、仮想ホストとして利用する場合の仮想ネットワークのインタフェースです。enp0s3のように、「e」からはじまるインタフェースがイーサネットのインタフェースです。各インタフェース名の下には、所属しているゾーン(デフォルトゾーン)が表示されています。

ゾーンの変更を行うためには、[**オプション**]→[**接続ゾーンの変更**]→インタフェース名([**enp0s3(enp0s3)**])を選択します。すると、図7-5のようなダイアログボックスが表示されます。

図7-5 ゾーンの変更

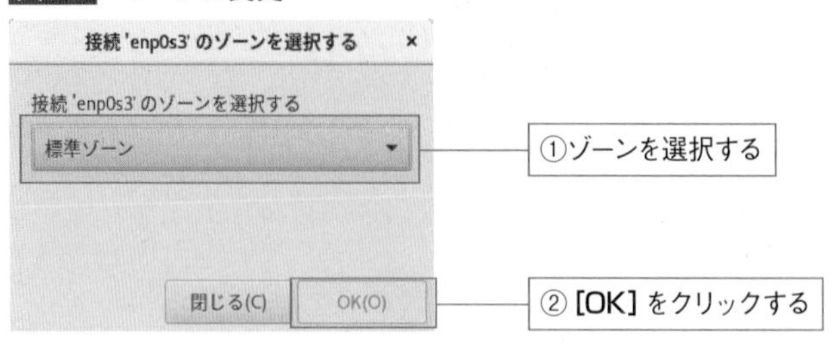

ゾーンを選択し、[**OK**]をクリックするとゾーンが変更されます。

コマンドラインで設定する

ゾーンの設定は、firewall-cmdコマンドを使ってコマンドラインで行うことができます。

ゾーンの確認

指定したインタフェースの現在のゾーンを確認することができます。例えば、インタフェースenp0s3の現在のゾーンを確認したい場合は、以下のようにコマンドを実行します。

ゾーンの確認

```
# firewall-cmd --get-zone-of-interface=enp0s3 Enter    ―― インタフェースeth0の現在のゾーンを確認
public
```

ゾーンの変更

指定したインタフェースの属するゾーンを変更することができます。例えば、インタフェースenp0s3のゾーンをworkに変更したい場合は、以下のようにコマンドを実行します。

ゾーンの変更

```
# firewall-cmd --zone=work --change-interface=enp0s3 Enter    ―― 指定したインタフェースのゾーンを変更
success
# firewall-cmd --get-zone-of-interface=enp0s3 Enter    ―― インタフェースeth0の現在のゾーンを確認
work
```

Section 07-05

ルール

パケットフィルタリングルールを設定する

このセクションでは、パケットフィルタリングルールの設定について説明します。

このセクションのポイント

1 パケットフィルタリングルールの反映には、実行時設定と永続設定の2種類がある。
2 パケットフィルタリングルールの設定を、GUIで行うことができる。
3 コマンドラインでパケットフィルタリングルールの設定するには、firewall-cmdコマンドを使用する。

パケットフィルタリングの設定方針

パケットフィルタリングの設定には、実行時設定と永続設定という2種類の方法があります。

実行時設定

パケットフィルタリングの設定を変更した瞬間に、設定が有効になります。しかし、実行時設定は、一時的な設定です。パケットフィルタリングルールを再読み込みしたり、システムが再起動すると削除されます。簡単にサービスの許可、拒否を切り替えることができるため、接続確認テストなど一時的に設定を変えたいときに利用することをお勧めします。

永続設定

パケットフィルタリングの設定を変更後、パケットフィルタリングルールを再読み込みを行うと有効になります。この設定は、永続的な設定でシステムを再起動しても失われません。

メモ

CentOS 8では、接続状態の情報を保持したまま、パケットフィルタリング設定の再読み込みを行うことができます。つまり、既存のフィルタリング設定に影響を与えることなく、新しい設定を追加することができます。

実行時設定と永続設定の選択

実行時設定は即時に設定が有効になります。例えばsshの許可設定を誤って外してしまった場合に、その瞬間から外部からのssh接続ができなくなってしまいます。そのため、十分に注意して設定を行ってください。万一問題が発生した場合には、システムを再起動します。すると変更した一時設定は消去され、保存されていた永続設定が適用されます。

本書では、実行時設定を変更して動作を確認し、問題がなければ永続設定に保存するという方針で解説します。

GUIで設定する

ルールの確認

パケットフィルタリングのルールの確認をGUIで行う場合には、デスクトップメニューから[**アプリケーション**]→[**諸ツール**]→[**ファイアーウォール**]を選びます。管理者認証が完了すると、図7-6が表示されます。

図7-6　パケットフィルタリングのルールの確認

画面左上の設定の値が「実行時」になっているときは、現在適用されているルールを確認することができます。設定の値を「実行時」から「永続」にすることで、永続設定のルールを確認することができます。設定を確認したいゾーンを、画面中央に表示されている一覧からクリックをします。確認したいルールのタブをクリックして切り替えることで、サービスやポートなどの設定されているルールを表示、確認することができます。

サービスの変更

パケットフィルタリングの設定を変更する場合は、サービスを変更したいゾーンを一覧からクリックします。サービスのタブをクリックし、サービスの一覧を表示します。許可設定をする場合は、サービスをチェックします。許可しているサービスを拒否する場合は、サービスのチェックを外します。

図7-7　パケットフィルタリングルールの変更

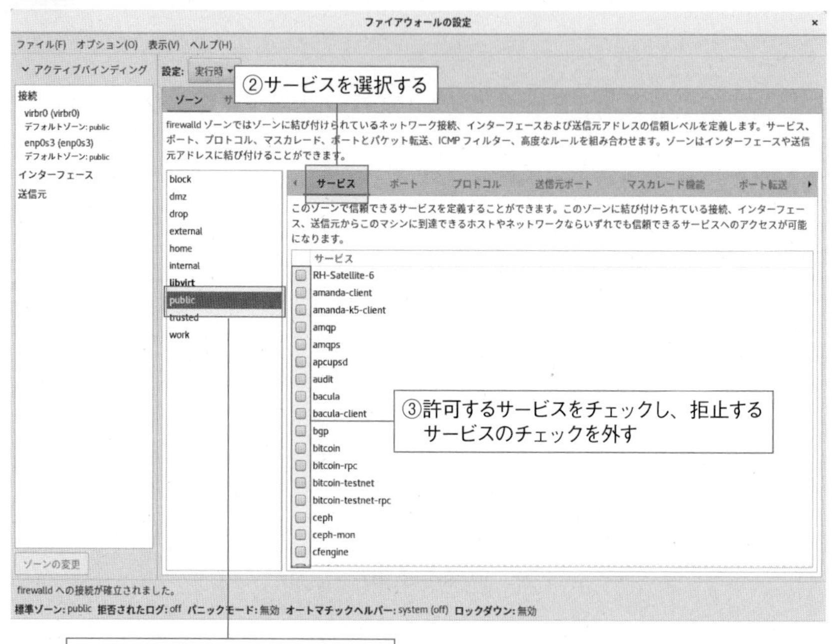

ポートの変更

サービス一覧にないポートを指定する場合には、ポートタブをクリックします。ポートを追加する場合は、左下側の**[追加]**をクリックします。すると、図7-9のポートとプロトコル画面が表示されます。

図7-8 ポートの追加

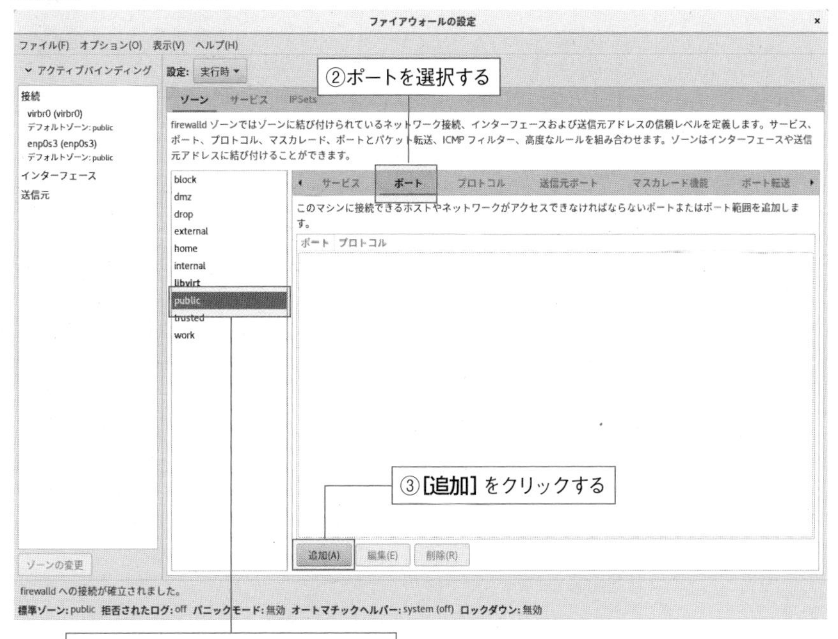

図7-9 ポートとプロトコル画面

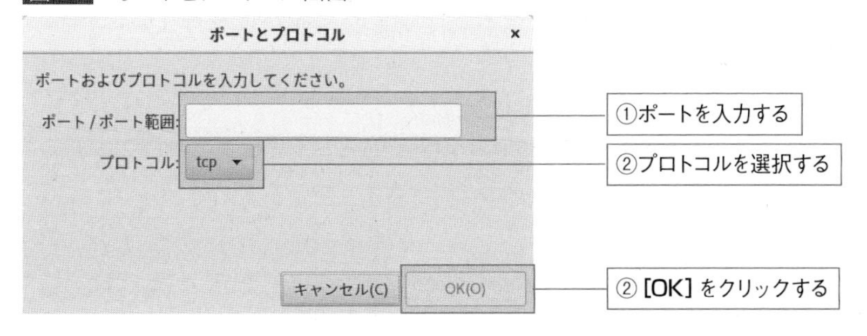

[**ポート / ポート範囲**] を入力し、[**プロトコル**] を選択します。通常は単独の数値を設定しますが、「1000-1100」のように範囲で指定することもできます。入力が終わったら [**OK**] をクリックします。

ポートを削除する場合は、削除したいポートを選択し、下側の [**削除**] をクリックします。

図7-10 ポートの削除

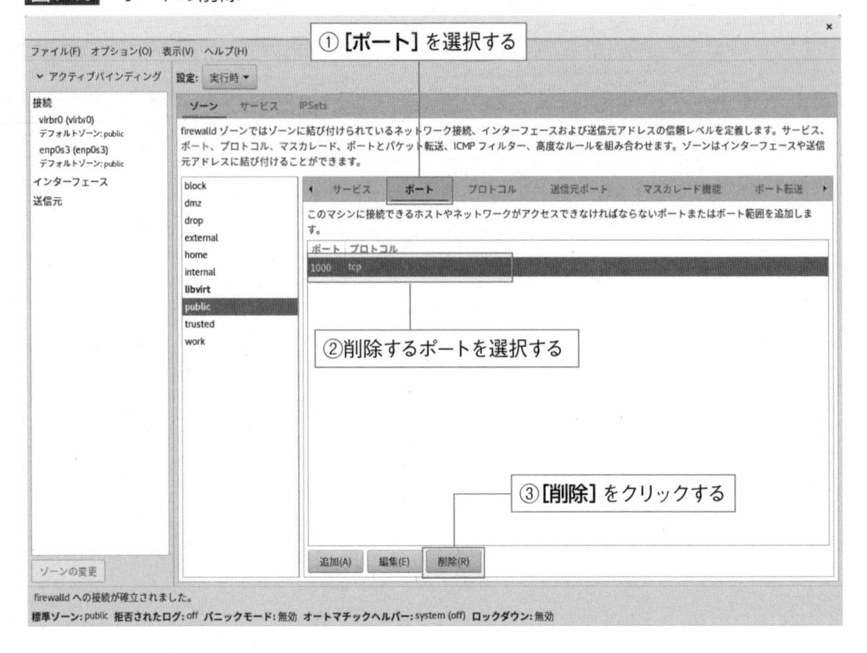

設定の保存

サービスやポートの設定を変更すると、設定はすぐに反映されます。ただし、サーバを再起動すると設定は失われてしまいます。設定を保存するには、**［オプション］→［永続的にする実行時設定］**を選びます。

図7-11 Firewalldの再読み込み

設定したパケットフィルタリングの内容は、IPv4およびIPv6の双方に反映されます。

コマンドラインで設定する

パケットフィルタリングルールの設定にもfirewall-cmdコマンドを使用します。

ルールの確認

ルールの確認には、「--list-all」オプションを使います。

パケットフィルタリング設定の確認

```
# firewall-cmd --list-all Enter
public (active)
  target: default
  icmp-block-inversion: no
  interfaces: enp0s3
  sources:
  services: cockpit dhcpv6-client ssh ——— 許可されているサービス名
  ports: 1000/tcp ——— 許可されているポート
  protocols:
  masquerade: no
  forward-ports:
  source-ports:
  icmp-blocks:
  rich rules:
```

サービス設定の追加

サービス設定の追加には、「--add-service=<サービス名>」オプションを使います。例えば、HTTP(TCPのポート80番)宛のTCPパケットの受信を許可するには、以下のようにコマンドを実行します。

■ サービス設定の追加

```
# firewall-cmd --add-service=http [Enter] ——— HTTP宛のTCPパケットの受信許可
success
# firewall-cmd --list-all [Enter]
public (active)
  target: default
  icmp-block-inversion: no
  interfaces: enp0s3
  sources:
  services: cockpit dhcpv6-client http ssh ——— 許可されているサービス名にhttpが追加されている
  ports: 1000/tcp
  protocols:
  masquerade: no
  forward-ports:
  source-ports:
  icmp-blocks:
  rich rules:
```

■ ポート設定の追加

ポート設定の追加には、「--add-port=<ポート番号・範囲/プロトコル>」オプションを使います。例えば、TCPのポート1001番宛のTCPパケットの受信を許可するには、以下のようにコマンドを実行します。

■ ポート設定の追加

```
# firewall-cmd --add-port=1001/tcp [Enter] ——— ポート1001番宛のTCPパケットの受信許可
success
# firewall-cmd --list-all [Enter]
public (active)
  target: default
  icmp-block-inversion: no
  interfaces: enp0s3
  sources:
  services: cockpit dhcpv6-client http ssh
  ports: 1000/tcp 1001/tcp ——— 許可されているポートに1001/tcpが追加されている
  protocols:
  masquerade: no
  forward-ports:
  source-ports:
  icmp-blocks:
  rich rules:
```

接続元を指定しての許可

コマンドラインからは、接続元を限定したより安全な設定を行うことができます。firewall-cmdの「--add-rich-rule」オプションを使って、設定を行います。次は、その設定例です。

```
# firewall-cmd --add-rich-rule='rule family=ipv4 service name=ssh source
address=192.168.2.100 accept' Enter ——— 192.168.2.100からのsshパケットの受信許可
success
# firewall-cmd --list-all Enter
public (active)
  target: default
  icmp-block-inversion: no
  interfaces: enp0s3
  sources:
  services: cockpit dhcpv6-client ssh
  ports: 1000/tcp
  protocols:
  masquerade: no
  forward-ports:
  source-ports:
  icmp-blocks:
  rich rules:
  rule family="ipv4" source address="192.168.2.100" service name="ssh" accept
                                                      └——— 許可設定が追加されている
```

この例では、192.168.2.100からのSSHへの接続を許可しています。「192.168.2.0/24」のように、サブネットで指定することもできます。また複数のアドレスからの許可を行いたい場合には、IPアドレスだけを変更して実行することで、いくつもルールを追加することができます。

また、次のようにポート番号を指定することもできます。

```
# firewall-cmd --add-rich-rule='rule family=ipv4 port port=1001 protocol=tcp source
address=192.168.0.0/16 accept' Enter ——— 192.168.2.100からのTCP 1001番ポート宛パケットの
                                          受信許可
success
# firewall-cmd --list-all Enter
public (active)
  target: default
  icmp-block-inversion: no
  interfaces: enp0s3
  sources:
  services: cockpit dhcpv6-client ssh
```

```
  ports: 1000/tcp
  protocols:
  masquerade: no
  forward-ports:
  source-ports:
  icmp-blocks:
  rich rules:
  rule family="ipv4" source address="192.168.2.100" service name="ssh" accept
  rule family="ipv4" source address="192.168.2.100" port port="1001" protocol="tcp"
accept ——— 許可設定が追加されている
```

サービス設定の削除

サービス設定の削除には、「--remove-service=<サービス名>」オプションを使います。

■ サービス設定の削除

```
# firewall-cmd --remove-service=http Enter ——— HTTP宛のTCPパケットの受信許可削除
success
# firewall-cmd --list-all Enter
public (active)
  target: default
  icmp-block-inversion: no
  interfaces: enp0s3
  sources:
  services: cockpit dhcpv6-client ssh ——— 許可されているサービスからhttpが削除されている
  ports: 1000/tcp 1001/tcp
  protocols:
  masquerade: no
  forward-ports:
  source-ports:
  icmp-blocks:
  rich rules:
```

ポート設定の削除

ポート設定の削除には、「--remove-port=<ポート番号・範囲/プロトコル>」オプションを使います。

■ ポート設定の削除

```
# firewall-cmd --remove-port=1001/tcp Enter ——— ポート1001番宛TCPパケットの受信許可削除
success
# firewall-cmd --list-all Enter
public (active)
  target: default
  icmp-block-inversion: no
  interfaces: enp0s3
  sources:
  services: cockpit dhcpv6-client ssh —— 許可されているポートから1001/tcpが削除されている
  ports: 1000/tcp
  protocols:
  masquerade: no
  forward-ports:
  source-ports:
  icmp-blocks:
  rich rules:
```

接続元を指定しての設定の削除

接続元を限定した許可設定を削除するには、「--remove-rich-rule」オプションを使います。

```
# firewall-cmd --remove-rich-rule='rule family=ipv4 service name=ssh source
address=192.168.2.100 accept' Enter ——— 192.168.2.100からのsshパケットの許可削除
success
# firewall-cmd --remove-rich-rule='rule family=ipv4 port port=1001 protocol=tcp
source address=192.168.2.100 accept' Enter ——— 192.168.2.100からのTCP 1001番ポート宛
                                               パケットの許可削除
success
# firewall-cmd --get-all-rules Enter
usage: see firewall-cmd man page
Wrong usage of 'direct' options.
# firewall-cmd --get-all Enter
usage: see firewall-cmd man page
firewall-cmd: error: ambiguous option: --get-all could match --get-all-passthroughs,
--get-all-chains, --get-all-rules
# firewall-cmd --list-all Enter
public (active)
  target: default
  icmp-block-inversion: no
  interfaces: enp0s3
  sources:
```

```
  services: cockpit dhcpv6-client ssh
  ports: 1000/tcp
  protocols:
  masquerade: no
  forward-ports:
  source-ports:
  icmp-blocks:
  rich rules: ——— ルールが削除されている
```

設定の保存

firewall-cmdで行った設定変更は、すぐに有効になっています。しかし、サーバを再起動すると設定が失われてしまいます。

設定の保存には、「--runtime-to-permanent」を使います。

■ パケットフィルタリング設定の保存

```
# firewall-cmd --runtime-to-permanent Enter
success
```

ゾーンの指定

本書では、ゾーンに標準のpublicを使い説明しています。publicとは違うゾーンに設定を行いたい場合には、「--zone=<ゾーン名>」オプションを指定します。例えば、homeゾーンにHTTP(TCPのポート80番)宛のTCPパケットの受信を許可するには、以下のようにコマンドを実行します。

■ ゾーンの指定

```
# firewall-cmd --zone=home --add-service=http Enter ——— homeゾーンにHTTP宛のTCP
                                                        パケットの受信許可
success
# firewall-cmd --zone=home --list-all Enter ——— homeゾーンの設定を確認
home
  target: default
  icmp-block-inversion: no
  interfaces:
  sources:
  services: cockpit dhcpv6-client http mdns samba-client ssh —— サービスhttpが追加される
  ports:
  protocols:
  masquerade: no
  forward-ports:
  source-ports:
```

```
icmp-blocks:
rich rules:
```

メモ

永続設定のみを変更する場合には、「--permanent」オプションを指定してコマンドを実行します。

Cockpitからのファイアウォール設定

ファイアウォールルールの設定は、Cockpitからも行うことができます。図7-12は、Cockpitのネットワーク設定の画面です。ファイアウォールの欄に、「3 Active Rules」と表示されていて、現在3つのルールが設定されていることがわかります。

図7-12 Cockpitのネットワーキングの画面

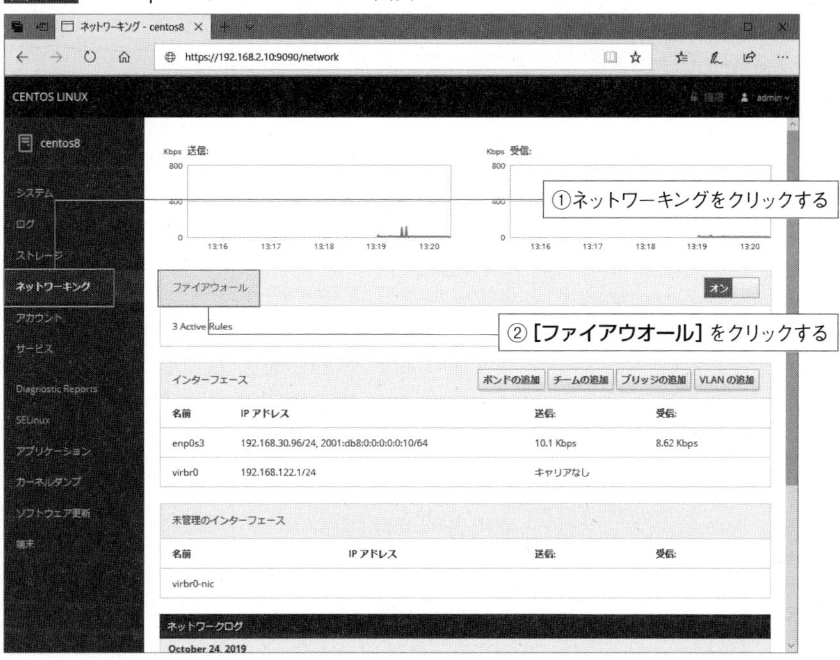

[ファイアウォール]のリンクをクリックすると、図7-13のような画面になります。

図7-13　CockpitのFirewall設定画面

許可されたサービスの一覧が表示されています。**[サービスの追加]** をクリックすると、受信を許可するサービスを追加することができます。また、各サービスの右側にあるゴミ箱をクリックすると、許可を削除することができます。

リモートからの管理

CentOSは、いくつかの方法を使ってリモートから管理することができます。ここでは、リモートからLinuxサーバを管理する方法について解説します。

Contents

Section 08-01

SSH

リモートPCからコマンドラインを操作する

CentOS 8では、リモートとからコマンドラインを使うことができます。このセクションでは、リモートのPCからコマンドラインへアクセスする方法について説明します。

このセクションのポイント

1. Windowsのコマンドプロンプトからsshコマンドを使って、Linuxにログインできる。
2. 最初のsshアクセスでは、セキュリティ警告が表示される。
3. Cockpitからもコマンドラインが利用できる。

SSHでの接続

Chapter 6でインストールした「OpenSSH Client」に付属しているsshコマンドを使うと、WindowsからLinuxのコマンドラインを利用することができます。

Windowsメニューから **[Windows システムツール] → [コマンドプロンプト]** を選択し、コマンドプロンプトを表示します。

■ コマンドプロンプトを表示

```
Microsoft Windows [Version 10.0.17134.885]
(c) 2018 Microsoft Corporation. All rights reserved.
C:¥Users¥admin>
```

コマンドプロンプトの画面が表示され、プロンプトが表示されます。次のように、sshコマンドにIPアドレス（またはホスト名）とログインユーザ（admin）を指定することで、Linuxに接続することができます。

```
C:¥Users¥admin> ssh 192.168.2.10 -l admin Enter
The authenticity of host '192.168.2.10 (192.168.2.10)' can't be established.
ECDSA key fingerprint is SHA256:TchcoShplkH3SjSnNTk3IIZDkUbINK+Y5irZ8dIbU8A.
Are you sure you want to continue connecting (yes/no)? yes Enter
Warning: Permanently added '192.168.2.10' (ECDSA) to the list of known hosts.
admin@192.168.2.10's password: ******** Enter
Web console: https://centos8:9090/ or https://192.168.2.10:9090/

Last login: Thu Oct 24 10:09:12 2019 from 192.168.30.69
[admin@centos8 ~]$
```

コマンドを実行すると、相手サーバのフィンガープリントが表示され、初めての接続相手であることが表示されます。継続してよければ、「yes」を入力します。このメッセージは、2回目の接続からは、表示されません。

続いて、ログインユーザに対するパスワードの入力が求められます。パスワードを入力し、Enter を押すとログインが完了し、プロンプトが表示されます。これで、WindowsからLinuxサーバのコマンドラインを直接操作することができます。

Cockpitからのコマンドラインの利用

Cockpitでは、左側メニューから**[端末]**を選択すると、図8-1のように右側画面にコマンドプロンプトが表示されます。ここから、Linuxサーバのコマンドラインを操作することができます。

図8-1　Cockpitの端末画面

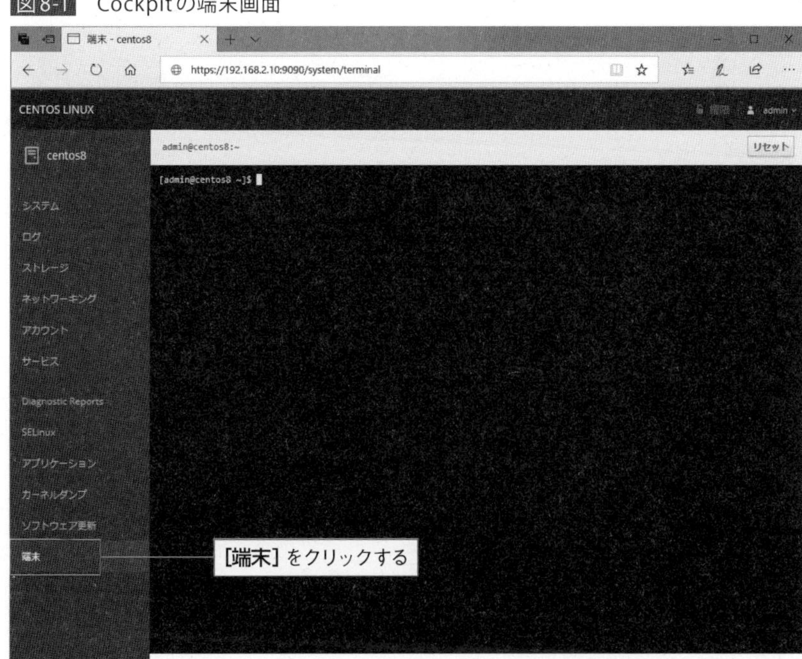

VNCサーバ

Section 08-02

リモートからGUI画面を制御する

CentOS 8には、リモートからGUI画面を制御する機能が付属しています。この機能を使うと、Windows PCの画面にLinuxのコンソール画面を表示し、管理ツールをリモートから利用することができます。このセクションでは、リモートからGUI画面を制御する方法を説明します。

このセクションのポイント

1 Linuxサーバには VNC サーバをインストールする。
2 利用するユーザ毎に設定を行う。

VNCサーバをインストールする

＊1 Virtual Network Computing

CentOS 8をリモートから使えるようにするためには、VNC[*1]というサービスを有効にする必要があります。VNCは、ネットワーク上でコンピュータを遠隔操作するためのソフトウェアです。VNCサービスを使うためには、tigervnc-serverとtigervnc-server-minimalという2つのパッケージをインストールする必要があります。ただし、本書が想定している環境では、前者はすでにインストールされていますので、tigervnc-serverパッケージのみをインストールします。

次のようにyumコマンドを使ってインストールを行います。

■ tigervnc-serverのインストール

```
# yum install tigervnc-server Enter
メタデータの期限切れの最終確認: 1:58:08 時間前の 2019年10月24日 13時17分35秒 に
実施しました。
依存関係が解決しました。
================================================================================
 パッケージ                アーキテクチャー
                                     バージョン            リポジトリ        サイズ
================================================================================
Installing:
 tigervnc-server          x86_64     1.9.0-9.el8          AppStream        252 k

トランザクションの概要
================================================================================
インストール  1 パッケージ

ダウンロードサイズの合計: 252 k
インストール済みのサイズ: 688 k
これでよろしいですか? [y/N]: y Enter  ―― 確認してyを入力
```

```
パッケージのダウンロード中です:
tigervnc-server-1.9.0-9.el8.x86_64.rpm                49 kB/s | 252 kB     00:05
--------------------------------------------------------------------------------
合計                                                  19 kB/s | 252 kB     00:12
トランザクションの確認を実行中
トランザクションの確認に成功しました。
トランザクションのテストを実行中
トランザクションのテストに成功しました。
トランザクションを実行中
  準備             :                                                        1/1
  Installing       : tigervnc-server-1.9.0-9.el8.x86_64                     1/1
  scriptletの実行中: tigervnc-server-1.9.0-9.el8.x86_64                     1/1
  検証             : tigervnc-server-1.9.0-9.el8.x86_64                     1/1

インストール済み:
  tigervnc-server-1.9.0-9.el8.x86_64

完了しました!
```

VNCサーバのディレクトリ構造

パッケージをインストールすると、VNCサーバの動作に必要なファイルがインストールされます。主なファイルは図8-2のとおりです。保存場所を確認しておきましょう。

図8-2 VNCサーバの動作に必要なファイル

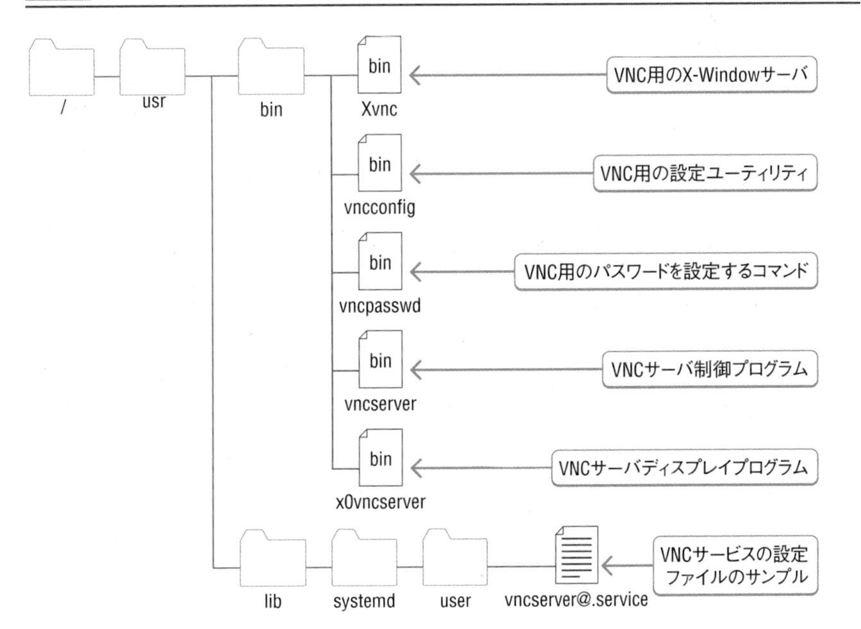

パケットフィルタリングの設定

VNCサーバへの通信のために、パケットフィルタリングの設定を行う必要があります。VNCサービスを公開するには、firewall-cmdを使用してvnc-serverサービスを許可し、設定を保存します。

```
# firewall-cmd --add-service=vnc-server Enter ——— vnc-serverを許可
success
# firewall-cmd --runtime-to-permanent Enter ——— 設定を保存
success
```

ログインモードの設定

CentOSでは、VNCサービスはユーザモードで起動することができます。そのため、ユーザがログアウトしてもサービスが継続するように、該当ユーザのログインモードの設定が必要です。次のように、ユーザ名を指定して設定を行います。

```
# loginctl enable-linger admin Enter
```

この設定は、VNCを利用する全ユーザに行う必要があります。

VNCユーザの設定

VNCを利用するユーザ毎に、パスワードの設定を行う必要があります。該当のユーザでログインするか、suでユーザを変更して、次のようにVNC接続用のパスワードを設定します。

■ パスワードの設定

```
$ vncpasswd Enter
Password: ****** Enter
Verify: ****** Enter
Would you like to enter a view-only password (y/n)? n Enter
A view-only password is not used
```

パスワードと確認パスワードを入力すると、「Would you like to enter a view-only password (y/n)?」という質問が表示されます。

これは、閲覧専用のパスワードを設定するかという質問です。必要がなければ、「n」を入力します。

VNCサービスの起動

VNCユーザの設定ができましたら、VNCサービスを起動します。VNCサービスの起動は、VNCを利用するユーザが自分で行うことができます。

```
$ systemctl --user start vncserver@:1 Enter
```

ここでは、オプションに「--user」が指定されています。このオプションは、ユーザモードでサービスを起動するオプションです。

また、最後の「:1」は、VNCのX Windowシステムのディスプレイ番号です。0番は、コンソールで使っているため、1番以降を使います。複数のユーザがVNCサーバを使う場合には、この番号が重複しないように調整する必要があります。

システムの起動時に自動でvncserverサービスを開始する設定が必要な場合には、そちらも設定しておきましょう。

```
$ systemctl --user enable vncserver@:1 Enter
Created symlink /home/admin/.config/systemd/user/default.target.wants/vncserver@
:1.service → /usr/lib/systemd/user/vncserver@.service.
```

TigerVNC

Section 08-03

リモートからVNCを使う

VNCサーバを使って、Windows PCからGUI画面を使うためには、専用のクライアントソフトウェアをインストールする必要があります。このセクションでは、専用のクライアントであるTigerVNCによる接続を説明します。

このセクションのポイント

1 VNCサーバへ接続するためには、VNCソフトウェアをインストールする必要がある。
2 Windows用ソフトウェアとして、CentOSと同じTigerVNCを利用することができる。

VNCクライアントのインストール

WindowsからLinuxにアクセスするためには、WindowsにVNCに対応したソフトウェアをインストールする必要があります。VNCクライアントソフトウェアには、いくつかの種類がありますが、ここではCentOS 8が採用しているのと同じ、TigerVNCのインストール方法を説明します。

TigerVNCは、次のURLから入手することができます。

https://tigervnc.org/

図8-3 TigerVNCが入手できるサイト

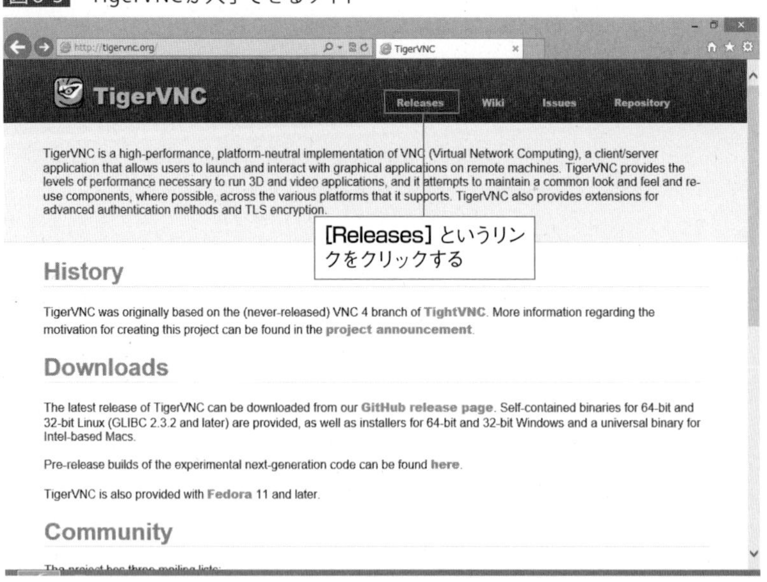

画面最上部のメニューの中の、[**Releases**] というリンクをクリックします。すると図8-4のような画面が現れます。

図8-4 TigerVNCの最新リリース情報のページ

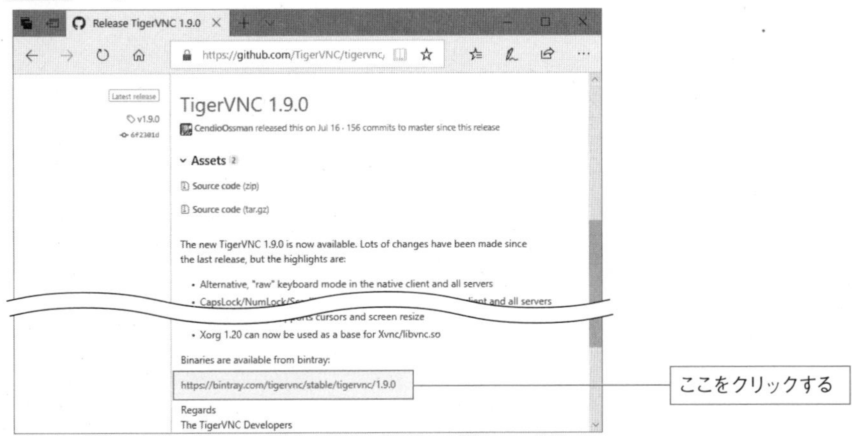

この画面は、tigervncの最新リリースの情報ページです。中程にある、[**http://bintray.com/tigervnc/stable/tigervnc/1.9.0**] のリンクをクリックします。次に表示されたページの画面の下の方に図8-5のような [**Downloads**] のコーナーがあります。

図8-5 ダウンロードするファイルの選択

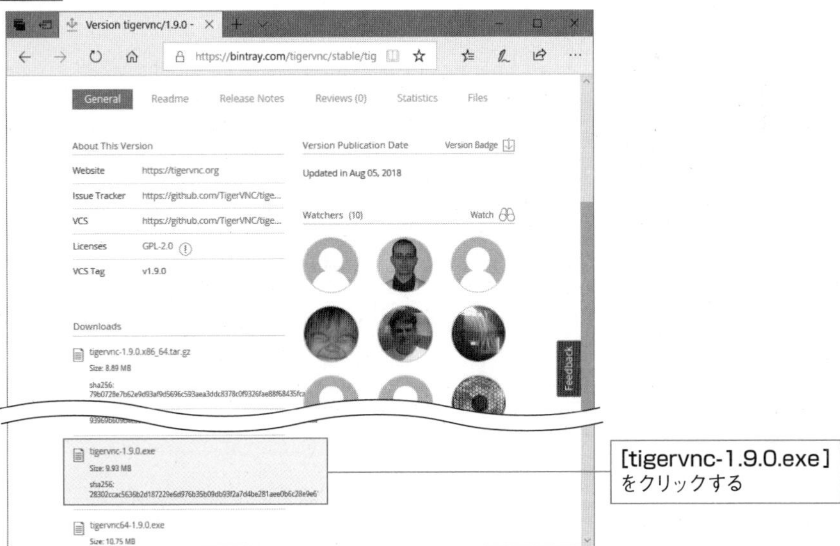

［tigervnc-1.9.0.exe］または64ビット版の「tigervnc64-1.9.0.exe」をクリックし、ダウンロードし、それを実行します。ライセンス認証やインストール場所を選択する画面などが表示されます。特に変更したい項目がなければ、単純に［Next］をクリックしてインストールを進めましょう。

リモートからGUIへ接続してみる

インストールが完了したら、［スタート］メニューの［Tiger VNC Viewer］を選択し、VNC Viewerを起動します。

図8-6　VNC Viewerの起動

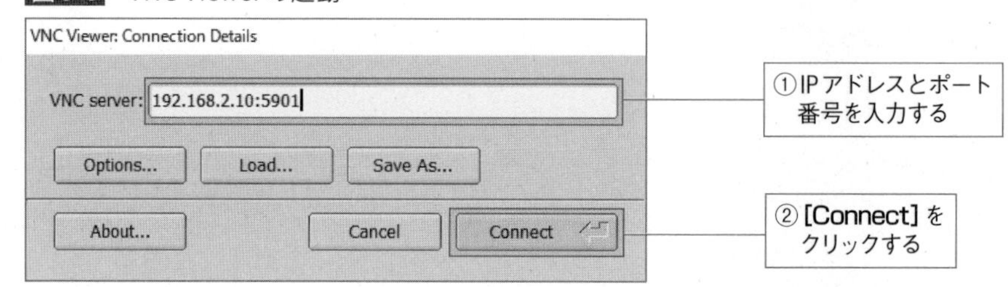

VNC Viewerが起動したら、［VNC Server］の項目にサーバのIPアドレスとポート番号を入力します。本書の例では、図8-6のように設定することになります。［Connect］をクリックすると、次にパスワードを入力する画面が表示されます。

図8-7　パスワードの入力

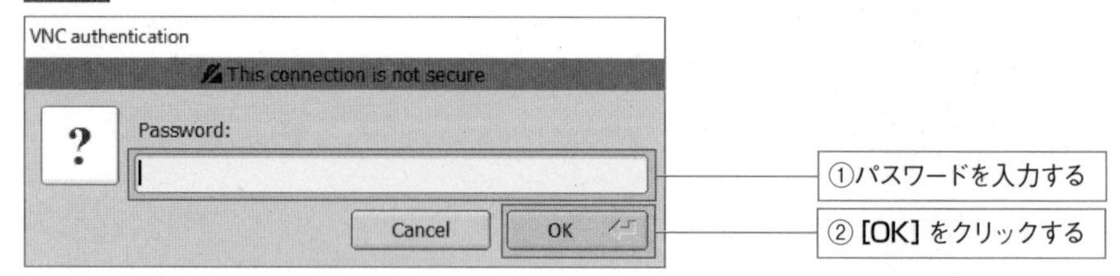

［Password］の項目に、先ほどvncpasswdコマンドで設定したパスワードを入力し、［OK］をクリックします。無事に接続が行えれば、図8-8のようにリモートの画面が表示されます。

図8-8 接続後のリモート画面

リモートアクセスの制限

Section 08-04

リモートアクセスのセキュリティを強化する

リモートからの管理は非常に便利ですが、不正ログインの危険があるため、セキュリティに十分に配慮する必要があります。ここでは、リモートアクセスのセキュリティの強化について説明します。

このセクションのポイント

1 リモートアクセスが可能なPCを限定する。
2 送信元を限定した許可設定を追加する。
3 送信元を限定しないサービス許可設定は削除する。

リモートアクセスを限定する

インターネットに公開したサーバは、世界中のインターネットからアクセスできます。そのため、標準的な設定では、リモート管理のサービスには、誰でも接続ができてしまいます。もちろん、IDとパスワードを知らなければ利用することはできませんが、ソフトウェアの脆弱性を利用したり、IDとパスワードを総当たりで試したりする攻撃が後を絶ちません。そのため、インターネットに公開するサーバでは、リモート管理できる条件を限定しておく必要があります。

Chapter 07で解説しましたように、CentOSでは、firewall-cmdを使って送信元のIPアドレスやサブネットを使って、サービスへのアクセスを限定することができます。この機能を使って、しっかりとしたセキュリティを掛けておきましょう。

パケットフィルタリングルールの設定

制限の対象にすべきサービスは、ssh、cockpit、vnc-serverです。これらのサービスに対して、次のように厳密なルールを設定しておきましょう。

```
# firewall-cmd --add-rich-rule='rule family=ipv4 service name=ssh source
address=192.168.0.0/16 accept' Enter ——— 192.168.0.0/16からのsshの受信許可
success
# firewall-cmd --add-rich-rule='rule family=ipv4 service name=cockpit source
address=192.168.0.0/16 accept' Enter ——— 192.168.0.0/16からのcockpitの受信許可
success
# firewall-cmd --add-rich-rule='rule family=ipv4 service name=vnc-server source
address=192.168.0.0/16 accept' Enter ——— 192.168.0.0/16からのvnc-serverの受信許可
success
```

設定を確認します。

```
# firewall-cmd --list-all Enter
public (active)
  target: default
  icmp-block-inversion: no
  interfaces: enp0s3
  sources:
  services: cockpit dhcpv6-client ssh vnc-server ―― 接続元を限定していない許可設定
  ports: 1000/tcp
  protocols:
  masquerade: no
  forward-ports:
  source-ports:
  icmp-blocks:
  rich rules: ―― 追加した詳細な許可設定
  rule family="ipv4" source address="192.168.0.0/16" service name="ssh" accept
  rule family="ipv4" source address="192.168.0.0/16" service name="cockpit" accept
  rule family="ipv4" source address="192.168.0.0/16" service name="vnc-server"
accept
```

「rich rules」の欄に、追加した詳細な許可設定が表示されています。しかし、「services」の欄には、接続元を限定していない許可設定も残っています。そのため、この設定を削除する必要があります。

```
# firewall-cmd --remove-service=ssh Enter
success
# firewall-cmd --remove-service=cockpit Enter
success
# firewall-cmd --remove-service=vnc-server Enter
success
```

「service」の欄から、ssh, cockpit, vnc-serverがなくなっていることを確認しておきます。

01 02 03 04 05 06 07 08 09 10 11 12 13 14 15 16 17 18 19

```
# firewall-cmd --list-all Enter
public (active)
  target: default
  icmp-block-inversion: no
  interfaces: enp0s3
  sources:
  services: dhcpv6-client ——— ssh, cockpit, vnc-serverが消えている
  ports: 1000/tcp
  protocols:
  masquerade: no
  forward-ports:
  source-ports:
  icmp-blocks:
  rich rules:
  rule family="ipv4" source address="192.168.0.0/16" service name="ssh" accept
  rule family="ipv4" source address="192.168.0.0/16" service name="cockpit" accept
  rule family="ipv4" source address="192.168.0.0/16" service name="vnc-server"
accept
```

最後に設定を保存します。

```
# firewall-cmd --runtime-to-permanent Enter
success
```

NFSサーバを使う

Linuxでは、ネットワーク上でファイルを共有するサーバとしてNFSサーバが使われています。最近のクラウド環境などでは、NFSサーバをデータの保存場所として利用することが多くなっています。このChapterでは、そのような場合にNFSサーバを利用する方法について解説します。

Contents

Section 09-01

NFS

NFSサーバの仕組みを理解する

NFSサーバは、Linuxでよく使われているファイル共有の仕組みです。Chapter 10で紹介するWindowsファイル共有とは、動作の仕組みも働きも違います。このセクションでは、NFSの仕組みについて解説します。

このセクションのポイント

1. NFSは、ネットワーク上でファイルを共有する仕組みである。
2. NFSサーバでファイルに設定された所有者、グループ、アクセス権は、クライアントに継承される。
3. クライアントのrootユーザは、NFS共有したファイルへのアクセスが制限される。
4. NFSバージョン3とバージョン4があり、サーバがサポートするバージョンを利用する。

NFSとは

NFSは、Network File Systemの略で、LinuxなどUNIX系のOSで利用されるファイル共有の仕組みです。NFSでは、データの実体は**NFSサーバ**と呼ばれるファイルサーバに保管されています。**NFSクライアント**は、NFSサーバの公開されたディレクトリをネットワーク越しにマウントして利用します。一つのNFSサーバを複数のクライアントから使うことができます。

NFSサーバ

NFSサーバは、ファイルを提供する側のサーバです。サーバ内のどのディレクトリを誰に共有するのかをあらかじめ設定しておくことができます。この設定に基づいて、NFSクライアントからの要求にしたがって、ファイルやディレクトリの情報を提供します。NFSサーバは、クライアント毎に読み込み専用か、読み書き可能かといった動作条件を決めることができます。

なお、NFSでは、exportという単語やコマンドがよく出てきます。exportは「公開」という意味で、NFSサーバがファイルを公開することを指しています。

NFSクライアント

NFSクライアントは、NFSサーバから提供されたディレクトリを利用できるよう、自身の適切なディレクトリにマウント処理を行います。一旦、マウントを行うと、あたかも自分のサーバ内にあるファイルのように利用することができます。

図9-1は、ホームページのデータを共有する場合の例です。

NFSクライアントは、NFSサーバの/export/wwwを、WWWサーバのドキュメント用のディレクトリである/var/wwwにマウントしています。このように、NFSクライアントは用途に合わせて、使いやすいディレクトリに共有したファイルを配置することができます。

図9-1 ホームページのデータを共有

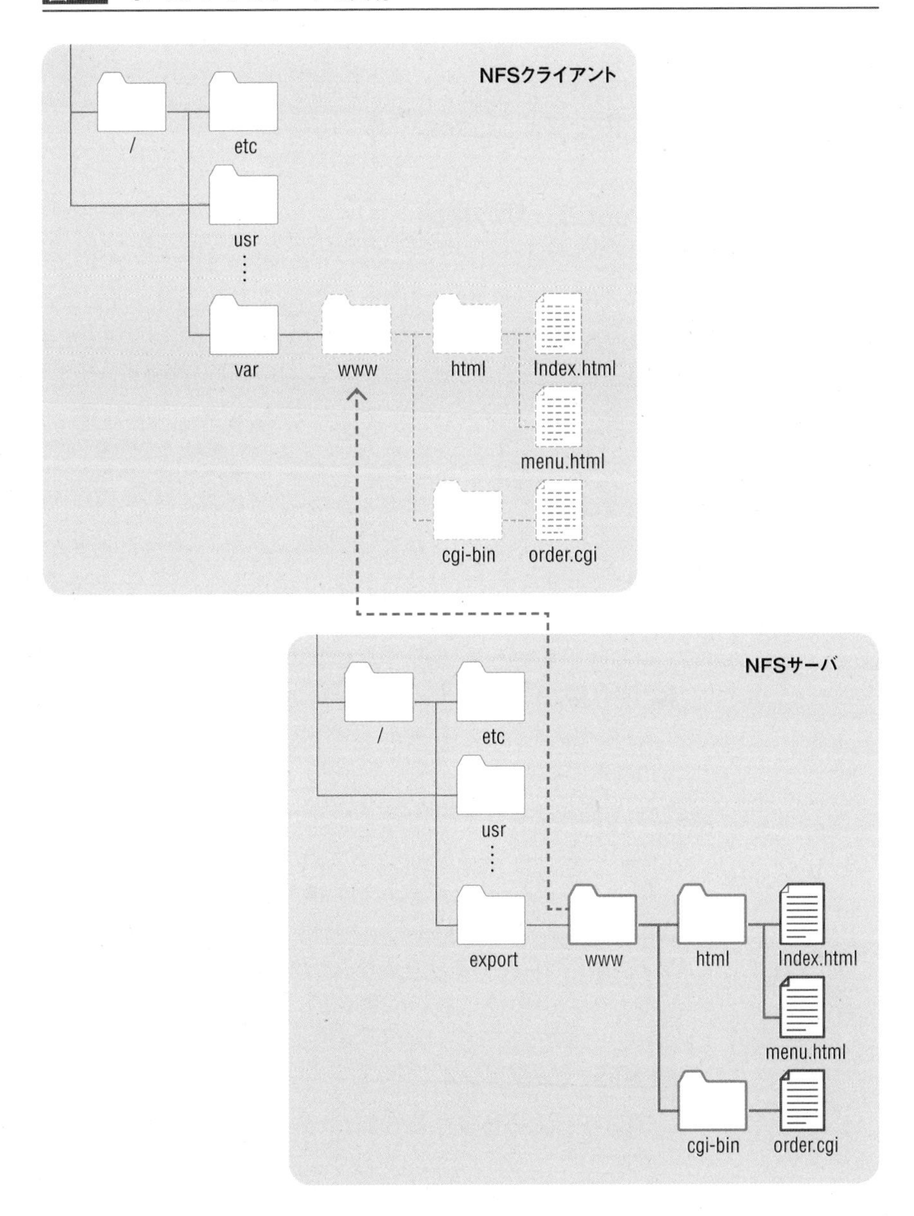

ユーザIDのマップ

NFSクライアントが共有しているファイルには、NFSサーバで設定されたユーザ、グループ、アクセス権などのファイル属性がそのまま付与されています。例えば、NFSサーバでapacheユーザが所有しているファイルには、apacheユーザのユーザ番号である48が所有者として設定されています。そのため、クライアントでもユーザ番号48が所有者として扱われます。もし、サーバとクライアントで

apacheユーザのユーザ番号が同じ48だった場合には、クライアントでもファイルはapacheユーザの所有とみなされます。

しかし、サーバとクライアントがapacheユーザを違う番号で管理していると、このようにうまく連携を取ることができません。もちろん、グループ番号についても同じことが言えます。

rootユーザの権限

共有ファイルに対するrootユーザの権限は、クライアントに与えないのが一般的です。NFSサーバから共有されたファイルにrootユーザがアクセスしようとすると、rootユーザは所有者でもグループメンバーでもないものとして扱われます。

NFSのバージョン

NFSは、古くから使われていたファイル共有の仕組みで、複数のバージョンがあります。現在は、バージョン4が標準ですが、バージョン3もよく使われています。NFSクライアントは、サーバがサポートするバージョンで通信を行う必要があります。

NFSバージョン3

NFSバージョン3は、現在最もよく使われているNFSサーバのバージョンです。初期のNFSではUDPのみがサポートされていましたが、NFSバージョン3ではTCPも利用することがでます。しかし、それでもNFSバージョン3は、非常に古い設計になっているため、インターネット上では安全に利用することができません。

例えば、NFSバージョン3では標準ではUDPを利用し、ポート番号はportmapperという仕組みでランダムに割り当てられます。そのため、ファイアウォールで通信相手を絞り込むことができません。したがって、NFSバージョン3のサーバは、インターネットに直接的に接続しないように利用する必要があります。

NFSバージョン4

NFSバージョン4は、NFSをインターネット上でも利用できるように改良したバージョンです。portmapperが必要なくなり、TCPが標準になりました。2049番ポートで通信が行われるため、パケットフィルタリングなどのセキュリティを掛けることもできます。また、NFSv4では、Kerberos認証がサポートされ、パフォーマンスも向上しています。

Section 09-02

NFSサーバを利用する

NFSサーバを利用するための設定は、非常に簡単です。ただし、必要に応じていくつかのオプションを使い分ける必要があります。ここでは、NFSサーバを利用するための設定について解説します。

このセクションのポイント

1. あらかじめ利用するNFSサーバの情報を入手しておく。
2. mountコマンドでNFSサーバをマウントすることができる。
3. /etc/fstabに設定すると、起動時に自動的にマウントされるようになる。

NFSサーバの情報を入手する

NFSサーバを使うには、まずサーバに関する情報を入手する必要があります。少なくとも、次のような情報が必要になります。

- NFSサーバの通信可能な名前（IPアドレス）
- 共有するディレクトリのパス
- 読み込み専用か、読み書き可能か
- 利用プロトコル（TCP/UDP）
- 利用可能なNFSのバージョン

ここでは、解説のため表9-1のような前提で解説します。

表9-1 NFSサーバの情報

サーバ名	nfsserver
共有パス	/export/www
読書モード	読込専用
利用プロトコル	udp
NFSバージョン	Version 3

ファイルシステムをマウントする

表9-1のようなNFS共有を利用するには、サーバ名と共有パスを指定してmountを行います。

■ NFSのマウント

```
# mount -t nfs -r nfsserver:/export/www /var/www Enter
```

この例では、nfsserverの/export/wwwを、/var/wwwにマウントしています。「-r」は、読込み専用でマウントすることを示しています。読み書き可能なモードでマウントする場合には、「-r」は指定しません。

なお、NFSバージョン4を使う場合には、次のようにします。

■ NFSのマウント

```
# mount -t nfs4 -r nfsserver:/export/www /var/www Enter
```

マウントされたことを確認する

マウントができたらdfコマンドを使って状態を確認します。引数にマウントしたディレクトリを指定します。うまくマウントできていれば、次の例のようにnfsserver:/export/wwwが表示されます。

■ 状態の確認

```
# df /var/www Enter
ファイルシス             1K-ブロック  使用     使用可   使用%  マウント位置
nfsserver:/export/www    6486016    1048960  5437056  17%    /var/www
```

マウントのオプション

NFSのマウント処理には、たくさんのオプションがあります。表9-2は、代表的なオプションです。

表9-2 主なマウントオプション

オプション	解説
proto=tcp|udp	利用するプロトコルを指定します。tcpとudpが指定できます。
timeo=<sec>	NFSサーバが応答しないとみなすタイムアウト時間を設定します。
[no]ac	acを指定するとファイルの属性をキャッシュします。noacを指定すると、ファイル属性をキャッシュしません。
bg	NFSサーバのマウントがタイムアウトした時には、継続して処理を試みます。
fg	NFSサーバのマウントががタイムアウトしたら、エラー終了します。
soft	NFSへの操作がタイムアウトしたら、アクセスしようとしたプロセスにはエラーを返します。
hard	NFSへの操作がタイムアウトしても、リクエストし続けます。アクセスしようとしたプロセスは、処理が終了するまで待機させられます。
intr	hardと同様ですが、シグナルにより処理を中断することができます。
ro	読込み専用でマウントします。

オプションは、「-o」に続いて記述します。複数のオプションがある場合には、次の例のように「,」で区切って並べることができます。

■ オプション指定の例

```
# mount -t nfs4 -o bg,soft nfsserver:/export/www /var/www Enter
```

プロトコルの指定

NFSバージョン3でtcpを使う場合等、明示的にプロトコルを指定する必要がある場合には、protoオプションを使います。次は、NFSバージョン3で、tcpを使う場合の例です。

■ NFSのマウント

```
# mount -t nfs -o proto=tcp nfsserver:/export/www /var/www Enter
```

mount処理の継続

bgオプションとfgオプションでは、mount処理がタイムアウトした場合の動作を指定できます。bgオプションは、mount処理がタイムアウトしてもバックグラウンドで継続して処理を行います。NFSサーバが応答したら、自動的にマウントが行われます。fgオプションを指定すると、処理がタイムアウトした場合には、mountはエラー終了します。

次は、fgオプションを指定する場合の例です。

■ NFSのfgオプションでのマウント

```
# mount -t nfs -o fg nfsserver:/export/www /var/www Enter
```

hardマウントとsoftマウント

NFSサーバが応答しない場合にどのように処理を行うのかを制御することができます。softオプションを指定すると、NFSサーバが応答しない場合には、アクセスしようとしたプロセスにエラーが返却されます。hardオプションを指定すると、成功するまでリトライします。アクセスしようとしたプロセスは、処理が完了するまで待機します。この待機中はシグナルなどでもプロセスを終了することができません。なお、hardの代わりにintrオプションを指定すると、待機中のプロセスをシグナルで中断することができるようになります。

次は、softオプションを指定する場合の例です。

■ NFSのsoftマウント

```
# mount -t nfs -o soft nfsserver:/export/www /var/www Enter
```

NFSマウントの解除

NFSマウントを解除する場合には、次のようにumountを行います。

■ NFSのマウント

```
# umount /var/www Enter
```

この例では、マウントした場所を指定しています。次のようにサーバの共有パスを指定しても構いません。

■ NFSのマウント

```
# umount nfssserver:/export/www Enter
```

起動時に自動マウントされるようにする

サーバの起動時に、NFSサーバのマウント処理を自動的に行うように設定することができます。設定は、/etc/fstabで行います。このファイルの中には、他のファイルシステムのマウント設定もありますので、NFSサーバのマウント設定を追記します。

次は、表9-1の条件でNFSサーバを利用する場合に追加する設定の例です。

■ /etc/fstab

```
nfsserver:/export/www    /var/www    nfs ro,hard
```

最初のカラムは、NFSサーバの名称と共有パスです。2つめのカラムは、マウントするディレクトリです。3つ目のカラムは、マウントの種類です。NFSバージョン3ではnfs、NFSバージョン4ではnfs4と記載します。4つめのカラムは、マウントオプションです。

読込み専用の場合には、mountコマンドでは-rオプションを使っていました。/etc/fstabでは、roオプションを指定します。

DHCP サーバ

DHCP は、クライアントに IP アドレスを自動的に割り振るためのプロトコルです。DHCP サーバを構築することで、LAN に接続されているコンピュータの IP アドレスを自動的に割り振ることができます。このChapterでは、この DHCP サーバについて解説します。

Contents

Section 10-01

DHCPをインストールする

CentOS 8に付属するdhcpを使って、DHCPサーバを構築することができます。このセクションでは、dhcpのインストールを行いましょう。

このセクションのポイント

1 DHCPは、PCにIPアドレスを自動的に割り振る仕組みである。
2 1つのDHCPサーバソフトウェアで、IPv4、IPv6の両方に対応できる。
3 IPv4とIPv6は別々の設定が必要である。

DHCPとは

＊1 Dynamic Host Configuration Protocol

DHCP[*1]とは、コンピュータにIPアドレスを自動的に割り振る仕組みです。クライアントでIPアドレスを自動的に取得するよう設定を行うと、クライアントがIPアドレスを要求したときに、「IPアドレスを貸してください」とネットワーク全体に情報を送ります。これに対してDHCPサーバは、あらかじめ設定されているIPアドレスの中から、未使用のものを選んでクライアントに一定期間貸し出します。

図10-1 DHCPの仕組み

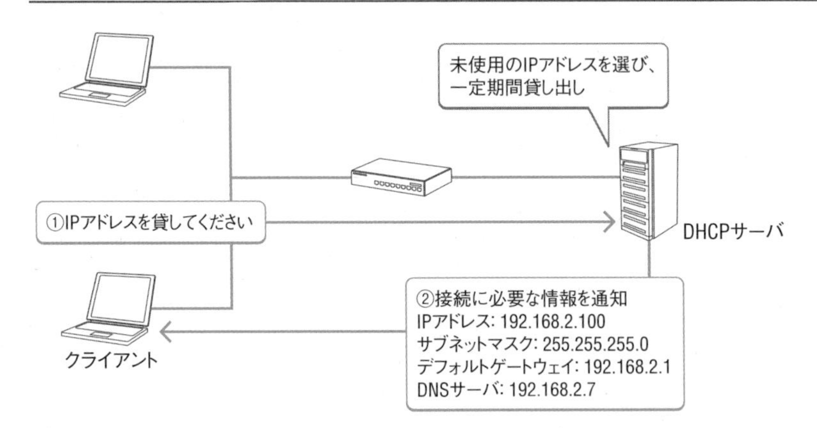

インストール

DHCPサーバを構築するためにインストールするパッケージはdhcp-serverです。1つのパッケージをインストールするだけでIPv4、IPv6両方の環境に必要なファイルがインストールされます。

次のようにyumコマンドを使ってインストールを行います。

■ dhcpのインストール

```
# yum install dhcp-server Enter
メタデータの期限切れの最終確認: 0:00:39 時間前の 2019年10月24日 17時55分03秒 に
実施しました。
依存関係が解決しました。
================================================================================
 パッケージ              アーキテクチャー
                                     バージョン                 リポジトリ      サイズ
================================================================================
Installing:
 dhcp-server          x86_64          12:4.3.6-30.el8            BaseOS           529 k

トランザクションの概要
================================================================================
インストール  1 パッケージ

ダウンロードサイズの合計: 529 k
インストール済みのサイズ: 1.2 M
これでよろしいですか? [y/N]: y Enter  ―― 確認して y を入力
パッケージのダウンロード中です:
dhcp-server-4.3.6-30.el8.x86_64.rpm                    356 kB/s | 529 kB     00:01
--------------------------------------------------------------------------------
合計                                                   177 kB/s | 529 kB     00:02
トランザクションの確認を実行中
トランザクションの確認に成功しました。
トランザクションのテストを実行中
トランザクションのテストに成功しました。
トランザクションを実行中
  準備             :                                                         1/1
  scriptletの実行中: dhcp-server-12:4.3.6-30.el8.x86_64                     1/1
  Installing       : dhcp-server-12:4.3.6-30.el8.x86_64                     1/1
  scriptletの実行中: dhcp-server-12:4.3.6-30.el8.x86_64                     1/1
  検証             : dhcp-server-12:4.3.6-30.el8.x86_64                     1/1

インストール済み:
  dhcp-server-12:4.3.6-30.el8.x86_64

完了しました!
```

DHCPのディレクトリ構造

パッケージをインストールすると、DHCPの動作に必要なファイルがインストールされます。主なファイルは図10-3のとおりです。保存場所を確認しておきましょう。

図10-3 DHCPの動作に必要なファイル

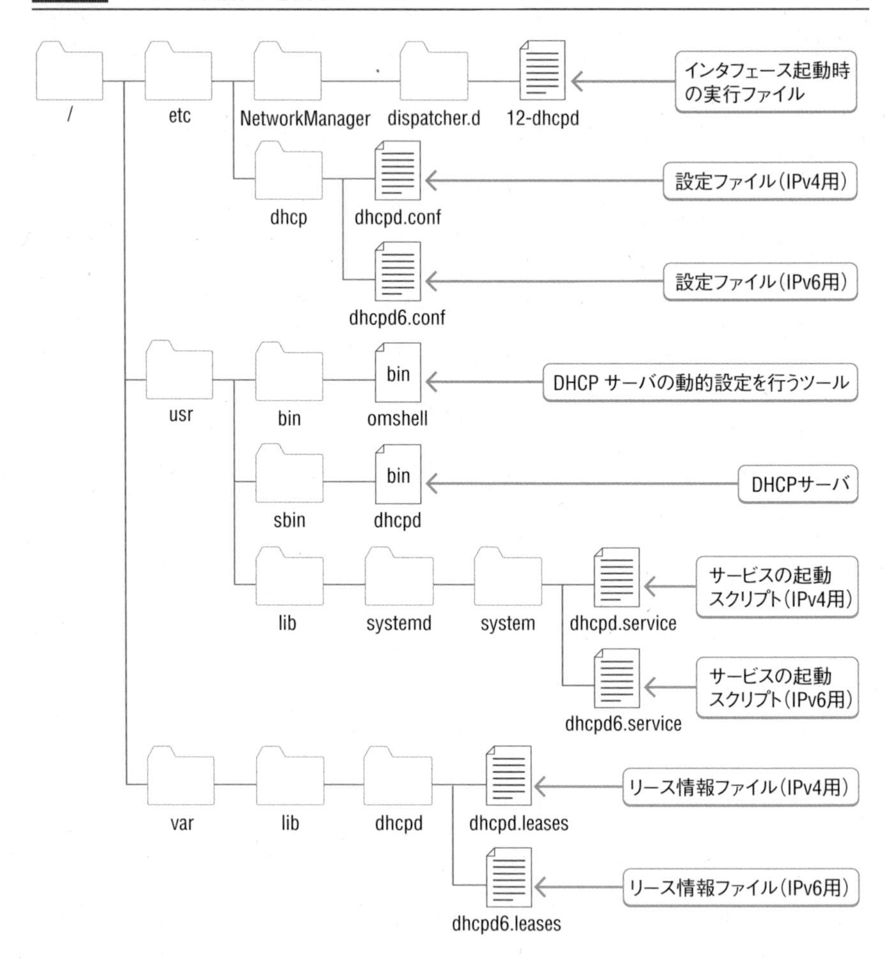

このように、DHCPサーバのプログラムは/usr/sbin/dhcpdだけですが、それ以外のほとんどのファイルはIPv4、IPv6で別のものを使います。

Section 10-02

DHCPサーバ設定（IPv4）

IPv4でDHCPサーバを使う

実際にDHCPサービスを提供するためには、IPアドレスを貸し出すための設定を行う必要があります。このセクションでは、IPv4用の設定について説明します。

このセクションのポイント

1 DHCPサーバの設定前にパケットフィルタリングの設定を行い、必要なパケットが届くように設定する。
2 IPv4用のDHCPサーバの設定は、/etc/dhcp/dhcpd.confで行う。
3 設定ファイルはあらかじめ用意されていないので、サンプルをコピーして作成する。

パケットフィルタリングの設定

DHCPサーバを公開するためには、パケットフィルタリングの設定を行う必要があります。

GUIで設定する

パケットフィルタリングの設定は、GUIで行うことができます。GUIから設定する場合には、設定を行うゾーンを選択します。そしてサービスの一覧から、[dhcp]をチェックします。最後に[**オプション**]→[**永続的にする実行時設定**]を選択すると、設定が行われます。

図10-4　パケットフィルタリングの設定

コマンドラインで設定する

パケットフィルタリングの設定をコマンドラインで行う場合には、firewall-cmdコマンドを使います。

■ パケットフィルタリングの設定

```
# firewall-cmd --add-service=dhcp Enter
success
```

設定が終了したら、パケットフィルタリングルールを保存します。

■ パケットフィルタリングルールの保存

```
# firewall-cmd --runtime-to-permanent Enter
success
```

DHCPサーバの基本設定

IPv4用の設定ファイルは/etc/dhcp/dhcpd.confですが、パッケージをインストールした直後は何も設定されていません。サンプルの設定ファイルが/usr/share/doc/dhcp-server/に用意されていますので、それをコピーして編集しましょう。

■ サンプルの設定ファイルをコピーして開く

```
# cp /usr/share/doc/dhcp-4.2.5/dhcpd.conf.example /etc/dhcp/dhcpd.conf Enter
cp: `/etc/dhcp/dhcpd.conf' を上書きしますか? y Enter ——— yを入力して既存ファイルに上書き
# vi /etc/dhcp/dhcpd.conf Enter
```

■ DHCPサーバの基本設定（/etc/dhcp/dhcpd.conf）

```
option domain-name "designet.jp"; ——— ドメイン名を設定
option domain-name-servers 192.168.2.7; ——— DNSキャッシュサーバを設定

default-lease-time 600;
max-lease-time 7200;

log-facility local7;

subnet 192.168.2.0 netmask 255.255.255.0 { ——— IPアドレスの割出しを行うサブネット
    option routers 192.168.2.1; ——— デフォルトゲートウェイ
    option subnet-mask 255.255.255.0; ——— サブネットマスク

    range dynamic-bootp 192.168.2.100 192.168.2.200; ——— 貸し出すIPアドレスの範囲
}
```

```
host PC1 { ――― IPアドレスを固定するコンピュータのホスト名
        hardware ethernet 08:00:27:77:08:1b; ――― MACアドレス
        fixed-address 192.168.2.99; ――― IPアドレス
}
```

ドメイン名やDNSキャッシュサーバ、IPアドレスの割り出しを行うサブネットの情報等の基本的な情報を変更すれば、それ以外の値を変更する必要はありません。特定のコンピュータに常に同じIPアドレスを割り振りたい場合は、「host」の設定でMACアドレスとIPアドレスを指定します。

設定ファイルの変更が完了したら、書式のチェックを行っておきましょう。

■ 設定ファイルの書式のチェック

```
# dhcpd -t -cf /etc/dhcp/dhcpd.conf Enter
Internet Systems Consortium DHCP Server 4.3.6
Copyright 2004-2017 Internet Systems Consortium.
All rights reserved.
For info, please visit https://www.isc.org/software/dhcp/
ldap_gssapi_principal is not set,GSSAPI Authentication for LDAP will not be used
Not searching LDAP since ldap-server, ldap-port and ldap-base-dn were not specified
in the config file
Config file: /etc/dhcp/dhcpd.conf
Database file: /var/lib/dhcpd/dhcpd.leases
PID file: /var/run/dhcpd.pid
Source compiled to use binary-leases
```

設定ファイルに書式エラーがあると、次のようにエラーがあった行番号が表示されます。

■ 設定ファイルの書式チェック（エラー）

```
# dhcpd -t -cf /etc/dhcp/dhcpd.conf Enter
Internet Systems Consortium DHCP Server 4.3.6
Copyright 2004-2017 Internet Systems Consortium.
All rights reserved.
For info, please visit https://www.isc.org/software/dhcp/
/etc/dhcp/dhcpd.conf line 29: semicolon expected. ――― エラーの行番号と原因が表示される
        option ――― optionの周辺に問題があることがわかる
        ^
........

exiting.
```

サービス提供インタフェースの設定

システムに複数のNICがあり、特定のNICだけでDHCPサービスを提供したい場合には、/etc/sysconfig/dhcpdでDHCPサーバに渡す引数として設定を行うことができます。DHCPARGSという設定項目に、インタフェース名を登録します。次は、その設定例です。

■ /etc/sysconfig/dhcpd

```
DHCPDARGS=enp0s8
```

サービスの起動

設定ファイル、インタフェースの指定が完了したら、dhcpdサービスを起動します。

■ dhcpdサービスの起動

```
# systemctl start dhcpd.service Enter ―― dhcpdサービスを起動
# systemctl is-active dhcpd.service Enter ―― 状態を確認
active
```

また、システムの起動時に自動でdhcpdサービスを開始する設定が必要な場合は、そちらも設定しておきましょう。

■ 自動起動の設定

```
# systemctl enable dhcpd.service Enter
Created symlink /etc/systemd/system/multi-user.target.wants/dhcpd.service →
/usr/lib/systemd/system/dhcpd.service.
```

Section 10-03

DHCPサーバ設定（IPv6）

IPv6でDHCPサーバを使う

IPv6用のDHCPサーバの設定は、IPv4ととてもよく似ていますが、IPv4とは別の設定ファイルを作成する必要があります。このセクションでは、IPv6用の設定について説明します。

このセクションのポイント

1. DHCPサーバの設定前にパケットフィルタリングの設定を行い、必要なパケットが届くように設定する。
2. IPv6用のDHCPサーバの設定は、/etc/dhcp/dhcpd6.confで行う。
3. 設定ファイルはあらかじめ用意されていないので、サンプルをコピーして作成する。

パケットフィルタリングの設定

DHCPサーバを公開するためには、パケットフィルタリングの設定を行う必要があります。IPv6の場合はIPv4と異なり、dhcpv6、dhcpv6-clientの通信を許可します。

GUIで設定する

パケットフィルタリングの設定は、GUIで行うことができます。GUIから設定する場合には、設定を行うゾーンを選択します。そしてサービスの一覧から、dhcpv6をチェックします。最後に **[オプション]** → **[永続的にする実行時設定]** を選択すると、設定が行われます。

図10-5　パケットフィルタリングの設定

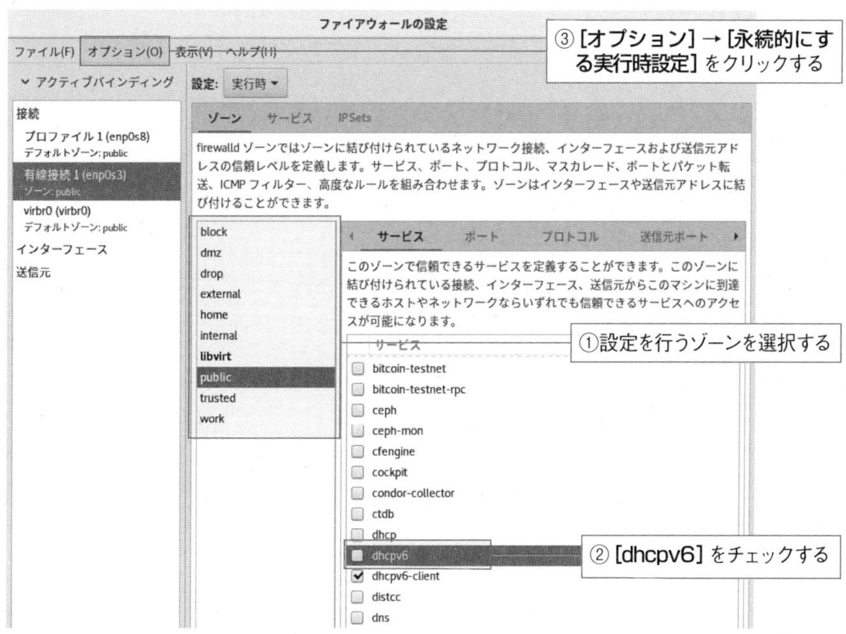

01 02 03 04 05 06 07 08 09 10 11 12 13 14 15 16 17 18 19

コマンドラインで設定する

パケットフィルタリングの設定をコマンドラインで行う場合には、firewall-cmd コマンドを使います。

■ パケットフィルタリングの設定

```
# firewall-cmd --add-service=dhcpv6 Enter
success
```

設定が終了したら、パケットフィルタリングルールを保存します。

■ パケットフィルタリングルールの保存

```
# firewall-cmd --runtime-to-permanent Enter
success
```

DHCP サーバの基本設定

IPv6用の設定ファイルは/etc/dhcp/dhcpd6.confですが、パッケージをインストールした直後は何も設定されていません。サンプルファイルが/usr/share/doc/dhcp-server/に用意されていますので、それをコピーして編集しましょう。

■ サンプルの設定ファイルをコピーして開く

```
# cp /usr/share/doc/dhcp-server/dhcpd6.conf.example  /etc/dhcp/dhcpd6.conf Enter
cp: `/etc/dhcp/dhcpd6.conf' を上書きしますか? y Enter ―― yを入力して既存ファイルに上書き
# vi /etc/dhcp/dhcpd6.conf Enter
```

■ DHCP サーバの基本設定（/etc/dhcp/dhcpd6.conf）

```
default-lease-time 2592000;
preferred-lifetime 604800;
option dhcp-renewal-time 3600;
option dhcp-rebinding-time 7200;

allow leasequery;

option dhcp6.name-servers 2001:DB8::7; ―― DNSキャッシュサーバを設定
option dhcp6.domain-search "designet.jp"; ―― ドメイン名設定

option dhcp6.info-refresh-time 21600;
```

```
dhcpv6-lease-file-name "/var/lib/dhcpd/dhcpd6.leases";

host PC01 { ——— IPアドレスを固定にするコンピュータのホスト名
        host-identifier option dhcp6.client-id 0:1:0:1:16:8E:0A:32:08:0:27:77:08:1B;
——— クライアントのDUID
        fixed-address6 2001:db8::400; ——— IPv6アドレス
}

subnet6 2001:DB8::/64 { ——— IPアドレスの割り出しを行うサブネット
        range6 2001:DB8::100 2001:DB8::200; ——— 貸し出すIPアドレスの範囲
}
```

ドメイン名やDNSキャッシュサーバ、IPアドレスの割り出しを行うサブネットの情報等の基本的な情報を変更すれば、それ以外の値を変更する必要はありません。特定のコンピュータに常に同じIPアドレスを割り振りたい場合は、「host」の設定でクライアントのDUIDとIPv6アドレスを指定します。DUIDは、クライアントがWindowsの場合、コマンドプロンプトで以下のように確認することができます。

図10-6　DUIDの確認

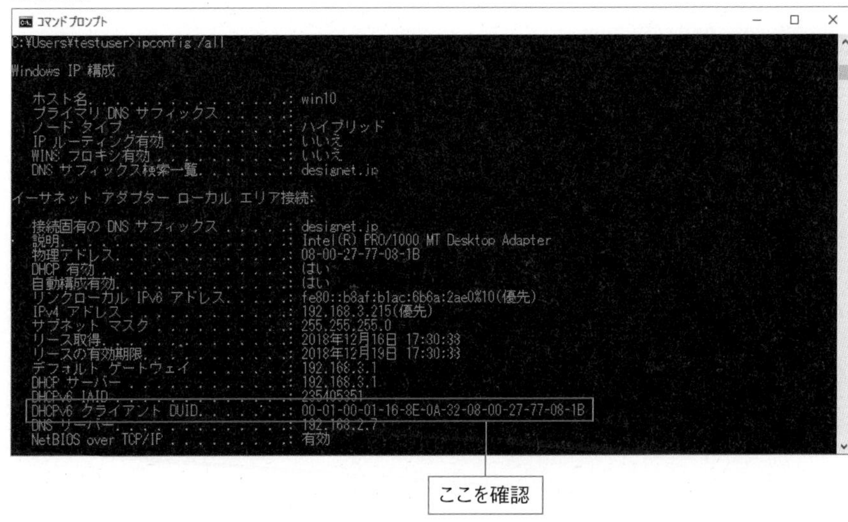

設定ファイルの変更が完了したら、書式のチェックを行っておきましょう。

■ 設定ファイルの書式チェック

```
# dhcpd -6 -t -cf /etc/dhcp/dhcpd6.conf [Enter]
Internet Systems Consortium DHCP Server 4.3.6
Copyright 2004-2017 Internet Systems Consortium.
All rights reserved.
For info, please visit https://www.isc.org/software/dhcp/
ldap_gssapi_principal is not set,GSSAPI Authentication for LDAP will not be used
Not searching LDAP since ldap-server, ldap-port and ldap-base-dn were not specified
in the config file
Config file: /etc/dhcp/dhcpd6.conf
Database file: /var/lib/dhcpd/dhcpd6.leases
PID file: /var/run/dhcpd6.pid
```

サービス提供インタフェースの設定

システムに複数のNICがあり、特定のNICだけでDHCPサービスを提供したい場合には、/etc/sysconfig/dhcpd6でDHCPサーバに渡す引数として設定を行うことができます。DHCPARGSという設定項目に、インタフェース名を登録します。次は、その設定例です。

■ /etc/sysconfig/dhcpd6

```
DHCPDARGS=enp0s8
```

サービスの起動

設定ファイル、インタフェースの指定が完了したら、dhcpd6サービスを起動します。

■ dhcpd6サービスの起動

```
# systemctl start dhcpd6.service [Enter] ―― dhcpd6サービスを起動
# systemctl is-active dhcpd6.service [Enter] ―― 状態を確認
active
```

また、システムの起動時に自動でdhcpd6サービスを開始する設定が必要な場合は、そちらも設定しておきましょう。

■ 自動起動の設定

```
# systemctl enable dhcpd6.service Enter
Created symlink /etc/systemd/system/multi-user.target.wants/dhcpd6.service →
/usr/lib/systemd/system/dhcpd6.service.
```

コラム

IPv6の自動アドレス割り当て

IPv6では、ここで紹介したDHCPv6とは違うアドレス割り当て方法を使うことができます。それは、RA (Router advertisement) と呼ばれる方式です。

RAでは、DHCPサーバのようなサーバではなく、ネットワーク内のルータがアドレスを自動的に割り当てます。IPv6のルータは、自分が管理するネットワークの情報を定期的にネットワークに流す機能を持っていて、クライアントからのリクエストに対してネットワーク情報を通知することもできます。ただし、RAでは、ネットワークを利用するのに必要な最低限の情報だけを提供します。IPv6をサポートしたルータが標準で備えている機能ですので、単純な用途で利用するには非常に便利な機能です。

しかし、RAではDNSキャッシュサーバの情報を得ることができません。これは、インターネットを利用するにはとても不便です。そのため、一般的にPCにアドレスを割り当てる用途ではDHCPv6が利用されています。

DHCPクライアント

Section

10-04 DHCPサーバの動作を確認する

DHCPサーバの設定ができたら、クライアントPCから動作確認を行いましょう。このセクションでは、Windowsクライアントでの動作確認方法について説明します。

このセクションのポイント

1. DHCPを使うには、Windowsクライアント側でIPアドレスを自動的に取得する設定を行う。
2. クライアントも、IPv4とIPv6は別々に設定が必要である。

Windowsクライアントの設定

Windowsクライアントで、IPアドレスを自動取得するよう設定を行います。IPv4とIPv6では設定が別々になっています。

IPv4の設定

スタートメニューから[**Windowsシステムツール**]→[**コントロールパネル**]→[**ネットワークの状態とタスクの表示**]→[**ローカルエリア接続**]を順に選択し、[**プロパティ**]をクリックします。[**ローカルエリア接続のプロパティ**]画面が表示されたら、[**インターネットプロトコルバージョン4(TCP/IPv4)**]を選択して[**プロパティ**]をクリックします。

図10-7 ローカルエリア接続のプロパティ画面

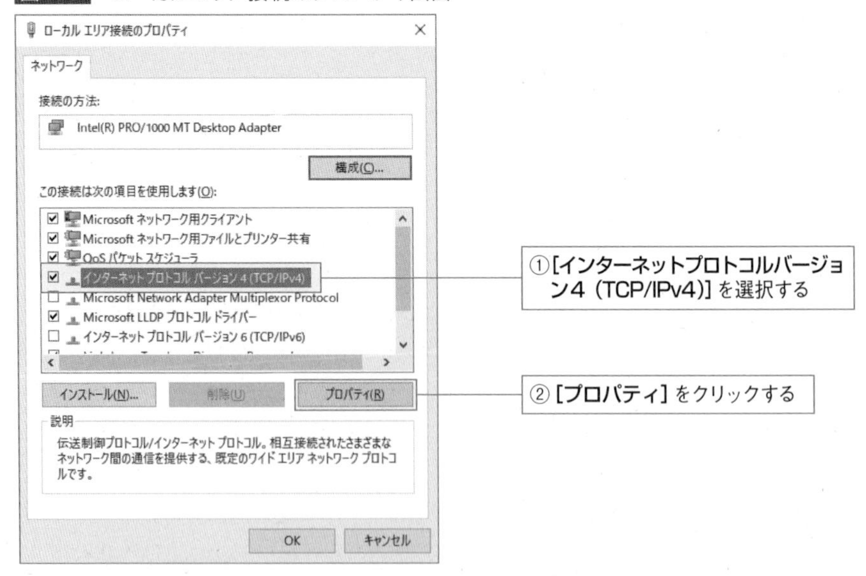

[**インターネットプロトコルバージョン4(TCP/IPv4)のプロパティ**]画面が表示されたら、[**IPアドレスを自動的に取得する**]を選択して[**OK**]をクリックします。

図10-8　インターネットプロトコルバージョン4（TCP/IPv4）のプロパティ画面

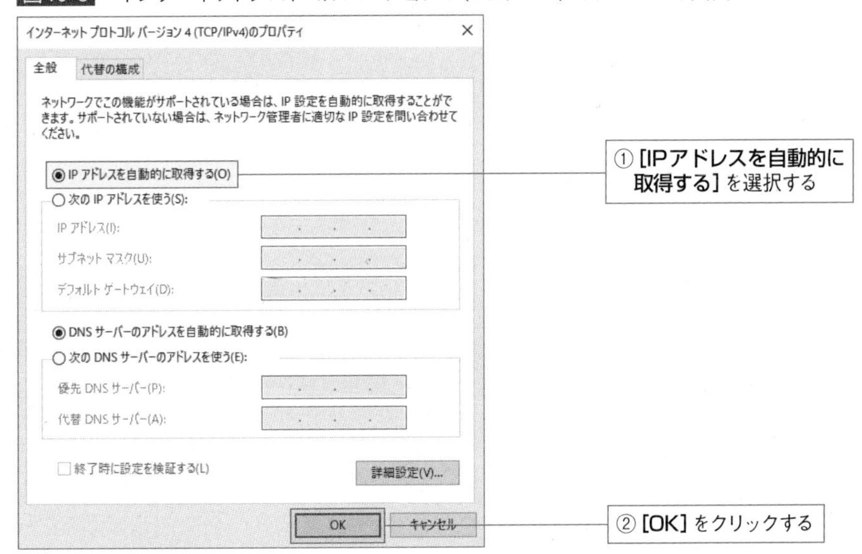

IPv6の設定

スタートメニューから［**Windowsシステムツール**］→［**コントロールパネル**］→［**ネットワークの状態とタスクの表示**］→［**ローカルエリア接続**］を順に選択し、［**プロパティ**］をクリックします。［**ローカルエリア接続のプロパティ**］画面が表示されたら、［**インターネットプロトコルバージョン6（TCP/IPv6）**］を選択して［**プロパティ**］をクリックします。

図10-9　ローカルエリア接続のプロパティ画面

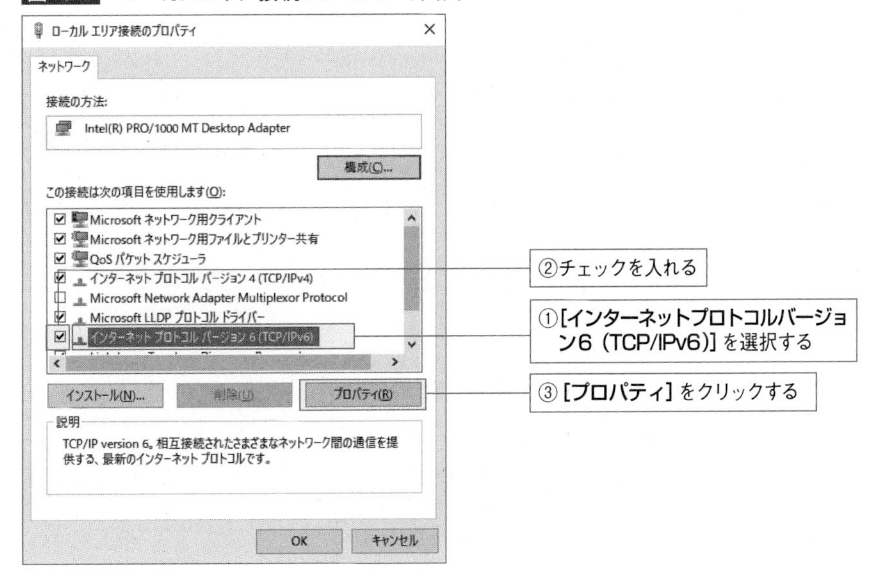

[**インターネットプロトコルバージョン6（TCP/IPv6）のプロパティ**]画面が表示されたら、[**IPv6アドレスを自動的に取得する**]を選択して[**OK**]をクリックします。

図10-10　インターネットプロトコルバージョン6（TCP/IPv6）のプロパティ画面

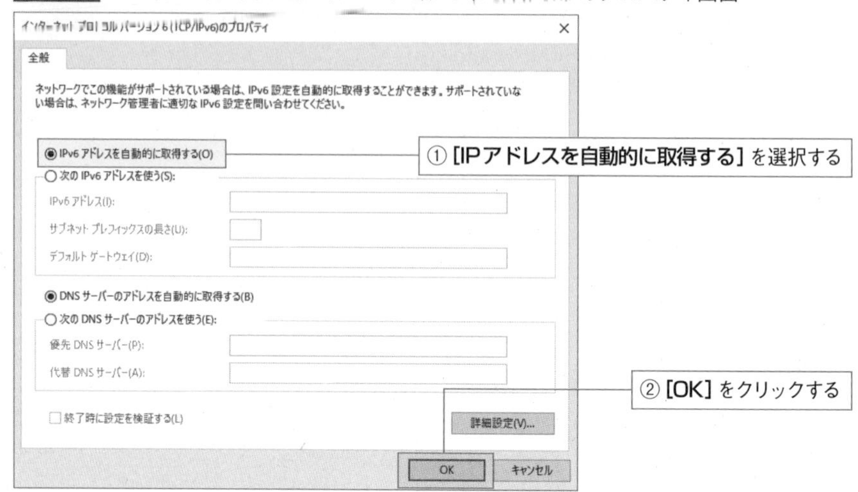

動作確認

IPアドレスを自動取得する設定ができたら、セクション02-04で解説しましたように、コマンドプロンプトからipconfigコマンドを使ってIPアドレスが取得できているか確認しましょう。

図10-11　IPアドレスの確認

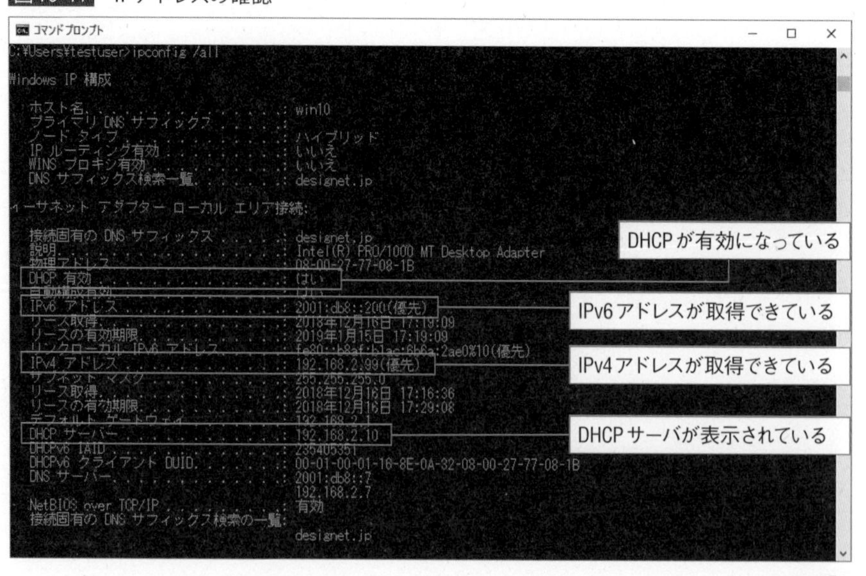

Windows ファイル共有サーバ

CentOS 8 は、Windows PC に対するファイルサーバとしての機能も提供しています。Windows からは Linux サーバであることを意識せずにファイルを参照・更新できます。この Chapter では、Linux サーバでファイルサーバを作る方法について解説します。

Contents

SMB・CIFS

Section 11-01

ファイル共有の仕組みを理解する

Linuxサーバをファイルサーバとして、Windows PCからのファイル共有を実現するためには、LinuxサーバをWindowsのネットワークに参加させる必要があります。このセクションでは、その仕組みを実現する方法について説明します。

このセクションのポイント

1. WindowsのネットワークではSMBといわれるプロトコルでファイル共有が行われている。
2. SMBを標準化したプロトコルがCIFS（Common Internet File System）である。
3. SambaはCIFSプロトコルを利用して、WindowsのネットワークとLinuxの仲立ちをするサービスである。
4. Sambaは、SMBサービスとNMBサービスの2つのサービスから成り立っている。

Windowsのファイル共有

Windowsのファイル共有では、SMB[*1]といわれるプロトコルが使われています。SMBは、残念ながらMicrosoftの独自プロトコルで、仕様が公開されていません。ただMicrosoftは、Microsoft以外の製品との相互接続できるようにするためにSMBプロトコルを拡張したCIFS[*2]プロトコルを公開しています。

CentOS 8には、このCIFSプロトコルを使ってWindowsファイル共有を行うための仕組みとしてSambaが採用されています。

＊1 Server Message Block

＊2 Common Internet File System

図11-1 Sambaを使ったWindowsファイル共有の仕組み

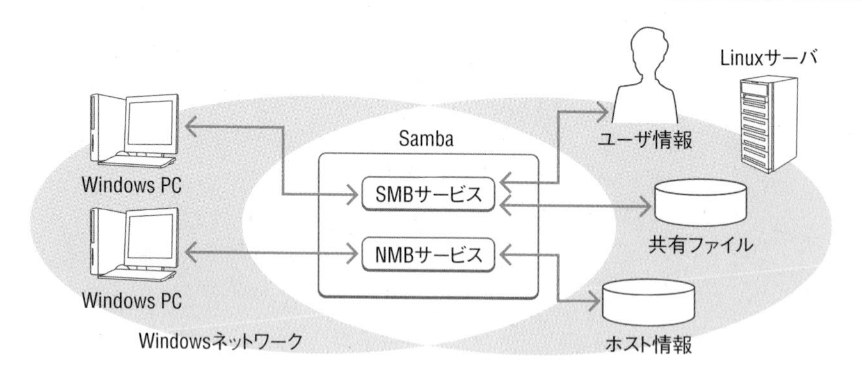

図11-1は、Sambaを使ったWindowsファイル共有の仕組みです。Sambaは、Windowsネットワークで必要とされるさまざまな機能を提供することで、LinuxとWindowsネットワークのゲートウェイとして動作します。Sambaは、次のような2つのサービスから成り立っています。

SMBサービス

Linux上のユーザ情報や共有ファイルの情報を使って、ファイル共有を行います。

NMBサービス

Windowsネットワーク上に自サーバを知らせたり、Windowsネットワーク上に存在する他のサーバやクライアントを検知し管理することで、Windowsネットワーク上での名前解決を行います。

ファイル共有の3つのモデル

本書では次のような3つのモデルでのファイル共有の仕組みを解説します。

公開フォルダモデル

1つの共有フォルダを公開し、誰でも利用できるフォルダとします。共有フォルダへのアクセスでは、ユーザ名やパスワードが不要で、誰でもフォルダを使うことができます。Linux上では、1つのユーザのファイルとして管理されます。

ユーザによるアクセス管理モデル

共有フォルダへアクセス時には、ユーザ名やパスワードを入力します。許可されたユーザだけが共有フォルダを使うことができます。Linux上では、指定したユーザの権限でファイルへの参照をすることができます。ファイルのアクセス権、所有者、グループなどを使って、細かなアクセス制御を行うことができます。

ユーザ専用フォルダ

アクセス時には、ユーザ名やパスワードを入力します。Linux上のユーザのホームディレクトリを使って、ユーザ専用のフォルダとしてアクセスすることができます。

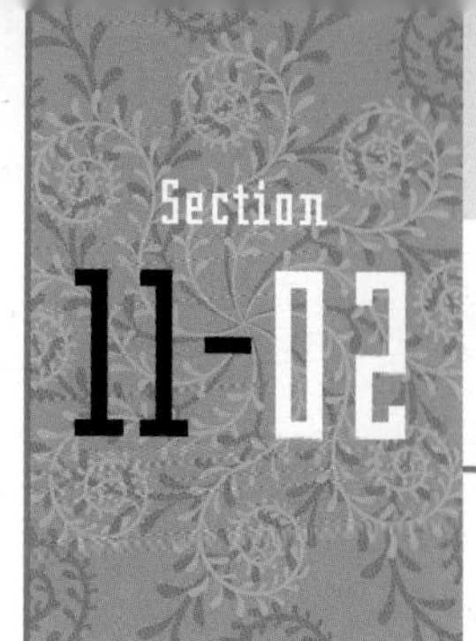

Sambaのインストール

Sambaをインストールする

Windowsファイル共有を利用するために、このセクションではsambaパッケージと関連パッケージをインストールします。

このセクションのポイント

1 sambaパッケージをインストールする。
2 パケットフィルタリングでは、sambaサービスを許可する。

インストール

Windowsファイル共有を行うためには、まずsambaパッケージをインストールします。

次のようにyumコマンドを使ってインストールを行います。

■ sambaのインストール

```
# yum install samba Enter
CentOS-8 - AppStream                          1.7 kB/s | 4.3 kB     00:02
CentOS-8 - Base                               1.7 kB/s | 3.9 kB     00:02
CentOS-8 - Extras                             990  B/s | 1.5 kB     00:01
依存関係が解決しました。
================================================================================
 パッケージ              アーキテクチャー
                                   バージョン         リポジトリ    サイズ
================================================================================
Installing:
 samba                  x86_64      4.9.1-8.el8        BaseOS        708 k
依存関係をインストール中:
 samba-common-tools     x86_64      4.9.1-8.el8        BaseOS        461 k
 samba-libs             x86_64      4.9.1-8.el8        BaseOS        177 k

トランザクションの概要
================================================================================
インストール  3 パッケージ

ダウンロードサイズの合計: 1.3 M
インストール済みのサイズ: 3.5 M
これでよろしいですか? [y/N]: y Enter  ―― 確認して y を入力
パッケージのダウンロード中です:
(1/3): samba-common-tools-4.9.1-8.el8.x86_64.rp 1.4 MB/s | 461 kB     00:00
```

```
(2/3): samba-libs-4.9.1-8.el8.x86_64.rpm        470 kB/s | 177 kB     00:00
(3/3): samba-4.9.1-8.el8.x86_64.rpm              1.2 MB/s | 708 kB     00:00
--------------------------------------------------------------------------------
合計                                            636 kB/s | 1.3 MB     00:02
トランザクションの確認を実行中
トランザクションの確認に成功しました。
トランザクションのテストを実行中
トランザクションのテストに成功しました。
トランザクションを実行中
  準備              :                                                    1/1
  Installing        : samba-libs-4.9.1-8.el8.x86_64                      1/3
  scriptletの実行中: samba-libs-4.9.1-8.el8.x86_64                       1/3
  Installing        : samba-common-tools-4.9.1-8.el8.x86_64              2/3
  Installing        : samba-4.9.1-8.el8.x86_64                           3/3
  scriptletの実行中: samba-4.9.1-8.el8.x86_64                            3/3
  検証              : samba-4.9.1-8.el8.x86_64                           1/3
  検証              : samba-common-tools-4.9.1-8.el8.x86_64              2/3
  検証              : samba-libs-4.9.1-8.el8.x86_64                      3/3

インストール済み:
  samba-4.9.1-8.el8.x86_64              samba-common-tools-4.9.1-8.el8.x86_64
  samba-libs-4.9.1-8.el8.x86_64

完了しました!
```

Sambaのディレクトリ構造

パッケージをインストールすると、Sambaの動作に必要なファイルがインストールされます。主なファイルは図11-2のとおりです。保存場所を確認しておきましょう。

図11-2　Sambaの動作に必要なファイル

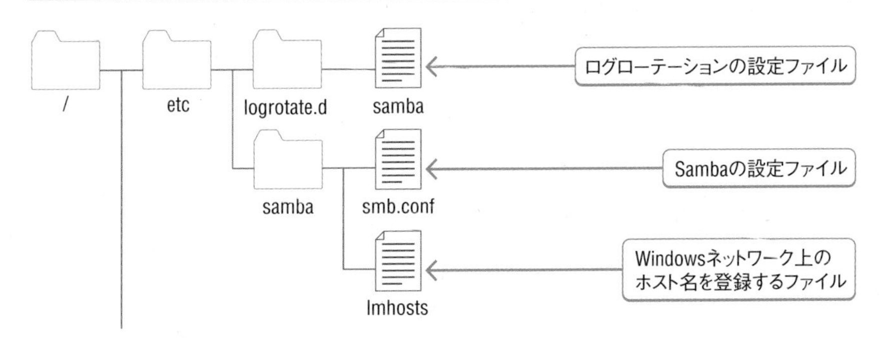

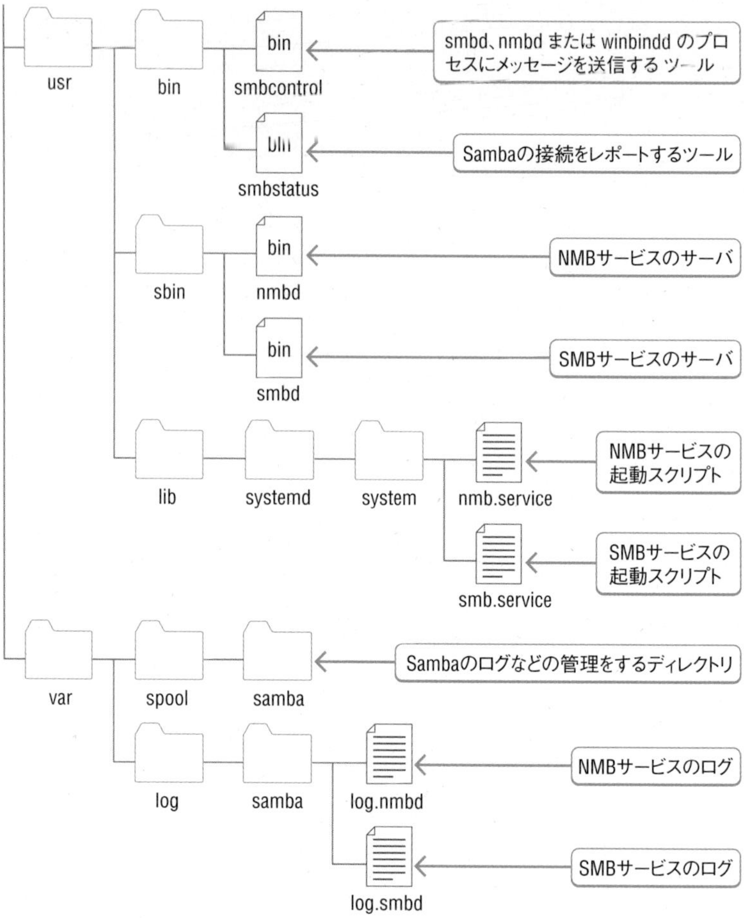

usr
bin
bin smbcontrol
smbd、nmbd または winbindd のプロセスにメッセージを送信するツール
bin smbstatus
Sambaの接続をレポートするツール
sbin
bin nmbd
NMBサービスのサーバ
bin smbd
SMBサービスのサーバ
lib
systemd
system
nmb.service
NMBサービスの起動スクリプト
smb.service
SMBサービスの起動スクリプト
var
spool
samba
Sambaのログなどの管理をするディレクトリ
log
samba
log.nmbd
NMBサービスのログ
log.smbd
SMBサービスのログ

パケットフィルタリングの設定

実際にWindowsファイル共有サービスを公開するためには、パケットフィルタリングの設定を行う必要があります。パケットフィルタリングの設定は、GUIで行うことができます。GUIから設定する場合には、[**サービス**] タブのサービスの一覧で [**samba**] にチェックを入れます。次に [**オプション**] メニューから、[**永続的にする実行時設定**] を選択すると、必要な設定がすべて完了します。

図11-3 ファイアウォールの設定画面

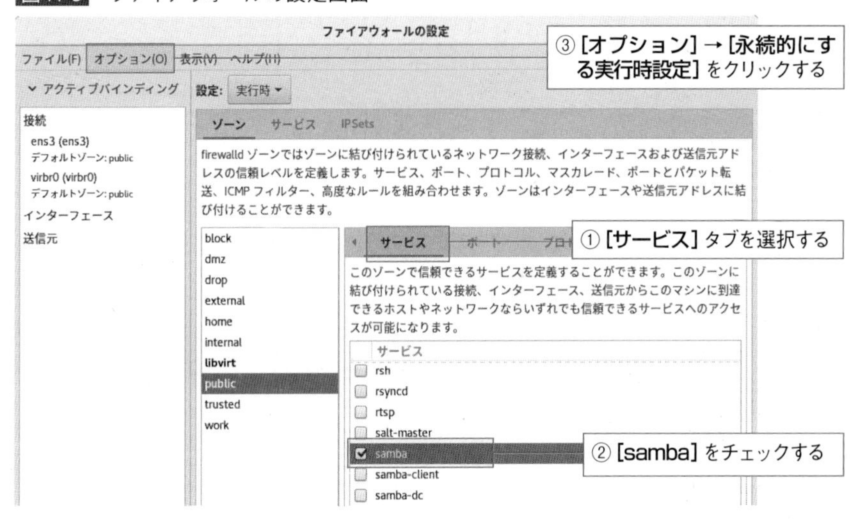

なお、「samba」と「samba-client」という2つの項目がありますが、「samba」はWindowsファイル共有のサーバとして動作するために、「samba-client」はWindowsファイル共有のクライアントとして操作するために必要な設定です。今回は、「samba」を有効にします。

コマンドラインからの設定

コマンドラインでサービスを公開するには、firewall-cmdを使用してsambaサービスを有効にします。firewall-cmdでsambaサービスを許可し、設定を保存します。

firewall-cmdによるSambaの有効化

```
# firewall-cmd --add-service=samba Enter ——— sambaを許可
success
# firewall-cmd --runtime-to-permanent Enter ——— 設定を保存
success
```

共有フォルダ

Section 11-03

フォルダを公開する

Sambaをインストールしたら、まずは共有フォルダを設定し誰でも利用できるフォルダとして公開してみましょう。

このセクションのポイント

1 Sambaには共有フォルダの名称、ワークグループなどを設定する。
2 共有管理用のユーザを用意すると共有の設定が行いやすい。
3 日本語のファイル名を扱うための設定も必要である。

共有フォルダの作成

Sambaのインストールとパケットフィルタリングの通信準備ができたら、共有するフォルダを作成します。ここでは例として、表10-1のような共有フォルダを作成する場合を説明します。なおワークグループ名は、Windowsネットワークですでにファイル共有を使っている場合には現在の設定に合わせて使う必要があります。

表10-1 Windowsファイル共有の設定例

設定項目	設定内容
共有の名称	share
ワークグループ名	PRIVATE
共有ファイルを置くディレクトリ	/share
ファイルを管理するLinuxユーザ/グループ	winshare

最初に共有フォルダを管理するためのユーザとディレクトリを作成します。ディレクトリの所有者やアクセス権を次のように設定します。

■ 共有フォルダ用のユーザとディレクトリの作成

```
# useradd winshare Enter
# mkdir /share Enter ――― ディレクトリを作成
# chown winshare:winshare /share Enter ――― ディレクトリの所有者を設定
# chmod g+ws /share Enter ――― グループを書き込み可能にし受け継がれるようにする
```

最後のchmodは、ディレクトリに設定したwinshareというグループが、そのディレクトリ配下に作成するすべてのファイルに受け継がれるように設定しています。これは、セクション10-05で説明する共有アクセス権を設定するときに役立ちます。

さらに、Sambaサーバから利用できるようにSELinuxのコンテキストをSambaから共有できるファイルコンテキスト samba_share_tに変更します。

■ SELinuxのコンテキストの変更

```
# semanage fcontext -a -t samba_share_t "/share(/.*)?"[Enter] ―― SELinuxのコンテキスト設定を追加
# restorecon /share[Enter] ―― コンテキスト設定を反映
# ls -lZd /share[Enter] ―― 確認
drwxrwsr-x. 2 winshare winshare unconfined_u:object_r:samba_share_t:s0 6 10月 29
09:54 /share
```

（winshare：所有者、winshare：グループ、unconfined_u:object_r:samba_share_t:s0：コンテキスト）

公開フォルダの設定

次に、作成したフォルダを共有するようにSambaを設定しましょう。まず、ワークグループ、共有管理ユーザと日本語の設定をします。/etc/samba/smb.confのSamba全体に対する共通設定を記載するブロックを示す[global]という設定の中に、「workgroup」の設定があります。それを探して、次のように修正します。

■ ワークグループと共有管理ユーザの設定（/etc/samba/smb.conf）

```
# See smb.conf.example for a more detailed config file or
# read the smb.conf manpage.
# Run 'testparm' to verify the config is correct after
# you modified it.

[global]
    workgroup = PRIVATE ―― 変更
    security = user
    guest account = winshare ―― 追加
    dos charset = CP932 ―― Windows側の文字コード
    unix charset = UTF-8 ―― Samba側の文字コード

    # passdb backend = tdbsam ―― コメントアウト

    map to guest = Bad Password ―― 追加
```

「workgroup」を変更し「guest account」に共有管理用のユーザ「winshare」を設定します。日本語を扱うために、Windows(dos charset) はCP932、Linux(unix charset) にはUTF-8を設定します。さらに、ユーザ認証をしなくても接続できるようにするために、「passdb backend」を無効化し、間違ったパスワードでも利用できるように「map to guest」という設定を追加します。
ファイルの最後に次のように共有ディレクトリの設定を追加します。

■ 共有ディレクトリの設定 (/etc/samba/smb.conf)

```
[share] ——— 共有名shareの設定の開始
path = /share ——— 共有するディレクトリ
public = yes ——— 一般公開する設定
writable = yes ——— 書き込み可能であることを設定
```

[share]は、共有名shareの設定ブロックを開始するという意味です。pathには、共有ディレクトリを指定します。「public=yes」は、ユーザを問わずにフォルダを公開する設定です。共有フォルダへの書き込みアクセスを認めるため「writable=yes」としていますが、noに設定すると読み込み専用にできます。
設定が終わったら、smbサービスとnmbサービスを起動します。

■ smbサービス、nmbサービスの起動

```
# systemctl start nmb.service Enter ——— nmbサービスの起動
# systemctl start smb.service Enter ——— smbサービスの起動
# systemctl is-active nmb.service Enter ——— nmbサービスの確認
active
# systemctl is-active smb.service Enter ——— smbサービスの確認
active
```

システムの起動時に自動でsmbサービスとnmbサービスを開始する設定が必要な場合には、そちらも設定しておきましょう。

■ 自動起動の設定

```
# systemctl enable nmb.service Enter
Created symlink /etc/systemd/system/multi-user.target.wants/nmb.service → /usr
/lib/systemd/system/nmb.service.
# systemctl enable nmb.service Enter
Created symlink /etc/systemd/system/multi-user.target.wants/smb.service → /usr
/lib/systemd/system/smb.service.
```

Section 11-04

Windowsクライアント

Windowsからアクセスする

Sambaの設定が終わったら、クライアントPCから実際に共有フォルダにアクセスしてみましょう。

このセクションのポイント

1 ワークグループの設定をWindowsとLinuxで同じにする。
2 ネットワークから共有ファイルにアクセスできる。

ワークグループの設定

クライアントPCから共有フォルダにアクセスする場合には、クライアントPCのワークグループの設定がSambaサーバに設定したものと同じでなければなりません。まずは、その設定を確認します。

クライアントPCでWindowsの設定を確認します。スタートメニューから**[Windowsシステムツール]→[コントロールパネル]**を選択します。図11-4のような画面が表示されます。

図11-4　コントロールパネル

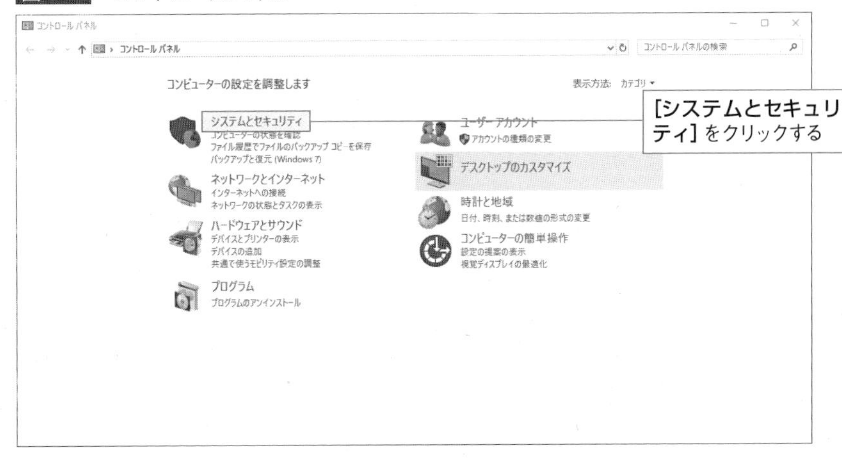

［**システムとセキュリティ**］をクリックすると、図11-5の画面が開きます。次に［**コンピューターの名前の参照**］をクリックします。

図11-5　システムとセキュリティの画面

図11-6　コンピュータの名前の参照画面

図11-6のような画面が開きますので、［**設定の変更**］をクリックします。

図11-7　システムのプロパティ

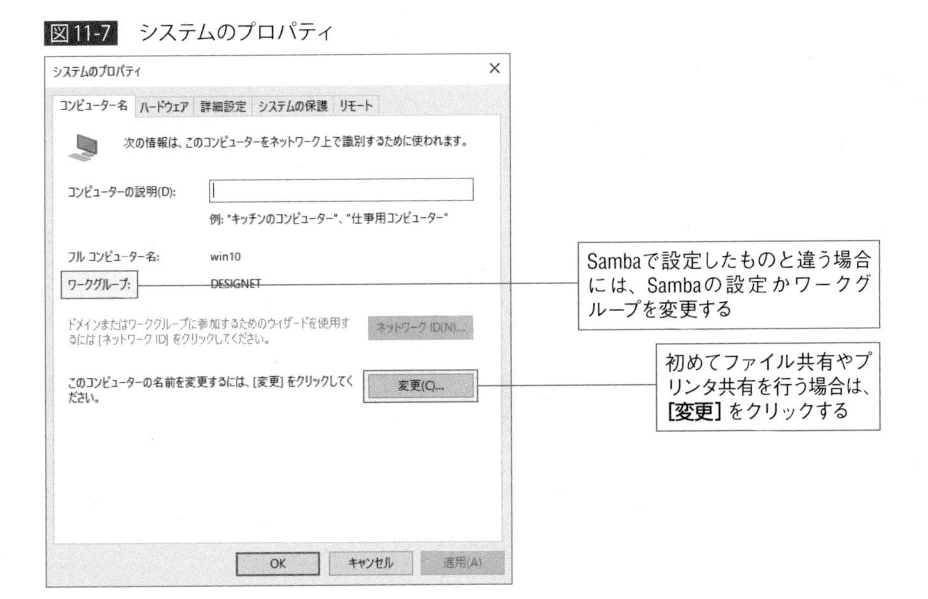

図11-7のようなシステムのプロパティ画面が開きます。**[コンピューター名]** タブを開き、表示されているワークグループを確認します。ワークグループがSambaに設定したものと違う場合には、この設定に合わせてSambaの設定を修正するか、ワークグループを変更する必要があります。

すでに他のサーバやWindowsPCとファイル共有やプリンタ共有を使っている場合には、セクション09-03に戻ってSambaに設定したワークグループを変更してください。

初めてファイル共有やプリンタ共有を使う場合には、**[変更]** ボタンをクリックし、ワークグループの設定を変更します。図11-8のような画面が表示されますので、ワークグループにSambaに設定したものと同じワークグループ名（今回の例ではPRIVATE）を入力して **[OK]** をクリックします。システムを再起動すると設定が変更されます。

図11-8　ワークグループ設定の変更

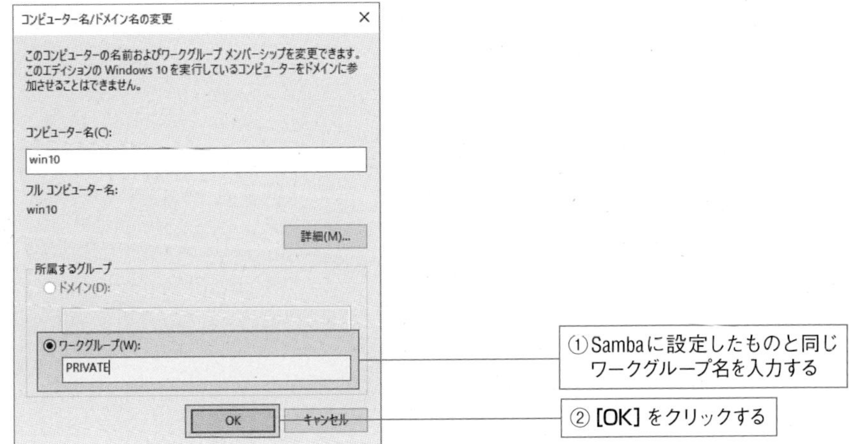

共有フォルダへのアクセス

エクスプローラを表示し、画面左側の［**ネットワーク**］をクリックします。すると、図11-9のようにLinuxサーバの名前が表示されます。「ネットワーク探索が無効になっています」と表示される場合には、［**ネットワークと共有センター**］をクリックします。表示された画面の［**共有オプション**］をクリックし、［**ネットワーク探索**］を有効にして、もう一度ネットワークの画面を表示し直します（表示されるまでに時間がかかることがあります）。なお、IPv6のみを使用している場合、Linuxサーバの名前は表示されません。

アドレス入力欄に¥¥CENTOS8とサーバ名を入力して Enter キーを押すと、共有フォルダを使用できます。

図11-9　ネットワークの画面

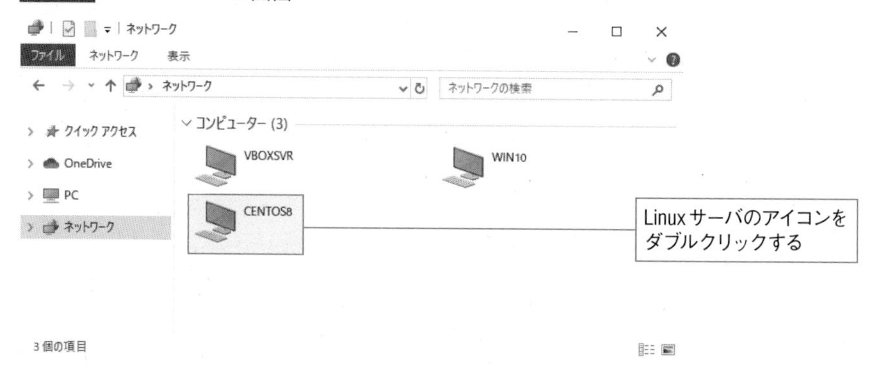

Linuxサーバのアイコンをダブルクリックすると共有フォルダが使用できます。

図11-10　サーバの共有フォルダの一覧

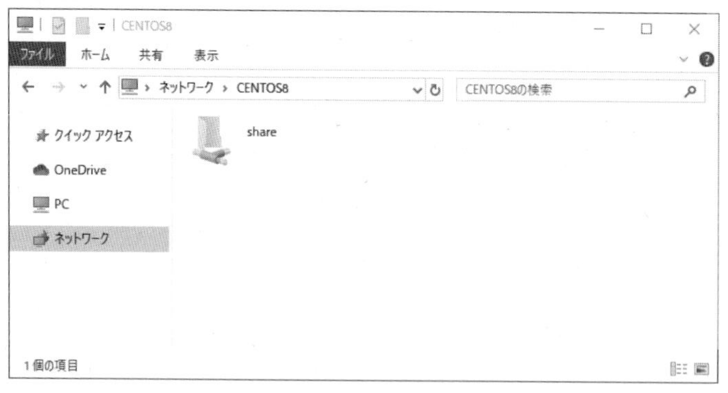

Section 11-05 共有へアクセス権を設定する

ここまでに設定したファイル共有では、誰でもファイルにアクセスができるようになっています。しかし、セキュリティを考えるとこれでは心配です。より安全性の高いアクセス権の設定をしておきましょう。このセクションではSambaのファイルアクセス権の設定について説明します。

このセクションのポイント

1. Sambaへのアクセス時にユーザ名とパスワードの認証を行うように設定できる。
2. 共有フォルダへのアクセス権は、smb.confでの設定と、Linuxユーザとしてのアクセス権の設定の2段階で制御できる。
3. 共有フォルダを使ったり、書き込みしたりできるユーザを制限できる。

ユーザアクセスの設定

Sambaには共有フォルダ上のファイルへのアクセスをユーザによって制限する機能があります。この機能を有効にすると、Windows PCで共有フォルダにアクセスしたときに、図11-11のような画面が表示されるようになります。

図11-11　ネットワークパスワードの入力

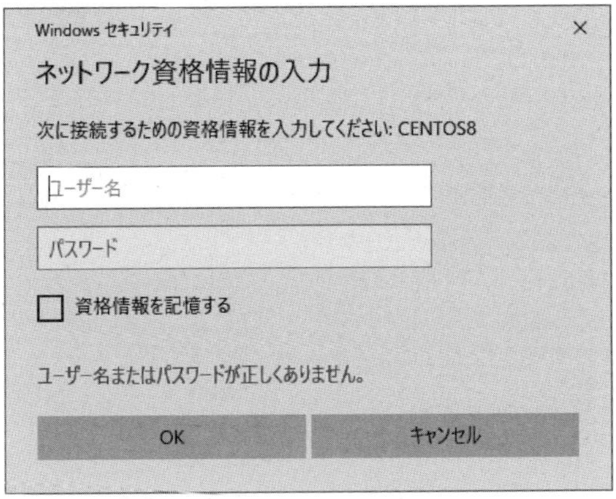

Windows セキュリティ

ネットワーク資格情報の入力

次に接続するための資格情報を入力してください: CENTOS8

ユーザー名

パスワード

資格情報を記憶する

ユーザー名またはパスワードが正しくありません。

OK　キャンセル

ここで入力されたユーザ名とパスワードは、Linuxサーバに登録されたSamba専用のユーザデータベースで認証されます。認証ができると、共有フォルダにアクセスができます。フォルダの閲覧、ファイルの読み込み、書き込みなどのアクセス権限は、Linuxサーバ上のユーザのファイルアクセスの場合と同じになります。さらに、Sambaではその共有フォルダ全体へのアクセス権を制御できます。

表10-2 アクセス制限の種類

制限の種別	制限する場所
共有フォルダ全体へのアクセス権限	Sambaサーバの設定
共有フォルダ全体への書き込み権限	Sambaサーバの設定
個別のファイルへのアクセス	各ファイルのユーザアクセス権限
個別のディレクトリへのアクセス	各ディレクトリのユーザアクセス権限

ユーザの作成

Sambaは、Linuxのユーザを利用します。ただし、Windowsファイル共有で利用する情報がLinuxで管理されているユーザ情報よりも多いので、Sambaは独自にユーザの情報を持っています。そのため、通常のLinuxユーザを登録した上で、Sambaのユーザデータベースへも登録する必要があります。

例えば、user1というユーザを作る場合には、次のようにLinuxユーザを作成します。このときに、Sambaの共有ファイルを管理するために作成したグループ（winshare）を副グループに登録しておくと便利です。このユーザは、Linuxに直接SSHなどでログインしないのであれば、パスワードを設定する必要はありません。

■ ユーザの作成

```
# useradd -G winshare user1 Enter
```

次に、pdbeditコマンドでSamba専用のユーザ情報を作成します。

■ Samba専用ユーザの作成

```
# pdbedit -a -u user1 Enter
new password: ******** Enter  ―― ファイル共有用のパスワードを入力
retype new password: ******** Enter  ―― パスワードを再入力
Unix username:        user1
NT username:
Account Flags:        [U          ]
User SID:             S-1-5-21-2108158945-798641615-1675570104-1000
Primary Group SID:    S-1-5-21-2108158945-798641615-1675570104-513
Full Name:
Home Directory:       \\centos8\user1
HomeDir Drive:
Logon Script:
Profile Path:         \\centos8\user1\profile
Domain:               CENTOS8
Account desc:
Workstations:
```

```
Munged dial:
Logon time:             0
Logoff time:            木, 07  2月 2036 00:06:39 JST
Kickoff time:           木, 07  2月 2036 00:06:39 JST
Password last set:      木, 31 10月 2019 14:14:50 JST
Password can change:    木, 31 10月 2019 14:14:50 JST
Password must change: never
Last bad password     : 0
Bad password count    : 0
Logon hours           : FFFFFFFFFFFFFFFFFFFFFFFFFFFFFFFFFFFFFFFFFF
```

同様の方法で、ファイル共有に必要なユーザを必要に応じて作成しておきます。また、もう一度pdbeditコマンドを実行すれば、パスワードを修正することもできます。

なお、ユーザを削除する場合には、次のようにLinuxユーザだけでなくSamba側のユーザ削除も忘れないように行う必要があります。次は、deluserというユーザをSambaのユーザデータベースから削除する場合のコマンド例です。

■ Sambaのユーザ設定の削除

```
# pdbedit -x -u deluser Enter
```

Sambaのユーザアクセス設定

ユーザを作成したら、次にSambaの設定を変更します。/etc/samba/smb.confのセキュリティの設定を修正します。また、登録されていないユーザや不正なパスワードでのアクセスを禁止するために、ゲスト接続を禁止に設定します。

■ 共有セキュリティの設定（/etc/samba/smb.conf）

```
# See smb.conf.example for a more detailed config file or
# read the smb.conf manpage.
# Run 'testparm' to verify the config is correct after
# you modified it.

[global]
        workgroup = PRIVATE
        security = user
        guest account = winshare
        dos charset = CP932
        unix charset = UTF-8

        passdb backend = tdbsam ―― 修正

        map to guest = Never ―― 修正
```

さらに、共有の設定を次のように修正します。

■ Sambaのユーザアクセス設定（/etc/samba/smb.conf）

```
[share]
path = /share
public = no ——— 公開ディレクトリの設定：noに変更
writable = yes
```

「public」を「no」にすると、ユーザ名とパスワードを入力しないとアクセスできなくなります。さらに、アクセスするユーザを限定したい場合には、次のように「valid users」にアクセスできるユーザを設定します。また、「read list」にユーザを指定することで、一部のユーザだけを読み込み専用にすることもできます。

■ 共有フォルダ設定（/etc/samba/smb.conf）

```
[share]
path = /share
public = no
writable = yes
valid users = user1,user2,user3 ——— アクセスすることのできるユーザ
read list = user3 ——— 読み込みのみができるユーザ
```

/etc/samba/smb.confの設定を変更したら、次のようにして設定ファイルの再読み込みを行います。

■ smbサービスの再読み込み

```
# systemctl reload smb.service Enter
```

ファイルアクセス権によるユーザアクセスの制限

実際に設定をして、共有フォルダ上にuser1、user2のようなユーザでアクセスしてファイルを作ったり、ユーザを作ったりすると、実際のLinux上では次のようにファイルが作成されます。

■ 作成されたファイル

```
# ls -l /share Enter
合計 4
-rwxr--r--. 1 user1 winshare 8 12月 19 11:48 testdata.txt
drwxr-sr-x. 2 user1 winshare 6 12月 19 11:49 user01
```

ファイルの所有者だけに、ファイルやディレクトリへの書き込み権が設定されていることに気が付いたでしょうか？標準的なSambaの設定では、このようにファイル

の所有者だけがファイルに書き込んだり、ディレクトリにファイルを作ったりすることができるようになっています。他のユーザは、それを単純に見るだけしかできません。しかし、これでは不便な場合もあります。

すべてのユーザが、共有しているファイルを作成したり変更したりできるようにするには、ファイルやディレクトリの作成のときに標準で付けられるアクセス権を、次のようにグループでの書き込みが可能な設定に変更します。

■ 共有フォルダ設定（/etc/samba/smb.conf）

```
[share]
path = /share
public = no
writable = yes
valid users = user1,user2,user3
read list = user3
create mask = 0664 ——— ファイルを作成するときのモード
directory mask = 0775 ——— ディレクトリをアクセスするときのモード
```

実は、この設定ですべてのユーザからファイルの作成や変更ができるようになるのは、ここまでの設定で次のようなことを行ってきたからです。

- 共有ディレクトリ（/share/）のグループをwinshareにして、winshareグループで書き込みできるようにしておいた。
- Samba用のユーザを作成するときに、副グループにwinshareを指定した。
- ディレクトリのグループ設定が、新しく作成するファイルやディレクトリに引き継がれるように設定した。

このように、ファイルやディレクトリの所有者やグループの設定は、共有フォルダへのアクセスを制御するために柔軟に利用することができます。

IPアドレスでのアクセス制限

アクセス制限は、クライアントのIPアドレスでも実施することができます。IPアドレスでアクセス制限を実施するには、/etc/samba/smb.confの共有フォルダ設定に、次のような設定項目を追加します。

■ IPアドレスでのアクセス制御の設定（/etc/samba/smb.conf）

```
[share]
………
hosts allow = 127.0.0.1 192.168.2.0/255.255.255.0
hosts deny = ALL
```

01 02 03 04 05 06 07 08 09 10 11 12 13 14 15 16 17 18 19

hosts allowでは、アクセスを許可するホストまたはネットワークを指定します。この例では、127.0.0.1と192.168.2.0/255.255.255.0が指定されています。ネットワークを指定する場合には、192.168.2.0/24のような表記は使えませんので、ネットマスクで指定を行います。

hosts denyでは、アクセスを禁止するホストまたはネットワークを指定します。

どちらの場合にも、ALLを指定することができます。ALLは、「すべてのホスト」という意味です。つまり、この設定では、hosts allowで許可された以外のすべてのホストからの接続を禁止しています。

なお、標準では、設定にホスト名は指定できません。ホスト名を指定したい場合には、次のような設定を[global]に行う必要があります。

■ ホスト名を調べる設定（/etc/samba/smb.conf）

```
[global]
………
hostname lookups = yes
```

アクセス権とファイルの隠蔽

Sambaでユーザが扱うことのできるファイルは、セクション07-01で解説したLinux上のファイルアクセス権と同じです。そのため、Linux上でchmodなどを使ってファイルのアクセス権限を変更することで、読み込みや書き込みを制限することができます。さらに、Sambaの設定を変更することで、読み込みができないファイルや書き込みができないファイルを表示させないように設定することもできます。

読み込みができないファイルを見せないように設定を使う場合には、/etc/samba/smb.confの共有フォルダ設定に、次のような設定項目を追加します。

■ 読み込みできないファイルを隠蔽する設定（/etc/samba/smb.conf）

```
[share] ——— 共有フォルダの設定項目の中に設定する
………
hide unreadable = yes
```

また、書き込みができないファイルを見せないように設定を行うこともできます。/etc/samba/smb.confの共有フォルダ設定に、次のような設定項目を追加します。

■ 書き込みできないファイルを隠蔽する設定（/etc/samba/smb.conf）

```
[share] ——— 共有フォルダの設定項目の中に設定する
………
hide unwriteable files = yes
```

ユーザ専用フォルダの設定

Sambaには、ユーザの個人用フォルダを作成する機能があります。この機能は、/etc/samba/smb.confに標準で［homes］という共有名で設定されていて、有効になっています。そのため、Windowsからアクセスすると、図11-12のように認証したユーザ名に合わせて、自動的に共有が作成されます。

図11-12 ユーザに合わせて作成された共有フォルダ

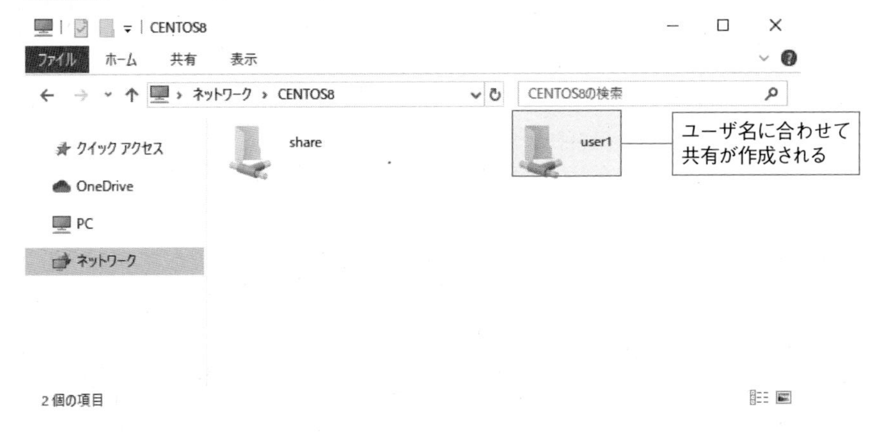

なお、この機能はCentOS 8の標準では完全に利用できる状態になっていません。実際に利用できるようにするためには、次のようにSELinuxの制限を解除する必要があります。

■ SELinuxの制限解除

```
# setsebool -P samba_enable_home_dirs on [Enter]
```

隠しファイルの制御

Linuxでは、「.」ではじまるファイルやディレクトリは隠しファイルや隠しディレクトリとして扱われます。ユーザのホームディレクトリには、この機能を使って、シェルの設定ファイルやヒストリの情報が隠しファイルとして配置されています。また、SSH、VNC、GNOMEなどのアプリケーションのユーザ専用の設定は、隠しディレクトリとして配置されています。

Sambaの標準的な設定では、このようなファイルがWindowsでも隠しファイルや隠しディレクトリとして扱われるように設定されています。そのため、Windows側で隠しファイルや隠しフォルダを表示しない設定が行われている場合には、普通にフォルダを表示しただけでは表示されません。

Sambaでは、このように隠しファイルとして扱われるファイルを設定することができます。

例えば、geditが作成するバックアップファイルは、「test.txt~」のように「~」で終わります。これを隠しファイルにするには、共有フォルダ設定の中で、次のように設定を行います。

■ 隠しファイルの種類を増やす（/etc/samba/smb.conf）

```
[share] ——— フォルダ設定の中に設定する
………
hide files = /.*/*~/ ——— 項目を「/」で区切る
```

hide filesの設定では、項目を「/」で区切ります。また、「*」は任意の文字列として扱われます。つまり、この設定は、「.」ではじまるファイルと「~」で終わるファイルを隠しファイルして扱うという指定です。

DNS キャッシュサーバ

DNS は、ホスト名から IP アドレスを調べたり、IP アドレスからホスト名を調べたりする仕組みです。インターネットに接続している組織では、組織内に DNS クエリを行うための DNS キャッシュサーバを配置します。この Chapter では、DNS キャッシュサーバの作り方を解説します。

Contents

DNSキャッシュサーバ

Section 12-01 DNSキャッシュサーバを理解する

DNSキャッシュサーバは、IPアドレスとドメインを関連付けるサーバです。このセクションでは、DNSキャッシュサーバの役割について整理しておきましょう。

このセクションのポイント

1 DNSキャッシュサーバは、DNSクエリを受け付けるサーバである。
2 DNSフォワーディングサーバは、クエリを他のキャッシュサーバに依頼するサーバである。

DNSキャッシュサーバの役割

DNSは、インターネットでサービス名（ホスト名）からIPアドレスを調べるための仕組みです。**DNSキャッシュサーバ**は、クライアントからDNSクエリと呼ばれる調査依頼を受け付け、サービス名やIPアドレスなどの情報を調査する役割を持っています。

DNSキャッシュサーバは、一度調べた情報はデータベースにキャッシュします。次に同じ問い合わせがあると、キャッシュから調べて回答します。キャッシュの機能は、DNSクエリを高速化するとともに、インターネットに流れるデータ量を減らす役割を持っています。

DNSフォワーディングサーバ

DNSフォワーディングサーバは、DNSキャッシュサーバの一種です。DNSの問い合わせに対する調査を自分では行わず、他のキャッシュサーバに転送します。組織内にいくつものDNSキャッシュサーバがある場合、あちこちにデータがキャッシュされて効率が悪いため、1つのDNSキャッシュサーバに問い合わせを集約する役割を持ちます。しかし高速化のため、DNSフォワーディングサーバも、調査した情報はデータベースにキャッシュします。

図12-1　DNSキャッシュサーバとフォワーディングサーバ

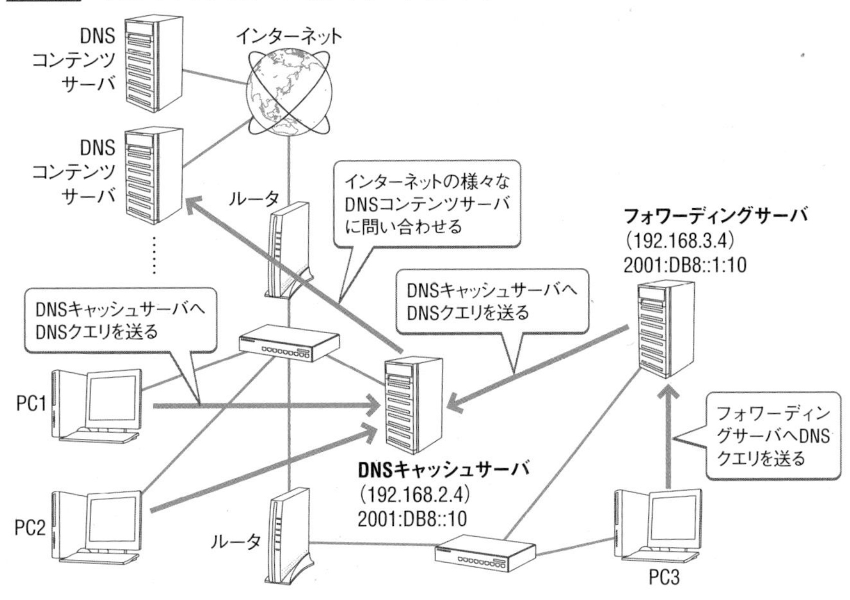

DNSのセキュリティ

DNSは、インターネット上で大変重要な役割を持っています。しかしながら、DNSの仕組みを悪用した犯罪が行われることがしばしばあります。DNSキャッシュサーバに間違った情報を覚えさせることで、本来のサーバではなく攻撃を意図したサーバにアクセスを誘導するのです。利用者は、意図していないサーバに知らないうちにアクセスさせられてしまうため、様々な犯罪に巻き込まれる可能性があります。

こうした被害を防ぐために、DNSのセキュリティについては十分に配慮する必要があります。実際には、次のようなことに気をつけるのが良いでしょう。

関係のない人がDNSキャッシュサーバにアクセスできないようにする

DNSキャッシュサーバは、組織の外部からアクセスできないところに配置しましょう。また、論理的にも組織内からしか使えないようにアクセス制御を必ず実施しましょう。

DNSSECを有効にする

DNSキャッシュサーバが問い合わせた時点で間違った情報を入手してしまう場合があります。これを防ぐ技術がDNSSECです。DNSの情報にデジタル署名と呼ばれる情報を付加することで、情報の正当性を保証します。

unbound

Section
12-02 unboundをインストールする

CentOS 8では、DNSキャッシュサーバのソフトウェアとしてunboundを採用しています。unboundはDNSキャッシュサーバ専用のソフトウェアで、後述するbindよりも安全性が高いと言われています。このセクションでは、unboundのインストールについて解説します。

このセクションのポイント

1 DNSキャッシュサーバを作る場合には、unboundをインストールする。
2 パケットフィルタリングでは、dnsサービスを有効にする。

unboundのインストール

DNSキャッシュサーバを構築するには、次のようにyumコマンドを使ってインストールを行います。

unboundのインストール

```
# yum install unbound Enter
メタデータの期限切れの最終確認: 0:20:02 時間前の 2019年10月29日 10時23分30秒 に
実施しました。
依存関係が解決しました。
================================================================================
 パッケージ         アーキテクチャー
                                    バージョン           リポジトリ        サイズ
================================================================================
Installing:
 unbound            x86_64          1.7.3-8.el8          AppStream           884 k

トランザクションの概要
================================================================================
インストール  1 パッケージ

ダウンロードサイズの合計: 884 k
インストール済みのサイズ: 5.2 M
これでよろしいですか? [y/N]: y Enter ——— 確認してyを入力
パッケージのダウンロード中です:
unbound-1.7.3-8.el8.x86_64.rpm                     762 kB/s | 884 kB     00:01
--------------------------------------------------------------------------------
合計                                               330 kB/s | 884 kB     00:02
トランザクションの確認を実行中
トランザクションの確認に成功しました。
トランザクションのテストを実行中
```

```
トランザクションのテストに成功しました。
トランザクションを実行中
  準備              :                                                   1/1
  Installing        : unbound-1.7.3-8.el8.x86_64                        1/1
  scriptletの実行中: unbound-1.7.3-8.el8.x86_64                         1/1
  検証              : unbound-1.7.3-8.el8.x86_64                        1/1

インストール済み:
  unbound-1.7.3-8.el8.x86_64

完了しました!
```

unboundのディレクトリ構造

インストールすると、unboundの動作に必要なファイルがインストールされます。主なファイルは、図12-2のとおりです。保存場所を確認しておきましょう。

図12-2　unboundの動作に必要なファイル

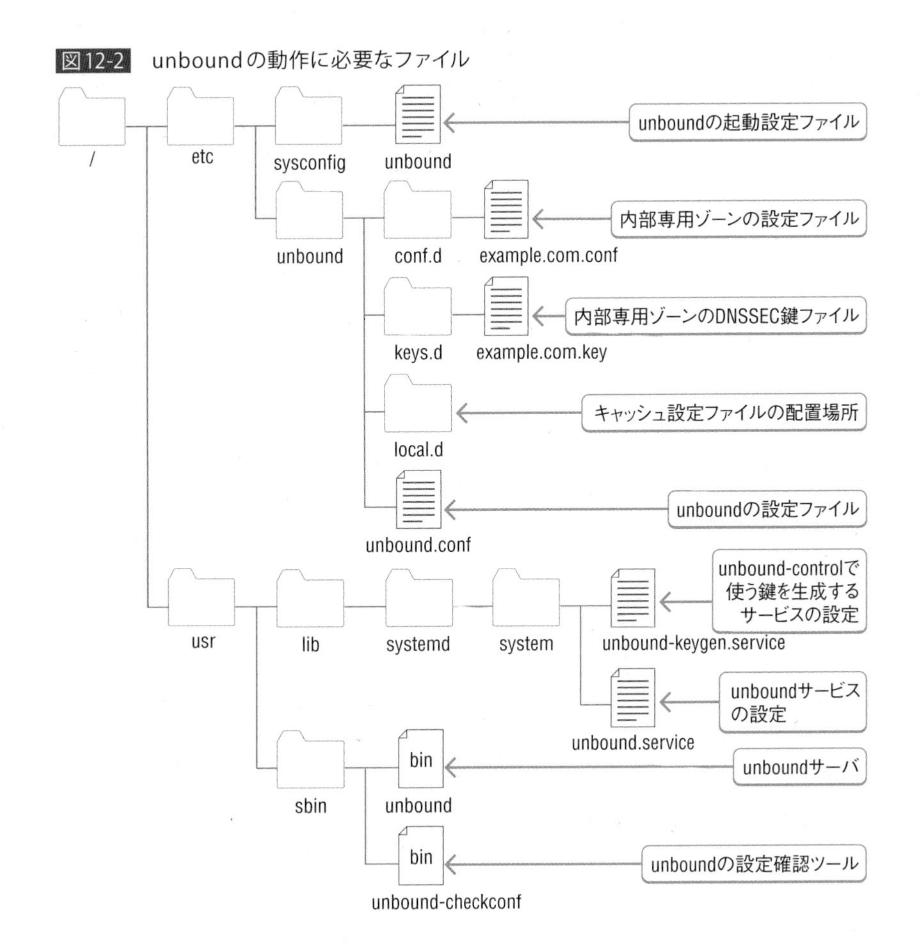

パケットフィルタリングの設定

DNSサーバとしてサービスを公開するためには、パケットフィルタリングの設定を行う必要があります。

GUIでの設定

パケットフィルタリングの設定は、GUIで行うことができます。GUIから設定する場合には、ファイアウォールの設定画面の［**サービス**］タブのサービスの一覧で［**dns**］にチェックを入れます。次に［**オプション**］メニューから、［**永続的にする実行時設定**］を選択すると必要な設定がすべて完了します。

図12-3 ファイアウォールの設定画面

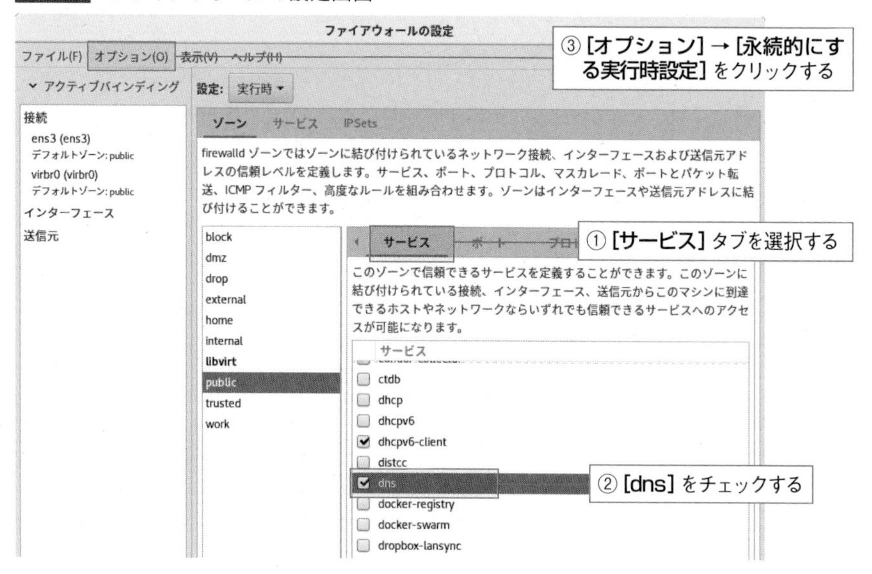

コマンドラインでの設定

コマンドラインでパケットフィルタリングの設定を行う場合には、次のように設定を行います。

■ dnsサービスへのアクセスを許可

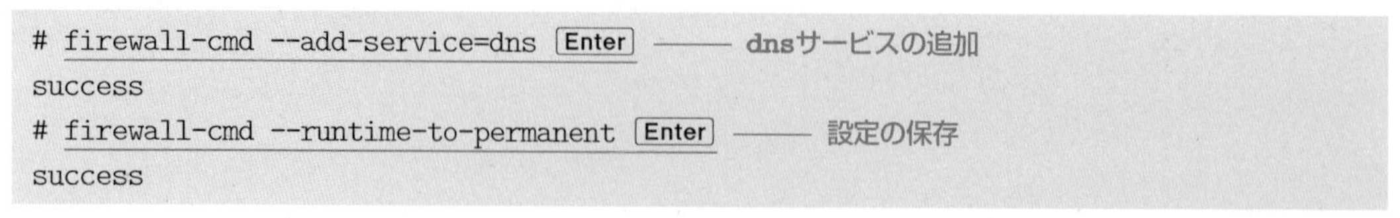

```
# firewall-cmd --add-service=dns [Enter] ——— dnsサービスの追加
success
# firewall-cmd --runtime-to-permanent [Enter] ——— 設定の保存
success
```

キャッシュサーバ設定

DNSキャッシュサーバを作る

インターネット上の他のDNSコンテンツサーバが管理しているドメイン情報を取得するには、他のDNSサーバへの問い合わせを代行してくれるDNSキャッシュサーバが必要となります。このセクションでは、unboundを使ったキャッシュサーバの作り方を説明します。

このセクションのポイント

1. unboundをインストールすると、自サーバからの問い合わせを受け付けるDNSキャッシュサーバとして設定されている。
2. unboundを起動する前に、問い合わせを受け付けるアドレスと、問い合わせを許可する対象を設定する。
3. 動作確認はhostコマンドで行う。

DNSキャッシュサーバの基本設定

unboundパッケージをインストールすると、DNSキャッシュサーバとして必要な設定はほとんど行われています。ただし、そのままでは自サーバからの問い合わせしか処理しないように設定されています。そのため、問い合わせを受け付けるアドレスを追加し、アクセス制御の設定に実際に問い合わせを行うクライアントの設定を追加します。

設定ファイルは、/etc/unbound/local.d/に「xxx.conf」という形式のファイル名で作成します。ここではaccess-control.confというファイル名で作成します。次は、その例です。

■ /etc/unbound/local.d/access-control.conf

```
#
# interface setting
#
interface: 192.168.2.4 ——— 問い合わせを受け付けるIPアドレス
interface: 127.0.0.1
interface: 2001:DB8::10
interface: ::1
#
# local network setting
#
access-control: 127.0.0.1 allow ——— ローカルからの問い合わせを許可
access-control: ::1 allow
access-control: 192.168.3.4 allow ——— 問い合わせを許可するホスト
access-control: 192.168.2.0/24 allow ——— 問い合わせを許可するネットワーク
access-control: 2001:DB8::/64 allow ——— 問い合わせを許可するIPv6ネットワーク
```

この例では、問い合わせを受け付けるIPアドレス、問い合わせを許可するホストやネットワークは、図12-1の構成に合わせて設定しています。

ローカルデータの定義

unboundには、ローカルに保管したデータを使って、クライアントからの問合せに応答する機能があります。例えば、ホスト名からIPアドレスを調べられるようにデータを登録しておけば、ローカルネットワーク内からの問合せに応えることができます。

ただし、この機能はあくまで簡易的なもので、DNSマスタサーバの機能を完全に備えているわけではありません。そのため、組織外にDNSデータを公開する場合には、Chapter 13で説明するDNSコンテンツサーバを作成する必要があります。

ローカルデータの定義は、/etc/unbound/local.d/に設定ファイルを作成して行います。次のような設定の書式を使います。

```
local-data: "<name> <type> <data>"
```

例えば、ホスト名からIPアドレスを調査するための設定は次のように行います。

■ ホスト名からIPアドレスを調べるクエリに応答するための設定（/etc/unbound/local.d/local-data.conf）

```
local-data: "www.localdomain A 192.168.2.2"
local-data: "mail.localdomain A 192.168.2.3"
```

この例のように、*<name>*にはホスト名、データタイプには「A」、*<data>*にはIPアドレスを設定します。逆に、IPアドレスからホスト名を調査するための設定は、次のように行います。

■ IPアドレスからホスト名を調べるクエリに応答するための設定（/etc/unbound/local.d/local-data.conf）

```
local-data: "2.2.168.192.in-addr.arpa PTR www.localdomain"
local-data: "2.3.168.192.in-addr.arpa PTR www.localdomain"
```

*<name>*には、2.2.168.192.in-addr.arpaのような値を指定しています。これは、IPアドレスを逆順に並べて「.in-addr.arpa」を付けたものです。クライアントは、IPアドレスからホストを調べるときには、このような名称でデータを調べにきます。また、データタイプには「PTR」というタイプが使われます。

設定ファイルの確認とサービスの起動

設定ファイルを作成したら、unboundの制御に必要な鍵ファイルの作成を行っておきましょう。鍵ファイルの作成は、unbound-keygen.serviceというサービスを起動することで自動的に行われます。

■ 鍵ファイルの作成

```
# systemctl start unbound-keygen.service Enter
```

設定の確認は、unbound-checkconfというコマンドで行います。

■ 設定ファイルの確認

```
# unbound-checkconf Enter
unbound-checkconf: no errors in /etc/unbound/unbound.conf
```

この例のように、「no errors」と表示されていることを確認します。エラーがある場合には、設定ファイルを修正します。

最後にunboundを起動します。起動後は、念のため状態を確認しておきましょう。

■ unboundの起動

```
# systemctl start unbound.service Enter ——— サービスを起動
# systemctl is-active unbound.service Enter ——— 状態を確認
active
```

必要に応じて、自動機能の設定をしておきましょう。

■ 自動機能の設定

```
# systemctl enable unbound-keygen.service Enter
Created symlink /etc/systemd/system/multi-user.target.wants/unbound-keygen.
service → /usr/lib/systemd/system/unbound-keygen.service.
# systemctl enable unbound.service Enter
Created symlink /etc/systemd/system/multi-user.target.wants/unbound.service →
/usr/lib/systemd/system/unbound.service.
```

動作確認

DNSキャッシュサーバの動作は、次のようにhostコマンドで確認できます。

■ DNSキャッシュサーバの動作確認

```
# host www.yahoo.co.jp. 192.168.2.4 Enter
Using domain server:
Name: 192.168.2.4
Address: 192.168.2.4#53
Aliases:

www.yahoo.co.jp is an alias for edge12.g.yimg.jp.
edge12.g.yimg.jp has address 182.22.25.252 ——— IPアドレスが表示される
```

最初の引数「www.yahoo.co.jp.」は、実際にはどんなホスト名でも構いません。ここでは、DNSキャッシュサーバの動作を確認していますので、インターネット上のどんなホスト名でも参照できる必要があります。2番目の引数の「192.168.2.4」には、DNSキャッシュサーバが問い合わせを受け付けているIPアドレスを指定します。この例のように、IPアドレスが調べられれば、正しい設定ができています。

また、ローカルデータを定義した場合には、その値が調べられることも確認しておきましょう。

```
$ host www.localdomain. 192.168.2.4 Enter
Using domain server:
Name: 10.1.1.47
Address: 10.1.1.47#53
Aliases:

www.localdomain has address 192.168.2.2


$ host 192.168.2.2 192.168.2.4 Enter
Using domain server:
Name: 10.1.1.47
Address: 10.1.1.47#53
Aliases:

2.2.168.192.in-addr.arpa domain name pointer www.localdomain.
```

フォワーディングサーバ

Section 12-04

フォワーディングサーバを作る

フォワーディングサーバは、DNSキャッシュサーバと同じような役割を持ったサーバです。そのため、DNSキャッシュサーバの拡張として設定します。このセクションでは、フォワーディングサーバの作り方について解説します。

このセクションのポイント

1 フォワーディングサーバは、DNSキャッシュサーバの拡張として設定する。
2 フォワーディング先には、DNSキャッシュサーバを指定する。

フォワーディングサーバの作成

フォワーディングサーバは、DNSキャッシュサーバの一種です。ただ、自分自身で名前解決をしないで、他のDNSキャッシュサーバに問い合わせをそのまま依頼します。

フォワーディングサーバを設定する場合には、まず前節を参考にDNSキャッシュサーバとして動作するサーバを作成しておきます。

■ /etc/unbound/local.d/access-control.conf

```
#
# interface setting
#
interface: 192.168.3.4
interface: 127.0.0.1
interface: 2001:DB8::1:10
interface: ::1
#
# local network setting
#
access-control: 127.0.0.1 allow
access-control: 192.168.3.0/24 allow
access-control: ::1 allow
access-control: 2001:DB8::/64 allow
```

この例では、問い合わせを受け付けるIPアドレス、問い合わせを許可するホストやネットワークは、図12-1の構成に合わせて設定しています。ここまで、設定が終わったら、前節で解説した手順で、設定ファイルの確認、鍵ファイルの作成、サービスの起動を行って、動作を確認します。

フォワード設定

フォワードの設定ファイルは、/etc/unbound/conf.d/に「xxx.conf」という形式のファイル名で作成します。先ほどのaccess-control.confとは違うディレクトリですので注意してください。ここではforward.confというファイル名で作成します。次は、その例です。

■ /etc/unbound/conf.d/forward.conf

```
forward-zone:
        name: "."
        forward-addr: 192.168.2.4 ——— 転送先のアドレス
        forward-first: yes ——— 転送方法の設定
```

「foward-first」では、転送方法を設定します。「yes」の場合には、問い合わせは最初に転送先へ行い、エラーの場合には外部へ自分で問い合わせにいきます。「no」の場合には、転送先への問い合わせがエラーになった場合には、それ以上の調査は行わずエラーとします。転送先は、設定行を増やせば複数個を設定することもできます。

設定ができましたら、設定ファイルの確認を行った後、サービスを再起動します。再起動後は、念のため状態を確認して起きましょう。

■ unboundサービスの再起動

```
# unbound-checkconf Enter ——— 設定ファイルの確認
unbound-checkconf: no errors in /etc/unbound/unbound.conf ——— エラーがない
# systemctl restart unbound.service Enter ——— サービスを再起動
# systemctl is-active unbound.service Enter ——— 状態を確認
active
```

動作の確認

動作確認の方法は、DNSキャッシュサーバの場合と同様です。

■ DNSフォワーディングサーバの動作確認

```
# host www.yahoo.co.jp. 192.168.3.4 Enter
Using domain server:
Name: 192.168.3.4
Address: 192.168.3.4#53
Aliases:

www.yahoo.co.jp is an alias for edge12.g.yimg.jp.
edge12.g.yimg.jp has address 183.79.250.123 ——— IPアドレスが表示される
```

Chapter 13

DNS コンテンツサーバ

DNS コンテンツサーバは、インターネットに管理するドメインとホストの情報を公開するためのサーバです。このChapterでは、情報を管理するマスタサーバと、そのバックアップとして動作するスレーブサーバの作り方について解説します。

Contents

Section 13-01

DNSコンテンツサーバ

DNSコンテンツサーバを理解する

DNSコンテンツサーバは、管理しているドメインの情報を公開します。ここでは、マスタサーバとスレーブサーバの役割について整理しておきましょう。

このセクションのポイント

1 DNSマスタサーバは、公開するドメインの情報を管理するサーバである。
2 DNSスレーブサーバは、DNSマスタサーバをバックアップする役割のサーバである。
3 データの更新は、DNSマスタサーバに行う。

マスタサーバとスレーブサーバ

DNSコンテンツサーバは、組織のドメインの情報を管理するサーバです。IPアドレスやサーバ名などの情報を管理し、インターネットに公開する役割を持っています。DNSコンテンツサーバには、マスタサーバとスレーブサーバがあります。

マスタサーバ

マスタサーバは、ドメインの情報を管理する主体（つまりマスタ）です。ドメインのデータベースを管理し、公開する役割を担います。ドメインのデータを公開するためには、絶対に必要なサーバです。

スレーブサーバ

スレーブサーバは、マスタサーバのバックアップとして使われるサーバです。マスタサーバで公開しているデータを自動的に入手して、それをインターネットへ公開します。スレーブサーバは必須ではありません。しかし、マスタサーバが停止した場合のため、少なくとも1台は設置するのが一般的です。

メモ

DNSのセキュリティ上の配慮

近年、DNSのマスタサーバやスレーブサーバに対する攻撃が非常に増えています。中には、マスタサーバやスレーブサーバのキャッシュデータを破壊することで、誤った情報を公開するように仕向けるものもあります。

マスタサーバやスレーブサーバが誤った情報を配信すると、サイトのURLを利用したユーザは攻撃者の意図したサーバに誘導されてしまいます。これによって被害が発生する問題が相次いでいるのです。

そのため、DNSのマスタサーバやスレーブサーバがDNSキャッシュサーバを兼用することは、好ましくありません。DNSキャッシュサーバは、必ず組織内に配置するようにしましょう。

公開するドメインの情報

DNSコンテンツサーバが公開するドメインの情報には、次のような種類があります。

- ホスト名からIPアドレスを調べるための情報
- IPアドレスからホスト名を調べるための情報
- このドメインのDNSコンテンツサーバの情報
- このドメインのメールを届けるためのサーバ情報

このChapterでは、図13-1のような構成を前提として、DNSコンテンツサーバの設定について解説していきます。

図13-1 マスタサーバとスレーブサーバの構成例

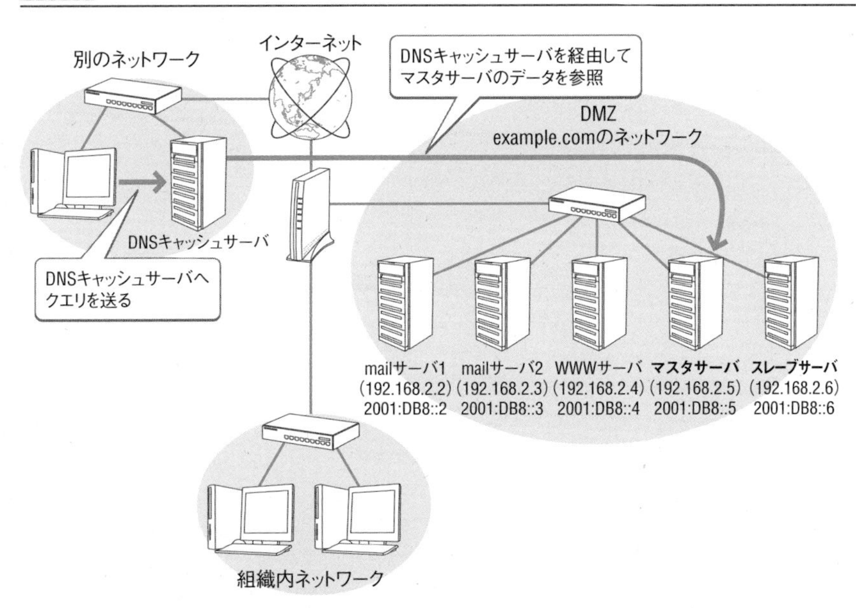

Section 13-02

BINDをインストールする

CentOS 8では、DNSコンテンツサーバ用のソフトウェアとしてBINDが提供されています。このセクションでは、BINDのインストールについて解説します。

このセクションのポイント

1. DNSコンテンツサーバを作る場合には、bindパッケージをインストールする。
2. パケットフィルタリングの設定は、DNSキャッシュサーバと同じ。

BINDのインストール

DNSコンテンツサーバを構築するには、bindをインストールする必要があります。次のようにyumコマンドを使ってインストールを行います。

■ bindのインストール

```
# yum install bind [Enter]
メタデータの期限切れの最終確認: 0:54:23 時間前の 2019年10月29日 10時23分30秒 に
実施しました。
依存関係が解決しました。
================================================================================
 パッケージ          アーキテクチャー
                             バージョン                    リポジトリ    サイズ
================================================================================
Installing:
 bind              x86_64      32:9.11.4-17.P2.el8_0.1     AppStream     2.1 M
Upgrading:
 bind-libs         x86_64      32:9.11.4-17.P2.el8_0.1     AppStream     169 k
 bind-libs-lite    x86_64      32:9.11.4-17.P2.el8_0.1     AppStream     1.1 M
 bind-license      noarch      32:9.11.4-17.P2.el8_0.1     AppStream      98 k
 bind-utils        x86_64      32:9.11.4-17.P2.el8_0.1     AppStream     433 k
 python3-bind      noarch      32:9.11.4-17.P2.el8_0.1     AppStream     145 k

トランザクションの概要
================================================================================
インストール    1 パッケージ
アップグレード  5 パッケージ

ダウンロードサイズの合計: 4.1 M
これでよろしいですか? [y/N]: y [Enter]  ――― 確認して[y]を入力
パッケージのダウンロード中です:
```

```
(1/6): bind-libs-9.11.4-17.P2.el8_0.1.x86_64.rp 112 kB/s | 169 kB     00:01
(2/6): bind-license-9.11.4-17.P2.el8_0.1.noarch 394 kB/s |  98 kB     00:00
(3/6): bind-utils-9.11.4-17.P2.el8_0.1.x86_64.r 1.8 MB/s | 433 kB     00:00
(4/6): python3-bind-9.11.4-17.P2.el8_0.1.noarch 2.5 MB/s | 145 kB     00:00
(5/6): bind-libs-lite-9.11.4-17.P2.el8_0.1.x86_ 407 kB/s | 1.1 MB     00:02
(6/6): bind-9.11.4-17.P2.el8_0.1.x86_64.rpm     669 kB/s | 2.1 MB     00:03
--------------------------------------------------------------------------------
合計                                            886 kB/s | 4.1 MB     00:04
トランザクションの確認を実行中
トランザクションの確認に成功しました。
トランザクションのテストを実行中
トランザクションのテストに成功しました。
トランザクションを実行中
  準備             :                                                        1/1
  Upgrading        : bind-license-32:9.11.4-17.P2.el8_0.1.noarch           1/11
  Upgrading        : bind-libs-lite-32:9.11.4-17.P2.el8_0.1.x86_64         2/11
  Upgrading        : bind-libs-32:9.11.4-17.P2.el8_0.1.x86_64              3/11
  Upgrading        : python3-bind-32:9.11.4-17.P2.el8_0.1.noarch           4/11
  Upgrading        : bind-utils-32:9.11.4-17.P2.el8_0.1.x86_64             5/11
  scriptletの実行中: bind-32:9.11.4-17.P2.el8_0.1.x86_64                    6/11
  Installing       : bind-32:9.11.4-17.P2.el8_0.1.x86_64                   6/11
  scriptletの実行中: bind-32:9.11.4-17.P2.el8_0.1.x86_64                    6/11
  整理             : bind-utils-32:9.11.4-16.P2.el8.x86_64                  7/11
  整理             : python3-bind-32:9.11.4-16.P2.el8.noarch                8/11
  整理             : bind-libs-32:9.11.4-16.P2.el8.x86_64                   9/11
  整理             : bind-libs-lite-32:9.11.4-16.P2.el8.x86_64             10/11
  整理             : bind-license-32:9.11.4-16.P2.el8.noarch               11/11
  scriptletの実行中: bind-license-32:9.11.4-16.P2.el8.noarch               11/11
  検証             : bind-32:9.11.4-17.P2.el8_0.1.x86_64                    1/11
  検証             : bind-libs-32:9.11.4-17.P2.el8_0.1.x86_64               2/11
  検証             : bind-libs-32:9.11.4-16.P2.el8.x86_64                   3/11
  検証             : bind-libs-lite-32:9.11.4-17.P2.el8_0.1.x86_64          4/11
  検証             : bind-libs-lite-32:9.11.4-16.P2.el8.x86_64              5/11
  検証             : bind-license-32:9.11.4-17.P2.el8_0.1.noarch            6/11
  検証             : bind-license-32:9.11.4-16.P2.el8.noarch                7/11
  検証             : bind-utils-32:9.11.4-17.P2.el8_0.1.x86_64              8/11
  検証             : bind-utils-32:9.11.4-16.P2.el8.x86_64                  9/11
  検証             : python3-bind-32:9.11.4-17.P2.el8_0.1.noarch           10/11
  検証             : python3-bind-32:9.11.4-16.P2.el8.noarch               11/11

アップグレード済み:
  bind-libs-32:9.11.4-17.P2.el8_0.1.x86_64
  bind-libs-lite-32:9.11.4-17.P2.el8_0.1.x86_64
  bind-license-32:9.11.4-17.P2.el8_0.1.noarch
```

```
  bind-utils-32:9.11.4-17.P2.el8_0.1.x86_64
  python3-bind-32:9.11.4-17.P2.el8_0.1.noarch

インストール済み:
  bind-32:9.11.4-17.P2.el8_0.1.x86_64

完了しました!
```

BINDのディレクトリ構造

インストールするとBINDの動作に必要なファイルがインストールされます。主なファイルは図13-2の通りです。保存場所を確認しておきましょう。

図13-2 BINDの動作に必要なファイル

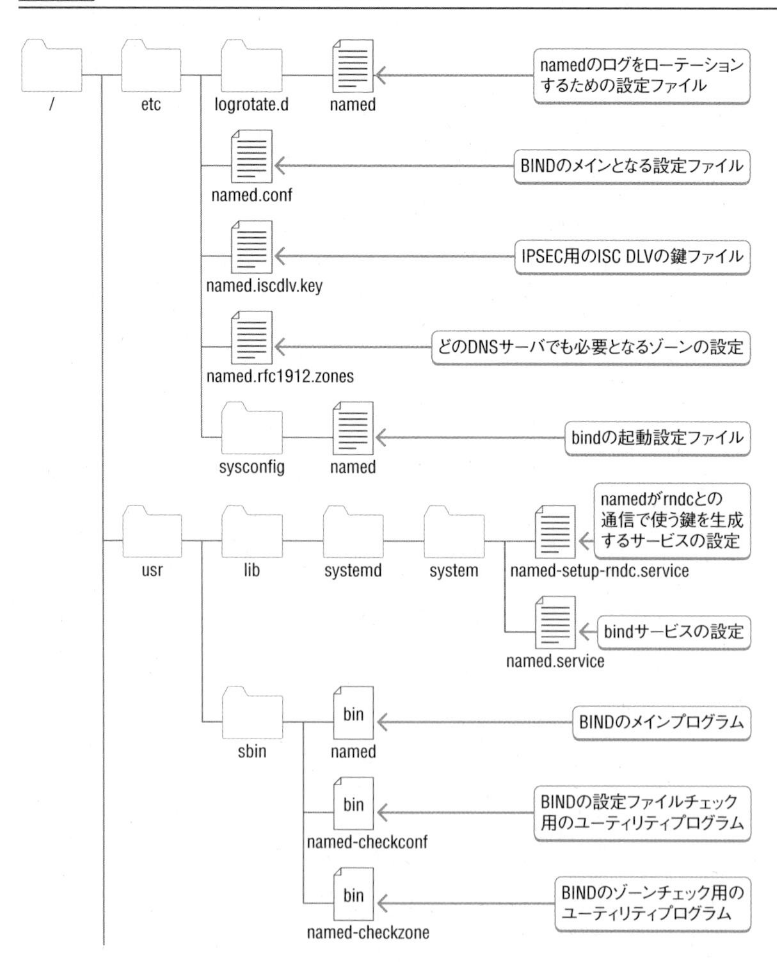

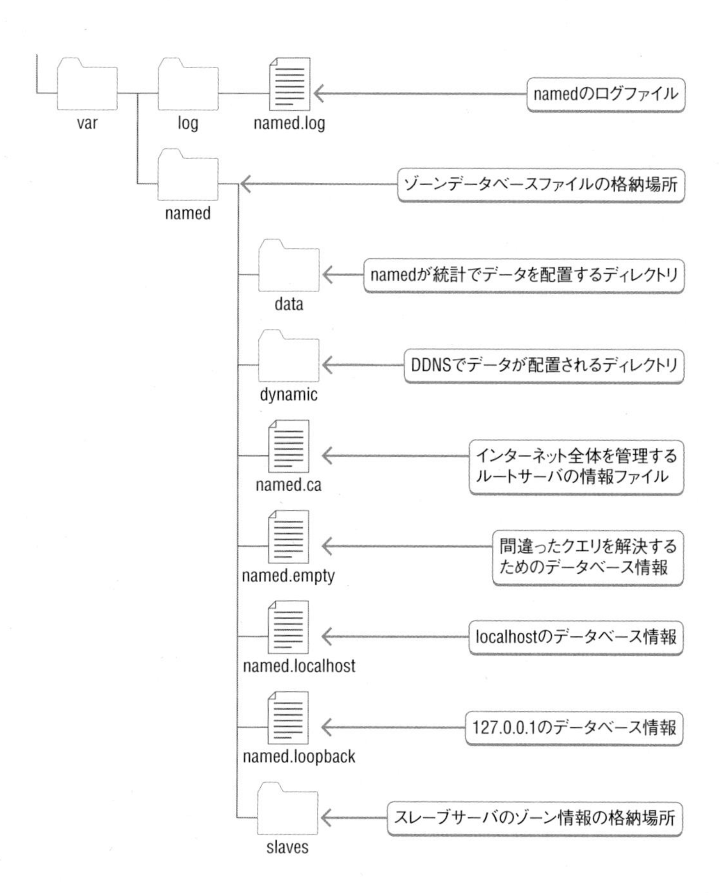

パケットフィルタリングの設定

DNSコンテンツサーバのパケットフィルタリングの設定は、DNSキャッシュサーバの場合とまったく同じです。セクション12-02を参考に設定を行ってください。

マスタサーバ

Section 13-03

マスタサーバを作る

独自のドメインを取得し、そのドメインの情報をインターネットに公開するためには、マスタサーバが必要になります。このセクションでは、公開用のマスタサーバの作り方について説明します。

このセクションのポイント

1 ドメインを管理するためには正引き用と逆引き用のゾーンデータベースファイルを作成する必要がある。
2 ゾーンデータベースファイルには、レコードと呼ばれる情報を記載する。

ゾーンデータベースファイル

サーバを作成する前に、公開するドメインの情報を用意しておきましょう。ドメインのデータとして、次の2つの情報を作成する必要があります。

正引き情報—ホスト名からIPアドレスを調べるための情報
逆引き情報—IPアドレスからホスト名を調べるための情報

IPv4とIPv6の両方のデータを公開する場合には、逆引き情報はIPv4とIPv6の両方のデータを用意する必要があります。

こうした情報を記載したファイルをゾーンデータベースファイルと呼びます。ゾーンデータベースファイルは、/var/named/に作成します。

ここでは、図13-1の構成の場合のゾーンファイルの作成方法について説明します。次の3つのゾーンファイルを作成します。

example.com.zone—example.comの正引きゾーンファイル
example.com.rev—192.168.2.0/24のネットワークの逆引きゾーンファイル
example.com.ipv6.rev—2001:DB8::/64のネットワークの逆引きゾーンファイル

ゾーンファイルの名前は、自由に命名することができます。ここでは、example.comに関するデータであることがわかるような名称としています。

ゾーンデータベースの基本的な情報

すべてのゾーンデータベースの最初には、次のような情報を記載します。

■ ゾーンデータベース基本設定（/var/named/example.com.zone、example.com.rev、example.com.ipv6.rev）

```
$TTL 1D ——— キャッシュの有効期限
@    IN SOA  ns1.example.com. admin.ns1.example.com. ( ——— このゾーンの管理情報
                  2019102901   ; serial ——— シリアル番号
                  1D           ; refresh
                  1H           ; retry
                  1W           ; expire
                  3H )         ; minimum
     IN NS   ns1.example.com. ——— このゾーンのネームサーバ
     IN NS   ns2.example.com.
```

最初の「$TTL」は、このゾーンデータベースの情報がキャッシュされた場合の有効期限です。ここでは、1D（つまり1日）を指定しています。

表13-1 BINDで使うことのできる時間単位

単位	意味
S	秒（省略できる）
M	分
H	時
D	日
W	週

次の行の先頭の「@」は、そのゾーンファイルで管理する情報の元でオリジンと呼ばれます。オリジンは、管理情報のベースになる値で、後ほど説明するBINDの設定ファイルで指定した値になります。例えば、exmple.comの正引き情報を管理するファイルでは、オリジンはexample.comとなるように設定するのが一般的です。

「@」で始まる行では、このゾーンファイルの情報を管理するための取り決めをしています。「ns1.example.com.」はこのゾーンを管理するサーバの名前、「admin.ns1.example.com.」はこのゾーンの管理者のメールアドレスです。通常のメールアドレスで使う@を「.」にして表記します。どちらの値も、実際に管理するサーバに合わせて書き換える必要があります。

なお、これらのホスト名やメールアドレスの最後には「.」が付いていることに注意してください。ゾーンファイルでは、最後に「.」がないホスト名には自動的にオリジンが付くものと解釈されます。例えば、オリジンが「example.com」の場合には、「www」と書けば「www.example.com」と解釈されます。

その後ろの()で囲まれた5つの情報は、この情報の管理パラメータです。「209102901; serial」のように表記されていますが、「;」から後ろはコメントです。serial以外の値は、スレーブサーバとの情報のやりとりのときに使われます。この例の値は、CentOS 8標準のlocaldomainなどのゾーンで使われている値をそのまま使っています。特に理由がなければ、そのままの値で構いません。

なお、serialは、BINDがゾーン情報のバージョンを管理するために使います。そのため、ゾーンの情報を変更した場合には、必ずシリアル番号を増やさなければなりません。シリアル番号は、32ビット以内で表記できる数値でなければなりません。この例のように、変更年月日がわかるように、年月日とその日の通番（2桁）を指定しておきましょう。

表13-2 SOAレコードの管理パラメータ

値	意味
2019102901	シリアル番号 2019 10 29 01 ↑ ↑ ↑ ↑ 年 月 日 その日の通番
1D	リフレッシュ間隔
1H	リトライ間隔
1W	情報破棄時間
3H	情報有効時間

最後の2行は、このゾーンを管理するネームサーバの情報です。先頭が空白の場合は前の列と同じとなります。つまり、「@」が省略されているものと認識されます。

正引きゾーンデータベース

次の例は、図13-1の構成の場合の正引きゾーンデータベースです。オリジンは、ドメイン名のexample.comとして参照されます。

■ 正引きゾーンデータベースファイル（/var/named/example.com.zone）

```
$TTL 1D ―― キャッシュの有効期限
@ IN SOA ns1.example.com. admin.ns1.example.com. (
                2019102901 ; serial
                1D ; refresh
                1H ; retry
                1W ; expire
                3H ) ; minimum
        IN NS   ns1.example.com.
        IN NS   ns2.example.com.
mail1   IN A    192.168.2.2
        IN AAAA 2001:DB8::2 ―― 先頭が空白の場合は前の列と同じリソース名となる
```

```
mail2    IN A    192.168.2.3
         IN AAAA 2001:DB8::3
www      IN A    192.168.2.4
         IN AAAA 2001:DB8::4
ns1      IN A    192.168.2.5
         IN AAAA 2001:DB8::5
ns2      IN A    192.168.2.6
         IN AAAA 2001:DB8::6

@        IN MX   10 mail1.example.com.
         IN MX   20 mail2.example.com.
```

ゾーンデータベースには、リソースレコードと呼ばれる情報が定義されます。各リソースレコードは、次のように表記されています。

■ リソースレコードの表記例（/var/named/example.com.zone）

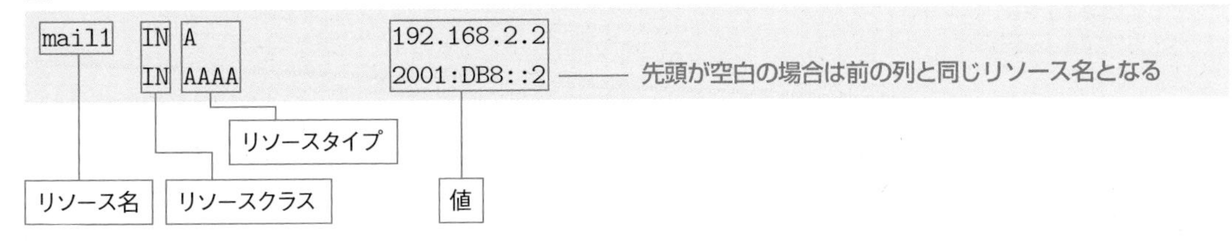

リソース名には、「.」がありませんのでオリジンが付いて拡張されます。この例では、オリジンは「example.com」ですので、「mail1.example.com」に対する設定であることがわかります。リソース名が省略された場合には、前の行と同じリソース名と解釈されます。

リソースクラスの「IN」は、インターネットを示しています。したがって、いつも「IN」であると考えて問題ありません。リソースタイプはこのリソースに登録する情報の種類を表し、後ろに値が記載されています。そして、この1行1行をリソースレコードと呼びます。

リソースタイプには、表13-3のようなものがあります。

表13-3 リソースタイプ

リソースタイプ	値の意味
SOA	ゾーンデータベースサーバの情報（シリアルナンバー、リフレッシュ間隔等）を定義します。
NS	ゾーンを受け持つネームサーバ
MX	メールの処理を行うホスト
A	ホスト名に対応するIPv4アドレス
AAAA	ホスト名に対応するIPv6アドレス
CNAME	ホストの別名（エイリアス）
PTR	IPv4アドレスやIPv6アドレスに対応するホスト名

最後の2行は、このドメインのメールサーバの設定です。

■ ドメインのメールサーバの設定（/var/named/example.com.zone）

```
@       IN MX           10 mail1.example.com.
        IN MX           20 mail2.example.com.
```

この例のように、MXレコードは、値として数値とホスト名を指定します。この値は、メールサーバの優先順位です。値が小さいほど優先順位が高くなります。

IPv4用逆引きゾーンファイル

次の例は、図13-1の構成の場合のIPv4用の逆引きゾーンデータベースファイルです。オリジンは、2.168.192.in-addr.arpaのようになります。「in-addr.arpa」は、IPv4の逆引きのためのドメインです。その前の、「2.168.192」はIPアドレスを逆順で並べたものです。

■ IPv4用逆引きゾーンデータベースファイル（/var/named/example.com.rev）

```
$TTL 1D
@   IN SOA  ns1.example.com. admin.ns1.example.com. (
                    2019102901  ; serial
                    1D          ; refresh
                    1H          ; retry
                    1W          ; expire
                    3H )        ; minimum
        IN NS               ns1.example.com.
        IN NS               ns2.example.com.

2       IN PTR              mail1.example.com.
```

```
3        IN PTR              mail2.example.com.
4        IN PTR              www.example.com.
5        IN PTR              ns1.example.com.
6        IN PTR              ns2.example.com.
```

このように、逆引きファイルではPTRレコードを使って、アドレスに対応するホスト名を設定します。各リソースレコードの値に注意してください。「ns1.example.com.」のように最後に「.」が付いています。この「.」がないと、オリジンが自動的に付加されます。

同様に、先頭のリソース名にも「.」がありません。したがって、ここにはオリジンが自動的に付加されて「2.2.168.192.in-addr.arpa」のように評価されます。

IPv6用逆引きゾーンファイル

次の例は、図12-1の構成の場合のIPv6用の逆引きゾーンデータベースファイルです。オリジンは、次のようになります。

0.0.0.0.0.0.0.0.0.0.0.0.0.0.0.0.0.0.0.0.0.0.0.0.8.b.d.0.1.0.0.2.ip6.arpa

「ip6.arpa」は、IPv6の逆引きのためのドメインです。その前の、31個の値の列はIPアドレス「2001:DB8::」の1バイトずつを逆順で並べたものです。

ゾーンファイルの書式は、オリジンが異なる以外はほとんどIPv4と同じです。

■ IPv6用逆引きゾーンデータベースファイル（/var/named/example.com.ipv6.rev）

```
$TTL 1D
@    IN SOA  ns1.example.com. admin.ns1.example.com. (
                  2018102901   ; serial
                  1D           ; refresh
                  1H           ; retry
                  1W           ; expire
                  3H )         ; minimum
     IN NS              ns1.example.com.
     IN NS              ns2.example.com.

2    IN PTR             mail1.example.com.
3    IN PTR             mail2.example.com.
4    IN PTR             www.example.com.
5    IN PTR             ns1.example.com.
6    IN PTR             ns2.example.com.
```

01 02 03 04 05 06 07 08 09 10 11 12 13 14 15 16 17 18 19

ゾーンファイルの確認

named-checkzoneコマンドを使うと、ゾーンファイルが正しく書けているかを確認することができます。引数には、オリジンとゾーンファイルを指定します。

■ ゾーンファイルの設定確認

```
# named-checkzone example.com example.com.zone Enter
zone example.com/IN: loaded serial 2019102901
OK
# named-checkzone 2.168,192.in-addr.arpa example.com.rev Enter
zone 2.168,192.in-addr.arpa/IN: loaded serial 2019102901
OK
# named-checkzone 0.0.0.0.0.0.0.0.0.0.0.0.0.0.0.0.0.0.0.0.0.0.8.b.d.0.1.0.0.2.ip6.
arpa example.com.ipv6.rev Enter
zone 0.0.0.0.0.0.0.0.0.0.0.0.0.0.0.0.0.0.0.0.0.0.8.b.d.0.1.0.0.2.ip6.arpa/IN:
loaded serial 2019102901
OK
```

各ゾーンファイルで指定したシリアルが正しいこと、「OK」が出力されることを確認します。

マスタサーバの/etc/named.conf

マスタサーバの/etc/named.confは、標準の/etc/named.confを修正して作成します。次は、図13-1の構成の場合の例です。

■ マスタサーバの設定（/etc/named.conf）

```
options {
        listen-on port 53 { 127.0.0.1;
                            192.168.2.5;     }; ——— 問い合わせを受け付けるIPアドレス
        listen-on-v6 port 53 { ::1;
                            2001:db8::5;     }; ——— 問い合わせを受け付けるIPv6アドレス
        directory       "/var/named";
        dump-file       "/var/named/data/cache_dump.db";
        statistics-file "/var/named/data/named_stats.txt";
        memstatistics-file "/var/named/data/named_mem_stats.txt";
        secroots-file   "/var/named/data/named.secroots";
        recursing-file  "/var/named/data/named.recursing";
        allow-query     { any; }; ——— 問い合わせを許可する相手の設定

        recursion no; ——— 再帰クエリを禁止する
```

```
        dnssec-enable yes;
        dnssec-validation yes;

        managed-keys-directory "/var/named/dynamic";

        pid-file "/run/named/named.pid";
        session-keyfile "/run/named/session.key";

        include "/etc/crypto-policies/back-ends/bind.config";
};

logging {
        channel default_debug {
                file "data/named.run";
                severity dynamic;
        };
};

zone "." IN {
        type hint;
        file "named.ca";
};

zone "example.com" IN {
        type master;
        file "example.com.zone";
        allow-transfer { 192.168.2.6; };
};

zone "2.168.192.in-addr.arpa" IN {
        type master;
        file "example.com.rev";
        allow-transfer { 192.168.2.6; };
};

zone "0.0.0.0.0.0.0.0.0.0.0.0.0.0.0.0.0.0.0.0.0.0.0.0.8.b.d.0.1.0.0.2.ip6.arpa"
IN {
        type master;
        file "example.com.ipv6.rev";
        allow-transfer { 192.168.2.6; };
};

include "/etc/named.rfc1912.zones";
include "/etc/named.root.key";
```

先頭付近の問い合わせを受け付けるアドレスの設定は、実際のサーバのIPアドレスに合わせて設定します。マスタサーバは、インターネット全体にドメインの情報を公開しますので、問い合わせを許可するホストはすべてを示す「any」となります。また、マスタサーバでは、クライアントからDNSの再帰問い合わせのリクエストは受けません。そのため、「recursion」に「no」を設定します。

下の方の文字に色が付いている部分が、先ほど作成したゾーンファイルを読み込むための設定です。

■ ゾーンファイルを読み込むための設定（/etc/named.conf）

```
zone "example.com" IN { ——— ゾーンの定義、対応するオリジンを指定する
            type master; ——— このゾーンのマスタサーバであることを定義
            file "example.com.zone"; ——— ゾーンファイルの名前
            allow-transfer { 192.168.2.6; }; ——— スレーブサーバへのゾーン転送の許可
};
```

1つのzoneのブロックが、1つのゾーンファイルに対応しています。各行は、それぞれ次のような意味です。

- zoneに続いて“”に囲まれて設定されているのは、先ほどのゾーンファイルを作成したときに考えていたオリジンです。
- 「type master」は、このゾーンのマスタサーバであることを定義しています。
- 「file」では、ゾーンファイルの名前を指定しています。
- 「allow-transfer」に続くブロックには、スレーブサーバのアドレスを記載します。設定したホストにゾーンファイルの転送を許可します。

サービスの起動

設定ができたら、/etc/named.confの形式が正しいかnamed-checkconfコマンドで確認します。

■ namedサービスの設定ファイルの確認

```
# named-checkconf Enter
```

エラーメッセージが出た場合には、修正が必要です。

/etc/named.confとゾーンの形式の確認が完了しましたらnamedサービスを起動します。

■ namedサービスの起動

```
# systemctl start named.service Enter ——— namedサービスを起動
# systemctl is-active named.service Enter ——— サービスの状態確認
active
```

必要に応じて、自動起動の設定もしておきましょう。

■ namedの自動起動設定

```
# systemctl enable named.service Enter
Created symlink /etc/systemd/system/multi-user.target.wants/named.service →
/usr/lib/systemd/system/named.service.
```

動作確認

実際に問い合わせを行って、マスタサーバに設定した情報が正しく返されるかを確認します。

正引きの確認

hostコマンドでmail1.example.comのIPアドレスを問い合わせてみましょう。

■ 正引きの確認

```
# host mail1.example.com. 192.168.2.5 Enter
Using domain server:
Name: 192.168.2.5
Address: 192.168.2.5#53
Aliases:

mail1.example.com has address 192.168.2.2
mail1.example.com has IPv6 address 2001:db8::2
```

最初の引数には調べたいリソース名、2番目の引数にはマスタサーバのIPアドレスを指定します。リソース名がホスト名やドメイン名の場合には、最後に「.」を忘れずに指定します。

NSレコードやMXレコードの問い合わせを行いたい場合は「-t」オプションにて指定します。

■ MXレコードの問い合わせを行う場合

```
# host -t mx example.com. 192.168.2.5 Enter
Using domain server:
Name: 192.168.2.5
Address: 192.168.2.5#53
Aliases:

example.com mail is handled by 10 mail1.example.com.
example.com mail is handled by 20 mail2.example.com.
```

逆引きの確認

hostコマンドでは逆引きも同じように調べることができます。

■ 逆引きの確認（IPv4）

```
# host 192.168.2.3 192.168.2.5 Enter
Using domain server:
Name: 192.168.2.5
Address: 192.168.2.5#53
Aliases:

3.2.168.192.in-addr.arpa domain name pointer mail2.example.com.
```

この例では、192.168.2.3の逆引きを調べています。同様に、IPv6の逆引きも調査することができます。

■ 逆引きの確認（IPv6）

```
# host 2001:db8::5 192.168.2.5 Enter
Using domain server:
Name: 192.168.2.5
Address: 192.168.2.5#53
Aliases:

5.0.0.0.0.0.0.0.0.0.0.0.0.0.0.0.0.0.0.0.0.0.0.0.8.b.d.0.1.0.0.2.ip6.arpa domain name
pointer ns1.example.com.
```

再帰クエリの禁止

マスタサーバは、自分が管理する情報以外の問い合わせや再帰クエリには応答を返しません。最後に、その設定が正しく行えていることを確認します。

■ 再帰クエリの確認

```
# host www.yahoo.co.jp. 192.168.2.5 Enter
Using domain server:
Name: 192.168.2.5
Address: 192.168.2.5#53
Aliases:

Host www.yahoo.co.jp not found: 5(REFUSED) ——— 調べられない
```

Cクラス未満の場合のゾーンの設定

IPv4の逆引きの設定では、割り当てられたIPアドレスが24ビットよりも小さなアドレスの場合には注意が必要です。例えば、192.168.3.8/29のネットワークを割り当てられている場合、3.168.192.in-addr.arpa.というゾーンをそのまま指定することができません。

このようなCクラス未満のIPアドレスは、接続しているISPがゾーン3.168.192.in-addr.arpaの全体を管理しています。そのため、それを分割したネットワークでは、例えば8.3.168.192.in-addr.arpa.、8/29.3.168.192.in-addr.arpa.、8-29.3.168.192.in-addr.arpaなどの名前でオリジンを設定する必要があります。実際に、どのようなオリジンを設定すればよいかは、ISPの管理方針によって違いますので、必ずISPからの指示に従う必要があります。

ゾーンファイルの記述方法は、通常のマスタサーバと同じです。次のように、/etc/named.confのIPv4の逆引き設定のオリジンを、ISPの指示に合わせて修正します。

■ Cクラス未満の場合のゾーン設定（/etc/named.conf）

```
zone "8.3.168.192.in-addr.arpa" IN { ——— 分割されたネットワーク用のオリジン
            type master;
            file "example.com.rev";
            allow-transfer { 192.168.2.6; };
};
```

スレーブサーバ

Section 13-04

スレーブサーバを作る

スレーブサーバは、マスタサーバのバックアップとなる重要なサーバです。バックアップではありますが、マスタサーバと同様にインターネットにドメインの情報を公開します。このセクションでは、スレーブサーバの作り方を説明します。

このセクションのポイント

1 スレーブサーバの設定は/etc/named.confにてスレーブ用設定を行うだけである。

スレーブサーバの/etc/named.conf

スレーブサーバは、マスタサーバと同様にドメインのデータをインターネットに配布する役割を持っています。ただし、ゾーンの情報は自分では持っていません。マスタサーバからコピーするため、ゾーンの情報等は設定する必要がなく、/etc/named.confを設定するだけで作成することができます。

■ スレーブサーバの設定（/etc/named.conf）

```
options {
        listen-on port 53 { 127.0.0.1;
                            192.168.2.6; }; ——— 問い合わせを受け付けるIPアドレス
        listen-on-v6 port 53 { ::1;
                            2001:db8::6; }; ——— 問い合わせを受け付けるIPv6アドレス
        directory       "/var/named";
        dump-file       "/var/named/data/cache_dump.db";
        statistics-file "/var/named/data/named_stats.txt";
        memstatistics-file "/var/named/data/named_mem_stats.txt";
        secroots-file   "/var/named/data/named.secroots";
        recursing-file  "/var/named/data/named.recursing";
        allow-query     { any; }; ——— 問い合わせを許可する相手の設定

        recursion no; ——— 再帰クエリを禁止する

        dnssec-enable yes;
        dnssec-validation yes;

        managed-keys-directory "/var/named/dynamic";

        pid-file "/run/named/named.pid";
        session-keyfile "/run/named/session.key";
```

```
        include "/etc/crypto-policies/back-ends/bind.config";
};

logging {
        channel default_debug {
                file "data/named.run";
                severity dynamic;
        };
};

zone "." IN {
        type hint;
        file "named.ca";
};

zone "example.com" IN {
        type slave;

        masters {
                192.168.2.5;
        };
        file "slaves/example.com.zone";
};

zone "2.168.192.in-addr.arpa" IN {
        type slave;

        masters {
                192.168.2.5;
        };
        file "slaves/example.com.rev";
};

zone "0.0.0.0.0.0.0.0.0.0.0.0.0.0.0.0.0.0.0.0.0.0.0.0.8.b.d.0.1.0.0.2.ip6.arpa" IN {
        type slave;

        masters {
                192.168.2.5;
        };
        file "slaves/example.com.ipv6.rev";
};

include "/etc/named.rfc1912.zones";
include "/etc/named.root.key";
```

色の付いている部分がスレーブサーバ特有の設定です。それ以外の部分は、問い合わせを受け付けるIPアドレスが違うことを除いて、マスタサーバとまったく同じです。

■ スレーブサーバの設定（/etc/named.conf）

```
zone "example.com" IN { ——— ゾーンの定義、対応するオリジンを指定する
          type slave; ——— このゾーンのスレーブサーバであることを定義
          masters { ——— マスタサーバの設定
                192.168.2.5;
          };
          file "slaves/example.com.zone"; ——— ゾーンファイルの保管場所
};
```

1つのzoneのブロックが、1つのゾーンに対応しています。各行は、それぞれ次のような意味です。

- zoneに続いて""に囲まれて設定されているのは、マスタサーバから転送するゾーンファイルのオリジンです。
- 「type slave」は、このゾーンのスレーブサーバであることを定義しています。
- 「masters」には、ゾーンファイルを転送するマスタサーバを指定します。
- 「file」では、マスタサーバから転送したゾーンファイルを配置する場所を指定します。

CentOS 8では、ファイルの配置場所は、slavesディレクトリの下でなければなりません。これは、SELinuxの制限を受けるためです。

サービスの起動

設定ができたら、/etc/named.confの形式が正しいかnamed-checkconfコマンドで確認します。

■ namedサービスの設定ファイルの確認

```
# named-checkconf Enter
```

エラーメッセージが出た場合には、修正が必要です。エラーメッセージが出なければ、namedサービスを起動することができます。

/etc/named.confとゾーンの形式の確認が完了しましたらnamedサービスを起動します。

■ namedサービスの起動

```
# systemctl start named.service Enter ――― namedサービスを起動
# systemctl is-active named.service Enter ――― サービスの状態確認
active
```

必要に応じて、自動起動の設定もしておきましょう。

■ namedの自動起動設定

```
# systemctl enable named.service Enter
Created symlink /etc/systemd/system/multi-user.target.wants/named.service →
/usr/lib/systemd/system/named.service.
```

動作確認

namedサービスを起動すると、自動的にマスタサーバからゾーンが転送されてきます。/var/named/slaves/にゾーンファイルが正しく転送されて来ていることを確認します。

■ namedサービスの動作確認

```
# ls -l /var/named/slaves/ Enter
合計 12
-rw-r--r--. 1 named named 877 10月 29 12:04 example.com.ipv6.rev
-rw-r--r--. 1 named named 541 10月 29 12:04 example.com.rev
-rw-r--r--. 1 named named 767 10月 29 12:04 example.com.zone
```

最後に、実際に問い合わせを行って、問い合わせに対してマスタサーバと同じ動作になっていることを確認します。

01
02
03
04
05
06
07
08
09
10
11
12
13
14
15
16
17
18
19

コラム

IPv6でのDNSクエリ

DNSサーバは、通常はUDPの53番ポートでDNSクエリを待ち受けています。しかし、例外もあります。例えは、マスタサーバとスレーブサーバの間で行われる通信などは、TCPで行われる場合もあります。実は、DNSのプロトコルでは、512バイト以下のデータはUDPで交換し、それ以上のデータはTCPで交換することになっているのです。

IPv4のネットワークでは、ほとんどのDNSクエリは512バイト以下で扱うことができました。そのため、ほとんどの通信はUDPで行われていました。しかし、IPv6でDNSサーバを運用すると、IPv4とIPv6の両方のデータを扱うことになるため、扱うデータが大きくなり、512バイトを越えてしまう場合が発生します。このような場合には、TCPで通信が行われる場合もあります。そのため、CentOS 8では、dnsサービスの公開設定をするとTCPとUDPの両方のポートが開放されるようになっています。

DNSクエリでTCPを利用すると、オーバーヘッドがとても大きいため、最近ではEDNS0（extension mechanisms for DNS version 0）と言われるDNSの拡張通信方式が使われるようになってきました。EDNS0では、より大きなデータをUDPで扱うことができるようになっています。

EDNS0を使うととても大きなDNSデータを扱うことができますが、セキュリティ機器の中にはこれを不正パケットとして検出してしまうものもあります。そのため、現時点では、必ずEDNS0が使えるわけではありません。CentOS 8に採用されているBIND9でも、従来のUDPでのデータ交換、TCP、EDNS0のどの通信方式も利用できるようになっています。

TM

メールサーバ

組織内やインターネットで独自のドメインを使ってメールのやり取りをするためには、メールサーバが必要です。このChapterでは、メールサーバの作り方について解説します。

Contents

MTAとメールプロトコル

Section 14-01 メール送受信の仕組みを理解する

メールサーバを構築する前に、まずはインターネット上でメールが交換される仕組みについて、このセクションで理解しておきましょう。

このセクションのポイント

1. メールの配送にはMTAと呼ばれるメール配信の仕組みと、POP/IMAPと呼ばれるメールを取り出す仕組みの両方が必要である。
2. メールアドレスはユーザ名とドメインから成り立っている。
3. インターネット上の他のメールサーバからメールを受け取るためには、DNSにMXレコードを設定する必要がある。

メール配信の仕組み

図14-1は、あるサイトから、user001@example.comへメールを送った場合の、インターネット上でのメール配信の仕組みをモデル化したものです。このChapterでは、この図のexample.comのメールサーバを構築するケースを例として解説を行います。

図14-1 メール配信の仕組み

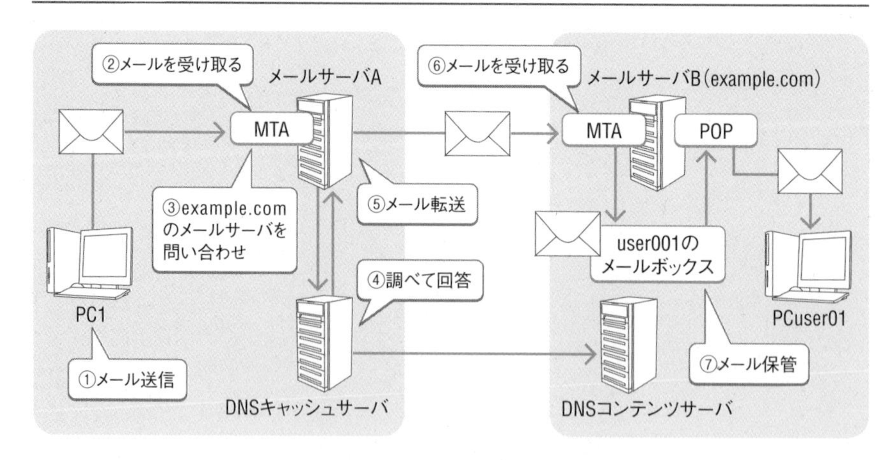

この例では、メールはPC1のメールソフトからuser001@exmaple.com宛に送信されています。メールは、次のような流れで配送されます。

①PC1は、メールを自組織のメールサーバに送信します。
②メールサーバでは、MTA[*1]が動作していて、メールを受け取ります。

*1 Mail Transfer Agent

③MTAは、DNSキャッシュサーバへexample.comのメールサーバが何かを問い合わせます。
④DNSキャッシュサーバは、example.comのDNSコンテンツサーバなどから情報を調べて、MTAへ回答します。
⑤MTAは、DNSキャッシュサーバの回答を元に、メールを mail.example.comへ転送します。
⑥メールは、mail.example.comというメールサーバ内のMTAが受け取ります。
⑦MTAは、システムのuser001というユーザのメールボックスへメールを保管します。

ここまでが、メール配送の流れです。PC1とMTA、MTAとMTAの間のメールの配送では、SMTP*2というプロトコルが使われます。

*2 Simple Mail Transfer Protocol

届いたメールは、実際にuser001がメールを読むときに初めてPCuser1へ転送されます。このときは、次の4つのプロトコルのいずれかが使われます。

POP3

メールをサーバからPCへダウンロードします。メールは、すべてPC内に取り込まれます。取り込まれたメールは、PC内のファイルとして保管されます。

POP3 over SSL/TLS

POP3の通信がより安全にできるように暗号セッションを張って通信します。

IMAP4

メールのデータはサーバに残したまま、必要に応じてメールを閲覧します。メールサーバ上に、必要に応じてメールフォルダを作成し、メールを分類して保管するなどの操作ができます。

IMAP4 over SSL/TLS

IMAP4の通信がより安全にできるように暗号セッションを張って通信します。

どのプロトコルの場合でもメールを取り出すときには、次のような流れで処理が行われます。

①メールサーバ上のPOPサーバ(またはIMAPサーバ)へユーザ名、パスワードを使ってログインします。
②新着メールの一覧を取り出します。
③必要に応じて、メールを一通ずつ取り出します。

なお、CentOS 8では暗号化を行わないプロトコルであるPOP3、IMAP4の使用は推奨していません。

Linuxユーザとメールアドレス

メールアドレスは、実際には図14-2のような形式をしています。

図14-2 メールアドレスの形式

user001@example.com

ユーザ名　ドメイン名またはホスト名

この表記は、example.comというドメインを持つサーバに存在する user001 というユーザを表しています。@以降にはドメインを指定することが多いですが、メールサーバのホスト名を指定することもできます。

メールの保管方法

メールサーバ上では、メールはLinuxユーザごとのメールスプールに管理されます。メールスプールには次の2つの実現方法があります。

Mailbox形式

古くから使われているメール保存形式で、すべてのメールを1つのファイルで管理します。ユーザuser001のメールは、/var/spool/mail/user001というファイルに保管されます。1つのファイルなので管理はしやすいのですが、メールの量が多くなるとファイルの更新が頻繁に行われてサーバの処理負荷が高くなる欠点があります。

Maildir形式

1つのメールを1つのファイルで管理するメール保存形式です。ユーザuser001のメールは、ユーザのホームディレクトリにMaildirというディレクトリを作って管理します。つまり、ユーザuser001のメールは、/home/user001/Maildir/に保管されます。Mailbox形式に比べて、メールサーバの負荷が少なく、安全な保存形式だと言われています。

構築準備

Section 14-02

メールサーバの構築を準備する

MTAやPOP/IMAPサーバを設定する前に、メールサーバとして動作するために必要な環境の準備を、このセクションで行っておきましょう。

このセクションのポイント

1 メールを受け取るサーバの設定は、DNSマスタサーバに行う。
2 事前に、メールサーバに必要な情報を決めておく。
3 メールを受信するユーザに合わせて、Linuxアカウントを設定する。
4 利用するプロトコルに合わせてパケットフィルタリングを設定する。

メールサーバに必要な情報の準備

メールサーバを実際に作成する前に、次のような情報をあらかじめ調べて、決めておきましょう。

メールサーバの名前とIPアドレス

DNSに登録するメールサーバの名前と、IPアドレスを決めます。サーバ名は、メールアドレスとは無関係な名前でも構いません。

メールサーバを利用するPCのネットワークアドレス

メールサーバを誰でも利用できるようにしておくと、SPAMメールなどの不正なメールを中継するサーバとして使われてしまいます。そのため、メールを送信することができるPCを、ネットワークアドレスを使って限定します。

メールサーバで扱うドメイン名

メールサーバで、どのドメイン名のメールを受け取るかを決めておきます。

メールの保存形式

Mailbox形式、Maildir形式のどちらの形式でメールを保存するのかを決めます。

PCへメールを読み込むために利用するプロトコル

POP3、IMAP4、POP3 over SSL/TLS、IMAP4 over SSL/TLSのどれを使うのかを決めます。もちろん、ユーザや状況に応じて、複数のプロトコルを使うこともできます。

サーバ証明書、秘密鍵

POP3 over SSL/TLSやIMAP4 over SSL/TLSを使う場合には、サーバ証明書と証明書を発行する時に使用した鍵ファイルが必要です。Chapter 19を参考に用意しておきます。

ここでは、表14-1のような場合を例として説明していきます。

表14-1 メールサーバ構築例

項目	設定内容
メールを受け付けるIPアドレス	192.168.2.2, 2001:DB8::2
メールサーバの名前	mail1.example.com
利用するPCのネットワーク	192.168.2.0/24, 2001:DB8::/64
ドメイン名	example.com
保存形式	Maildir形式
メール読み込みのプロトコル	POP3 over SSL/TLS、IMAP4 over SSL/TLS
メールを使うユーザ	user001

DNSの設定

図14-1の例では、最初にメールを受け取った「メールサーバA」は、example.comというドメインのメールを管理しているサーバの名前をDNSで調べました。このように、インターネット上でサーバを公開するためには、メールサーバだけでなくDNSマスタサーバの設定も必要になります。

DNSマスタサーバでは、そのドメインのメールサーバを示すMX[*1]というレコードを設定します。

*1 Mail Exchanger

■ example.comのゾーンファイル

```
@           IN      MX      10      mail1.example.com.
                            20      mail2.example.com.
mail1       IN      A               192.168.2.2
            IN      AAAA            2001:DB8::2
mail2       IN      A               192.168.2.3
            IN      AAAA            2001:DB8::3
```

この例のように、MXレコードでは、「MX」というリソースタイプの後ろに数字を記載します。これは、メールサーバとしての優先順位です。数値の小さいサーバほど、優先順位が高くなります。また、MXレコードに設定した「mail1.example.com.」に対しては、Aレコードも設定しておく必要があります。

メールユーザの作成

まず、メールを受信するユーザを設定しておきましょう。もちろん、ユーザは後から追加することも可能です。

次は、user001というユーザを作成する場合の例です。

■ メールユーザの作成

```
# useradd user001 Enter
```

ユーザが、システムにSSHなどでログインする必要がなければ、次のようにログインシェルに/sbin/nologinを指定すると、SSHなどでログインすることができなくなり、メール専用のユーザになります。

■ メール専用ユーザの作成

```
# useradd -s /sbin/nologin user001 Enter
```

POP3やIMAP4は通信時にユーザ認証を行いますので、passwdコマンドを使用してユーザのパスワードを設定しておきます。

■ パスワードの設定

```
# passwd user001 Enter
ユーザー user001のパスワードを変更。
新しいパスワード:******** Enter ―― パスワードを入力
新しいパスワードを再入力してください:******** Enter ―― パスワードを再入力
passwd: 全ての認証トークンが正しく更新できました。
```

パケットフィルタリングの設定

MTAでは、smtpサービスを使用します。また、POP3 over SSL/TLSとIMAP4 over SSL/TLSではそれぞれpop3s、imapsのサービスを使用します。メールサービスを公開するためには、これらのポートが利用できるようにパケットフィルタリングの設定を行う必要があります。

GUIでの設定

パケットフィルタリングの設定は、GUIで行うことができます。GUIから設定する場合には、ファイアウォールの設定画面の［サービス］タブのサービスの一覧で実際に使うプロトコルに合わせて、[smtp]、[pop3s]、[imaps] などにチェックを入

01 02 03 04 05 06 07 08 09 10 11 12 13 14 15 16 17 18 19

れます。POP3,IMAP4を利用する場合には、[pop3]、[imap4]にもチェックをいれます。次に[**オプション**]メニューから[**永続的にする実行時設定**]を選択すると、設定が完了します。

コマンドラインでの設定

smtp、pop3s、imap4のサービスを公開するには、次のような設定を行います。

■ メールサービスの公開

```
# firewall-cmd --add-service=smtp Enter ——— smtpサービスの許可
success
# firewall-cmd --add-service=pop3s Enter ——— pop3sサービスの許可
success
# firewall-cmd --add-service=imaps Enter ——— imapsサービスの許可
success
```

POP3、IMAP4を使う場合には、次のような設定を行います。

■ POP3、IMAP4の許可

```
# firewall-cmd --add-service=pop3 Enter
success
# firewall-cmd --add-service=imap Enter
success
```

設定が終了したら、設定を保存します。

■ パケットフィルタリング設定の保存

```
# firewall-cmd --runtime-to-permanent Enter
success
```

メールクライアントのインストール

メールサーバの動作確認をするため、テスト用クライアントにメールクライアントソフトウェアをインストールしておきましょう。

Windows 10では、メールクライアントソフトウェアが標準でインストールされていません。そのため、メールクライアントソフトウェアを入手して、インストールする必要があります。ここでは、Mozilla Thunderbirdのインストール方法について説明します。

Mozillaは、オープンソースのWebブラウザとして知られているFirefoxの提供元でもあります。Mozillaは、Firefoxと同じGeckoエンジンを使って、メールクライアントソフトウェアも提供しています。それが、Mozilla Thunderbirdです。正式名称は、Mozilla Thunderbirdですが、省略してThunderbirdと呼ばれます。Thunderbirdは、次のURLから入手することができます。

https://www.thunderbird.net/ja/

このURLにアクセスすると、図14-3のような画面が表示されます。

図14-3 Mozilla Thunderbirdのサイト

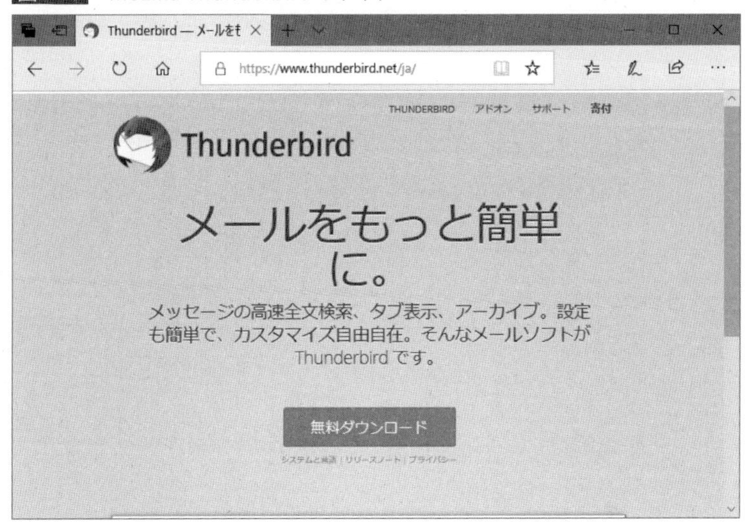

[無料ダウンロード] をクリックすると、「Thunderbird Setup 60.4.0.exe (30.5MB) について行う操作を選んでください。」というメッセージが表示されますので、**[実行]** をクリックします。すると、図14-4のようなユーザカウント制御画面が表示されますので、**[はい]** をクリックします。

図14-4 ユーザアカウント制御画面

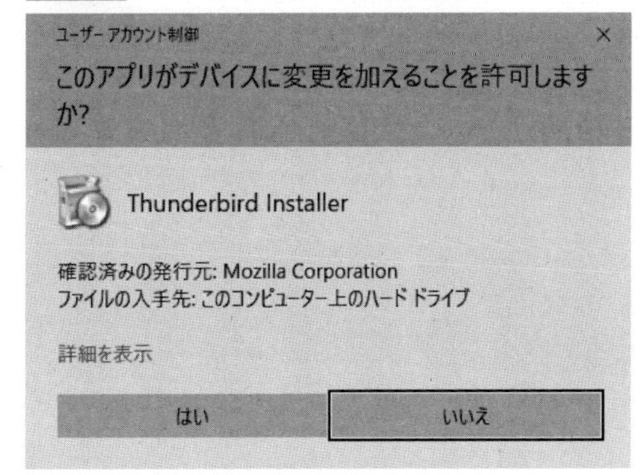

図14-5のような画面が表示されますので、**[次へ]** をクリックして、インストールウィザードを開始しします。

図14-5　Mozilla Thunderbirdのセットアップ画面

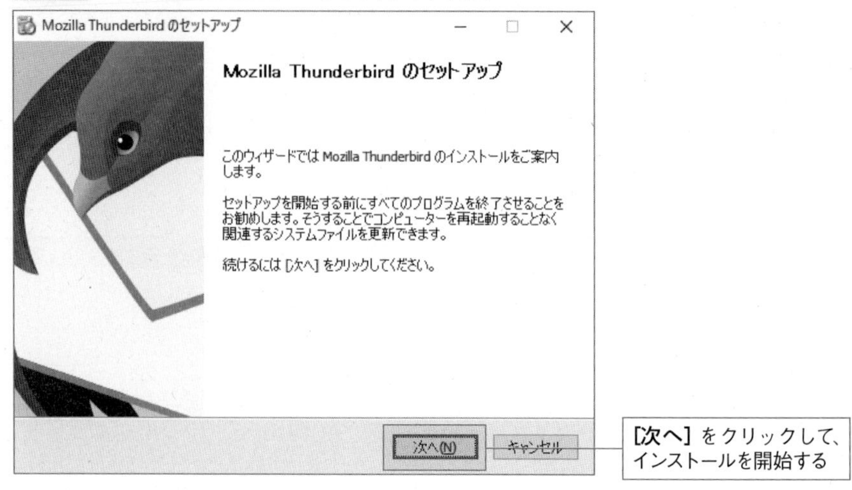

次に図14-6のようなセットアップの種類の選択画面が表示されます。**[標準インストール]** を選択して、**[次へ]** をクリックします。

図14-6　Mozilla Thunderbirdのセットアップ オプション画面

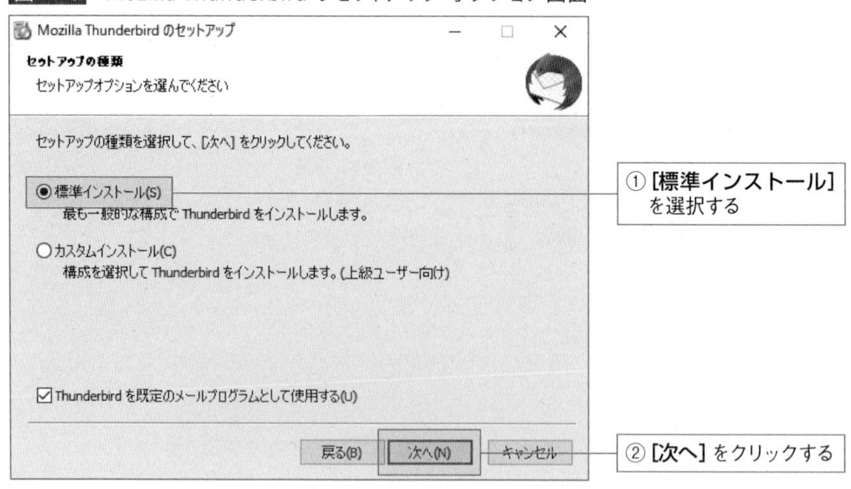

図14-7のようなセットアップ設定の確認画面が表示されます。

図14-7 Mozilla Thunderbirdのセットアップ確認画面

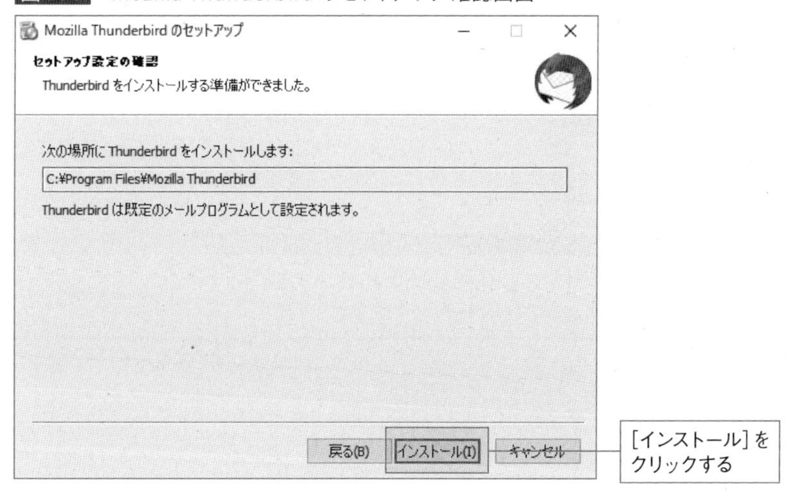

[**インストール**]を選択します。すると、インストールが始まります。

図14-8 Mozilla Thunderbirdのセットアップ完了画面

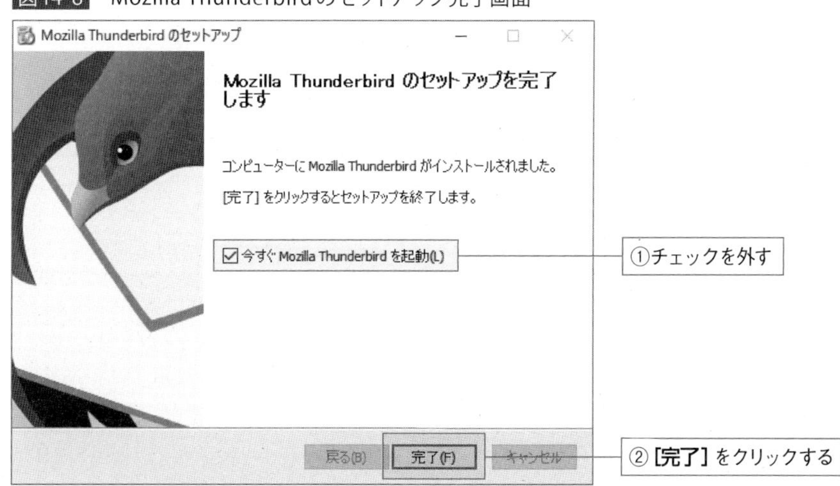

インストールが終わると、図14-8のような画面が表示されます。Thunderbirdの起動は、メールサーバの設定が完了してから行うため、[**今すぐMozilla Thunderbirdを起動**]のチェックは外しておきます。[**完了**]をクリックすると、インストール完了です。

Section 14-03

Postfix

Postfixを設定する

CentOS 8では、MTAとしてPostfixが利用できます。このセクションでは、Postfixを設定してMTAとして利用できるようにします。

このセクションのポイント

1. メールサーバの機能を使うためには、postfixをインストールする。
2. 基本的な設定は/etc/postfix/main.cfにて行う。

Postfixのインストール

MTAを構築するには、postfixをインストールする必要があります。また、動作確認のためにmailxパッケージもインストールしておきましょう。次のようにyumでインストールを行います。

■ postfixのインストール

```
# yum install postfix mailx Enter
メタデータの期限切れの最終確認: 0:03:12 時間前の 2019年10月31日 17時00分08秒 に
実施しました。
依存関係が解決しました。
================================================================================
 パッケージ         アーキテクチャー  バージョン              リポジトリ      サイズ
================================================================================
Installing:
 mailx             x86_64           12.5-29.el8             BaseOS         257 k
 postfix           x86_64           2:3.3.1-8.el8           BaseOS         1.5 M

トランザクションの概要
================================================================================
インストール  2 パッケージ

ダウンロードサイズの合計: 1.7 M
インストール済みのサイズ: 4.9 M
これでよろしいですか? [y/N]: y Enter  ―― 確認して y を入力
パッケージのダウンロード中です:
(1/2): mailx-12.5-29.el8.x86_64.rpm          204 kB/s | 257 kB     00:01
(2/2): postfix-3.3.1-8.el8.x86_64.rpm        1.0 MB/s | 1.5 MB     00:01
--------------------------------------------------------------------------------
合計                                          539 kB/s | 1.7 MB     00:03
トランザクションの確認を実行中
```

```
トランザクションの確認に成功しました。
トランザクションのテストを実行中
トランザクションのテストに成功しました。
トランザクションを実行中
  準備             :                                                    1/1
  scriptletの実行中: postfix-2:3.3.1-8.el8.x86_64                         1/2
  Installing       : postfix-2:3.3.1-8.el8.x86_64                         1/2
  scriptletの実行中: postfix-2:3.3.1-8.el8.x86_64                         1/2
  Installing       : mailx-12.5-29.el8.x86_64                             2/2
  scriptletの実行中: mailx-12.5-29.el8.x86_64                             2/2
  検証             : mailx-12.5-29.el8.x86_64                             1/2
  検証             : postfix-2:3.3.1-8.el8.x86_64                         2/2

インストール済み:
  mailx-12.5-29.el8.x86_64                  postfix-2:3.3.1-8.el8.x86_64

完了しました!
```

Postfixのディレクトリ構造

Postfixの主なファイルは図14-9のとおりです。保存場所を確認しておきましょう。

図14-9 Postfixの主なファイルと保存場所

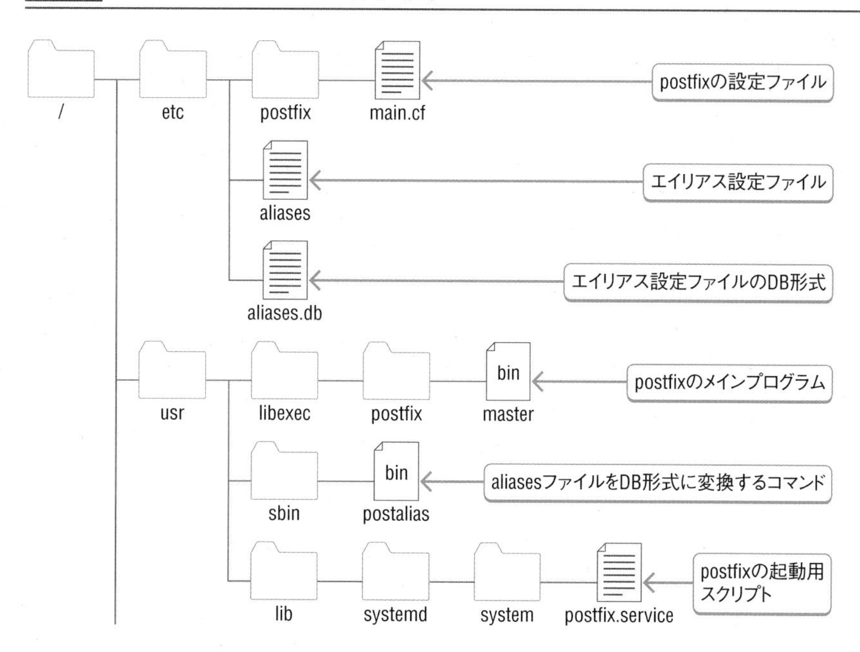

var spool postfix
配送前のメールが保管されるディレクトリ
log maillog
メールのログファイル

メール配送のための設定

Postfixの基本的な設定は/etc/postfix/main.cfにて行います。ほとんどの項目は設定済みですので、特に変更は必要ありません。ここでは、表14-1で決めた内容に従って設定を行います。

■ /etc/postfix/main.cf

```
compatibility_level = 2
queue_directory = /var/spool/postfix
command_directory = /usr/sbin
daemon_directory = /usr/libexec/postfix
data_directory = /var/lib/postfix
mail_owner = postfix
myhostname = mail1.example.com ——— メールサーバの名前
mydomain = example.com ——— ドメイン名
inet_interfaces = 192.168.2.2, 2001:db8::2 ——— メールを受け付けるIPアドレス
inet_protocols = all
mydestination = $myhostname, localhost.$mydomain, localhost, $mydomain ——— 受信アドレスの指定
unknown_local_recipient_reject_code = 550
mynetworks = 192.168.0.0/24, [2001:db8::]/64 ——— 利用するPCのネットワーク
alias_maps = hash:/etc/aliases
alias_database = hash:/etc/aliases
home_mailbox = Maildir/ ——— メールの保存形式
………
```

それぞれの設定項目は、あらかじめmain.cfの中にコメントとして用意されています。例えば、home_mailboxの設定の場合には、次のようになっています。

■ home_mailboxの設定内容（/etc/postfix/main.cf）

```
# DELIVERY TO MAILBOX
#
# The home_mailbox parameter specifies the optional pathname of a
# mailbox file relative to a user's home directory. The default
# mailbox file is /var/spool/mail/user or /var/mail/user.  Specify
```

```
# "Maildir/" for qmail-style delivery (the / is required).
#
#home_mailbox = Mailbox
#home_mailbox = Maildir/
```

この設定箇所を見つけて、項目を変更していくと便利です。

TLS/SSL証明書の設定

近年、メールサーバでは、TLS/SSL証明書を使った暗号通信をサポートすることが推奨されています。そのため、Postfixにも証明書の設定が必要です。インターネット上でメールを送受信するメールサーバでは、公式な証明書を使う必要があります。Chapter 19を参考にCSRを作成し、証明書発行機関から証明書を取得してください。テスト的にメールサーバを作成するだけであれば、自己署名証明書でも構いません。その場合には、Chapter 19を参考に自己署名証明書を用意します。いずれの場合にも、CNがmyhostnameに設定したサーバ名になるように注意する必要があります。

証明書の用意ができたら、main.cfに次のような設定を追加します。

■ TLS/SSLの設定 (/etc/postfix/main.cf)

```
smtpd_tls_cert_file = /etc/pki/tls/certs/mail1.example.com.crt ―― 証明書ファイル
smtpd_tls_key_file = /etc/pki/tls/private/mail1.example.com.key ―― 鍵ファイル
smtpd_tls_security_level = may ―― SSL/TLS通信のセキュリティレベルの設定
```

smtpd_tls_security_levelには、他に「encrypt」を設定することができます。この設定をすると、TLS/SSL通信が必須となります。インターネット上のメールサーバの中には、TLS/SSL対応していないサーバもありますので、通常はこの例のように「may」を設定しておきます。

サービスの起動と動作確認

main.cfを変更したら設定を確認します。

■ postfixの設定チェック

```
# postfix check Enter
```

設定に問題があるとエラーメッセージが表示されます。

本書の手順でインストールした場合には、Postfixサービスは標準で起動されています。そのため、サービスを再起動します。

■ postfixサービスの起動

```
# systemctl restart postfix.service [Enter] ―― postfixサービスの再起動
# systemctl is-active postfix.service [Enter] ―― 起動を確認
active
```

システムの起動時に、自動でpostfixサービスを開始する設定も行っておきましょう。

```
# systemctl enable postfix.service [Enter]
Created symlink /etc/systemd/system/multi-user.target.wants/postfix.service →
/usr/lib/systemd/system/postfix.service.
```

メール送信

まずは、mailコマンドを使用して配信テストを行ってみましょう。

■ メール送信のテスト

```
$ mail user001@example.com [Enter]
Subject: test mail [Enter] ―― 件名を入力

This is test mail. [Enter] ―― 本文を入力
[Ctrl]+[D] ―― 本文の入力終了のマーク
EOT
```

mailコマンドの引数にメールアドレスを指定して実行すると対話型の処理が始まります。件名・本文の入力後、[Ctrl]＋[D]を入力するとメール配信が行われます。

メールの確認

メールを送ったら、そのメールがきちんと届いているかを確認します。はじめてユーザにメールが届いたときには、Postfixはユーザのホームディレクトリにmaildirというディレクトリを作成します。まずは、そのディレクトリを確認します。

■ Maildirの確認

```
# ls -F /home/user001/Maildir [Enter]
cur/  new/  tmp/
```

受信した直後のメールは、newディレクトリの配下に保存されます。ディレクトリの一覧を取得してファイルができていることを確認します。

■ 作成されたファイルの確認

```
# ls -l /home/user001/Maildir/new Enter
1572509700.Vfd00I8ef12aM426272.centos8
```

Maildirディレクトリとメールのファイルが作成されていれば、メールは正しく配送されています。念のため、メールの中身も確認しておきましょう。catコマンドで、ファイルの内容をそのまま見ることができます。

■ メールの内容の確認

```
# ls -F /home/user001/Maildir/new Enter
1572509700.Vfd00I8ef12aM426272.centos8
# cat /home/user001/Maildir/new/1572509700.Vfd00I8ef12aM426272.centos8 Enter
Return-Path: <admin@mail1.example.com>
X-Original-To: user001@example.com
Delivered-To: user001@example.com
Received: by mail1.example.com (Postfix, from userid 1000)
        id 61451A3BC4; Thu, 31 Oct 2019 17:15:00 +0900 (JST)
Date: Thu, 31 Oct 2019 17:15:00 +0900
To: user001@example.com
Subject: test mail
User-Agent: Heirloom mailx 12.5 7/5/10
MIME-Version: 1.0
Content-Type: text/plain; charset=us-ascii
Content-Transfer-Encoding: 7bit
Message-Id: <20191031081500.61451A3BC4@mail1.example.com>
From: admin <admin@mail1.example.com>


This is test mail.
```

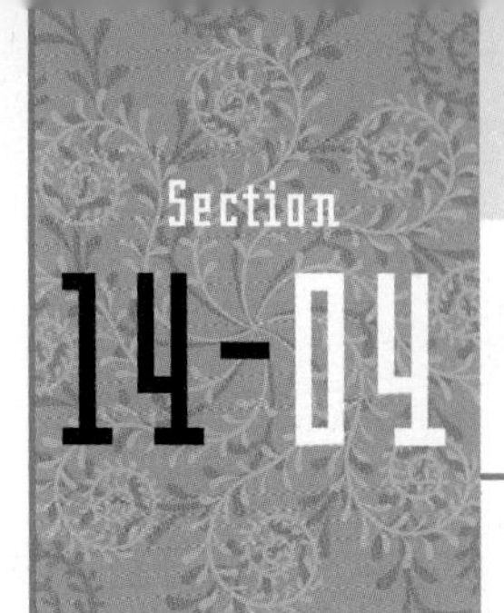

Dovecot

POP/IMAPサーバを設定する

Postfixはメール配信するSMTPサーバとしての機能しか持たないため、Postfixをインストールしただけでは、メールの読み出しを行うことができません。このセクションではPOP/IMAPサーバであるDovecotのインストールと設定を行い、メールサーバとしての動作確認を行います。

このセクションのポイント

1. Dovecotには利用するプロトコルの種類とメール保管方法を設定する。
2. Dovecotの設定までが完了したら、クライアントから動作確認を行う。

dovecotのインストール

POP/IMAPサーバを利用するためには、dovecotパッケージのインストールを行います。

次のようにyumコマンドを使ってインストールを行います。

■ dovecotのインストール

```
# yum install dovecot Enter
メタデータの期限切れの最終確認: 0:17:54 時間前の 2019年10月31日 17時00分08秒 に
実施しました。
依存関係が解決しました。
================================================================================
 パッケージ        アーキテクチャー
                         バージョン                          リポジトリ
サイズ
================================================================================
Installing:
 dovecot          x86_64     1:2.2.36-5.el8_0.1                  AppStream    4.6 M
依存関係をインストール中:
 clucene-core     x86_64     2.3.3.4-31.20130812.e8e3d20git.el8  AppStream    596 k

トランザクションの概要
================================================================================
インストール  2 パッケージ

ダウンロードサイズの合計: 5.2 M
インストール済みのサイズ: 18 M
これでよろしいですか? [y/N]: y Enter ――― 確認してyを入力
```

```
パッケージのダウンロード中です:
(1/2): clucene-core-2.3.3.4-31.20130812.e8e3d20git.e 480 kB/s | 596 kB     00:01
(2/2): dovecot-2.2.36-5.el8_0.1.x86_64.rpm           1.8 MB/s | 4.6 MB     00:02
--------------------------------------------------------------------------------
合計                                                 1.2 MB/s | 5.2 MB     00:04
トランザクションの確認を実行中
トランザクションの確認に成功しました。
トランザクションのテストを実行中
トランザクションのテストに成功しました。
トランザクションを実行中
  準備              :                                                          1/1
  Installing        : clucene-core-2.3.3.4-31.20130812.e8e3d20git.el8.x86_64   1/2
  scriptletの実行中: dovecot-1:2.2.36-5.el8_0.1.x86_64                          2/2
  Installing        : dovecot-1:2.2.36-5.el8_0.1.x86_64                        2/2
  scriptletの実行中: dovecot-1:2.2.36-5.el8_0.1.x86_64                          2/2
  検証              : clucene-core-2.3.3.4-31.20130812.e8e3d20git.el8.x86_64   1/2
  検証              : dovecot-1:2.2.36-5.el8_0.1.x86_64                        2/2

インストール済み:
  dovecot-1:2.2.36-5.el8_0.1.x86_64
  clucene-core-2.3.3.4-31.20130812.e8e3d20git.el8.x86_64

完了しました!
```

Dovecotのディレクトリ構造

Dovecotの主なファイルは次のとおりです。保存場所を確認しておきましょう。

図14-10 Dovecotの主なファイルと保存場所

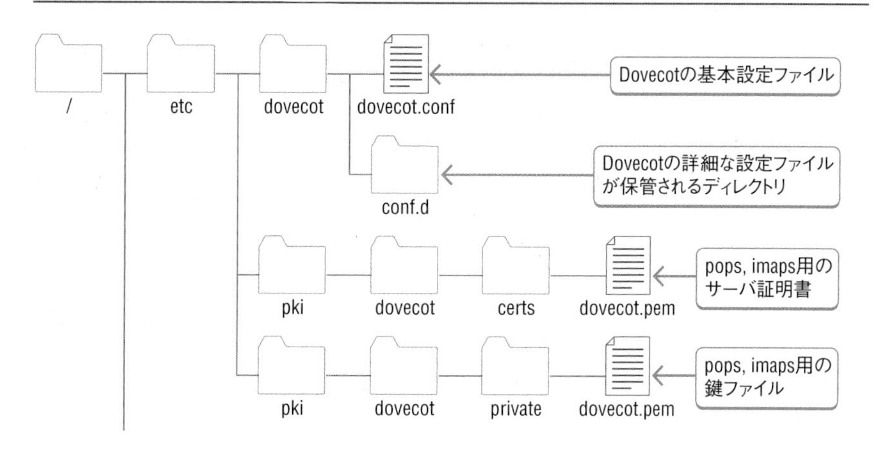

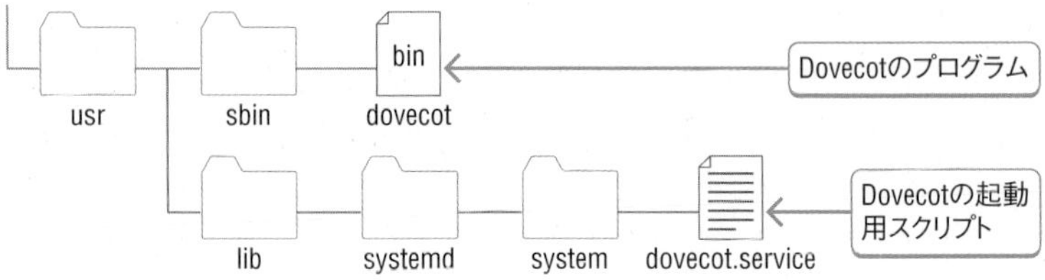

usr
sbin
bin
dovecot
Dovecotのプログラム
lib
systemd
system
dovecot.service
Dovecotの起動用スクリプト

サービスの起動と動作確認

Dovecotはインストールした時点で、ほとんどの設定が行われています。ただし、POP3、IMAP4のいずれを使うのかと、メールの保存形式を設定する必要があります。

設定ファイルは、/etc/dovecot/dovecot.confです。次の例のように、「protocols」の設定を行います。

■ protocolsの設定（/etc/dovecot/dovecot.conf）

```
#protocols = imap pop3 lmtp
protocols = imap pop3
```

メールの保存形式の設定は、/etc/dovecot/conf.d/10-mail.confで行います。「mail_location」にMaildirを指定します。直前のコメントに設定例が記載されていますので、それを参考に設定しましょう。

■ メールの保存形式の設定（/etc/dovecot/conf.d/10-mail.conf）

```
#   mail_location = maildir:~/Maildir
#   mail_location = mbox:~/mail:INBOX=/var/mail/%u
#   mail_location = mbox:/var/mail/%d/%1n/%n:INDEX=/var/indexes/%d/%1n/%n
#
# <doc/wiki/MailLocation.txt>
#
#mail_location =
mail_location = maildir:~/Maildir
```

次にサーバのTLS/SSL証明書の設定を行います。TLS/SSL証明書の設定は、/etc/dovecot/conf.d/10-ssl.confで行います。なお、dovecotでは、パッケージをインストールをするとダミーの証明書と鍵ファイルが登録されています。しかし、そのまま使うことはできません。ただし、dovecot専用の証明書を作る必要もありません。SMTPサーバで使用した証明書と鍵ファイルと同じものを利用するのが良いでしょう。次の例のように、「ssl_cert」、「ssl_key」の項目に、それらのファイルを設定します。

■ サーバ証明書の設定（/etc/dovecot/conf.d/10-ssl.conf）

```
##
## SSL settings
##

# PEM encoded X.509 SSL/TLS certificate and private key. They're opened before
# dropping root privileges, so keep the key file unreadable by anyone but
# root. Included doc/mkcert.sh can be used to easily generate self-signed
# certificate, just make sure to update the domains in dovecot-openssl.cnf
ssl_cert = </etc/pki/tls/certs/mail1.example.com.crt ――― サーバ証明書のファイル名に変更
ssl_key = </etc/pki/tls/private/mail1.example.com.key ――― 鍵ファイルの名前に変更
```

メモ

「ssl_cert」や「ssl_key」の設定では、「=」の後に「<」が必要です。

なお、メール通信の暗号化を行わない場合には、証明書の設定をする代わりに、暗号通信を無効にしておきます。

■ ユーザと平文パスワードによる認証解除（/etc/dovecot/conf.d/10-ssl.conf）

```
##
## SSL settings
##

# SSL/TLS support: yes, no, required. <doc/wiki/SSL.txt>
# disable plain pop3 and imap, allowed are only pop3+TLS, pop3s, imap+TLS and im
aps
# plain imap and pop3 are still allowed for local connections
ssl = no ――― noへ変更
```

設定したらdovecotサービスの起動を行います。

■ dovecotサービスの起動

```
# systemctl start dovecot.service Enter ――― dovecotサービスを起動
# systemctl is-active dovecot.service Enter ――― 状態を確認
active
```

また、システムの起動時に自動でdovecotサービスを開始する設定が必要な場合には、そちらの設定もしておきましょう。

■ 自動起動の設定

```
# systemctl enable dovecot.service [Enter]
Created symlink /etc/systemd/system/multi-user.target.wants/dovecot.service →
/usr/lib/systemd/system/dovecot.service.
```

メール送受信の確認

設定ができたら、PCから実際にメールを送受信できることを確認します。

Thunderbirdの起動とアカウントの設定

スタートメニューから、Thunderbirdを選択して起動します。最初の起動時には、図14-11のように新規アカウントのセットアップ画面が自動的に表示されます。

図14-11 Mozilla Thunderbirdの起動画面

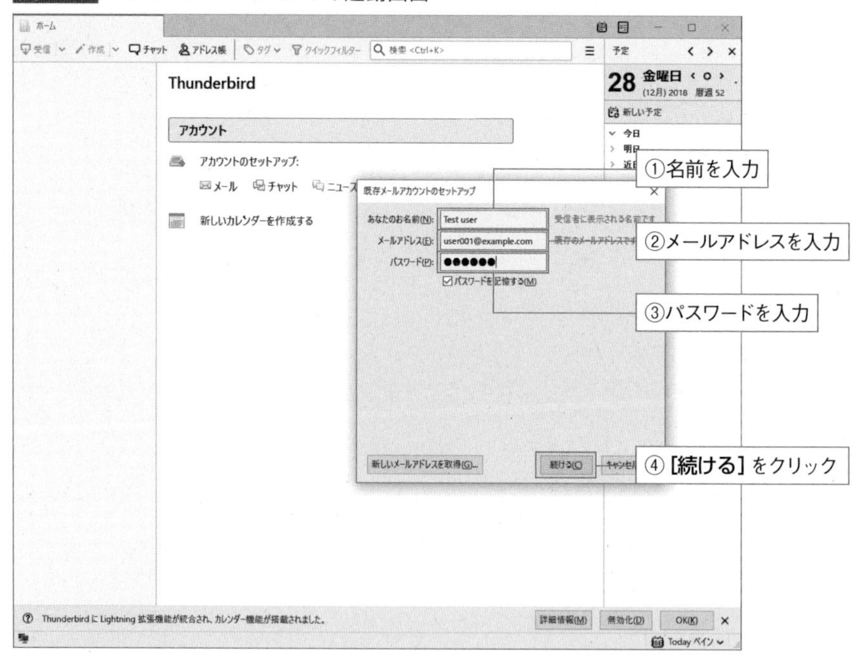

この画面が表示されていない場合には、**[アカウントのセットアップ]**の項目の**[メール]**をクリックすると、同じ画面が表示されます。Section 14-2で用意したユーザの名前、メールアドレス、パスワードを入力して、**[続ける]**をクリックします。すると、図14-12のようなメールアカウントのセットアップ画面が表示されます。さきほど設定したメールサーバの状況に合わせて、サーバの情報を更新します。表14-2は、設定の例です。

図14-12 Mozilla Thunderbirdのメールアカウントのセットアップ画面

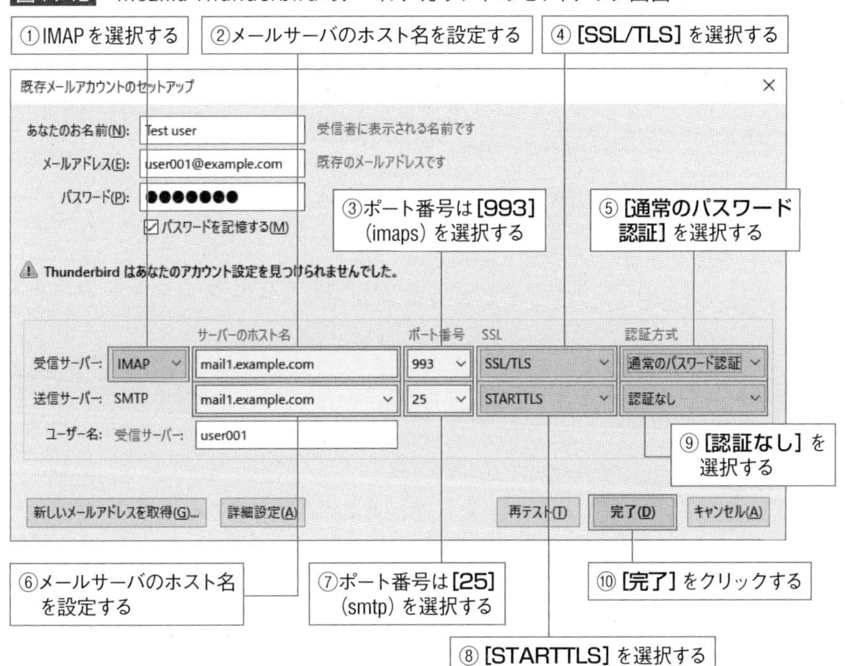

表14-2 Thunderbirdの設定例

	サーバのホスト名	ポート番号	SSL	認証方式
受信サーバー	IMAP	993	SSL/TLS	通常のパスワード認証
送信サーバー	SMTP	25	STARTTLS	認証なし

サーバの設定を入力したら、[**再テスト**]ボタンをクリックします。正しく設定が行えていれば、画面の中央に[**次のアカウント設定が指定されたサーバーを調べることにより見つかりました。**]と表示されます。もし、[**Thunderbirdは、あなたのアカウント設定を見つけられませんでした**]のように表示される場合には、入力内容を再確認します。また、これまでのサーバの設定に問題があるかもしれません。パケットフィルタリングの設定、Postfixの設定、Dovecotの設定等を見直してください。

うまく設定ができたら、もう一度入力項目が正しいことを確認します。まれに、テストによって設定が変わっている場合がありますが、その場合にはもとに戻します。最後に、[**完了**]ボタンをクリックします。すると、改めてユーザ名とパスワードの確認が行われ、問題がなければアカウント設定が完了します。

なお、自己署名証明書を利用している場合には、再テストを行っても、テストは成功しません。[**完了**]をクリックすると、[**セキュリティ例外の追加**]画面が表示されます。

図14-13　Mozilla Thunderbirdのメール画面

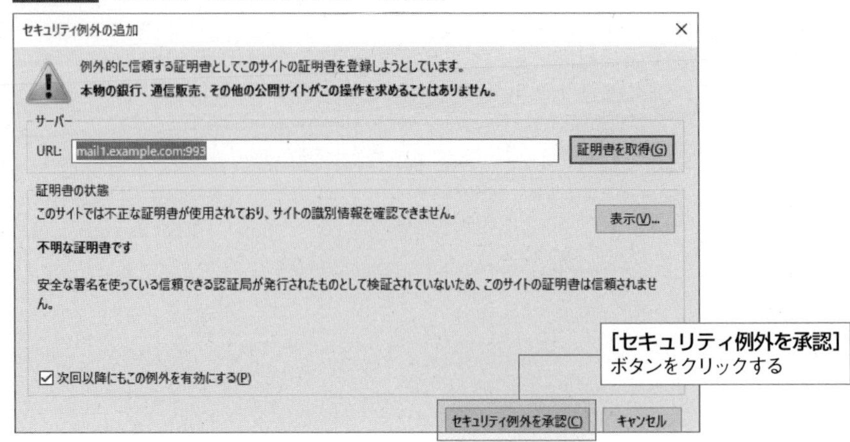

これは、証明書の発行機関が確認できないためです。**[セキュリティ例外を承認]**ボタンをクリックすると、アカウント設定が完了します。

アカウントの作成が終了すると、メールの画面が表示されます。先ほど、Postfixのテスト用に送信したメールが届いているはずです。

図14-14　Mozilla Thunderbirdのメール画面

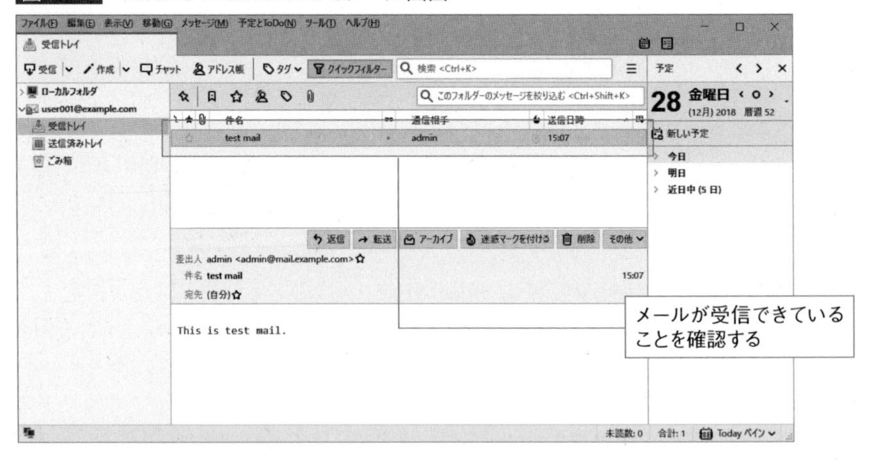

メールの送受信確認

アカウント設定ができたら、PCから実際にメールを送って、受信できることを確認します。**[作成]**ボタンをクリックすると、図14-15のようにメール作成ウィンドウが開きます。

図14-15 Mozilla Thunderbirdのメール作成画面

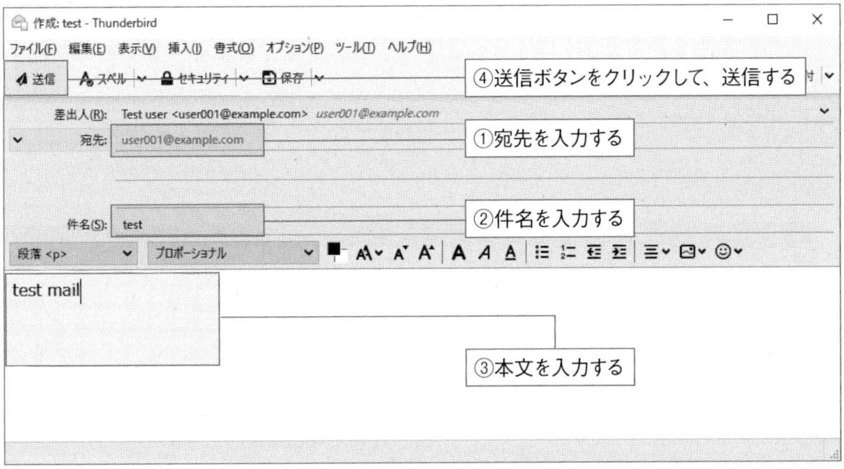

④送信ボタンをクリックして、送信する

①宛先を入力する

②件名を入力する

③本文を入力する

宛先に作成したアドレス「user001@example.com」を指定します。件名や本文は任意で入力します。入力が終わったら**[送信]**ボタンをクリックすると、「user001@example.com」へのメール送信が行われます。

メールが送信できたら、**[受信]**ボタンをクリックして、先ほど送ったメールを受信できることを確認してみましょう。

図14-16 Mozilla Thunderbirdのメール画面

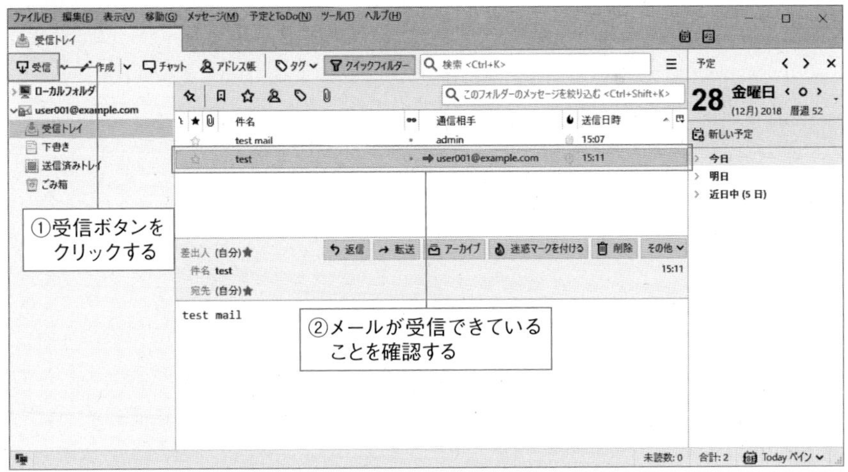
①受信ボタンを
クリックする
②メールが受信できている
ことを確認する

メールの転送と認証

Section 14-05

便利なメールの使い方を知る

Postfixには、これまで解説した基本的な機能だけでなく、いろいろな便利な機能が用意されています。このセクションでは、そのうちのいくつかを紹介します。

このセクションのポイント

1 /etc/aliasesを使用してメールの転送設定を行うことができる。
2 モバイルユーザには、SASLを使ってユーザ認証を行う。

メールの転送

Postfixには、エイリアスという機能があります。エイリアス機能を使うと、特定のアドレスに届いたメールを別ユーザのアドレスへ転送することができます。メールの転送設定は、標準で有効になっています。設定は、/etc/aliasesで行います。

■ メールの転送設定（/etc/aliases）

```
 :
# Basic system aliases -- these MUST be present.
mailer-daemon:  postmaster
postmaster:     root

# General redirections for pseudo accounts.
bin:            root
daemon:         root
adm:            root
lp:             root
sync:           root
.........
```

「mailer-daemon」や「postmaster」など左側に書かれているものが転送前のアドレスで、右側に書かれている「root」が転送先のメールアドレスになります。このようにサーバのローカルユーザへの転送の場合は＠以降を省略できます。

例えば、root宛のメールをuser001ユーザへ転送するようにするには、次のように設定を行います。

■ root宛のメールをuser001ユーザへ転送する場合の設定例（/etc/aliases）

```
root:     user001
```

外部へメールを転送したい場合には、次のようにメールアドレスを記載します。

■ 外部へメールを転送する場合の設定例（/etc/aliases）

```
root:      admin@designet.jp
```

設定をしたら、次のようにpostaliasコマンドを実行して設定を反映します。

■ エイリアス設定の反映

```
# postalias /etc/aliases Enter
```

メーリングリスト

エイリアス機能を利用して、メーリングリストを作成することができます。メーリングリストを作成すると、1つのメールアドレスにメールを送るだけで複数のメンバーに同一のメールを届けることができます。

図14-17 エイリアス機能を利用したメーリングリスト

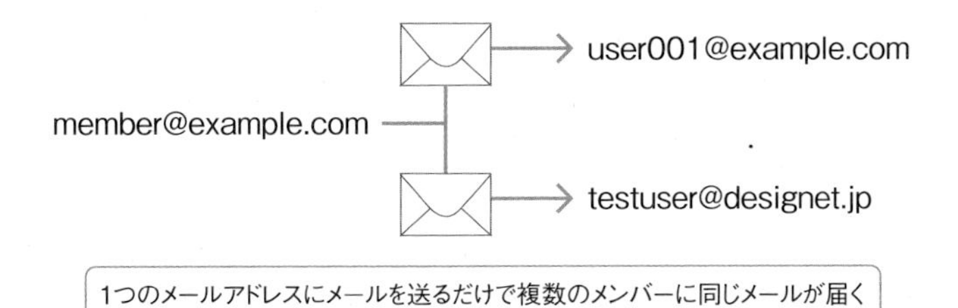

例えば、member@example.comに送ったメールがuser001@example.com、testuser@designet.jpに送られるようにするためには、次の例のように設定します。

■ メーリングリストの設定例（/etc/aliases）

```
member:    user001, testuser@designet.jp
```

転送先は、「,」で区切っていくつでも指定することができます。設定をしたら、次のようにpostaliasコマンドを実行して設定を反映します。

01 02 03 04 05 06 07 08 09 10 11 12 13 14 15 16 17 18 19

■ エイリアス設定の反映

```
# postalias /etc/aliases Enter
```

モバイルユーザのための設定

Postfixの設定では、/etc/postfix/main.cfにメールを送信できるクライアントのIPアドレスを設定しました。LAN上のPCからのメール送信ではこの設定で十分ですが、この設定ではインターネットの別の場所からこのメールサーバを使ってメールを送信することはできません。例えば、スマートフォンで自分のメールを見て、返信をしたいような場合には、この設定ではとても不便です。

図14-18 スマートフォンからメールを送信する場合

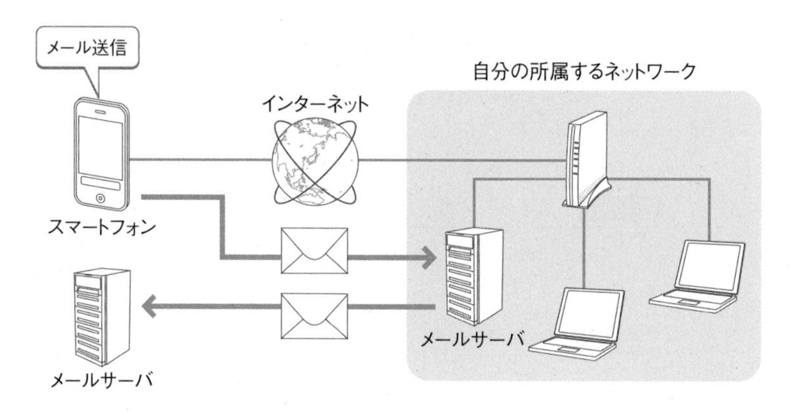

そこで、メールの送信時にユーザ名やパスワードでユーザ認証を行うようにするのが、SMTP認証です。

SMTP認証設定

CentOS 8には、SMTP認証を行うためのSASL[*1]と呼ばれる仕組みが用意されています。SASLを利用するには、Postfixに設定を行い、saslauthdサービスを起動する必要があります。

＊1 Simple Authentication and Security Layer

Postfixへの設定は、/etc/postfix/main.cfに次のような設定を追加します。

■ SMTP認証設定（/etc/postfix/main.cf）

```
smtpd_sasl_auth_enable = yes ——— SASLを有効にします
broken_sasl_auth_clients yes ——— 古いバージョンの認証でも使えるようにします
smtpd_recipient_restrictions = permit_mynetworks, ——— LANからのメールはOK
                               permit_sasl_authenticated, ——— SASL認証してたらOK
                               reject_unauth_destination ——— 知らない宛先はNG
```

「smtpd_recipient_restrictions」は、宛先によってはメールの受信を制限するための設定項目です。「permit_mynetworks」は、「mynetworks」に設定したLANからのメール送信は、どんな宛先のものでも受けとるという設定です。「permit_sasl_authenticated」は、同様にSASLで認証したクライアントからのメールは、どんな宛先のものでも受け取るという設定です。また、「reject_unauth_destination」は、自ドメイン宛のメールしか受け取らないという設定です。この3つを正しく設定していないと、SPAMの中継などに悪用されてしまう可能性があるため、正確に設定する必要があります。

設定ができたら、saslauthdサービスを起動し、postfixの設定の再読み込みを行います。

■ saslauthdサービスの起動とpostfixサービスの再読み込み

```
# systemctl start saslauthd.service Enter ——— saslauthdサービスの起動
# systemctl is-active saslauthd.service Enter ——— 状態の確認
active
```

また、システムの起動時に、自動でsaslauthdサービスを開始する設定が必要な場合には、そちらも設定しておきましょう。

■ 自動起動の設定

```
# systemctl enable saslauthd.service Enter
Created symlink /etc/systemd/system/multi-user.target.wants/saslauthd.service →
/usr/lib/systemd/system/saslauthd.service.
```

メールクライアントの設定

メールサーバでSMTP認証を有効にした場合は、メールクライアントでもSMTP認証を利用するように設定変更を行う必要があります。

Thunderbirdの［**ツール**］メニューから［**アカウント設定**］を選択し、アカウント設定画面を表示します。すると、図14-19のようなアカウント設定画面が表示されます。

01 02 03 04 05 06 07 08 09 10 11 12 13 14 15 16 17 18 19

01
02
03
04
05
06
07
08
09
10
11
12
13
14
15
16
17
18
19

図14-19 Mozilla Thunderbirdのアカウント設定画面

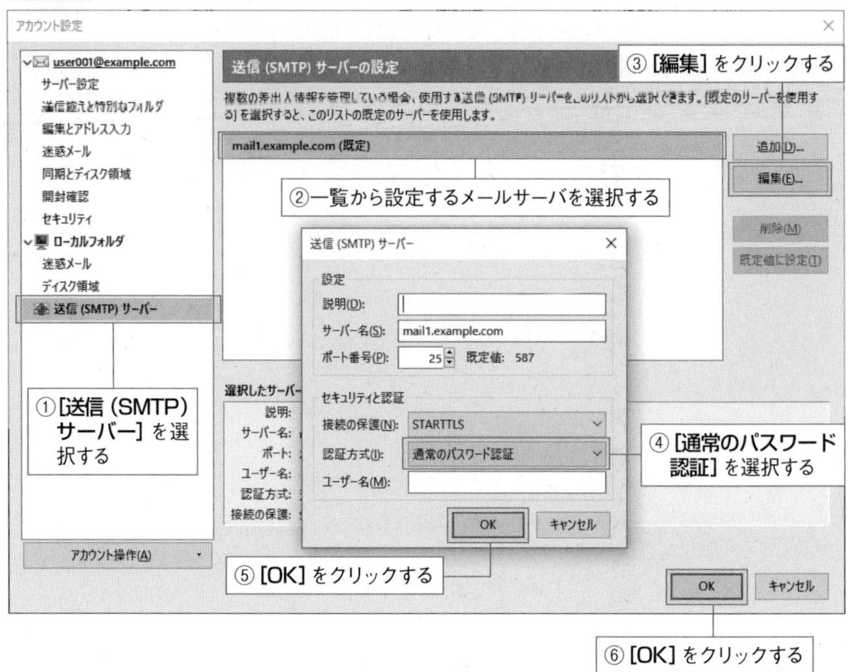

[送信 (SMTP) サーバー] をクリックし、送信 (SMTP) サーバーの設定を表示します。一覧の中から、メールサーバを選択し **[編集]** ボタンをクリックすると、詳細設定の画面が現れます。ここで、認証方式に **[通常のパスワード認証]** を選択します。**[OK]** をクリックすれば、設定は完了です。

この設定をすると、メールを送信する前にユーザ名・パスワードを使用して認証を行うようになります。自ドメインのユーザ (ローカルユーザ) への配送は承認しなくても送信することができます。

Web サーバ

インターネットにホームページを公開する場合には、Web サーバが必要です。この Chapter では、Web サーバの作り方について解説します。

Contents

Section 15-01

Apacheの基本的な設定を行う

CentOS 8に付属するApacheを使って、Webサーバを構築することができます。このセクションでは、Apacheの基本的な設定を行って、ホームページが見えるようにしましょう。

このセクションのポイント

1. Webサーバとクライアント間はHTTPというプロトコルを使用して通信を行う。
2. 日本語のホームページを公開するために、キャラクタセットを無効化しておく。
3. ホームページのデータを管理するユーザを作成すると便利である。

Webサーバの仕組み

Webサーバはホームページを公開するためのサーバです。Webサーバに対応するクライアントは、Webブラウザになります。

図15-1 Webサーバとクライアント

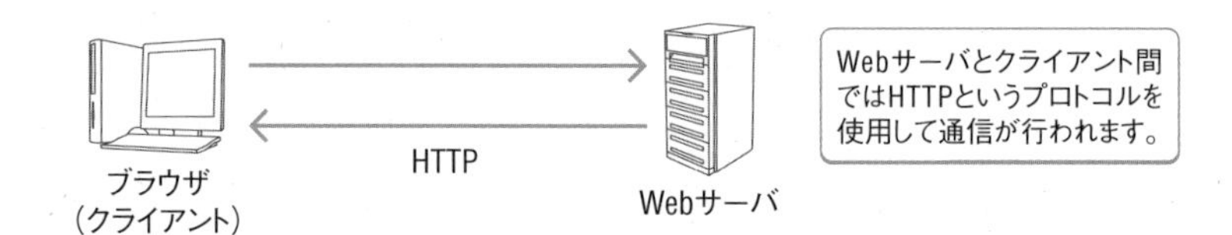

ブラウザのアドレス欄にURLを入力することで、自動的にホームページが表示されます。URLは、インターネットのどこにアクセスしたい情報があるかを記述する形式です。URLの各部分は、図15-2のように3つの部分から成り立っています。

図15-2 URLの構成

各部分には、次のような意味があります。

①スキーム名

アクセスしようとするリソースの種類をスキームと呼びます。ホームページを見る場合には、httpと指定します。また、暗号化されたページでは、httpsを使います。

②サーバ名

Webサービスを提供しているサーバのアドレスで、アクセスしようとするアドレスを指定します。アドレスの指定は例のようなホスト名のほかに、IPアドレスでの指定もできます。

③パス名

アクセスしたサーバで、どの位置にあるファイルにアクセスするかを指定します。

http://example.com/index.htmlをURLに指定すると、Webブラウザがexample.comで動作しているWebサーバにアクセスし、index.htmlというファイルを取得します。この間のやり取りは、HTTP[*1]というプロトコルで行われています。

*1 HyperText Transfer Protocol

設定前の準備

Webサーバの設定を行う前に、DNSでサーバを参照できるようにDNSマスタサーバを設定しておきましょう。

■ example.comのゾーンファイル（/var/named/example.com.zone）

```
www       IN      A             192.168.2.4
          IN      AAAA          2001:DB8::4
```

ここでは、www.example.comで動作するWebサーバを設定するという前提で説明していきます。

Apacheのインストール

CentOS 8では、ApacheというWebサーバを使うことができます。インストールするパッケージはhttpdです。

次のようにyumコマンドを使ってインストールを行います。

■ httpdのインストール

```
# yum install httpd Enter
メタデータの期限切れの最終確認: 0:41:55 時間前の 2019年10月24日 09時08分39秒 に
実施しました。
依存関係が解決しました。
================================================================================
 パッケージ              アーキテクチャー
```

```
                                バージョン                              リポジトリ サイズ
================================================================================
Installing:
 httpd              x86_64  2.4.37-12.module_el8.0.0+185+5908b0db  AppStream  1.7 M
依存関係をインストール中:
 apr                x86_64  1.6.3-9.el8                            AppStream  125 k
 apr-util           x86_64  1.6.1-6.el8                            AppStream  105 k
 centos-logos-httpd noarch  80.5-2.el8                             AppStream   24 k
 httpd-filesystem   noarch  2.4.37-12.module_el8.0.0+185+5908b0db  AppStream   35 k
 httpd-tools        x86_64  2.4.37-12.module_el8.0.0+185+5908b0db  AppStream  102 k
 mod_http2          x86_64  1.11.3-3.module_el8.0.0+185+5908b0db   AppStream  158 k
弱い依存関係をインストール中:
 apr-util-bdb       x86_64  1.6.1-6.el8                            AppStream   25 k
 apr-util-openssl   x86_64  1.6.1-6.el8                            AppStream   27 k
Enabling module streams:
 httpd                      2.4

トランザクションの概要
================================================================================
インストール  9 パッケージ

ダウンロードサイズの合計: 2.3 M
インストール済みのサイズ: 6.0 M
これでよろしいですか? [y/N]: y Enter  ――― 確認して y を入力
パッケージのダウンロード中です:
(1/9): apr-util-bdb-1.6.1-6.el8.x86_64.rpm           23 kB/s |  25 kB     00:01
(2/9): apr-1.6.3-9.el8.x86_64.rpm                   114 kB/s | 125 kB     00:01
(3/9): apr-util-openssl-1.6.1-6.el8.x86_64.rpm      371 kB/s |  27 kB     00:00
(4/9): apr-util-1.6.1-6.el8.x86_64.rpm               92 kB/s | 105 kB     00:01
(5/9): centos-logos-httpd-80.5-2.el8.noarch.rpm     333 kB/s |  24 kB     00:00
(6/9): httpd-filesystem-2.4.37-12.module_el8.0.0+185 487 kB/s |  35 kB     00:00
(7/9): mod_http2-1.11.3-3.module_el8.0.0+185+5908b0d 1.3 MB/s | 158 kB     00:00
(8/9): httpd-tools-2.4.37-12.module_el8.0.0+185+5908 587 kB/s | 102 kB     00:00
(9/9): httpd-2.4.37-12.module_el8.0.0+185+5908b0db.x 1.7 MB/s | 1.7 MB     00:00
--------------------------------------------------------------------------------
合計                                                668 kB/s | 2.3 MB     00:03
トランザクションの確認を実行中
トランザクションの確認に成功しました。
トランザクションのテストを実行中
トランザクションのテストに成功しました。
トランザクションを実行中
  準備             :                                                        1/1
  Installing       : apr-1.6.3-9.el8.x86_64                                 1/9
  scriptletの実行中: apr-1.6.3-9.el8.x86_64                                 1/9
```

```
  Installing        : apr-util-bdb-1.6.1-6.el8.x86_64                                 2/9
  Installing        : apr-util-openssl-1.6.1-6.el8.x86_64                             3/9
  Installing        : apr-util-1.6.1-6.el8.x86_64                                     4/9
  scriptletの実行中: apr-util-1.6.1-6.el8.x86_64                                     4/9
  Installing        : httpd-tools-2.4.37-12.module_el8.0.0+185+5908b0db.x86_64        5/9
  scriptletの実行中: httpd-filesystem-2.4.37-12.module_el8.0.0+185+5908b0db.no      6/9
  Installing        : httpd-filesystem-2.4.37-12.module_el8.0.0+185+5908b0db.no       6/9
  Installing        : centos-logos-httpd-80.5-2.el8.noarch                            7/9
  Installing        : mod_http2-1.11.3-3.module_el8.0.0+185+5908b0db.x86_64           8/9
  Installing        : httpd-2.4.37-12.module_el8.0.0+185+5908b0db.x86_64              9/9
  scriptletの実行中: httpd-2.4.37-12.module_el8.0.0+185+5908b0db.x86_64              9/9
  検証              : apr-1.6.3-9.el8.x86_64                                          1/9
  検証              : apr-util-1.6.1-6.el8.x86_64                                     2/9
  検証              : apr-util-bdb-1.6.1-6.el8.x86_64                                 3/9
  検証              : apr-util-openssl-1.6.1-6.el8.x86_64                             4/9
  検証              : centos-logos-httpd-80.5-2.el8.noarch                            5/9
  検証              : httpd-2.4.37-12.module_el8.0.0+185+5908b0db.x86_64              6/9
  検証              : httpd-filesystem-2.4.37-12.module_el8.0.0+185+5908b0db.no       7/9
  検証              : httpd-tools-2.4.37-12.module_el8.0.0+185+5908b0db.x86_64        8/9
  検証              : mod_http2-1.11.3-3.module_el8.0.0+185+5908b0db.x86_64           9/9

インストール済み:
  httpd-2.4.37-12.module_el8.0.0+185+5908b0db.x86_64
  apr-util-bdb-1.6.1-6.el8.x86_64
  apr-util-openssl-1.6.1-6.el8.x86_64
  apr-1.6.3-9.el8.x86_64
  apr-util-1.6.1-6.el8.x86_64
  centos-logos-httpd-80.5-2.el8.noarch
  httpd-filesystem-2.4.37-12.module_el8.0.0+185+5908b0db.noarch
  httpd-tools-2.4.37-12.module_el8.0.0+185+5908b0db.x86_64
  mod_http2-1.11.3-3.module_el8.0.0+185+5908b0db.x86_64

完了しました!
```

Apacheのディレクトリ構造

Apacheの主なファイルは図15-3のとおりです。保存場所を確認しておきましょう。

図15-3　Apacheの主なファイル

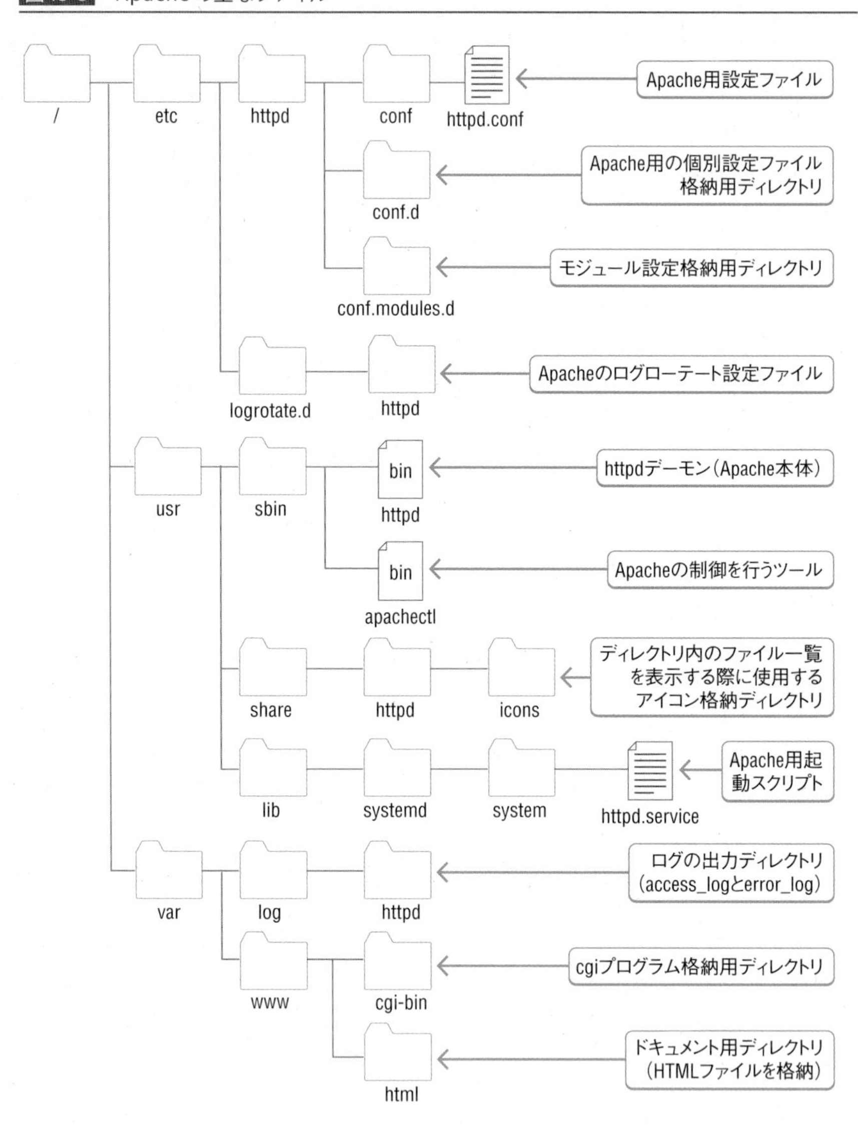

パケットフィルタリングの設定

Webサービスを公開するためには、パケットフィルタリングの設定を行う必要があります。

GUIで設定する

パケットフィルタリングの設定は、GUIで行うことができます。GUIから設定する場合には、ファイアウォールの設定画面で設定を行うゾーンを選択します。そして**[サービス]**タブのサービスの一覧で**[http]**をチェックします。セクション15-03で解説するhttpsの設定を行う場合には、**[https]**もチェックします。最後に**[オプション]**→**[永続的にする実行時設定]**を選択すると、設定が保存されます。

図15-4 パケットフィルタリングの設定

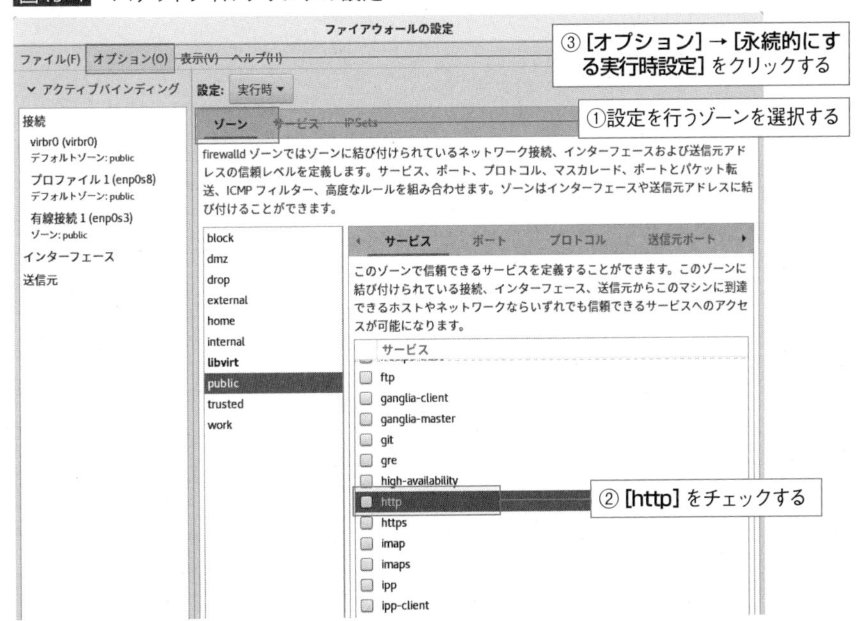

コマンドラインで設定する

パケットフィルタリングの設定をコマンドラインで行う場合には、firewall-cmdコマンドを使います。

■ パケットフィルタリングの設定

```
# firewall-cmd --add-service=http Enter
success
```

01 02 03 04 05 06 07 08 09 10 11 12 13 14 15 16 17 18 19

セクション15-03で解説されているhttpsの許可設定を行う場合には、httpsサービスの通信許可設定も行っておきます。

■ パケットフィルタリングの設定

```
# firewall-cmd --add-service=https [Enter]
success
```

設定が終了したら、パケットフィルタリングルールを保存します。

■ パケットフィルタリングルールの保存

```
# firewall-cmd --runtime-to-permanent [Enter]
success
```

Apacheの基本的な設定

httpdパッケージをインストールすると、Apacheの動作に必要な設定はほとんど行われています。しかし、そのままでは不便な場合がありますので、サービスの起動前にいくつかの設定を行っておきましょう。

サーバホスト名の設定

設定は、/etc/httpd/conf/httpd.confに行います。次のような箇所を探して、「ServerName」に自分のサーバの名前とポートを「:」で区切って設定します。

■ サーバホスト名の設定（/etc/httpd/conf/httpd.conf）

```
#
# ServerName gives the name and port that the server uses to identify itself.
# This can often be determined automatically, but we recommend you specify
# it explicitly to prevent problems during startup.
#
# If your host doesn't have a registered DNS name, enter its IP address here.
#
ServerName www.example.com:80 ―― サーバ名とポート
```

文字コード設定の無効化

Apacheの標準設定では、Linuxの標準的な文字コードであるUTF-8でホームページを公開することが前提となっています。しかし、ホームページのデータを古いWindowsで作成した場合には、文字コードはCP932となっています。そのため、そのままデータをアップロードしても、ブラウザで見ると文字化けしてしまいます。

古いWindowsでデータを作成する場合には、この状態を解消するため、標準で設定されている文字コードの指定を無効にしておきましょう。/etc/httpd/conf/httpd.conf内の「AddDefaultCharset」の設定を見つけてコメントアウトしましょう。

■ 文字コード設定の無効化（/etc/httpd/conf/httpd.conf）

```
#
# Specify a default charset for all content served; this enables
# interpretation of all content as UTF-8 by default.  To use the
# default browser choice (ISO-8859-1), or to allow the META tags
# in HTML content to override this choice, comment out this
# directive:
#
#AddDefaultCharset UTF-8 ——— コメントアウト
```

サービスの起動

設定ができたら、httpdサービスを起動することができます。

■ httpdサービスの起動

```
# systemctl start httpd.service Enter ——— httpdサービスを起動
# systemctl is-active httpd.service Enter ——— 状態を確認
active
```

また、システムの起動時に自動でhttpdサービスを開始する設定が必要な場合には、そちらも設定しておきましょう。

■ 自動起動の設定

```
# systemctl enable httpd.service Enter
Created symlink /etc/systemd/system/multi-user.target.wants/httpd.service →
/usr/lib/systemd/system/httpd.service.
```

ホームページのデータの配置

CentOS 8のApacheは、ホームページのデータを/var/www/html/に置くようになっています。最初の状態では、何もファイルが置かれていませんので、PCなどで作ったデータに置き換えましょう。

ファイルを配置するための設定

/var/www/html/の標準的なアクセスモードを見ると、次のようになっています。

■ パーミッションの確認

```
# ls -ld /var/www/html Enter
drwxr-xr-x. 2 root root 6 10月  8 06:44 /var/www/html/
```

このままでは、rootユーザからしか読み書きができず不便ですので、ホームページのデータを管理するユーザを作りましょう。

■ データ管理ユーザの作成

```
# useradd -d /var/www/html -u 400 -M webadm Enter ―― webadmユーザを作成
# passwd webadm Enter ―― パスワードを設定
ユーザー webadm のパスワードを変更。
新しいパスワード: ******** Enter ―― パスワードを入力
新しいパスワードを再入力してください: ******** Enter ―― パスワードを再入力
passwd: すべての認証トークンが正しく更新できました。
# chown webadm:webadm /var/www/html Enter ―― 所有者を変更
```

この例では、webadmというユーザを作成しています。useraddのオプションの「-d /var/www/html」は、/var/www/html/をホームディレクトリにするという意味です。「-u 400」はuidに400を指定するという意味です。ホームディレクトリを/home/配下以外にすると、SELinuxの調整時にエラーが発生することがあります。そのため、システムユーザを意味する500以下のuidを指定しています。また、このディレクトリはすでに存在するので「-M」を指定して、新たにディレクトリを作成しないように指定しています。そして、最後に/var/www/html/の所有者を変更して、webadmユーザが書き込みできるようにしています。

クライアントからのテストデータのアップロード

クライアントでテストページを作成し、それが閲覧できることを確認してみましょう。まず、クライアントで**［スタートメニュー］→［Windows アクセサリ］→［メモ帳］**を選択し、メモ帳を起動します。

図15-5 ノートパットでテストページを作成する

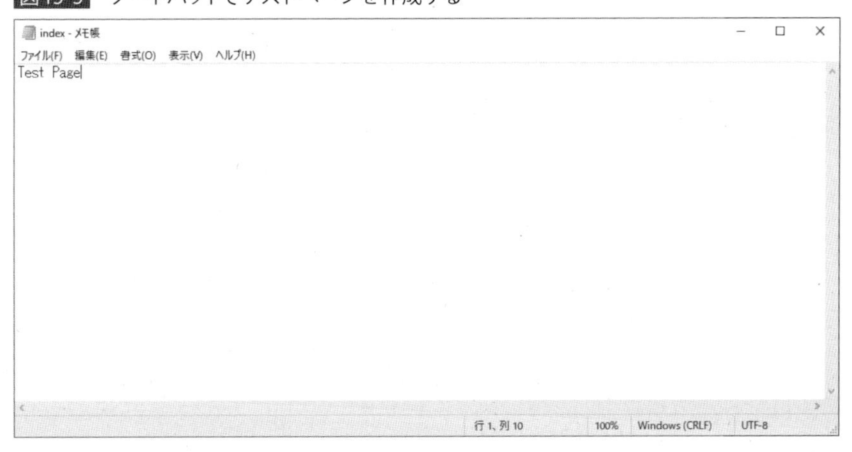

図のように簡単なテスト用の文字を入力します。日本語を使うには、HTMLの記法にしたがって日本語文字コードの定義などを含める必要があるので、ここでは例のように簡単な英語で作成して保存します。ここでは、「ドキュメント」フォルダに、「index.html」という名称で保管しています。

次に、**[スタートメニュー]→[Windows システム ツール]→[コマンド プロンプト]** をクリックし、コマンドプロンプトを表示します。次のように、scpコマンドで作成したindex.htmlをWWWサーバにコピーします。

■ WindowsからWWWサーバへのテストファイルのコピー

```
C:¥Users¥admin>cd Documents Enter ——— ファイルを保管したフォルダに移動

C:¥Users¥admin¥Documents>scp index.html webadm@www.example.com: Enter
                                                    ——— scpコマンドでファイルを転送
webadm@www.example.com's password: ******** Enter ——— webadmのパスワード
index.html                                        100%    18     0.0KB/s    00:00
```

ファイルがコピーできたら、サーバ側でファイルを確認しておきましょう。

■ パーミッションの確認

```
# ls -l /var/www/html/ Enter
合計 4
-rw-------. 1 webadm webadm 18 11月  5 16:33 index.html
```

Apacheは、apacheというユーザ権限で動作しています。apacheユーザからもファイルが見えるように、設定しておきます。

```
# chmod -R o+r /var/www/html/ Enter
```

クライアントで作成したホームページのデータがある場合には、同様の方法でファイルを配置することができます。

クライアントからの動作確認

テストファイルが配置できたら、クライアントのWebブラウザからApacheにアクセスしてみましょう。すでに、DNSが設定されている場合には、次のようにホスト名でURLを指定します。

http://www.example.com/

DNSが設定できていない場合には、IPアドレスで指定することもできます。

http://192.168.2.4/

Webブラウザに、先ほど配置したテストページが表示されれば正常です。

図15-6 テストページの表示

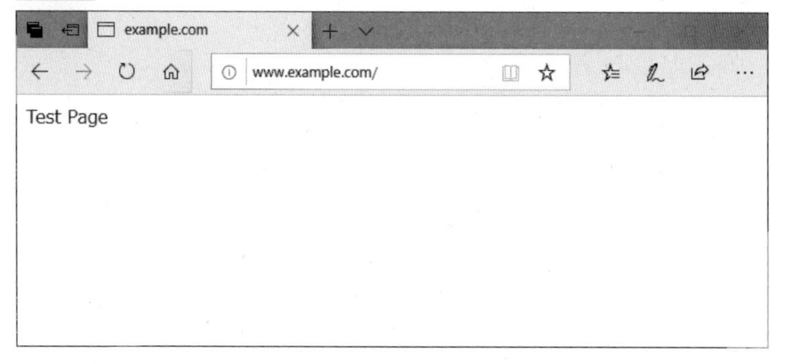

Apacheの応用設定

Section 15-02

Apacheの便利な設定を行う

Apacheはインストール直後の標準設定でもWebサーバとして使うことができます。ただし、そのままでは不便な場合もあります。このセクションでは、より便利に利用するための設定について説明します。

このセクションのポイント

1 Apacheへ設定を追加する場合には、新たな設定ファイルを作る。
2 一般公開したくないホームページは、Apacheの設定でアクセス制限を行うことができる。

Apacheへの設定追加の手順

ここまでの設定で、サーバ名や文字コードの設定等の標準的な設定を変更する場合には、/etc/httpd/conf/httpd.conf を編集してきました。

CentOS 8のApacheは、/etc/httpd/conf.d/に「xxx.conf」のように「.conf」で終わるファイル名で新しいファイルを作成すれば、それを自動的に読み込むようになっています。そのため、自分で追加の設定を行う場合には、このディレクトリにファイルを作成していくと便利です。

このセクションでは、/etc/httpd/conf.d/private.confというファイルを作成して、設定を行っていきます。設定を追加したら、次のようにして設定が正しいかどうかを検査します。問題がなければ、httpdに設定を再読み込みさせます。

■ 設定ファイルの確認、再読み込み

```
# apachectl configtest Enter ——— 設定の検査
Syntax OK ——— これが表示されることを確認
# systemctl reload httpd.service Enter ——— 設定の再読み込み
```

この後の説明では、設定ファイルの書き方だけを取り上げますが、設定を変更したら必ずこの手順で確認して、設定の再読み込みを行います。

クライアントによるアクセス制限

学校や社内など、信頼できるネットワークからのみアクセスできるようなホームページを作成したい場合、ディレクトリ単位でアクセスを許可・禁止することが可能です。

例えば、http://www.example.com/private/ のデータを192.168.2.0/24と2001:DB8::10/64のコンピュータからしかアクセスできないようにする場合には、次のように設定します。

■ アクセス制御（/etc/httpd/conf.d/private.conf）

```
<Directory "/var/www/html/private/">
    Require ip 192.168.2.0/255.255.255.0 ——— ipv4の場合
    Require ip 2001:DB8::./64 ——— ipv6の場合
    Require all denied
</Directory>
```

実際にhttp://www.example.com/private/ にアクセスしたときに、使われるデータは/var/www/html/private/に配置されています。そのため、アクセス制限の設定は、このディレクトリに対して行います。

アクセス制御の書式

ディレクトリへのアクセス制御は複数の設定を組み合わせることで、より高度な制限を行うことができます。

■ アクセス制御ルールの記述場所

```
<Directory ディレクトリのパス>

 ——— ここにアクセス制御ルールを記述します。

</Directory>
```

アクセスの許可は「Require」で設定します。表15-1のような項目が設定できます。

■ アクセスの許可、拒否の書式

```
Require 種別  アドレス許可リスト
Require not 種別  アドレス拒否リスト
```

表15-1 アクセス拒否リスト・許可リストへ設定できる項目

項目	種別	設定例	説明
すべて許可	all	Require all granted	すべてのアクセスを許可
すべて拒否	all	Require all denied	すべてのアクセスを拒否
ホスト名	host	Require host pc1.example.com	ホスト名をFQDNで指定
ホスト名の一部	host	Require host .co.jp	この文字列で終わるホスト名すべて
IPv4アドレス	ip	Require ip 192.168.2.4	完全なIPアドレス
IPv4アドレスの一部	ip	Require ip 192.168 Require ip 192.168.2	この文字列で始まるIPアドレス

IPv4ネットワーク	ip	Require ip 192.168.2.0/255.255.255.0 Require ip 192.168.2.0/24	IPアドレスとネットマスクを指定 IPアドレスとプレフィックスを指定
IPv6アドレス	ip	Require ip 2001:DB8::10	完全なIPv6アドレス
IPv6ネットワーク	ip	Require ip 2001:DB8::/64	IPv6アドレスとプレフィックスを指定

複数のアクセス許可リスト、アクセス拒否リストがある場合には、アクセス許可設定のいずれかにマッチするアクセスが許可されます(記載の順番は関係ありません)。

一部のアクセスのみを許可する場合には、以下のように設定を行います。

■ アクセス許可の設定例1 (/etc/httpd/conf.d/private.conf)

```
Require ip 192.168.1.0/255.255.255.0
Require all denied
```

この例では、192.168.1.0/255.255.255.0のコンピュータのみアクセスが許可され、そのほかのすべてのアクセスが拒否されます。

一部のアクセスのみを拒否する場合には、注意が必要です。例えば、下記のような設定の場合には、一見192.168.1.0/255.255.255.0のコンピュータが拒否されているように見えます。しかし、許可設定がすべてのアクセスを許可しているため192.168.1.0/255.255.255.0のコンピュータもアクセス許可設定にマッチしてしまいます。このような場合は設定の検査の段階でエラーと判定されます。

■ アクセス許可の設定失敗例 (/etc/httpd/conf.d/private.conf)

```
Require all granted
Require not ip 192.168.1.0/255.255.255.0
```

192.168.1.0/255.255.255.0のコンピュータのみのアクセスを拒否するためには、以下のように設定をする必要があります。

■ アクセス許可の設定例2 (/etc/httpd/conf.d/private.conf)

```
<RequireAll>
    Require not ip 192.168.1.0/255.255.255.0
    Require all granted
</RequireAll>
```

<RequireAll> ~ </RequireAll>の間の設定は、すべての条件にマッチしたアクセスのみが許可されます。上記の例では、192.168.1.0/255.255.255.0のコンピュータを除くすべてのアクセスが許可という設定になります。このように、notを用いたアクセス拒否設定は、<RequireAll> ~ </RequireAll>の中でしか使

用することができません。

広域のネットワークからのアクセスを許可し、その一部のネットワークからのアクセスを拒否したい場合には以下のように設定を行います。

■ アクセス許可の設定例3（/etc/httpd/conf.d/private.conf）

```
<RequireAll>
    Require ip 192.168.0.0/255.255.0.0
    Require not ip 192.168.1.0/255.255.255.0
</RequireAll>
```

上記の例では、192.168.1.0/255.255.255.0のコンピュータを除く192.168.0.0/255.255.0.0ネットワークからのアクセスのみを許可という設定になります。

ユーザによるアクセス制限

Apacheには、ユーザによるアクセス制限を行うための機能が提供されています。この機能は、**ベーシック認証**と呼ばれています。ベーシック認証では、ユーザ名とパスワードを確認し、正しい場合のみ特定のディレクトリにアクセスできるようになります。

パスワードファイルの作成

ベーシック認証は、Linuxのユーザとはまったく関係ありません。そのため、この機能を使うためには、まずは認証に使うパスワードファイルを作成する必要があります。パスワードはhttpdサービスを通してアクセスできない場所に作成しましょう。ここでは、/etc/httpd/conf/htpasswdというパスワードファイルを作成する場合を例として説明します。まずは、ファイルの雛形（空ファイル）を作成します。

■ パスワードファイルの作成

```
# touch /etc/httpd/conf/htpasswd Enter
```

このファイルは、Webサーバからの読み込みだけを許可する必要がありますので、所有者をapacheにして、apacheユーザしか読めないようにしておきます。

■ apacheユーザのみ読み書きできるよう設定

```
# chown apache /etc/httpd/conf/htpasswd Enter ―― 所有者をapacheにする
# chmod 600 /etc/httpd/conf/htpasswd Enter ―― 所有者しか読めないようにする
# ls -l /etc/httpd/conf/htpasswd Enter ―― 確認
-rw-------. 1 apache root 0 11月  5 17:08 /etc/httpd/conf/htpasswd
```

所有者のみ読み書きできる

所有者がapacheになっている

ベーシック認証ユーザの追加と削除

ユーザ名とパスワードの設定はhtpasswdコマンドで行います。引数に、先ほど作成したパスワードファイルの名前と追加するユーザ名を指定します。次は、adminというユーザを作成する例です。

■ ベーシック認証ユーザの作成

```
# htpasswd /etc/httpd/conf/htpasswd admin Enter ―― adminを追加
New password: ******** Enter ―― パスワードを入力
Re-type new password: ******** Enter ―― パスワードを再入力
Adding password for user admin
```

ユーザを削除する場合には、次のようにhtpasswdに「-D」オプションを指定して実行します。

■ ベーシック認証ユーザの削除

```
# htpasswd -D /etc/httpd/conf/htpasswd admin Enter ―― adminを削除
Deleting password for user admin
```

ベーシック認証の設定

パスワードファイルができたら、それをApacheの設定に反映します。例えば、http://www.example.com/private/ のデータをアクセスしたときに、ユーザ名とパスワードで認証するためには、次のように設定します。

■ ベーシック認証の設定（/etc/httpd/conf.d/private.conf）

```
<Directory "/var/www/html/private/">
<RequireAll>
    Require valid-user ―― 認証済みユーザのアクセスを許可する
    Require all granted
</RequireAll>

AuthType Basic ―― ベーシック認証を行うためにBasicを指定
AuthUserFile "/etc/httpd/conf/htpasswd" ―― 認証用パスワードファイル
AuthName "admin user only" ―― 認証の名前
</Directory>
```

認証の名前には、好きな名前を設定することができます。アクセス許可設定は、認証済みのユーザのアクセスをすべて許可するように設定されています。設定ができたら、httpdに設定を読み込ませます。

動作確認

実際に、Webブラウザからhttp://www.example.com/private/へアクセスすると、図15-7のような認証画面が表示されます。

図15-7 ベーシック認証の動作確認

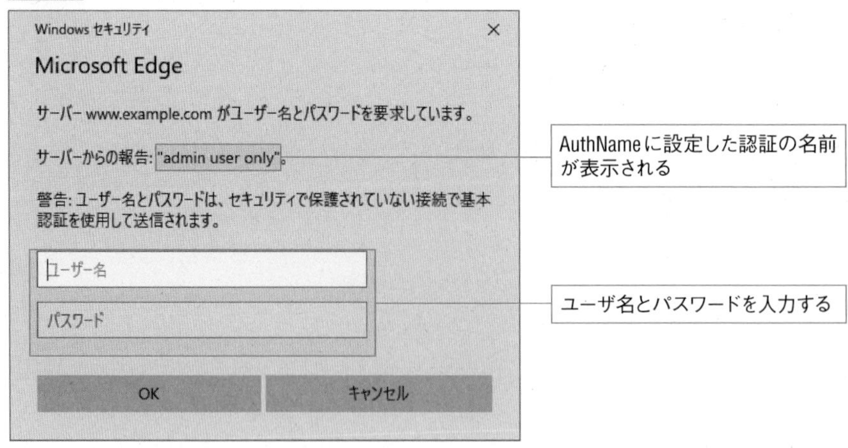

ユーザ名とパスワードを入力して認証を行います。正しいユーザ名とパスワードを入力し、ホームページが閲覧できるようになっていれば、設定は成功です。

ドキュメントの追加

標準設定では通常ホームページ用のデータは/var/www/html/に設置しますが、他の場所にあるファイルをホームページに使用することが可能です。例えば、次のような使い方ができます。

データの置き場所：/usr/local/html/
参照URL：http://www.example.com/local/

図15-8　他のディレクトリにあるファイルの参照例

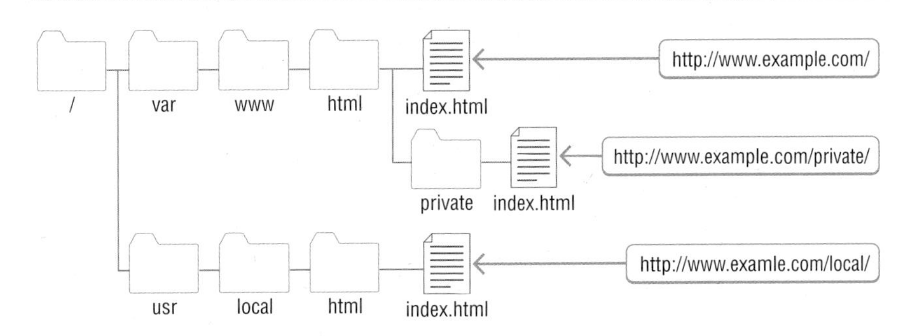

ホームページデータの配置

まずは、/usr/local/html/へホームページのデータを配置します。最初に、/usr/local/html/を作成し、所有者の設定を行いましょう。

■ ディレクトリの作成、所有者の変更

```
# mkdir /usr/local/html Enter
# chown webadm:webadm /usr/local/html Enter
```

このような設定を行っておけば、scpなどを使ってクライアントからwebadmでログインし、/usr/local/html/にファイルをアップロードできるようになります。さらに、アップロードしたファイルがhttpdから参照できるように、アクセス権を設定します。

■ 読み込み権の付与

```
# chmod -R o+r /usr/local/html Enter
```

ここまでは、/var/www/html/でホームページを公開する場合とほとんど同じ手順です。ただし、/usr/local/html/は勝手に作成したディレクトリですので、このままではSELinuxのファイルコンテキストの設定が邪魔になり、httpdからアクセスができません。そこで、次のようにして、ファイルコンテキストを、httpdから読み込みができる「httpd_sys_content_t」に設定しておきます。

■ SELinuxのファイルコンテキストの設定

```
# semanage fcontext -a -t httpd_sys_content_t "/usr/local/html(/.*)?" Enter
                                                    ―― ファイルコンテキストの設定
# restorecon -R /usr/local/html Enter ―― ファイルコンテキストの反映
# ls -ldZ /usr/local/html Enter ―― 確認
drwxr-xr-x. 2 webadm webadm unconfined_u:object_r:httpd_sys_content_t:s0 6 11月
5 17:14 /usr/local/html
```

ドキュメントディレクトリの設定

次に、Apacheの設定ファイルに、このディレクトリへのアクセス権を追加します。

■ ドキュメントディレクトリの設定（/etc/httpd/conf.d/private.conf）

```
# Alias for /usr/local/data
Alias /local/ "/usr/local/html/" ―― URLとの関連付け

<Location "/local"> ―― /localへアクセスしたときのアクセス権の設定
Require all granted
</Location>
```

最後のAliasの設定は、http://www.example.com/local/というURLでアクセスされたときに、/usr/local/html/のデータを読むようにする関連付けの設定です。また、このURLでアクセスされたときには、すべてクライアントから見えるように設定しています。

設定ができたら、httpdに設定を再読み込みさせ、Webブラウザから動作を確認しておきましょう。

アクセスの転送

自サーバへ来たアクセスを他のサイトへ転送することができます。例えば図15-9は、http://www.example.com/redirect_test.htmlへアクセスがあった場合にhttp://www.designet.jp/に転送を行う場合の動作例です。

図15-9 アクセスの転送の例

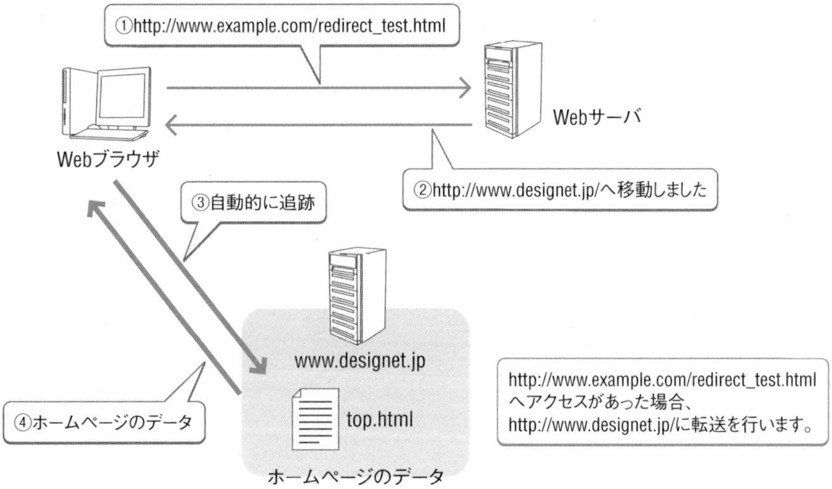

①http://www.example.com/redirect_test.html
Webブラウザ
Webサーバ
②http://www.designet.jp/へ移動しました
③自動的に追跡
www.designet.jp
④ホームページのデータ
top.html
ホームページのデータ
http://www.example.com/redirect_test.html
へアクセスがあった場合、
http://www.designet.jp/に転送を行います。

Webブラウザが、Webサーバからhttp://www.example.com/redirect_test.htmlのページを取得しようとすると、Webサーバはそのドキュメントが移動されたことを示すメッセージをWebブラウザに返却します。Webブラウザは、その情報を元に移動先のサーバから情報を自動的に取得します。このような処理をリダイレクトと呼びます。

このような設定を行う場合には、次の例のようにします。

■ アクセスの転送設定（/etc/httpd/conf.d/private.conf）

```
# Redirect to designet
Redirect /redirect_test.html http://www.designet.jp/top.html
```

転送元（/redirect_test.html）　転送先（http://www.designet.jp/top.html）

設定ができたら、httpdに設定を再読み込みさせ、Webブラウザから動作を確認しておきましょう。

エラー時のリダイレクト設定

Apacheでは、Webブラウザからリクエストされたページが存在しない場合などのエラーのときに表示するページを設定することができます。設定は、エラーの種類毎に行うことができます。

次は、その設定例です。

■ エラードキュメントの設定（/etc/httpd/conf.d/private.conf）

```
ErrorDocument  401  /notauth.html ——— 認証が失敗したとき
ErrorDocument  403  /forbidden.html ——— アクセス制限で拒否したとき
ErrorDocument  404  /notfound.html ——— ファイルが見つからないとき
```

「ErrorDocument」の後の「401」「403」「404」はHTTPステータスコードと呼ばれる番号です。401はベーシック認証によるアクセス制限で閲覧を許可されない場合、403はIPアドレスによるアクセス制限で閲覧を許可されない場合、404はファイルがみつからない場合です。このような設定を行っておくと、エラーが発生した場合に、指定したドキュメントへ自動的にリダイレクトします。

Section 15-03

仮想ホストの設定を行う

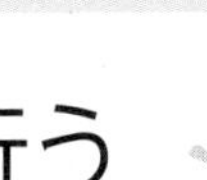

これまでの設定では、1つのWebサーバには1つのドメインしか設定できませんでした。仮想ホストは、1つのWebサーバで、複数のドメインを扱うための技術です。ここでは、仮想ホストの設定方法について解説します。

このセクションのポイント

1 1台のサーバで複数のドメインを扱うときは、仮想ホストを作る。
2 仮想ホストには、IPベースと名前ベースの2種類がある。
3 仮想ホストの名称をDNSレコードに登録する。

仮想ホストの仕組み

仮想ホストには、IPベースの仮想ホストと名前ベースの仮想ホストの2種類があります。それぞれの特徴は以下のとおりです。

IPベースの仮想ホスト

1台のサーバに複数のIPアドレスを割り当て、IPアドレス毎に処理するドメインを切り替えます。

名前ベースの仮想ホスト

1つのIPアドレスに、複数のドメイン名を割り当てます。どのドメインにアクセスしてきたかは、クライアントからのリクエストを解析して判断します。

設定前の準備

仮想ホストの設定を行う前に、仮想ホストの名称がDNSから参照できるように、DNSマスタサーバにレコードを設定しておきましょう。次の例は、IPベースの仮想ドメインとしてipvirtual-1.example.com、ipvirtual-2.example.com、名前ベースの仮想ホストとしてnamevirtual-1.example.com、namevirtual-2.example.comを登録する場合です。

■ example.comのゾーンファイル（/var/named/example.com.zone）

```
ipvirtual-1       IN A          192.168.2.5
ipvirtual-2       IN A          192.168.2.6
namevirtual-1     IN A          192.168.2.5
namevirtual-2     IN A          192.168.2.5
```

IPベースの仮想ホストの設定

192.168.2.4の他に192.168.2.5と192.168.2.6というIPアドレスを持ったサーバを例にして、IPベースの仮想ホストの設定を解説します。

192.168.2.5ではipvirtual-1.example.com、192.168.2.6ではipvirtual-2.example.comという仮想ホストを作成します。次の例のように仮想ホスト毎に設定ファイルを作ると管理が便利です。

■ IPベースの仮想ホストの設定（/etc/httpd/conf.d/192.168.2.5.conf）

```
<VirtualHost 192.168.2.5:80> ――― IPアドレスとポートを指定
ServerName ipvirtual-1.example.com
DocumentRoot /var/www/ipvirtual-1.example.com/
ServerAdmin webmaster@example.com
ErrorLog /var/log/httpd/ipvirtual-1-error_log
CustomLog /var/log/httpd/ipvirtual-1-access_log combined
</VirtualHost>

<Directory /var/www/ipvirtual-1.example.com> ――― ドキュメントに対するアクセス許可
    Require all granted
</Directory>
```

■ IPベースの仮想ホストの設定（/etc/httpd/conf.d/192.168.2.6.conf）

```
<VirtualHost 192.168.2.6:80> ――― IPアドレスとポートを指定
ServerName ipvirtual-2.example.com
DocumentRoot /var/www/ipvirtual-2.example.com/
ServerAdmin webmaster@example.com
ErrorLog /var/log/httpd/ipvirtual-2-error_log
CustomLog /var/log/httpd/ipvirtual-2-access_log combined
</VirtualHost>

<Directory /var/www/ipvirtual-2.example.com> ――― ドキュメントに対するアクセス許可
    Require all granted
</Directory>
```

<VirtualHost IPアドレス:ポート> ~ </VirtualHost>の間が仮想ホストの設定ブロックです。それぞれ、設定内容の意味は、以下のとおりです。

表15-2 <VirtualHost>の設定内容

項目	説明
DocumentRoot	Web上で表示されるドキュメントルートを指定します。「http://ホスト名/」へアクセスしたときにここで指定したディレクトリ配下のデータが使用されます。このディレクトリに対するアクセス許可設定を行う必要があります。
ServerName	仮想ホストのホスト名を指定します。
ServerAdmin	サーバの管理者のメールアドレスを指定します。システム管理者、サイトの管理者のアドレスを指定します。
ErrorLog	エラーログの出力先を指定します。
CustomLog	アクセスログの出力先を指定します。ログフォーマットには、combined、common、refererといったフォーマットがあります。標準ではcombinedを指定します。

これ以外にも、ここまでで解説してきたアクセスの転送の設定(Redirct)やエラードキュメントの設定(ErrorDocument)も、この設定ブロックの中に設定することで、仮想ドメイン毎に設定することができます。

仮想ホスト毎にDocumentRootを指定して、別々のドキュメントを設定することができます。この例では、/var/www/にホスト名でディレクトリを作成しています。アクセス許可の設定やディレクトリの所有者の変更方法なども必要ですので、セクション15-02で解説したドキュメントの追加の手順を参照して行ってください。

設定ができたら、httpdサービスを再起動します。/var/www/ipvirtual-1.exampel.com/と/var/www/ipvirtual-2.example.com/に別々のデータを配置し、実際にhttp://ipvirtual-1.example.com/とhttp://ipvirtual-2.example.com/にアクセスし、違いを確認しましょう。

名前ベースの仮想ホストの設定

IPベースの仮想ホストは、1つのドメインに対して1つのIPアドレスが必要になります。そのため、たくさんのグローバルアドレスを使ってしまいます。最近は、IPv4のアドレスが不足していますので、たくさんのIPアドレスを使うことができなくなっています。そのため、1つのIPアドレスで複数のドメインを扱うことができる名前ベースの仮想ホストが使われます。

次は、192.168.2.4:80の1つのIPアドレスのポートに、namevirtual-1.example.com、namevirtual-2.example.comという2つの仮想ホストを作成する場合の設定例です。

■ 名前ベースの仮想ホストの設定 (/etc/httpd/conf.d/192.168.2.4.conf)

```
<VirtualHost 192.168.2.4:80> ——— namevirtual-1.example.comの設定
ServerName namevirtual-1.example.com
DocumentRoot /var/www/namevirtual-1.example.com
ServerAdmin webmaster@example.com
ErrorLog /var/log/httpd/namevirtual-1-error_log
CustomLog /var/log/httpd/namevirtual-1-access_log combined
</VirtualHost>

<Directory /var/www/namevirtual-1.example.com> ——— ドキュメントに対するアクセス許可
    Require all granted
</Directory>

<VirtualHost 192.168.2.4:80> ——— namevirtual-2.example.comの設定
ServerName namevirtual-2.example.com
DocumentRoot /var/www/namevirtual-2.example.com
ServerAdmin webmaster@example.com
ErrorLog /var/log/httpd/namevirtual-2-error_log
CustomLog /var/log/httpd/namevirtual-2-access_log combined
</VirtualHost>

<Directory /var/www/namevirtual-2.example.com> ——— ドキュメントに対するアクセス許可
    Require all granted
</Directory>
```

各仮想ホストの設定は、IPベースの仮想ホストとほぼ同じです。

設定ができたら、httpdに設定を再読み込みさせます。/var/www/namevirtual-1.exmaple.com/と/var/www/namevirtual-2.example.com/に別々のデータを配置し、実際にhttp://namevirtual-1.example.com/とhttp://namevirtual-2.example.com/にアクセスし、違いを確認しましょう。

SSL

Section 15-04

SSL対応のWebサーバを作成する

クレジットカードや個人情報を扱う重要なページをWeb上で扱う場合には、HTTPをSSL/TLSで暗号化したプロトコルHTTPSを使います。このセクションでは、ApacheでHTTPSを扱う場合の設定方法について解説します。

このセクションのポイント

1. SSL対応のWebサーバを作るためには、mod_sslというパッケージが必要である。
2. SSL対応のWebサーバは、仮想ドメインとして設定する。
3. SSLの設定では、証明書や鍵ファイルの場所を設定する。

HTTPSの設定

HTTPSはHTTPをSSL/TLSで暗号化したプロトコルです。HTTPSはTCPの443ポートを使用します。CentOS 8でHTTPSを扱う場合には、httpsサービスへのアクセスを許可する必要があります。

なお、パケットフィルタリングの設定は、セクション15-01のパケットフィルタリングの説明を参照してください。

mod_sslのインストール

Apacheでは、HTTPSを使用した仮想ホストを作成することができます。そのためには、mod-sslというパッケージが必要になります。次のようにyumコマンドを使ってインストールを行います。

■ mod-sslのインストール

```
# yum install mod_ssl Enter
メタデータの期限切れの最終確認: 0:23:13 時間前の 2019年11月06日 09時17分46秒 に
実施しました。
依存関係が解決しました。
================================================================================
 パッケージ アーキテクチャー
                        バージョン                              リポジトリ    サイズ
================================================================================
Installing:
 mod_ssl    x86_64    1:2.4.37-12.module_el8.0.0+185+5908b0db     AppStream    130 k

トランザクションの概要
================================================================================
インストール  1 パッケージ
```

```
ダウンロードサイズの合計: 130 k
インストール済みのサイズ: 268 k
これでよろしいですか? [y/N]: y Enter ——— 確認してyを入力
パッケージのダウンロード中です:
mod_ssl-2.4.37-12.module_el8.0.0+185+5908b0db.x86_64 103 kB/s | 130 kB     00:01
--------------------------------------------------------------------------------
合計                                                 55 kB/s | 130 kB     00:02
トランザクションの確認を実行中
トランザクションの確認に成功しました。
トランザクションのテストを実行中
トランザクションのテストに成功しました。
トランザクションを実行中
  準備             :                                                          1/1
  Installing       : mod_ssl-1:2.4.37-12.module_el8.0.0+185+5908b0db.x86_64     1/1
  scriptletの実行中: mod_ssl-1:2.4.37-12.module_el8.0.0+185+5908b0db.x86_64     1/1
  検証             : mod_ssl-1:2.4.37-12.module_el8.0.0+185+5908b0db.x86_64     1/1

インストール済み:
  mod_ssl-1:2.4.37-12.module_el8.0.0+185+5908b0db.x86_64

完了しました!
```

Apacheの設定

mod_sslをインストールすると、/etc/httpd/conf.d/ssl.confという設定ファイルが作成されます。このファイルに、仮想ホストに対してSSL/TLSを使う設定を行います。HTTPS サービスのポート番号は443ですので、443 番ポートを扱う仮想ホストを作成し、そこにSSL/TLS の設定を行うようになっています。次は、https://www.example.com/でアクセスできる仮想ホストの設定例です。

■ 仮想ホストの設定（/etc/httpd/conf.d/ssl.conf）

```
Listen 443 https
SSLPassPhraseDialog exec:/usr/libexec/httpd-ssl-pass-dialog
SSLSessionCache         shmcb:/run/httpd/sslcache(512000)
SSLSessionCacheTimeout  300
SSLCryptoDevice builtin

<VirtualHost _default_:443> ——— 443番ポートに対する仮想ホスト
DocumentRoot "/var/www/ssl" ——— 適切なディレクトリに変更
ServerName www.example.com:443 ——— 適切なサーバ名に変更
ErrorLog logs/ssl_error_log
TransferLog logs/ssl_access_log
LogLevel warn
```

```
SSLEngine on
SSLHonorCipherOrder on
SSLCipherSuite PROFILE=SYSTEM
SSLProxyCipherSuite PROFILE=SYSTEM
SSLCertificateFile /etc/pki/tls/certs/www.example.com.crt ——— 用意したSSL/TLS証明書の
                                                              パスに変更
SSLCertificateKeyFile /etc/pki/tls/private/www.example.com.key ——— 用意した鍵ファイル
                                                                   のパスに変更
<FilesMatch "\.(cgi|shtml|phtml|php)$">
    SSLOptions +StdEnvVars
</FilesMatch>

<Directory "/var/www/cgi-bin">
    SSLOptions +StdEnvVars
</Directory>

BrowserMatch "MSIE [2-5]" \
         nokeepalive ssl-unclean-shutdown \
         downgrade-1.0 force-response-1.0

CustomLog logs/ssl_request_log \
          "%t %h %{SSL_PROTOCOL}x %{SSL_CIPHER}x \"%r\" %b"
</VirtualHost>
```

この例のように、SSL/TLSを有効にし、証明書と対応する鍵ファイルを設定します（証明書の作成方法については、Chapter 19を参照してください）。

表15-3　SSL/TLSに関係する主な設定

項目	説明
SSLEngine	SSLを使用の有無を指定します。使用する場合は、「On」を使用しない場合は、「Off」を指定します。
SSLCertificateFile	証明書ファイルをフルパスで指定します。
SSLCertificateKeyFile	サーバの秘密鍵ファイルをフルパスで指定します。
SSLCACertificateFile	認証局の関する証明書ファイルが必要な場合に、証明書ファイルをフルパスで指定します。プライベート証明書を使う場合には、認証局の設定として必要です。自己署名証明書の場合には、設定は必要ありません。

メモ

グローバル証明書を使う場合には、通常はSSLCACertificateFileは必要ありません。ただし、証明書発行機関が「中間証明書」という特別な証明書を発行することがあります。そのような場合には、SSLCACertificateFileを使って設定を行います。

設定が完了したら、設定を反映する前に証明書と秘密鍵を指定した場所に配置します。証明書の配置が完了したら、設定ファイルの確認を行い、Apacheの再起動を行います。

■ Apacheの再起動

```
# apachectl configtest Enter
Syntax OK
# systemctl restart httpd.service Enter
```

鍵ファイルにパスフレーズが掛かっている場合には、サービスの起動時に入力待ちになりますので、パスフレーズを入力します。Apacheの再起動が完了したら、https://www.example.com/にアクセスを行い、動作を確認しておきましょう。

サーバ仮想化

CentOSでは、KVMと呼ばれる仮想化技術が採用されています。KVMを利用すると、1つのCentOSサーバ上に、仮想的なコンピュータを作成し、それぞれに個別のOS環境を作成することができます。このChapterでは、CentOSに仮想サーバ環境を作成する方法について解説します。

Contents

Section 16-01

仮想化

仮想サーバを理解する

実際に仮想サーバを作成する前に、仮想サーバの概要とCentOSが採用しているKVMの特徴について理解しておきましょう。

このセクションのポイント

1 仮想サーバを使うことで、コンピュータの性能をフル活用できる。
2 KVMは、仮想サーバを動作させるハイパーバイザーの一種である。
3 KVMを利用するには、Intel VT-Xなどのハードウェアサポートが必要である。
4 KVMは、Linuxカーネルに統合されていて、高速に動作する。

サーバを仮想化するメリット

仮想化は、1台の物理的なコンピュータの上に、何台かの仮想的なコンピュータを作成する技術です。仮想化を行うことには様々なメリットがあります。

スクラップ&ビルドが簡単である

ソフトウェアの開発や試用、Linuxの勉強のために、何台ものコンピュータが必要になる場合があります。仮想サーバであれば、ハードディスクの容量が許す限り、何台でも作成することができます。また、不要になったら、すぐに削除することもできます。このような一時的な用途には、仮想サーバは最適なソリューションです。

コンピュータの性能をフル活用できる

コンピュータの性能は年々よくなり、一台のコンピュータにたくさんのCPUやメモリを搭載できます。そのため、あまり利用度の高くないサービスの場合には、コンピュータの性能を十分に利用することができません。例えば、数十人しか利用しないようなWWWサーバでは、コンピュータの性能のほとんどが使われません。

仮想化をすると、1台のコンピュータ上に、いくつものサービスをインストールすることができ、コンピュータの性能を十分に引き出すことができます。

システムを単純化する

本書で紹介している様々なサービスは、1つのLinux上に混在することもできます。例えば、Webサーバ、メールサーバ、DNSサーバを1つのLinux上にインストールすることは可能です。しかし、サーバ上の設定は、どんどん複雑になってわかりにくくなってしまいます。

1つのサービスに1つの仮想サーバを利用するようにすると、設定が単純でわかりやすくなります。さらに、各サーバを別々の担当者が管理するという分担もしやすくなります。

古いOSやアプリケーションを利用できる

サーバの故障やサポート終了で、利用中のアプリケーションを新しいハードウェアで使いたい場合があります。しかし、なかなか簡単にはできません。新しいハードウェアは古いOSに対応できなかったり、アプリケーションが最新のOSで動作しなかったりするためです。

仮想サーバでは古いOSも動作します。そのため、仮想サーバを最新のハードウェア上で動かせば、このようなアプリケーションも利用できるようになるのです。

仮想化の仕組み

図16-1は、仮想化の仕組みを表しています。図のように、各仮想サーバでは、キーボードやマウスなどの入力装置、CPU、メモリ、ハードディスクなどの各種ハードウェアをエミュレートし、独立したサーバ環境を作り出します。

図16-1 仮想化のしくみ

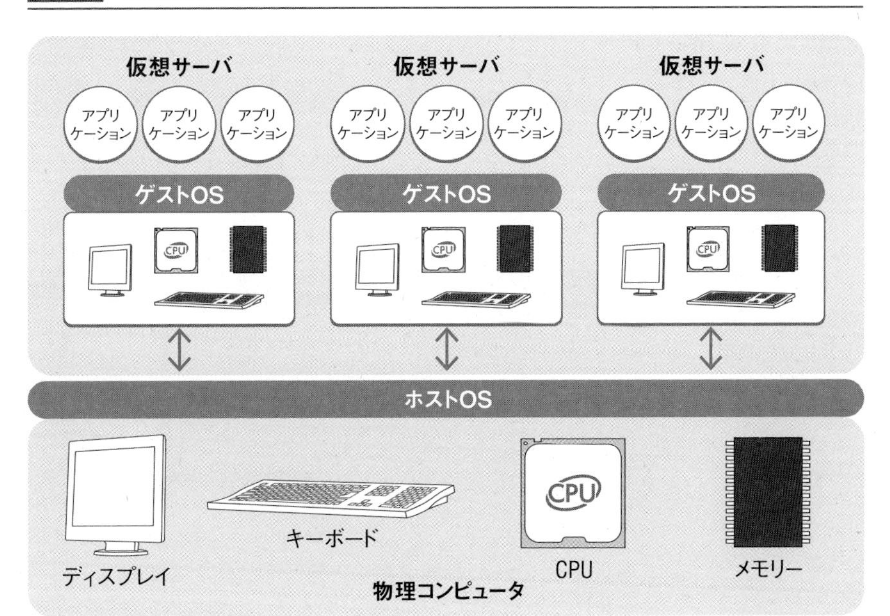

1つのサーバの中には、複数の仮想サーバを動作させることができます。LinuxとWindowsといった別々のOSを動かすこともできます。この仮想サーバのことをゲストOSと呼び、ハードウェアを直接制御しているOSのことをホストOSと呼びます。また、このような仮想化を実現するためのソフトウェアをハイパーバイザーと呼びます。

ハイパーバイザーには、仮想マシンを動かすための機能をエミュレートするため、OSに必要な様々な機能が必要になります。このChapterで扱うKVMは、ハイパーバイザーの一種です。他に、Xen、VmWare、VirtualBox、Hyper-Vなどが知られています。

準仮想化

Xen、Hyper-V、VMWareなどのハイパーバイザーは、準仮想化という方法を使っています。各ゲストOSには特別なデバイスドライバをインストールします。ゲストOSが、このデバイスドライバを通してホストOSにハードウェアの処理を依頼します。ホストOSは、その要求にしたがって処理を行い結果を返します。

準仮想化では、仮想化のオーバーヘッドを最小に抑えることができます。しかし、特別なデバイスドライバが必要なため、デバイスドライバが用意されているOSしか、稼働させることができません。

図16-2 準仮想化

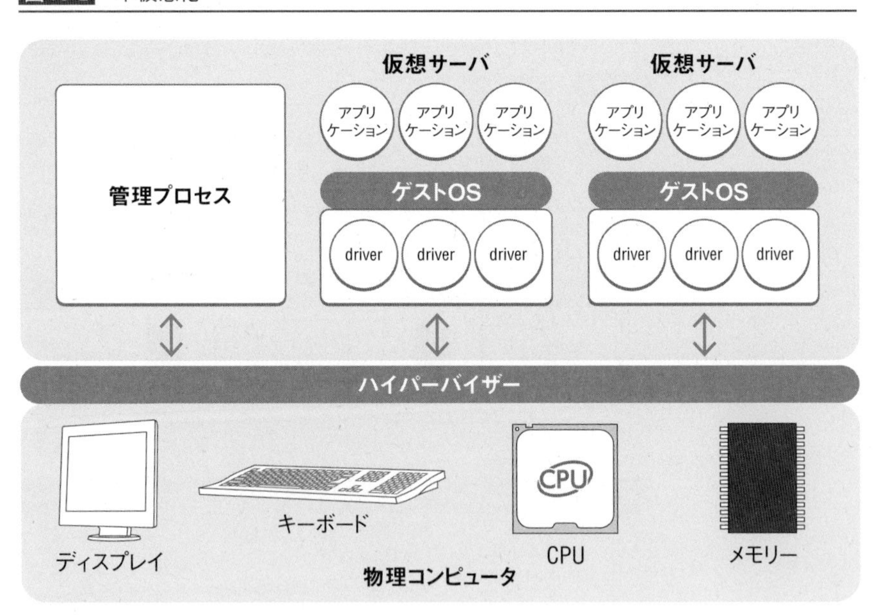

準仮想化では、各種デバイスドライバのエミュレーションや仮想サーバの管理のために、専用のプロセスを割り当てて処理を行います。そのため、ハイパーバイザーに様々な処理を実装しなければなりません。

完全仮想化

完全仮想化では、ホストOSがハードウェアの機能をエミュレーションします。そのため、ゲストOSからは、物理コンピュータ上で動作しているのと同じ条件のように見えます。エミューレーションのオーバーヘッドは比較的大きいので、性能が劣化するという欠点があります。そのため、この欠点をハードウェア的にサポートする機能を持ったコンピュータでしか動作することができません。この機能は、Intel VT-X、AMD Pacifica hardware virtualizationなどです。最近ではノート型PCを含む、ほとんどのコンピュータで利用することができます。

KVMの特徴

KVMは、完全仮想化のハイパーバイザーです。KVMは、Linuxカーネルに統合されていて、デバイスドライバなどのカーネルの提供する機能を利用することができます。そのため、準仮想化のハイパーバイザーに比べて、新しい技術の取り入れが早く、安定性も優れています。KVMには、他にも次のような特徴があります。

高速なハイパーバイザー

KVMは、Linuxのリアルタイム処理の技術を利用して作られていて、ゲストOSの性能を最大限に引き出すことができます。

リソース管理

KVMでは、ゲストOSはLinuxプロセスとして動作します。そのため、Linuxの機能を利用して細かなリソース制限を掛けることができます。割り当てられるCPUの数や、利用比率なども制御できます。

様々なネットワーク技術を利用可能

Linuxがサポートしているすべての種類のNICに対応できます。高速LANカードや無線LANなども、そのまま利用できます。また、ハイパーバイザーのネットワークインタフェースをブリッジで共有したり、NAT型の通信を行うこともできます。

様々なストレージに対応

LinuxでサポートされているLVMやiSCSIなどのストレージの技術をそのまま使え、高速さも引き継ぐことができます。

オンデマンドストレージ

仮想マシンに割り当てるディスク領域を、事前に割り当てる方式とオンデマンドでの割り当て方式から選択することができます。事前割り当ては、ディスクを連続的に利用し高速に動作します。オンデマンド割り当ては、ディスクを有効に活用できます。

ライブマイグレーション

実行中の仮想マシンを他のホストに移動する機能をライブマイグレーションと呼びます（図16-3）。この機能を利用すると、負荷の高いホストから余裕のあるホストへゲストOSを無停止で移動させ、再配置できます。

図16-3　ライブマイグレーション

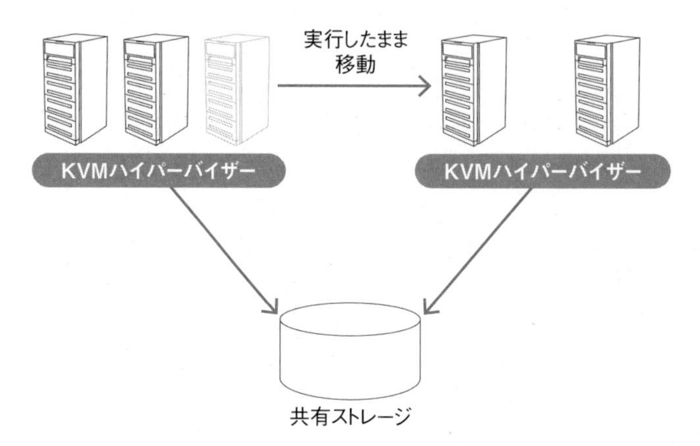

Section 16-02

仮想マシンマネージャ

KVMをインストールする

仮想化の機能を利用するために、このセクションでは仮想マシンマネージャをインストールします。

このセクションのポイント

1 virt-managerコマンドをインストールする。

KVMのインストール

仮想化の機能を利用するには、まずKVMに関連するパッケージをインストールします。

次のようにyumコマンドを使ってvirt-managerをインストールします。

■ virt-managerのインストール

```
# yum install virt-manager Enter
メタデータの期限切れの最終確認: 1:13:11 時間前の 2019年11月06日 09時17分46秒 に
実施しました。
依存関係が解決しました。
==========================================================================================
 パッケージ              アーキテクチャー
                                 バージョン                            リポジトリ  サイズ
==========================================================================================
Installing:
 virt-manager          noarch  2.0.0-5.1.el8                          AppStream  365 k
依存関係をインストール中:
 python3-libvirt       x86_64  4.5.0-2.module_el8.0.0+189+f9babebb    AppStream  291 k
 virt-manager-common   noarch  2.0.0-5.1.el8                          AppStream  921 k

トランザクションの概要
==========================================================================================
インストール  3 パッケージ

ダウンロードサイズの合計: 1.5 M
インストール済みのサイズ: 8.4 M
これでよろしいですか? [y/N]: y Enter ——— 確認して y を入力
パッケージのダウンロード中です:
(1/3): python3-libvirt-4.5.0-2.module_el8.0.0+189+f9 1.6 MB/s | 291 kB     00:00
(2/3): virt-manager-2.0.0-5.1.el8.noarch.rpm         1.7 MB/s | 365 kB     00:00
(3/3): virt-manager-common-2.0.0-5.1.el8.noarch.rpm  1.1 MB/s | 921 kB     00:00
```

```
--------------------------------------------------------------------------------
合計                                                 688 kB/s | 1.5 MB     00:02
トランザクションの確認を実行中
トランザクションの確認に成功しました。
トランザクションのテストを実行中
トランザクションのテストに成功しました。
トランザクションを実行中
  準備              :                                                          1/1
  Installing        : python3-libvirt-4.5.0-2.module_el8.0.0+189+f9babebb.x86_6   1/3
  Installing        : virt-manager-common-2.0.0-5.1.el8.noarch                   2/3
  Installing        : virt-manager-2.0.0-5.1.el8.noarch                          3/3
  scriptletの実行中: virt-manager-2.0.0-5.1.el8.noarch                           3/3
  検証              : python3-libvirt-4.5.0-2.module_el8.0.0+189+f9babebb.x86_6   1/3
  検証              : virt-manager-2.0.0-5.1.el8.noarch                          2/3
  検証              : virt-manager-common-2.0.0-5.1.el8.noarch                   3/3

インストール済み:
  virt-manager-2.0.0-5.1.el8.noarch
  python3-libvirt-4.5.0-2.module_el8.0.0+189+f9babebb.x86_64
  virt-manager-common-2.0.0-5.1.el8.noarch

完了しました!
```

仮想サーバ

Section 16-03

仮想サーバをインストールする

仮想マシンマネージャをインストールしたら、さっそく仮想サーバをインストールしてみましょう。

このセクションのポイント

1. ISOイメージからOSをインストールすることができる。
2. 仮想マシンに割り当てる、CPU、メモリ、ディスク容量を作成時に指定する。
3. ネットワーク設定では、NATかブリッジを行うインタフェースが選択できる。
4. 仮想マシンが作成されると、自動的にインストールがスタートする。

libvirtdサービスの起動

KVMを使用するには、libvirtdサービスを起動する必要があります。次のようにサービスを起動します。

```
# systemctl start libvirtd.service Enter
```

さらに、システムの起動時に、自動的にサービスが起動されるように設定しておきましょう。

```
# systemctl enable libvirtd.service Enter
```

仮想マシンマネージャの起動

KVMを利用するたに、仮想マシンマネージャを起動します。**[アクティビティ]**→**[アプリケーションを表示する]**→**[仮想マシンマネージャー]**と選択し、仮想マシンマネージャを起動します。すると、仮想マシンマネージャーが起動します。起動直後に、仮想マシンマネージャはKVMを管理するプログラムと通信を行おうとします。すると、図16-4のような認証画面が表示されます。

図16-4 認証画面

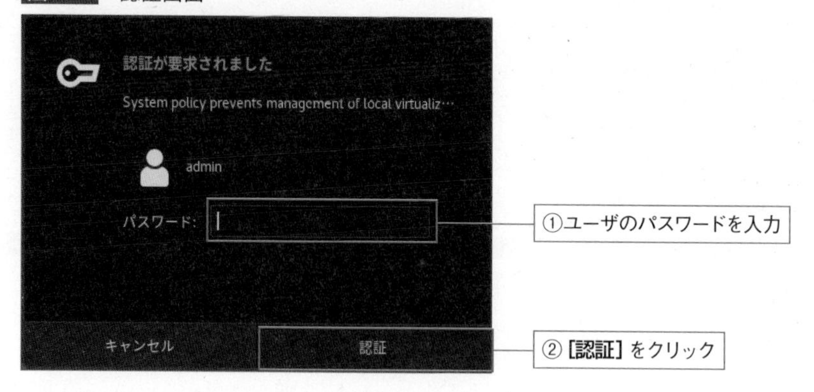

ユーザのパスワードを入力し、**[認証]** をクリックすると接続が行われ、図16-5のような仮想マシンマネージャの画面が表示されます。

図16-5 起動直後の仮想マシンマネージャ

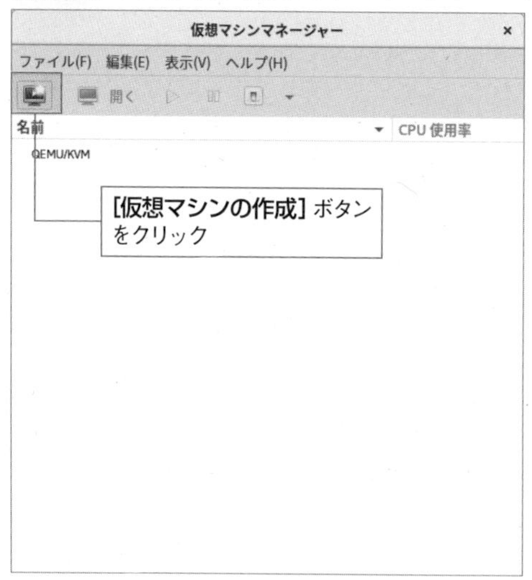

仮想サーバの作成

仮想サーバを作成するには、画面の左上にある **[仮想マシンの作成]** ボタンをクリックします。すると、図16-6のような新しい仮想マシンを作成が表示されます。

図16-6 新しい仮想マシンを作成（ステップ1/5）

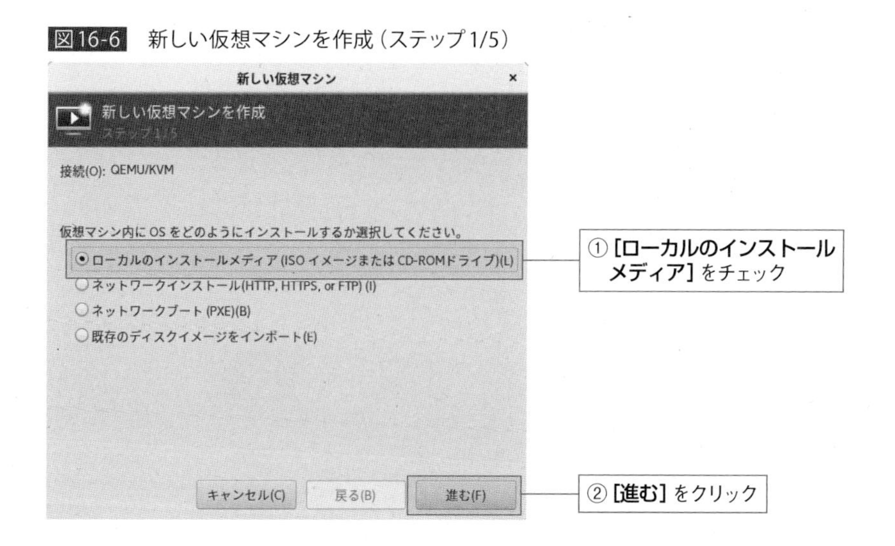

この画面では、仮想マシンのインストール方法を選択します。

ISOからのインストール

インストールするOSのISOイメージを用意し、**[ローカルのインストールメディア]** を選択し、**[進む]** をクリックします。すると、図16-7のような画面が表示されます。

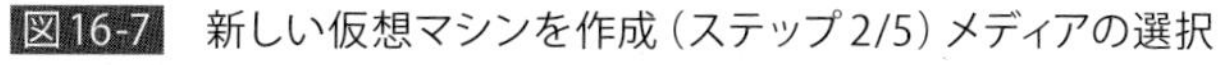
図16-7 新しい仮想マシンを作成（ステップ2/5）メディアの選択

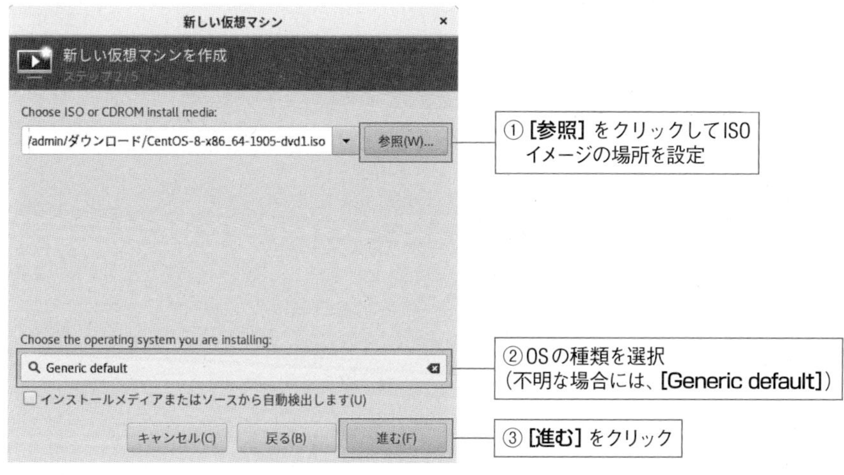

[参照] をクリックすると図16-8のようなストレージボリュームの選択画面が表示されます。

図16-8 ストレージボリュームの選択

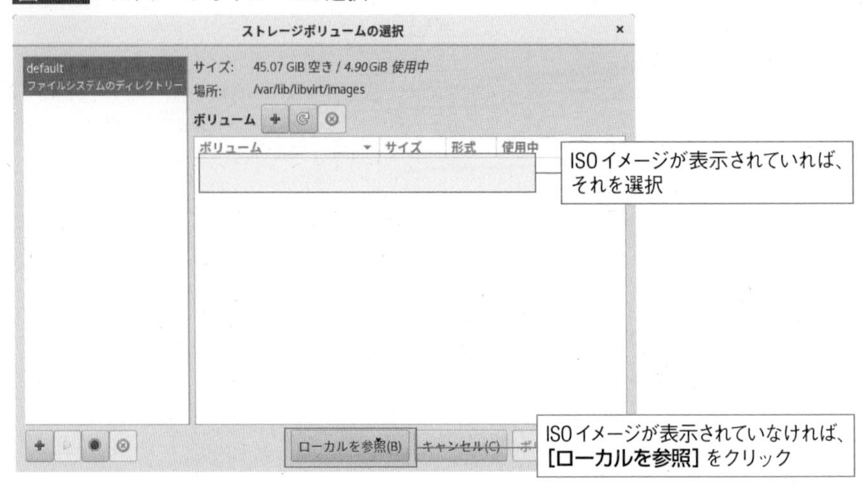

[**default**]には、/var/lib/libvirt/images/に配置しているボリュームが表示されています。もし、ここにISOイメージがあれば、それを選択することができます。

別の場所にISOイメージが保管してある場合には、[**ローカルを参照**]ボタンをクリックすると、ファイルの選択画面が表示されます。この画面でISOイメージを選択します。図16-7の画面に戻りますので、[**進む**]をクリックします。

メモリとCPUの設定

インストール方法を選択して[**進む**]をクリックすると、図16-9のような画面が表示されます。この画面は、メモリとCPUの割り当て量を設定する画面です。

図16-9 新しい仮想マシンを作成(ステップ3/5)

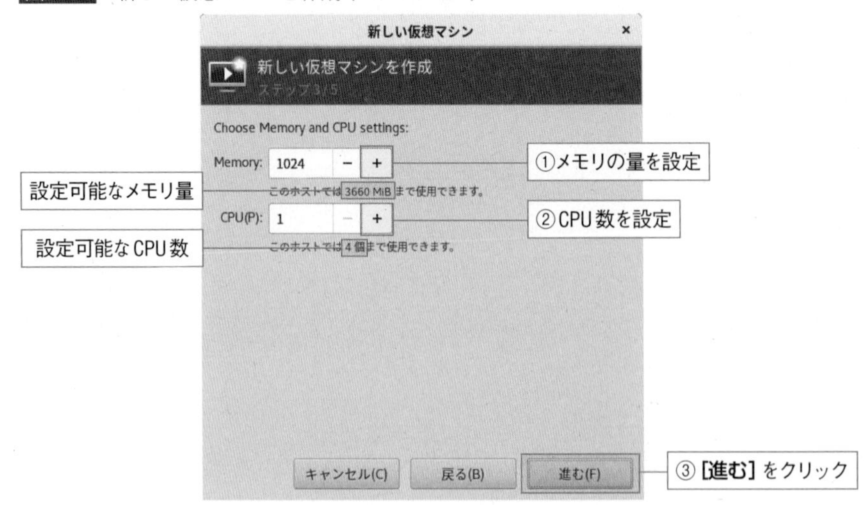

画面には、補助的に設定できる最大のメモリ量とCPU数が表示されています。その数値を参考にメモリとCPUの設定を行い **[進む]** をクリックします。

ストレージの割り当て

次に、図16-10のような、仮想マシンで利用するストレージの設定を行う画面が表示されます。

図16-10 新しい仮想マシンを作成（ステップ4/5）

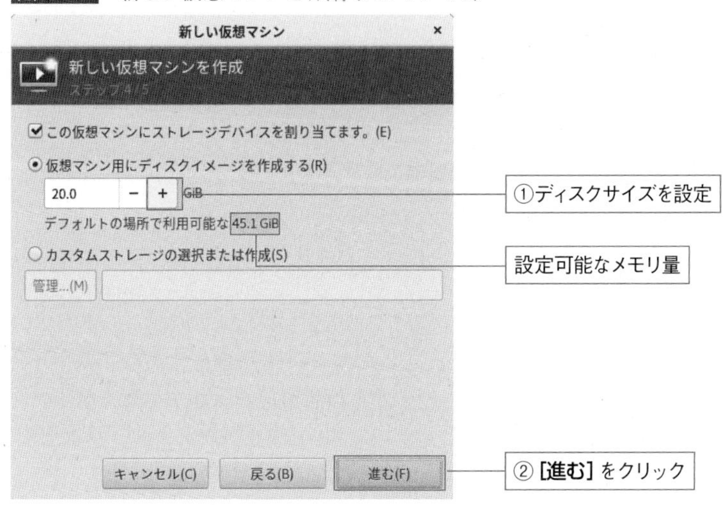

デフォルトで **[この仮想マシンにストレージデバイスを割り当てます]** がチェックされ、**[仮想マシン用にディスクイメージを作成する]** が選択されています。画面には、設定できる最大のディスク容量が表示されています。その数値を参考に、ディスク容量の設定を行い **[進む]** をクリックします。

設定の確認

最後に、図16-11のような画面が表示されます。ここには、これまでのウィザードで設定した値が表示されています。

図16-11 新しい仮想マシンを作成（ステップ5/5）

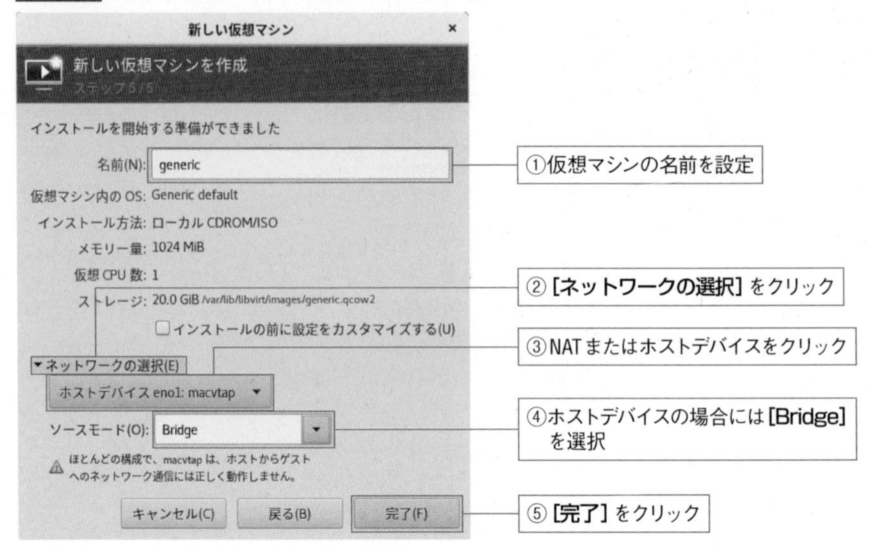

[**ネットワークの選択**]をクリックすると、メニューが表示されます。デフォルトでは、NATが選択されています。NATを選択すると、仮想サーバから外部へはアクセスができますが、外部から仮想サーバへはアクセスができません。外部からのアクセスする場合には、ホストデバイスを選択します。すると該当のネットワークインタフェースにブリッジが設定され、ホストOSの物理インタフェースを共有して利用することができます。

ネットワークを選択したら、設定は完了です。念のため、もう一度設定を確認しておきましょう。設定を修正したい場合には[**戻る**]をクリックして、元の画面に戻って設定を変更します。問題がなければ[**完了**]をクリックすると、自動的に仮想マシンが作成されます。

インストールの開始

仮想マシンが作成されると、図16-12のような仮想マシンのコンソール画面が表示されます。この画面を使って、OSのインストールを行います。

図16-12 仮想マシンのコンソール

Section 16-04

仮想マシンコンソールを利用する

仮想マシンコンソールから、仮想マシンの操作をすることができます。このセクションでは、仮想マシンコンソールの使い方を解説します。

このセクションのポイント

1 仮想マシンコンソールから、仮想マシンの停止やシャットダウンができる。
2 仮想マシンの一部の設定は、仮想マシンコンソールから動的に変更できる。
3 仮想マシンコンソールを閉じても、仮想マシンは停止しない。

仮想マシンコンソール

仮想マシンの作成が完了すると、仮想マシンコンソールが起動されます。仮想マシンコンソールは、物理的な機器のコンソール画面にあたるものです。物理ハードウェアでは、コンソールの電源を停止してもコンピュータそのものが停止することはありません。それと同様に仮想マシンコンソールのウィンドウを閉じても、仮想マシンの動作には影響はありません。そして、必要に応じて仮想マシンコンソールを再表示することもできます。

図16-13 仮想マシンコンソール

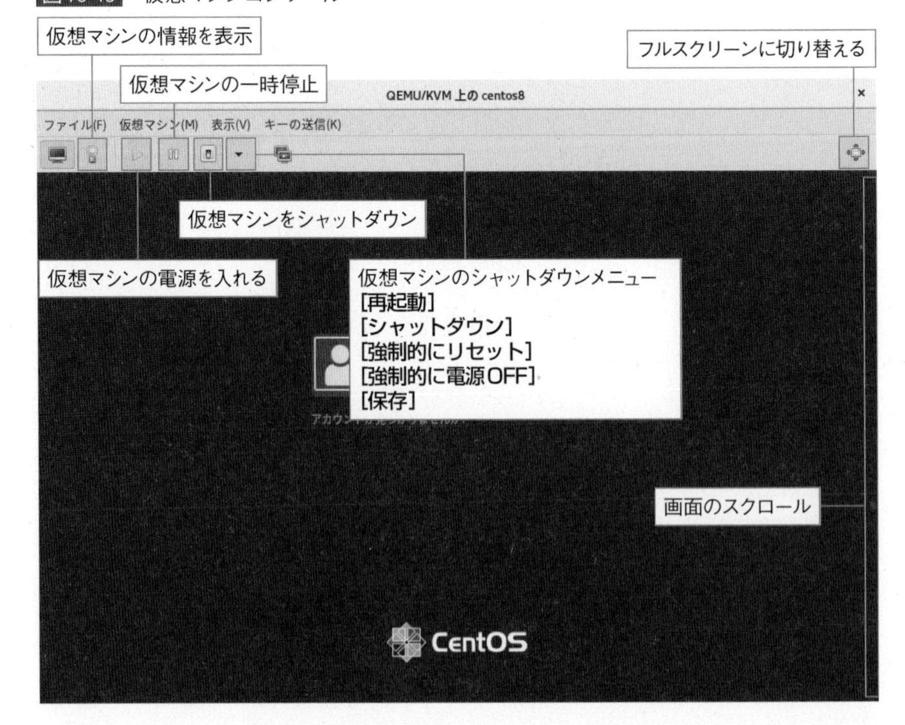

フルスクリーン表示

図16-13は、仮想マシンコンソールの表示例です。仮想マシンが表示する画面サイズよりも、ウィンドウが小さいために右側と下側にはスクロールバーが表示されています。この状態で使いにくい場合には、画面右上にある［**フルスクリーンに切り替える**］ボタンをクリックし、フルスクリーン表示にすることができます。

フルスクリーン表示から戻る場合には、画面中央の最上端にマウスを移動すると、図16-14のように2つのボタンが表示されます。

図16-14 フルスクリーン表示と切り替え

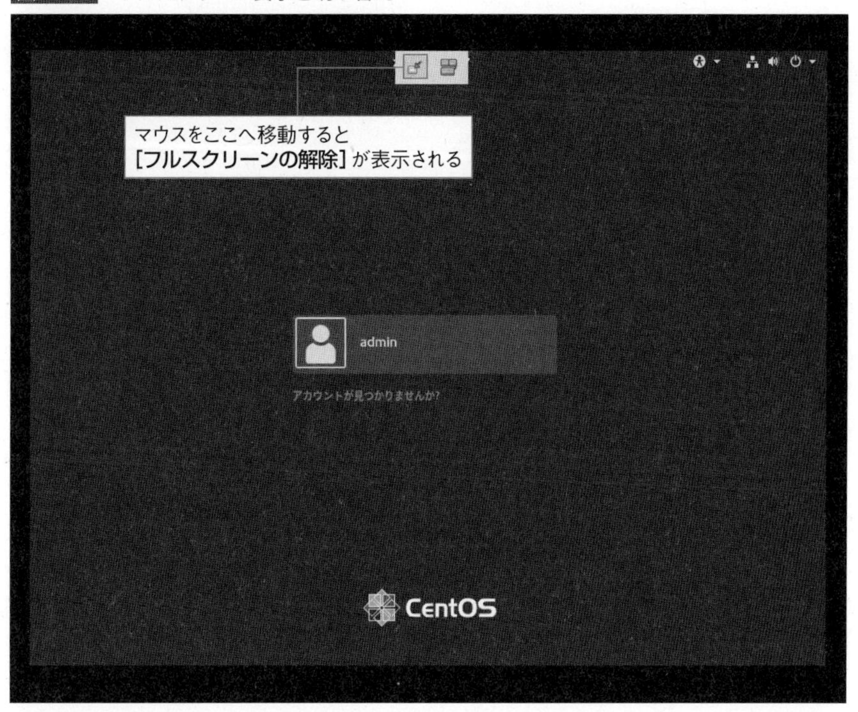

左側の［**フルスクリーンの解除**］ボタンをクリックすると、ウィンドウ表示に戻すことができます。

仮想マシンの操作

仮想マシンマネージャからは、仮想マシンの操作をすることもできます。

仮想マシンの停止と再開

仮想マシンマネージャの［**仮想マシンの一時停止**］ボタンをクリックするか、メニューから［**仮想マシン**］→［**一時停止**］を選択すると、仮想マシンを停止することができます。同じボタンをクリックするか、メニューから［**仮想マシン**］→［**復帰**］を選択すると、停止していた仮想マシンを再開することができます。

仮想マシンのシャットダウン

［**仮想マシンをシャットダウン**］ボタンをクリックすると、仮想マシンにシャットダウン信号を送ることができます。CentOSのようにシャットダウン信号に対応しているOSの場合には、自動的にシャットダウンが始まります。

メニューから［**仮想マシン**］→［**シャットダウン**］を選択するか、［**仮想マシンをシャットダウン**］の三角形のボタンをクリックすると、シャットダウンの方法を選択することもできます。［**再起動**］［**シャットダウン**］［**強制的にリセット**］［**強制的に電源OFF**］［**保存**］を選択できます。仮想マシンとは言っても、強制的にリセットしたり電源をOFFにしたりすると、データが壊れる場合があるので注意が必要です。

［**保存**］を選ぶと、仮想マシンは現在の状態を保管して電源ダウンの状態になります。ちょうど、物理コンピュータのサスペンドと同じような状態です。

仮想マシンの起動

［**仮想マシンの電源を入れる**］ボタンをクリックすると、仮想マシンを起動することができます。仮想マシンの状態が保存されている場合には、保存イメージから仮想マシンが起動します。そうでない場合には、通常どおり仮想マシンが起動します。

仮想マシンの設定変更

［**仮想マシンの情報を表示**］ボタンをクリックするか、メニューから［**表示**］→［**詳細**］を選ぶと、仮想マシンの設定を確認することができます。CPU数、メモリ、NICなどの設定は、仮想マシンを起動中でも変更することができます。また、IDE CD-ROMを選択すると、ISOイメージを接続したりすることができます。設定を変更し［**適用**］をクリックすると、変更が適用されます。

図16-15 仮想マシンの詳細

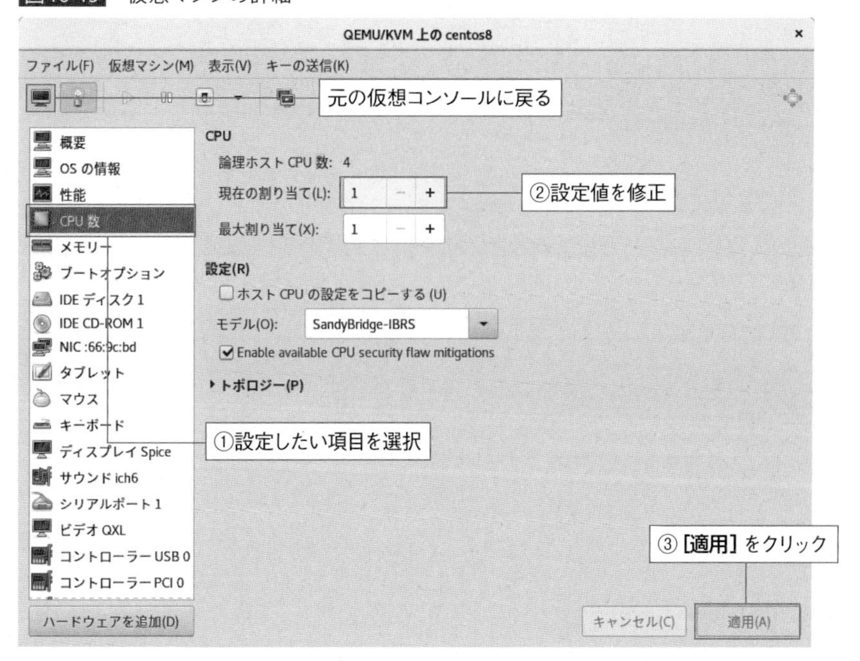

元のコンソールの画面に戻るには、[**グラフィカルコンソールを表示**]ボタンをクリックするか、メニューから[**表示**]→[**コンソール**]を選択します。

仮想マシンの管理

Section

16-05 仮想マシンを管理する

仮想マシンコンソールを閉じてしまった場合には、仮想マシンマネージャから仮想マシンを管理することができます。ここでは、仮想マシンマネージャの使い方を解説します。

このセクションのポイント

1 仮想マシンマネージャから、仮想マシンコンソールを表示できる。
2 仮想マシンマネージャから、仮想マシンの起動、停止などの操作ができる。

仮想マシンコンソールの表示

図16-16は、仮想マシンマネージャの表示例です。この例では、2つの仮想マシンが動作していて、それぞれのCPU使用率のグラフが表示されています。

図16-16　仮想マシンマネージャ

仮想コンソールを開く
仮想マシンの一時停止
仮想マシンのシャットダウンメニュー
[再起動]
[シャットダウン]
[強制的にリセット]
[強制的に電源OFF]
[保存]
仮想マシンのシャットダウン
仮想マシンの電源を入れる
設定したい仮想マシンを選択
仮想マシンのCPU使用率

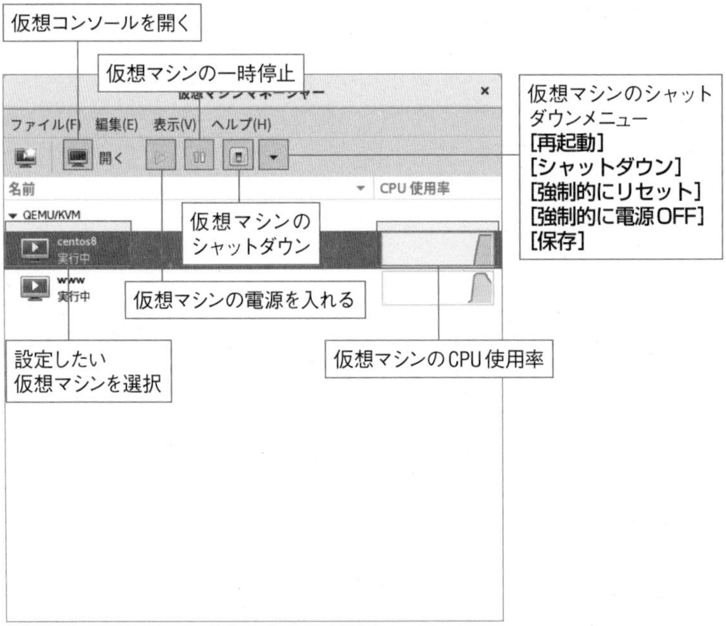

仮想マシン名をクリックすると選択状態にすることができます。選択された仮想マシンは、背景が青色になります。この状態で、**[開く]** ボタンをクリックすると、選択した仮想マシンの仮想マシンコンソールを表示することができます。

仮想マシンの管理

仮想マシンマネージャからは、仮想マシンを集中管理することができます。仮想マシンをクリックして選択してから、**[仮想マシンの電源を入れる]** **[仮想マシンの一時停止]** **[仮想マシンをシャットダウン]** などのボタンをクリックすることで、仮想マシンを操作することができます。

仮想マシンの削除

仮想マシンを選択し、メニューから **[編集]** → **[削除]** を選択することで、仮想マシンを削除することができます。仮想マシンの削除を行おうとすると、図16-17のような画面が表示されます。

図16-17 仮想マシンマネージャ

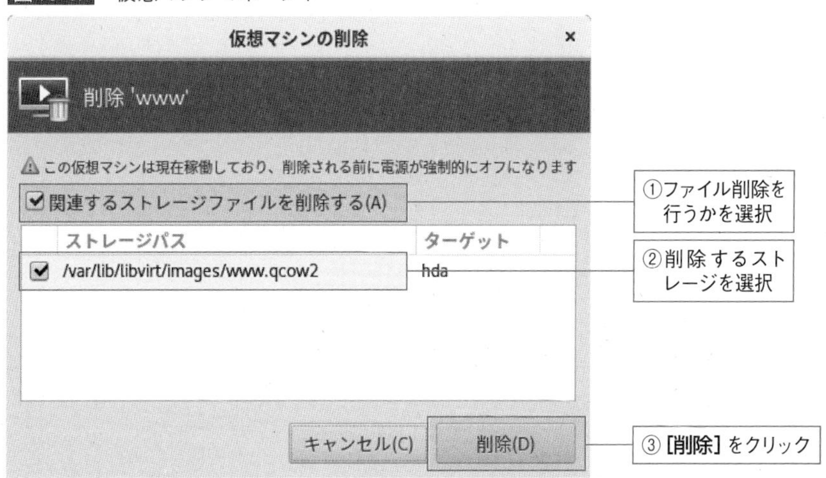

標準では、**[関連するストレージファイルを削除する]** が選択され、削除するストレージも表示されています。ストレージを削除したくない場合には、これらのチェックを外します。削除しなかったストレージは、別の仮想マシンに接続したり、新しい仮想マシンを作成するときに再利用することができます。**[削除]** ボタンをクリックすると、仮想マシンが削除されます。戻すことはできないので、注意して下さい。

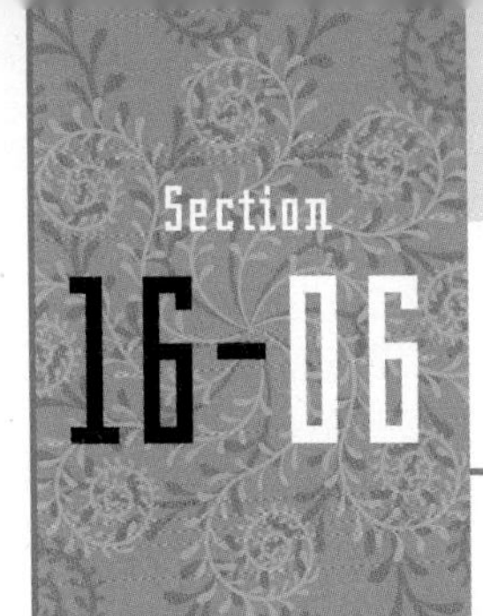

Section 16-06

Cockpit

Cockpitから仮想マシンを管理する

仮想マシンの管理は、Cockpitからも行うことができます。ここでは、Cockpitを使った仮想マシンの管理について解説します。

このセクションのポイント

1 Cockpitから仮想マシンの管理を行うことができる。
2 Cockpitからは仮想マシンの削除はできない。

パッケージのインストール

CentOS 8では、仮想マシンの管理をWebブラウザから行うことができます。そのためには、cockpit-machinesパッケージをインストールする必要があります。次は、そのインストール方法です。

```
# yum install cockpit-machines Enter
CentOS-8 - AppStream                          1.8 kB/s | 4.3 kB     00:02
CentOS-8 - Base                               2.2 kB/s | 3.9 kB     00:01
CentOS-8 - Extras                             1.1 kB/s | 1.5 kB     00:01
依存関係が解決しました。
================================================================================
 パッケージ            アーキテクチャー
                               バージョン                        リポジトリ
                                                                      サイズ
================================================================================
Installing:
 cockpit-machines      noarch 184.1-1.el8                      AppStream 669 k
依存関係をインストール中:
 autogen-libopts       x86_64 5.18.12-7.el8                    AppStream  75 k
 gnutls-dane           x86_64 3.6.5-2.el8                      AppStream  44 k
 gnutls-utils          x86_64 3.6.5-2.el8                      AppStream 335 k
 libvirt-bash-completion
                       x86_64 4.5.0-24.3.module_el8.0.0+189+f9babebb AppStream  27 k
 libvirt-client        x86_64 4.5.0-24.3.module_el8.0.0+189+f9babebb AppStream 327 k
 libvirt-dbus          x86_64 1.2.0-3.module_el8.0.0+189+f9babebb   AppStream  88 k
弱い依存関係をインストール中:
 virt-install          noarch 2.0.0-5.1.el8                    AppStream 100 k

トランザクションの概要
================================================================================
```

```
インストール  8 パッケージ

ダウンロードサイズの合計: 1.6 M
インストール済みのサイズ: 3.5 M
これでよろしいですか? [y/N]: y Enter  ――― 確認してyを入力
パッケージのダウンロード中です:
(1/8): gnutls-dane-3.6.5-2.el8.x86_64.rpm          685 kB/s |  44 kB     00:00
(2/8): autogen-libopts-5.18.12-7.el8.x86_64.rpm     722 kB/s |  75 kB     00:00
(3/8): libvirt-bash-completion-4.5.0-24.3.module_el8 455 kB/s |  27 kB     00:00
(4/8): gnutls-utils-3.6.5-2.el8.x86_64.rpm          1.9 MB/s | 335 kB     00:00
(5/8): cockpit-machines-184.1-1.el8.noarch.rpm      2.5 MB/s | 669 kB     00:00
(6/8): libvirt-dbus-1.2.0-3.module_el8.0.0+189+f9bab 934 kB/s |  88 kB     00:00
(7/8): virt-install-2.0.0-5.1.el8.noarch.rpm        1.1 MB/s | 100 kB     00:00
(8/8): libvirt-client-4.5.0-24.3.module_el8.0.0+189+ 1.1 MB/s | 327 kB     00:00
--------------------------------------------------------------------------------
合計                                               2.2 MB/s | 1.6 MB     00:00
トランザクションの確認を実行中
トランザクションの確認に成功しました。
トランザクションのテストを実行中
トランザクションのテストに成功しました。
トランザクションを実行中
  準備             :                                                        1/1
  scriptletの実行中: libvirt-dbus-1.2.0-3.module_el8.0.0+189+f9babebb.x86_64      1/8
  Installing       : libvirt-dbus-1.2.0-3.module_el8.0.0+189+f9babebb.x86_64      1/8
  Installing       : libvirt-bash-completion-4.5.0-24.3.module_el8.0.0+189+f9b    2/8
  Installing       : gnutls-dane-3.6.5-2.el8.x86_64                               3/8
  Installing       : autogen-libopts-5.18.12-7.el8.x86_64                         4/8
  Installing       : gnutls-utils-3.6.5-2.el8.x86_64                              5/8
  Installing       : libvirt-client-4.5.0-24.3.module_el8.0.0+189+f9babebb.x86    6/8
  scriptletの実行中: libvirt-client-4.5.0-24.3.module_el8.0.0+189+f9babebb.x86    6/8
  Installing       : virt-install-2.0.0-5.1.el8.noarch                            7/8
  Installing       : cockpit-machines-184.1-1.el8.noarch                          8/8
  scriptletの実行中: cockpit-machines-184.1-1.el8.noarch                          8/8
  検証             : autogen-libopts-5.18.12-7.el8.x86_64                         1/8
  検証             : cockpit-machines-184.1-1.el8.noarch                          2/8
  検証             : gnutls-dane-3.6.5-2.el8.x86_64                               3/8
  検証             : gnutls-utils-3.6.5-2.el8.x86_64                              4/8
  検証             : libvirt-bash-completion-4.5.0-24.3.module_el8.0.0+189+f9b    5/8
  検証             : libvirt-client-4.5.0-24.3.module_el8.0.0+189+f9babebb.x86    6/8
  検証             : libvirt-dbus-1.2.0-3.module_el8.0.0+189+f9babebb.x86_64      7/8
  検証             : virt-install-2.0.0-5.1.el8.noarch                            8/8

インストール済み:
  cockpit-machines-184.1-1.el8.noarch
```

```
  virt-install-2.0.0-5.1.el8.noarch
  autogen-libopts-5.18.12-7.el8.x86_64
  gnutls-dane-3.6.5-2.el8.x86_64
  gnutls-utils-3.6.5-2.el8.x86_64
  libvirt-bash-completion-4.5.0-24.3.module_el8.0.0+189+f9babebb.x86_64
  libvirt-client-4.5.0-24.3.module_el8.0.0+189+f9babebb.x86_64
  libvirt-dbus-1.2.0-3.module_el8.0.0+189+f9babebb.x86_64

完了しました!
```

Cockpitによる仮想マシン管理

パッケージをインストールした後でCockpitにアクセスすると、メニューに[Virtual Machines]という項目が追加されます。この項目をクリックすると、図16-18のように仮想マシンの一覧画面が表示されます。

図16-18　Cockpitの仮想マシン管理画面

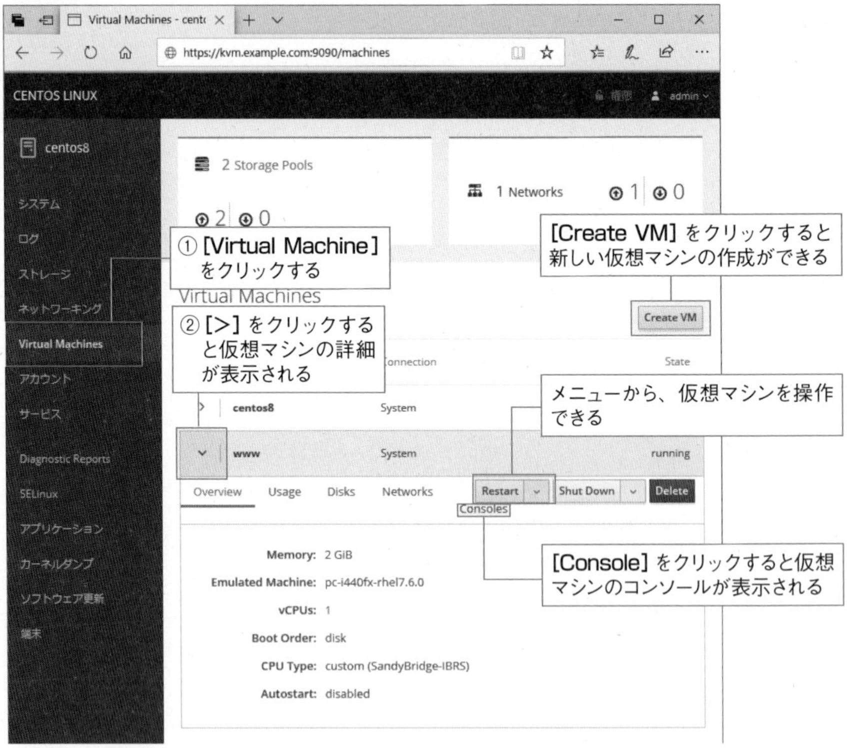

図16-18からもわかるように、本書執筆の時点では残念ながら表示は日本語化されていません。仮想マシンの名前の横の「>」をクリックすると、仮想マシンの詳

細と操作のメニューが表示されます。ここから、仮想マシンの再起動やシャットダウンなどを行うことができます。

また、[Create VM] をクリックすると、図16-19のような画面が表示され、新規の仮想マシンを作成することができます。

図16-19 Cockpitの仮想マシン作成画面

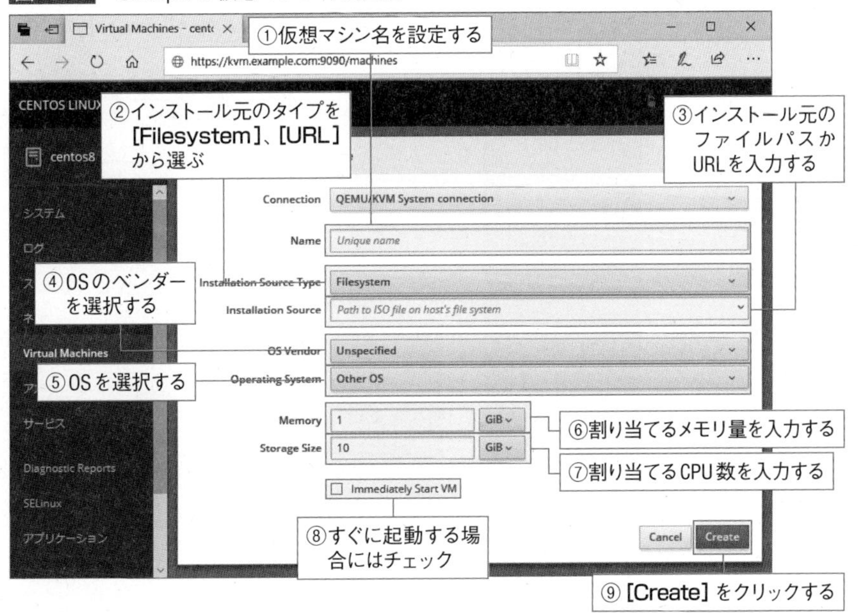

表16-1 仮想マシン作成の項目

項目名	設定内容
Connection	「QEMU/KVM System connection」から変更する必要はありません。
Name	仮想マシンの名称を設定します。
Installation Source Type	インストールイメージの取得先タイプを設定します。Filyesytemまたは URL が選べます。
Installation Source	インストールイメージの取得先を設定します。取得先タイプにFilesystemを選んだ場合には、サーバ上のファイルパスを指定します。URLを選んだ場合には、インストールイメージのダウンロード先のURLを指定します。
OS Vendor	インストールするOSのベンダーを設定します。
Operating System	インストールするOSを選択します。選択肢がない場合には、近いものを選択しておけば問題ありません。
Memory	仮想マシンに割り当てるメモリ量を設定します。
Storage Size	仮想マシンに割り当てるディスクの量を設定します。
Immediately Start VM	仮想マシンを作成後、すぐに起動します。

各項目を入力して、[Create]を選択すると仮想マシンが作成されて、起動されます。コンソールの画面は、図16-20のように仮想マシンの一覧の中に表示されます。

図16-20 Cockpitの仮想マシンコンソール

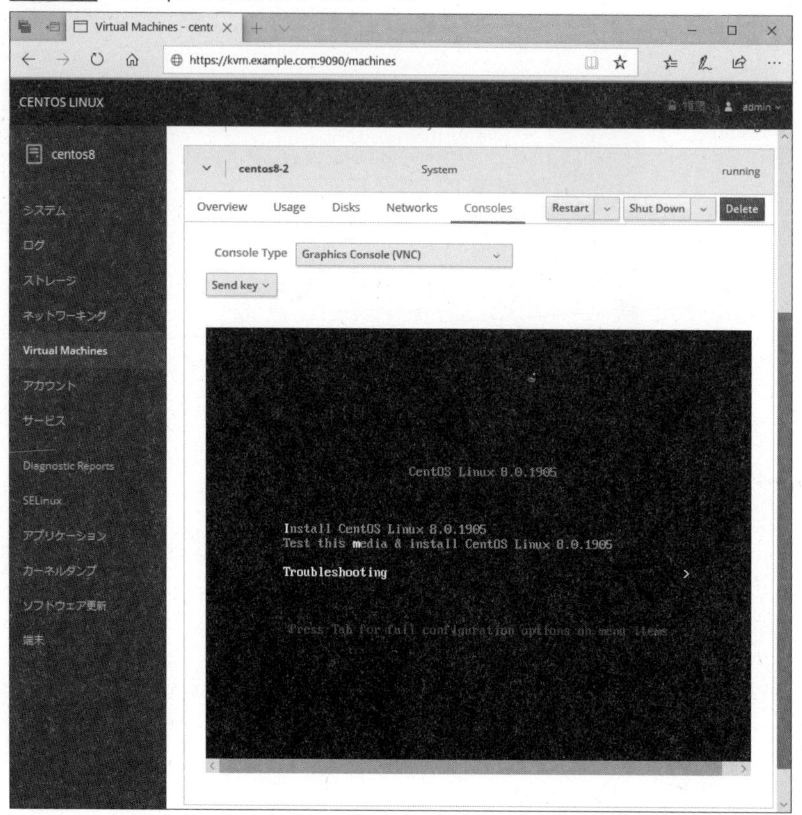

トラブル時の対応

サーバを運用していると、ハードウェアの故障や設定の誤りなどによってサーバが起動しないトラブルが発生することがあります。このChapterでは、サーバが起動しなくなったときの復旧の仕方や、ネットワークに関するトラブルの調査手順、原因を見つけるときの重要な手がかりになるシステムログについて説明します。

Contents

緊急時の起動手段を知る

サーバが起動しなくなった場合、その原因を見つけてすぐ修正・復旧する必要があります。このセクションでは、起動しなくなったサーバを制限付きで起動するための、レスキューターゲットと、インストールディア を使用して起動するトラブルシューティングモードについて説明します。

このセクションのポイント

1. レスキューターゲットでは最小限の状態で起動する。
2. トラブルシューティングモードでは、インストールメディアを使ってサーバを起動するため、ディスクなどに大きな障害があっても起動できる。

レスキューターゲット

特別な設定をしていなければ、CentOS 8はグラフィカルターゲットで起動します。グラフィカルターゲットとは、複数のユーザがログインでき、さまざまなサービスが利用できる状態です。

それに対して、**レスキューターゲット**があります。レスキューターゲットでは、サービスはほとんど起動されません。そのため、設定などに問題があってサーバが起動しない場合に、レスキューターゲットで起動が可能であれば、問題の確認や修正を行うことができます。例えば、/homeなどのパーティションに何らかの問題がある場合に、レスキューターゲットで起動します。

GRUBの起動

レスキューターゲットモードで起動するには、以下の操作を行います。まず、マシンに電源を入れると、BIOSによる初期化の後、GRUBが起動され、図17-1のような画面が表示されます。

図17-1 GRUBの起動画面

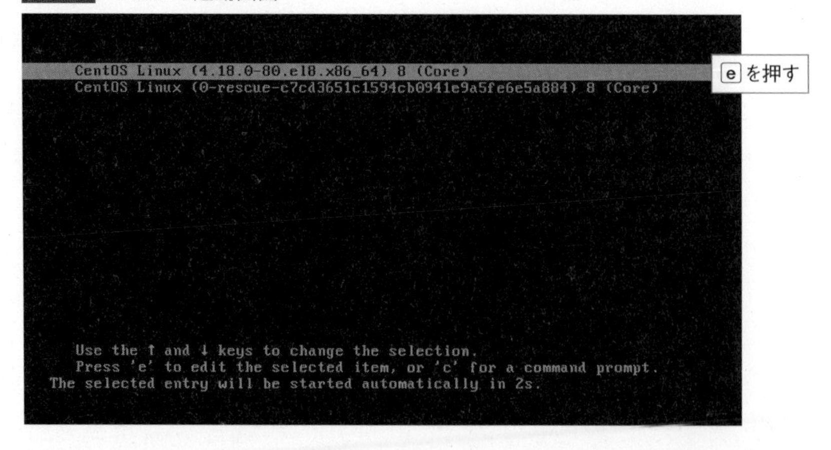

画面の最下部に「The selected entry will be started automatically in 2s」のように表示されていますが、最後の「2s」の部分がカウントダウンされます。数秒しかありませんが、その間に任意のキーを押します。

するとカウントダウンが停止します。↑もしくは↓でカーソルを移動し、1行目の「CentOS Linux, with Linux 3.10.0-957.el7.x86_64」に移動します。カーソルを移動したら、キーボードのeを押します。

すると、起動設定を編集するための画面が表示されます。↓でカーソルを下に移動すると、図17-2のような画面の箇所があります。

図17-2 GRUBのメニュー画面

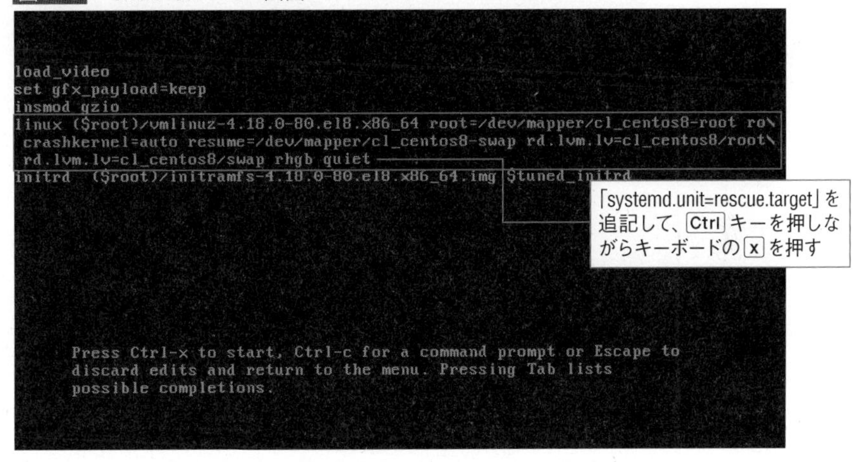

図17-2のように、カーネルのオプションを指定している行がありますので、それを探し移動します。→やCtrl＋Eで行末に移動し、「systemd.unit=rescue.target」を追加します。

■ カーネルオプションの指定行(変更後)

```
linux ($root)/vmlinuz-4.18.0-80.el8.x86_64 root=/dev/mapper/cl_centos8-root ro\
 crashkernel=auto resume=/dev/mapper/cl_centos8-swap rd.lvm.lv=cl_centos8/root\
 rd.lvm.lv=cl_centos8/swap rhgb quiet systemd.unit=rescue.target
```

編集が終わったら、Ctrl＋Xを入力します。すると、システムの起動プロセスが始まります。最後に、rootパスワードの入力が求められるので、rootのパスワードを入力しEnterキーを押します。

図17-3 rootのパスワードを入力し、Enter キーを押す

```
[    0.000000] Detected CPU family 6 model 142 stepping 12
[    0.000000] Warning: Intel Processor - this hardware has not undergone upstre
am testing. Please consult http://wiki.centos.org/FAQ for more information
[    1.398810] [drm:vmw_host_log [vmwgfx]] *ERROR* Failed to send log
[    1.399683] [drm:vmw_host_log [vmwgfx]] *ERROR* Failed to send log
You are in rescue mode. After logging in, type "journalctl -xb" to view
system logs, "systemctl reboot" to reboot, "systemctl default" or "exit"
to boot into default mode.
■■■■■■■■■■■■■ root ■■■■■■■■■■■■■■■■■
(Control-D ■■■■■■■■■■■■■■■■■■■■■■■■■■■):
[root@centos8 ~]#
```

プロンプトが出たら、rootのパスワードを入力する

起動が完了するとプロンプトが表示され、コマンド操作が可能となります。

ファイルシステムの修復

ここで、問題の確認や修正などを行います。例えば、/homeパーティションのファイルシステムの確認や修復を行いたい場合、/homeをアンマウントしてxfs_repairコマンドを実行します。

/homeパーティションのファイルシステムの確認と修復

```
# df Enter ―― マウント状態を確認
Filesystem           1K-blocks      Used Available Use% Mounted on
………
/dev/mapper/centos-home
                     149669156  35775736 106290580  26% / home ―― /homeを確認
# umount /home Enter ―― /homeをアンマウント
# xfs_repair -d /dev/mapper/centos-home Enter ―― /homeの修復
```

一連の作業が終わったら、「shutdown -r now」を実行してサーバを再起動します。

トラブルシューティングモード

ディスクなどに大きな障害があり、レスキューターゲットでも解決できないときは、トラブルシューティングモードで起動します。例えば、/ファイルシステムに問題があってマウントできない場合や、Linuxに対応していないブートローダを誤って上書きしてしまった場合、rootのパスワードがわからなくなった場合などに、トラブルシューティングモードで起動して、復旧を行います。

トラブルシューティングモードで起動するには、インストール用のUSBメモリかISOファイルを利用します。USBメモリ（またはISOファイル）から起動すると、図17-4の選択画面が表示されます。[Troubleshooting]を選ぶと、トラブルシューティングモードで起動します。

図17-4　トラブルシューティングモード

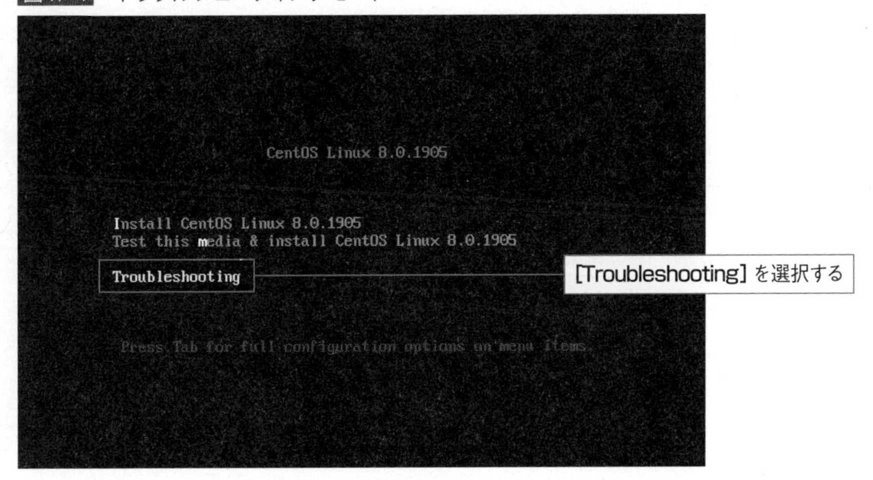

その後、図17-5の選択画面が表示されますので[Resque a CentOS Linux system]を選択します。

図17-5　Resque a CentOS systemの選択

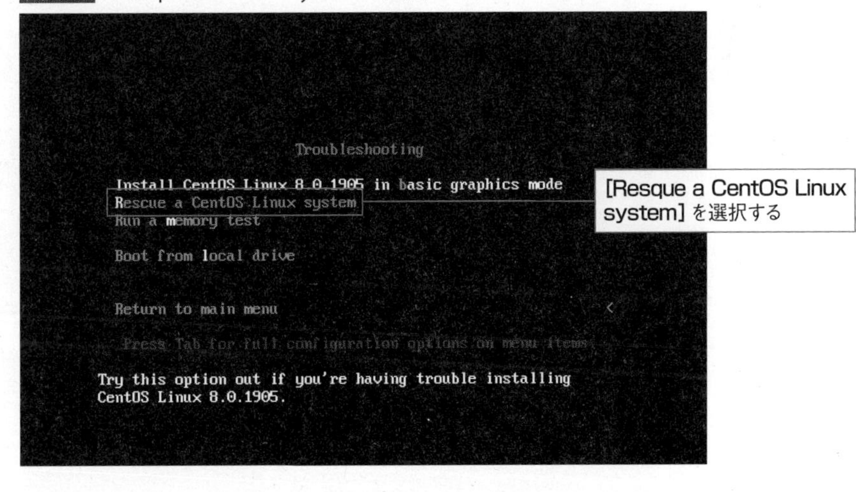

画面が切り替わり、図17-6のような画面が表示され、1～4の数字の入力を求められます。読み書きできる状態でマウントする場合は1、読み込み専用でマウントする場合は2、マウントしない場合は3を選びます。

図17-6 ファイルシステムのマウント画面

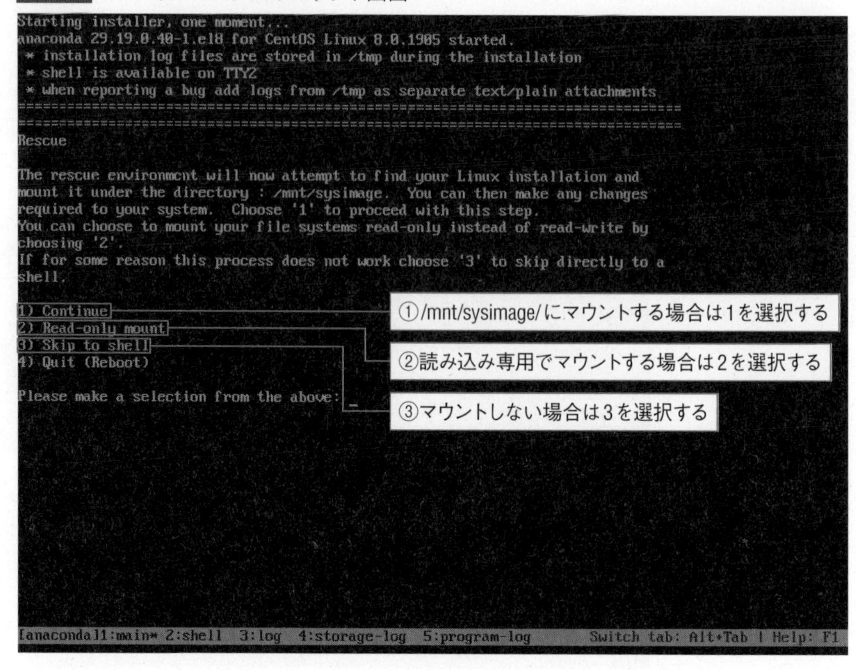
Starting installer, one moment...
anaconda 29.19.0.40-1.el8 for CentOS Linux 8.0.1905 started.
* installation log files are stored in /tmp during the installation
* shell is available on TTY2
* when reporting a bug add logs from /tmp as separate text/plain attachments
Rescue
The rescue environment will now attempt to find your Linux installation and mount it under the directory : /mnt/sysimage. You can then make any changes required to your system. Choose '1' to proceed with this step.
You can choose to mount your file systems read-only instead of read-write by choosing '2'.
If for some reason this process does not work choose '3' to skip directly to a shell.
1) Continue
2) Read-only mount
3) Skip to shell
4) Quit (Reboot)
Please make a selection from the above: _
①/mnt/sysimage/にマウントする場合は1を選択する
②読み込み専用でマウントする場合は2を選択する
③マウントしない場合は3を選択する
[anaconda]1:main* 2:shell 3:log 4:storage-log 5:program-log Switch tab: Alt+Tab | Help: F1

その後、図17-7が表示されますので、Enter キーを押します。

図17-7 ファイルシステムをマウントする際の確認画面

```
Starting installer, one moment...
anaconda 29.19.0.40-1.el8 for CentOS Linux 8.0.1905 started.
 * installation log files are stored in /tmp during the installation
 * shell is available on TTY2
 * when reporting a bug add logs from /tmp as separate text/plain attachments
================================================================================
================================================================================
Rescue

The rescue environment will now attempt to find your Linux installation and
mount it under the directory : /mnt/sysimage.  You can then make any changes
required to your system.  Choose '1' to proceed with this step.
You can choose to mount your file systems read-only instead of read-write by
choosing '2'.
If for some reason this process does not work choose '3' to skip directly to a
shell.

1) Continue
2) Read-only mount
3) Skip to shell
4) Quit (Reboot)

Please make a selection from the above: 1
================================================================================
================================================================================
Rescue Shell

Your system has been mounted under /mnt/sysimage.

If you would like to make the root of your system the root of the active system,
run the command:

        chroot /mnt/sysimage
When finished, please exit from the shell and your system will reboot.
Please press ENTER to get a shell:
sh-4.4# _
[anaconda]1:main* 2:shell  3:log  4:storage-log  5:program-log      Switch tab: Alt+Tab | Help: F1
```

1 Enter キーを押す

Enter キーを押す

シェルのプロンプトが表示され、管理プログラムを実行したり、再起動したりすることができるようになります。

/ファイルシステムの修復

/ファイルシステムに問題があり、マウントできない場合は、シェルを起動して、ファイルシステムを復旧します。まず、以下の手順で、/ファイルシステムにアクセスできるようにします。

■ ファイルシステムの復旧

```
# ls /dev/sda* Enter ―― パーティションの確認（PCのハードディスクの場合）
/dev/sda  /dev/sda1  /dev/sda2
# lvm pvscan Enter ―― LVM物理ボリュームの有無を確認
  PV /dev/sda2   VG cl          lvm2 [<9.00 GiB / 0    free]
        └―― /dev/sda2にclという論理ボリュームがある。また、/dev/sda1はLVM構成されていない
  Total: 1 [<9.00 GiB] / in use: 1 [<9.00 GiB] / in no VG: 0 [0   ]
# lvm lvscan Enter ―― 論理ボリュームの状態を確認
  inactive          '/dev/cl/swap' [2.00 GiB] inherit ―― アクティブでない
  inactive          '/dev/cl/root' [<7.00 GiB] inherit
# lvm vgchange -ay cl Enter ―― アクティブにする
  2 logical volume(s) in volume group "cl" now active
# ls /dev/mapper Enter ―― デバイスファイルが作成されたことを確認
cl-root  cl-swap  control  live-base  live-rw
                    └―― /ファイルシステムとswapのデバイスファイルが作成されている
```

上記の場合、論理ボリュームのサイズから、/ファイルシステムが/dev/mapper/cl-rootであることがわかります。また、/dev/sda1はLVMで構成されていないパーティションであることもわかります。ですので、問題のあるこれらのパーティションを、xfs_repairコマンドを実行することで復旧します。

■ 問題のあるパーティションの復旧

```
# xfs_repair -d /dev/mapper/cl-root Enter
Phase 1 - find and verify superblock...
Phase 2 - using internal log
        - zero log...
        - scan filesystem freespace and inode maps...
        - found root inode chunk
Phase 3 - for each AG...
        - scan and clear agi unlinked lists...
        - process known inodes and perform inode discovery...
        - agno = 0
```

```
         - agno = 1
         - agno = 2
         - agno = 3
         - process newly discovered inodes...
Phase 4 - check for duplicate blocks...
         - setting up duplicate extent list...
         - check for inodes claiming duplicate blocks...
         - agno = 0
         - agno = 1
         - agno = 2
         - agno = 3
Phase 5 - rebuild AG headers and trees...
         - reset superblock...
Phase 6 - check inode connectivity...
         - resetting contents of realtime bitmap and summary inodes
         - traversing filesystem ...
         - traversal finished ...
         - moving disconnected inodes to lost+found ...
Phase 7 - verify and correct link counts...
done
Repair of readonly mount complete.  Immediate reboot encouraged.
```

最後に「reboot」を実行して、サーバを再起動します。

chrootしてのシステム修復

トラブルシューティングモードで使えるコマンドは、システムにインストールされているものとは違い限られています。しかし、システムを修復するために、より多くのコマンドを使いたい場合があります。このような場合には、次のようにchrootコマンドを実行して、実際の/ファイルシステムがマウントされている/mnt/sysimage/を/に設定し直して作業を行います。

■ /mnt/sysimage/を/に設定する

```
# chroot /mnt/sysimage Enter
```

この状態で作業を行うことで、システムにインストールされているコマンドを使って、システムのデータを変更することができます。例えば、rootのパスワードを修正する場合には、次のようにパスワードの再設定を行います。

■ rootパスワードの再設定

```
# passwd [Enter]
Changing password for user root.
New password: ******** [Enter] ―― パスワードを入力
Retype new password: ******** [Enter] ―― パスワードを再入力
passwd: all authentication tokens updated successfully.
```

また、ブートローダが壊れて起動できないような場合には、次のようにgrub2-installコマンドを使うことで、ブートローダを再設定することもできます。

■ ブートローダの再インストール

```
# grub2-install /dev/sda [Enter]
Installing for i386-pc platform.
Installation finished. No error reported.
```

システムの修正が終わったら、必ずexitコマンドを実行してchrootしていた状態を終了させてから、システムを再起動します。

■ choot後の処理

```
# exit [Enter] ―― chrootを終了させる
# reboot [Enter] ―― サーバを再起動する
```

ネットワーク診断コマンド

Section 17-02

ネットワークの診断を行う

サーバが提供するサービスの多くが、ネットワークを利用します。ですので、ネットワーク通信が正しく動作しないと、多くのサービスが利用できなくなってしまいます。このセクションでは、サーバのサービスにアクセスできなくなったとき、どこに問題があるのかを診断するための手順について説明します。

このセクションのポイント

1. ethtoolコマンドを使うと、リンクのチェックを行うことができる。
2. pingコマンドを使うと、IPレベルでの接続を確認できる。
3. tracepathコマンドを使うと、経路を確認することができる。
4. killコマンドやkillallコマンドを使用することで、プロセスを終了させることができる。

リンクのチェック

まず、サーバとネットワークが物理的に正しく接続されているかどうか確認しましょう。その確認には、ethtool[*1]コマンドを使用します。引数にインターフェース名を指定してethtoolコマンドを実行すると、以下のように、ネットワークインターフェースのさまざまな状態を確認することができます。

＊1　ETHernet driver setting TOOL

■ ネットワークインタフェースの状態確認

```
# ethtool enp0s3 Enter
Settings for enp0s3:
        Supported ports: [ TP ]
        Supported link modes:   10baseT/Half 10baseT/Full
                                100baseT/Half 100baseT/Full
                                1000baseT/Full
        Supported pause frame use: No
        Supports auto-negotiation: Yes
        Supported FEC modes: Not reported
        Advertised link modes:  10baseT/Half 10baseT/Full
                                100baseT/Half 100baseT/Full
                                1000baseT/Full
        Advertised pause frame use: No
        Advertised auto-negotiation: Yes
        Advertised FEC modes: Not reported
        Speed: 1000Mb/s
        Duplex: Full
        Port: Twisted Pair
        PHYAD: 0
        Transceiver: internal
```

```
        Auto-negotiation: on
        MDI-X: off (auto)
        Supports Wake-on: umbg
        Wake-on: d
        Current message level: 0x00000007 (7)
                               drv probe link
        Link detected: yes
```

上記のように、最後に「Link detected: yes」と出力される場合は、サーバのネットワークインターフェースとハブとの間の接続が正しく行われています。そうでない場合は、ネットワークケーブルやハブのポートに問題がないか、確認しましょう。

疎通確認

物理的な接続が正しいことを確認したら、次はサーバと他のホストとの間のネットワークの疎通を確認します。その確認には、ping[*2]コマンドを使用します。以下のように、疎通を確認したいホストを引数に指定してpingコマンドを実行します。

＊2 PING-pong

■ ネットワークの疎通確認

```
# ping 192.168.2.1 Enter
PING 192.168.2.1 (192.168.2.1) 56(84) bytes of data.
64 bytes from 192.168.2.1: icmp_seq=1 ttl=58 time=22.7 ms
64 bytes from 192.168.2.1: icmp_seq=2 ttl=58 time=20.7 ms
64 bytes from 192.168.2.1: icmp_seq=3 ttl=58 time=22.8 ms
64 bytes from 192.168.2.1: icmp_seq=4 ttl=58 time=20.4 ms
64 bytes from 192.168.2.1: icmp_seq=5 ttl=58 time=20.2 ms
^C ——— Ctrl-Cを入力して終了させる
--- 192.168.2.1 ping statistics ---
5 packets transmitted, 5 received, 0% packet loss, time 11ms
rtt min/avg/max/mdev = 20.213/21.346/22.797/1.158 ms
```

送信パケット数　受信パケット数　ロスしたパケット数の割合

処理時間の最小/平均/最大/標準偏差

pingコマンドは、ICMP[*3]という、誤りや情報を通知するためのプロトコルを利用します。pingコマンドを実行すると、「Echo Request」というパケットを、引数に指定したホストに送信します。Echo Requestパケットを受信したホストは、「Echo Reply」というパケットを送信元に送り返します。これにより、pingコマンドを実行したサーバは、指定したホストとの間のネットワークの疎通を確認することができます。

＊3 Internet Control Message Protocol

サーバと、指定したホストとの間のネットワーク接続が正しければ、送信パケット数と受信パケット数が一致するため、ロスしたパケット数の割合は0%になるはずです。0%にならなければ、途中の経路に何か問題がある可能性が高いと言えます。また、0%の場合でも、処理時間が予想以上にかかっているときは、同様に何か問題があることが考えられます。

IPv6の疎通確認には、ping6コマンドを使用します。pingコマンドと同様に、疎通を確認したいホストを引数に指定してping6コマンドを実行します。

■ IPv6の疎通確認

```
# ping6 2001:db8::1 Enter
PING 2001:db8::1(2001:db8::1) 56 data bytes
64 bytes from 2001:db8::1: icmp_seq=1 ttl=64 time=0.309 ms
64 bytes from 2001:db8::1: icmp_seq=2 ttl=64 time=0.291 ms
64 bytes from 2001:db8::1: icmp_seq=3 ttl=64 time=0.257 ms
64 bytes from 2001:db8::1: icmp_seq=4 ttl=64 time=0.224 ms
64 bytes from 2001:db8::1: icmp_seq=5 ttl=64 time=0.257 ms
^C ——— Ctrl+Cを入力して終了させる
--- 2001:db8::1 ping statistics ---
5 packets transmitted, 5 received, 0% packet loss, time 77ms
rtt min/avg/max/mdev = 0.224/0.267/0.309/0.034 ms
```

リンクローカルアドレスを引数に指定して実行する場合は、アドレスの後に「%」と通信を行うインターフェース名を指定します。

■ リンクローカルアドレスを引数に指定する場合

```
# ping6 fe80::bd52:f9fc:641e:dddb%enp0s3 Enter
PING fe80::bd52:f9fc:641e:dddb%enp0s3(fe80::bd52:f9fc:641e:dddb%enp0s3) 56 data
bytes
64 bytes from fe80::bd52:f9fc:641e:dddb%enp0s3: icmp_seq=1 ttl=64 time=0.339 ms
64 bytes from fe80::bd52:f9fc:641e:dddb%enp0s3: icmp_seq=2 ttl=64 time=0.260 ms
```

DNSサービスの確認

ホスト名を指定して通信を行っている場合、DNSに問題があって、IPアドレスを解決できていない可能性も考えられます。そこで、DNSが正しく動作しているかどうか確認しましょう。その確認には、hostコマンドを使用します。

引数にドメイン名を指定して実行すると、指定したドメイン名のIPアドレスを/etc/resolv.confの「nameserver」で指定した各DNSキャッシュサーバに問い合わせます。

■ IPアドレスをDNSキャッシュサーバに問い合わせる

```
$ host www.example.com Enter
www.example.com has address 192.168.2.4
```

いずれかのDNSキャッシュサーバから応答が得られれば、上記のようにIPアドレスを出力します。特定のDNSサーバに問い合わせるには、ドメイン名の後に問い合わせたいDNSサーバを指定します。

■ 特定のDNSサーバに問い合わせる

```
$ host www.example.com 192.168.1.1 Enter
;; connection timed out; no servers could be reached
```

指定したDNSサーバが正常に動作していない場合や、DNSサーバとの間の通信に問題がある場合は、上記のようにタイムアウトなどが発生し、IPアドレスが得られなかったという結果が出力されます。

経路の確認

サーバと他のホストとの疎通が確認できないときは、途中のネットワークのどこかに問題があるかもしれません。そこで、サーバと他のホストとの間のネットワークの経路を確認します。その確認には、tracepathコマンドを使用します。ホストを引数に指定してtracepathコマンドを実行すると、そのホストまでの経路が出力されます。

■ ホストまでの経路を調べる

```
$ tracepath -n 192.168.0.2 Enter
 1?: [LOCALHOST]                     pmtu 1500
 1:  192.168.2.1                                          1.174ms
 1:  192.168.2.1                                          0.962ms
 2:  192.168.0.2                                          1.770ms !H
     Resume: pmtu 1500
```

各行には、経路上のルータと、そのルータに到達するまでの時間が出力されます。上記のように、最後まで出力されれば、経路に問題がないと言えます。ですが、途中の経路が「no reply」と出力され、最後まで経路が表示されない場合は、その箇所に問題がある可能性があります。

■ 経路に問題がある場合の表示例

```
$ tracepath -n 192.168.40.1 Enter
 1?: [LOCALHOST]                     pmtu 1500
 1:  192.168.2.1                                          1.012ms
```

```
 1:  192.168.2.1                                       0.791ms
 2:  192.168.215.230                                   1.075ms
 3:  no reply
 4:  no reply
^C ――― Ctrl+Cを入力して終了させる
```

ただし、その箇所のルータがtracepathに対応していない可能性もあります。ですので、出力結果に「no reply」が含まれる場合は、別のホストを指定して再確認します。

パケットフィルタリングの停止

CentOS 8では、標準でパケットフィルタリングが有効になっています。ですので、パケットフィルタリングが原因で通信できない可能性が考えられます。パケットフィルタリングが原因かどうか確認するため、パケットフィルタリングの機能を一時的に停止しましょう。そのためには、パケットフィルタリングサービスを以下の手順で停止します。

■ パケットフィルタリングサービスの停止

```
# systemctl stop firewalld.service Enter
```

そして、サーバにアクセスできるかどうか確認します。アクセスできる場合は、パケットフィルタリングの設定に問題がありますので、設定を見直します。

パケットフィルタリングを停止している間は、外のマシンから不正なアクセスが行われる可能性があります。そのため、停止させる時間が短くて済むよう、できる限り手早く確認しましょう。確認後、パケットフィルタリング機能を再び起動するには、パケットフィルタリングサービスを以下の手順で開始します。

■ iパケットフィルタリングサービスの起動

```
# systemctl start firewalld.service Enter
```

サービスのチェック

サーバにアクセスできないとき、ネットワークの問題ではなく、サービスそのものが停止している可能性もあります。そこで、アクセスできないサービスが使用するTCPやUDPのポートを使用しているかどうかを確認します。TCPもしくはUDPのポートの状態を確認するには、ssコマンドを使用します。

TCPでリッスンしているポートを確認するには、「-t」、「-r」、「-l」オプションを指定してssコマンドを実行します。また、「-r」オプションを指定すると、IPアドレスとポートではなく、ホスト名やサービス名などが表示されます。

■ TCPでリッスンしているポートを確認する

```
$ ss -trl Enter
State Recv-Q Send-Q          Local Address:Port          Peer Address:Port
LISTEN0       10      centos8.example.com:domain              0.0.0.0:*
LISTEN0       10                localhost:domain              0.0.0.0:*
LISTEN0       32                  centos8:domain              0.0.0.0:*
LISTEN0       128                 0.0.0.0:ssh                 0.0.0.0:*
LISTEN0       5                 localhost:ipp                 0.0.0.0:*
LISTEN0       128               localhost:rndc                0.0.0.0:*
LISTEN0       50                  0.0.0.0:microsoft-ds        0.0.0.0:*
LISTEN0       50                  0.0.0.0:netbios-ssn         0.0.0.0:*
LISTEN0       5                   0.0.0.0:5901                0.0.0.0:*
LISTEN0       128                 0.0.0.0:rpc.portmapper      0.0.0.0:*
LISTEN0       10                  centos8:domain                 [::]:*
LISTEN0       10                localhost:domain                 [::]:*
LISTEN0       128                    [::]:ssh                    [::]:*
LISTEN0       5                 localhost:ipp                    [::]:*
LISTEN0       128               localhost:rndc                   [::]:*
LISTEN0       50                     [::]:microsoft-ds           [::]:*
LISTEN0       128                       *:websm                     *:*
LISTEN0       50                     [::]:netbios-ssn            [::]:*
LISTEN0       5                      [::]:5901                   [::]:*
LISTEN0       128                    [::]:rpc.portmapper         [::]:*
```

「-r」の代わりに「-n」を指定すると、IPアドレスやポート番号を数値のまま出力します。

■ IPアドレスやポート番号を数値のまま出力させる

```
$ ss -tnl Enter
State    Recv-Q    Send-Q    Local Address:Port    Peer Address:Port
LISTEN   0         10         192.168.2.10:53           0.0.0.0:*
LISTEN   0         10            127.0.0.1:53           0.0.0.0:*
LISTEN   0         32        192.168.122.1:53           0.0.0.0:*
.........
```

UDPでリッスンしているポートを確認するには、「-u」および「-l」オプションを指定してssコマンドを実行します。

■ UDPでリッスンしているポートを確認する

```
$ ss -url Enter
State Recv-Q Send-Q              Local Address:Port          Peer Address:Port
UNCONN0       0            centos8.example.com:domain               0.0.0.0:*
UNCONN0       0                       localhost:domain               0.0.0.0:*
UNCONN0       0                         centos8:domain               0.0.0.0:
```

サービスを起動しているのに、そのサービスが使用するはずのポートをリッスンしていない場合は、設定を間違えている可能性があります。正しいポート番号を使用しているかどうか、設定ファイルを確認しましょう。

あるいは、サービスが使用するポートを、別のサービスがすでに使用している可能性があります。ポートを使用しているプロセスを確認するには、lsof[*4]コマンドを使用します。以下のように、「-i」オプションとポート番号を指定してlsofコマンドを実行します。

＊4 LiSt Open Files

■ ポートを使用しているサービスを確認する

```
# lsof -i:22 Enter ―― ポート番号22を使用しているプロセスを表示
COMMAND    PID  USER   FD   TYPE DEVICE SIZE/OFF NODE NAME
sshd       837  root   6u   IPv4  25340      0t0  TCP *:ssh (LISTEN)
sshd       837  root   8u   IPv6  25342      0t0  TCP *:ssh (LISTEN)
sshd     24206  root   5u   IPv4 512184      0t0  TCP centos8.example.com:ssh->
192.168.2.100:45816 (ESTABLISHED)
sshd     24226 admin   5u   IPv4 512184      0t0  TCP centos8.example.com:ssh->
192.168.2.100:45816 (ESTABLISHED)
# lsof -i4:22 Enter ―― IPv4のTCPのポート番号22を使用しているプロセスを表示
COMMAND    PID  USER   FD   TYPE DEVICE SIZE/OFF NODE NAME
sshd       837  root   6u   IPv4  25340      0t0  TCP *:ssh (LISTEN)
sshd     24206  root   5u   IPv4 512184      0t0  TCP centos8.example.com:ssh->
192.168.2.100:45816 (ESTABLISHED)
sshd     24226 admin   5u   IPv4 512184      0t0  TCP centos8.example.com:ssh->
192.168.2.100:45816 (ESTABLISHED)
```

上記の場合、ポート番号22を使用しているプロセスはsshdであることがわかります。

サービス自体を起動できない場合は、システムログを確認して、サービスが起動できない原因を調査します。システムログについては、セクション17-03で説明します。

Section 17-03

rsyslog

システムログの検査を行う

システムログは、Linuxカーネルやサービス、アプリケーションなどが出力するメッセージのことです。システムログには、トラブルのきっかけとなる情報が記録されていることが多いため、トラブルの原因を見つけるときには必ず参照します。このセクションでは、システムログの種類と参照の仕方について説明します。

このセクションのポイント

1 dmesgコマンドを使うと、カーネルメッセージを見ることができる。
2 /var/log/messagesを見ると、いろいろなサービスやアプリケーションのメッセージを確認できる。

カーネルメッセージ

＊1 Reliable and extended SYSLOGD

CentOS 8では、システムログの機能を提供するrsyslogd[＊1]が標準で起動されています。rsyslogdは、それぞれが出力するメッセージを集めてログファイルに出力します。ディスクやメモリなどのデバイスに問題のある可能性があるときは、Linuxカーネルのメッセージを確認します。Linuxカーネルが出力するメッセージは、dmesgコマンドで見ることができます。

■ Linuxカーネルが出力するメッセージ

```
# dmesg Enter
[    0.000000] Linux version 4.18.0-80.el8.x86_64 (mockbuild@kbuilder.bsys.centos.
org) (gcc version 8.2.1 20180905 (Red Hat 8.2.1-3) (GCC)) #1 SMP Tue Jun 4 09:19
:46 UTC 2019
[    0.000000] Command line: BOOT_IMAGE=(hd0,msdos1)/vmlinuz-4.18.0-80.el8.x86_6
4 root=/dev/mapper/cl_centos8-root ro crashkernel=auto resume=/dev/mapper/cl_cen
tos8-swap rd.lvm.lv=cl_centos8/root rd.lvm.lv=cl_centos8/swap rhgb quiet
[    0.000000] x86/fpu: Supporting XSAVE feature 0x001: 'x87 floating point regi
sters'
[    0.000000] x86/fpu: Supporting XSAVE feature 0x002: 'SSE registers'
[    0.000000] x86/fpu: Supporting XSAVE feature 0x004: 'AVX registers'
[    0.000000] x86/fpu: xstate_offset[2]:  576, xstate_sizes[2]:  256
[    0.000000] x86/fpu: Enabled xstate features 0x7, context size is 832 bytes,
using 'standard' format.
[    0.000000] BIOS-provided physical RAM map:
[    0.000000] BIOS-e820: [mem 0x0000000000000000-0x000000000009fbff] usable
[    0.000000] BIOS-e820: [mem 0x000000000009fc00-0x000000000009ffff] reserved
………
```

カーネルメッセージには、ハードウェアに関する情報やネットワーク、ファイルシステム、メモリなど、Linuxカーネルに関する情報が含まれます。それらの中に、何らかのエラーやワーニングなどが出力されていないか確認します。

システムメッセージ

サービスが起動しないときは、システムメッセージに関連するメッセージが出力されていないか確認します。サービスやアプリケーションなどが出力するメッセージは、主に/var/log/messagesに記録されます。

■ サービスやアプリケーションなどが出力するメッセージ（/var/log/messages）

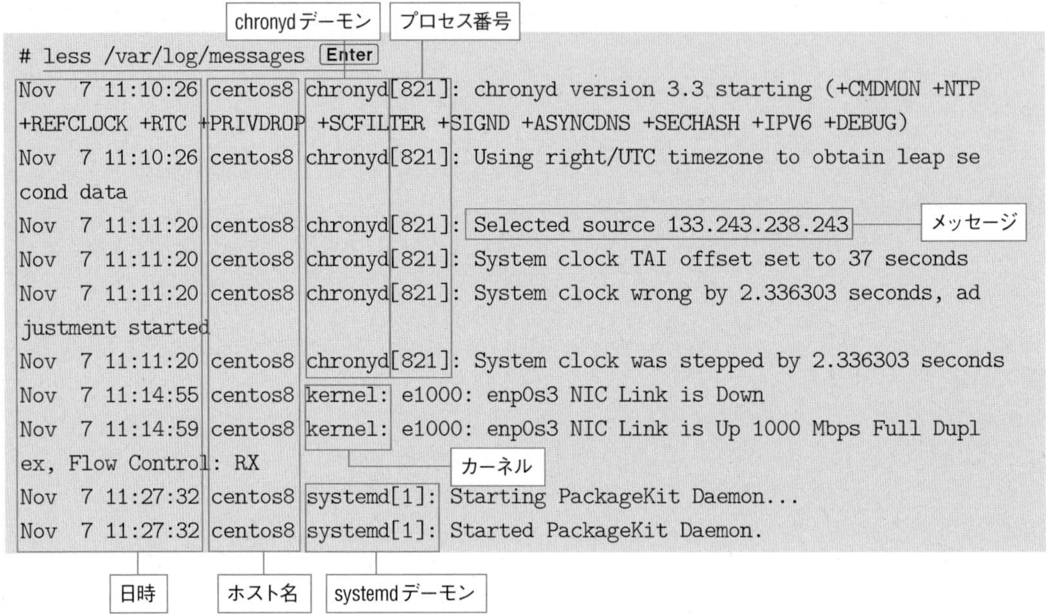

各種サービスを提供するデーモンやコマンド、Linuxカーネルなど、大半のシステムメッセージが記録されています。関連するデーモンやコマンドが出力したメッセージに、エラーやワーニングに関するものが含まれていないか確認します。

運用と管理

サーバの状態は常に変化します。ディスクの空き容量がなくなったり、必要なプロセスが異常終了したりして、サーバの動作がおかしくなることがあります。このChapterでは、サーバを安定して運用するために必要な、サーバの状態確認、パッケージのアップデート、バックアップとリストアの手順について説明します。

Contents

Section 18-01

df・duコマンド

ファイルシステムの状態を管理する

サーバのリソースの中で最も重要なものに挙げられるのがディスクです。このセクションでは、ディスクの状態を確認するための手順と、ディスクの空き容量が少なくなったときの対処方法を紹介します。

このセクションのポイント

1. dfコマンドを使うと、ディスクの使用状況を確認できる。
2. duコマンドを使うと、ファイルやディレクトリ以下すべてのディスク使用量を確認できる。
3. あまり使われていないファイルを圧縮することで、ディスク使用量を節約できる。

ディスクの状態の確認

ディスクは、1つ以上のパーティションに分けて使用します。そして、各パーティションは、データの容量が決まっています。また、作成できるファイル数にも上限があります。サーバを運用していると、パーティションに割り当てられたデータ容量を使い切ってしまったり、ファイル数の上限に達してしまったりして、新たにファイルが作成できなくなることがあります。

そこで、ディスクの状態を定期的に確認し、空き容量が少なくなってきたときに、不要なファイルを削除したり、あまり使われていないファイルを圧縮したりするなどの処理を行います。

ディスクの状態を確認するには、df[*1]コマンドを使用します。dfコマンドをそのまま実行すると、各パーティションの容量に対する使用状況を確認できます。

*1 Disk Free

■ パーティションごとの使用状況の確認

```
$ df Enter
ファイルシス                    1K-ブロック    使用   使用可 使用% マウント位置
devtmpfs                          921016       0   921016    0% /dev
tmpfs                             936656       0   936656    0% /dev/shm
tmpfs                             936656    9644   927012    2% /run
tmpfs                             936656       0   936656    0% /sys/fs/cgroup
/dev/mapper/cl_centos8-root      8374272 4833184  3541088   58% /
/dev/sda1                         999320  135448   795060   15% /boot
tmpfs                             187328      32   187296    1% /run/user/42
tmpfs                             187328    3528   183800    2% /run/user/1000
```

デバイスファイル / ディスク容量 / 使用量 / 空き容量 / 使用率 / マウントポイント

また「-i」オプションを指定してdfコマンドを実行すると、ファイル数の使用状況を確認できます。

■ ファイル数の使用状況の確認

```
$ df -i Enter
ファイルシス                    Iノード   I使用    I残り I使用% マウント位置
devtmpfs                        230254     366   229888    1% /dev
tmpfs                           234164       1   234163    1% /dev/shm
tmpfs                           234164     785   233379    1% /run
tmpfs                           234164      17   234147    1% /sys/fs/cgroup
/dev/mapper/cl_centos8-root    4192256  167153  4025103    4% /
/dev/sda1                        65536     309    65227    1% /boot
tmpfs                           234164      23   234141    1% /run/user/42
tmpfs                           234164      42   234122    1% /run/user/1000
```

デバイスファイル　ファイル数の上限　使用ファイル数　未使用ファイル数　使用率　マウントポイント

大きなファイルを探す

空き容量が少なくなってくると、不要なファイルを削除したり、あまり使われていないファイルを圧縮したりするなどの処理が必要になります。これらの作業は、サイズの大きなファイルやディレクトリに対して行うと効果的です。そこでまず、サイズの大きなファイルを探し出す手順を説明します。

ファイルやディレクトリ単位のディスク使用量を確認するには、du[*2]コマンドを実行します。ファイルを引数に指定すると、指定したファイルのディスク使用量をKByte単位で出力します。

＊2 Disk Usage

■ 指定したファイルのディスク使用量の確認

```
$ du /boot/vmlinuz-4.18.0-80.el8.x86_64 Enter
7692	/boot/vmlinuz-4.18.0-80.el8.x86_64
```

ディレクトリを引数に指定すると、指定したディレクトリと、その配下にあるすべてのディレクトリのディスク使用量を、KByte単位で出力します。

■ 指定したディレクトリと配下のディレクトリのディスク使用量を出力する場合

```
# du /var/log Enter
0	/var/log/private
8	/var/log/samba/old
0	/var/log/samba/cores/nmbd
0	/var/log/samba/cores/smbd
0	/var/log/samba/cores
8	/var/log/samba
0	/var/log/glusterfs
0	/var/log/chrony
```

```
0        /var/log/speech-dispatcher
1212     /var/log/audit
0        /var/log/libvirt/qemu
0        /var/log/libvirt
0        /var/log/swtpm/libvirt/qemu
0        /var/log/swtpm/libvirt
0        /var/log/swtpm
40       /var/log/sssd
12       /var/log/cups
0        /var/log/gdm
0        /var/log/insights-client
4        /var/log/tuned
0        /var/log/qemu-ga
3884     /var/log/anaconda
0        /var/log/httpd
18040    /var/log
```

引数なしで実行した場合は、カレントディレクトリのディスク使用量が出力されます。

■ カレントディレクトリのディスク使用量を出力する場合

```
# pwd Enter ―― カレントディレクトリの確認
/etc/sysconfig
# du Enter
4        ./network-scripts
8        ./cbq
0        ./rhn/allowed-actions/configfiles
0        ./rhn/allowed-actions/script
0        ./rhn/allowed-actions
0        ./rhn/clientCaps.d
4        ./rhn
0        ./console
0        ./modules
148      .
```

また「-s」オプションを指定して実行すると、引数に指定したディレクトリのディスク使用量だけを出力し、その配下にあるディレクトリのディスク容量は出力しません。

■ 指定したディレクトリのディスク使用量を出力する場合

```
# du -s /boot Enter
220600   /boot
```

sortコマンドと組み合わせることで、ディスク使用量の高い順に出力することができます。これにより、ディスク使用量の大きなディレクトリやファイルを洗い出すことができます。

■ ディスク使用量の高い順に出力する場合

```
# du -s /usr/* | sort -nr Enter
1551692 /usr/share
1081184 /usr/lib64
668360  /usr/lib
214148  /usr/bin
153432  /usr/libexec
70772   /usr/sbin
44      /usr/include
4       /usr/local
0       /usr/tmp
0       /usr/src
0       /usr/games
```

ちなみに、「-m」オプションを指定して実行すると、出力結果がMByte単位になります。

■ 結果をMByte単位で出力する場合

```
# du -m /boot Enter
1       /boot/loader/entries
1       /boot/loader
3       /boot/grub2/fonts
3       /boot/grub2/i386-pc
6       /boot/grub2
1       /boot/efi/EFI/centos
1       /boot/efi/EFI
1       /boot/efi
1       /boot/lost+found
216     /boot
```

dfとduの出力結果の違い

dfコマンドもduコマンドも、ディスクの使用量を調べるためのコマンドです。普通は、それぞれの出力結果が大きく違うことはありません。しかし場合によっては、dfコマンドの結果の方が、duコマンドの結果よりも大きくなることがあります。

ファイルを削除すると、そのファイルはファイルシステムから削除され、使用していたデータは解放されて空き容量に加えられます。ですが、もし削除したファイルを他のプロセスが使っていると、そのファイルのデータは解放されません。ファイルシステムからは削除され、参照できなくなりますが、ファイルを使用中のプロセスからは依然として参照できます。そして、プロセスがそのファイルをクローズしたとき、ようやくデータが解放されます。

図18-1 dfとduの出力結果の違い

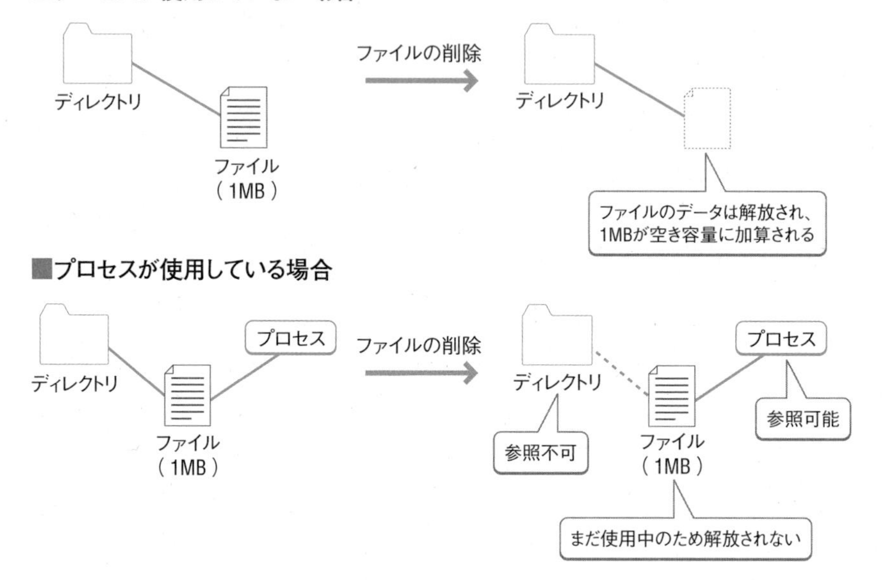

duコマンドでは削除されたファイルを参照できないため、出力結果にこのファイルのデータ分の容量が含まれません。ですが、dfコマンドの出力結果には含まれますので、dfコマンドの出力結果の方が大きくなります。

これとは逆に、duコマンドの出力結果が大きくなることがあります。これは、duコマンドが通常4096Byte単位でカウントを行うためです。そのため、4096Byteよりも小さなファイルがたくさんあると、実際の使用量よりも大きな値が出力されることがあります。

ファイルの圧縮

あまり使われていないファイルを圧縮することで、ディスクの使用量を節約できます。ファイルを圧縮するには、gzipコマンドやbzip2コマンドを実行します。圧縮したいファイル名を指定してgzipコマンドを実行すると、そのファイルを圧縮し「.gz」を付加したファイル名に置き換えます。

■ ファイルの圧縮

```
# ls -l /var/log/messages-20191103 Enter ——— ファイルサイズの確認
-rw-------. 1 root root 1481888 11月  3 03:25 /var/log/messages-20191103
# gzip /var/log/messages-20191103 Enter ——— ファイルの圧縮
# ls -l /var/log/messages-20191103.gz Enter ——— ファイルサイズの確認
-rw-------. 1 root root 83022 11月  3 03:25 /var/log/messages-20191103.gz
```

圧縮したファイルを伸張する（元に戻す）には、gunzipコマンドを実行します。

■ 圧縮したファイルの伸張

```
# gunzip /var/log/messages-20191103.gz Enter ——— ファイルの伸張
# ls -l /var/log/messages-20191103 Enter ——— ファイルサイズの確認
-rw-------. 1 root root 1481888 11月  3 03:25 /var/log/messages-20191103
```

bzip2コマンドとbunzip2コマンドも、同様に使用できます。

■ bzip2コマンドとbunzip2コマンドを使う場合

```
# bzip2 /var/log/messages-20191103 Enter ——— ファイルの圧縮
# ls -l /var/log/messages-20191103.bz2 Enter ——— ファイルサイズの確認
-rw-------. 1 root root 58513 11月  3 03:25 /var/log/messages-20191103.bz2
# bunzip2 /var/log/messages-20191103.bz2 Enter ——— ファイルサイズの伸長
# ls -l /var/log/messages-20191103 Enter ——— ファイルサイズの確認
-rw-------. 1 root root 1481888 11月  3 03:25 /var/log/messages-20191103
```

一般的には、bzip2の方が圧縮後のファイルサイズが小さくなります。ただし、その分処理時間がかかります。

プロセス管理コマンド

Section 18-02

プロセスの管理を行う

サーバでは、さまざまなプロセスが動作しています。サーバを運用する上で、適切なサービスやプロセスが動作しているかどうか、あるいは不必要なプロセスが動作していないか確認することは、とても重要なことです。このセクションでは、サービスおよびプロセスの状態を確認する方法について説明します。

このセクションのポイント

1 systemctlコマンドを使うと、サービスの状態を確認することができる。
2 topコマンドを使うと、システム全体のプロセスの状況を確認できる。
3 psコマンドを使うと、プロセスごとの状態を確認することができる。
4 killコマンドやkillallコマンドを使うと、プロセスを強制終了させることができる。

サービスの状態の確認

引数に「status」とサービス名を指定してsystemctlコマンドを実行すると、そのサービスを提供するプロセスが動作しているかどうか確認することができます。

プロセスの動作の確認

```
# systemctl status sshd.service Enter
● sshd.service - OpenSSH server daemon
   Loaded: loaded (/usr/lib/systemd/system/sshd.service; enabled; vendor preset>
   Active: active (running) since Thu 2019-11-07 11:11:03 JST; 2h 7min ago
     Docs: man:sshd(8)
           man:sshd_config(5)
 Main PID: 950 (sshd)
    Tasks: 1 (limit: 11512)
   Memory: 6.0M
   CGroup: /system.slice/sshd.service
           └─950 /usr/sbin/sshd -D -oCiphers=aes256-gcm@openssh.com,chacha20-po>

11月 07 11:11:02 centos8 systemd[1]: Starting OpenSSH server daemon...
11月 07 11:11:03 centos8 sshd[950]: Server listening on 0.0.0.0 port 22.
11月 07 11:11:03 centos8 sshd[950]: Server listening on :: port 22.
11月 07 11:11:03 centos8 systemd[1]: Started OpenSSH server daemon.
11月 07 11:15:39 centos8 sshd[8332]: Accepted password for admin from 192.168.1>
11月 07 11:15:39 centos8 sshd[8332]: pam_unix(sshd:session): session opened for>
```

ロードしたサービスの起動スクリプト
現在のサービス状態は動作中
サービスのログの一部が表示される

システム全体のプロセスの状況の確認

topコマンドを実行すると、サーバのロードアベレージやプロセス数、実行頻度の高いプロセスの状態が出力されます。引数なしでtopコマンドを実行すると、3秒毎に以下を出力し続けます。

■ topコマンドの実行

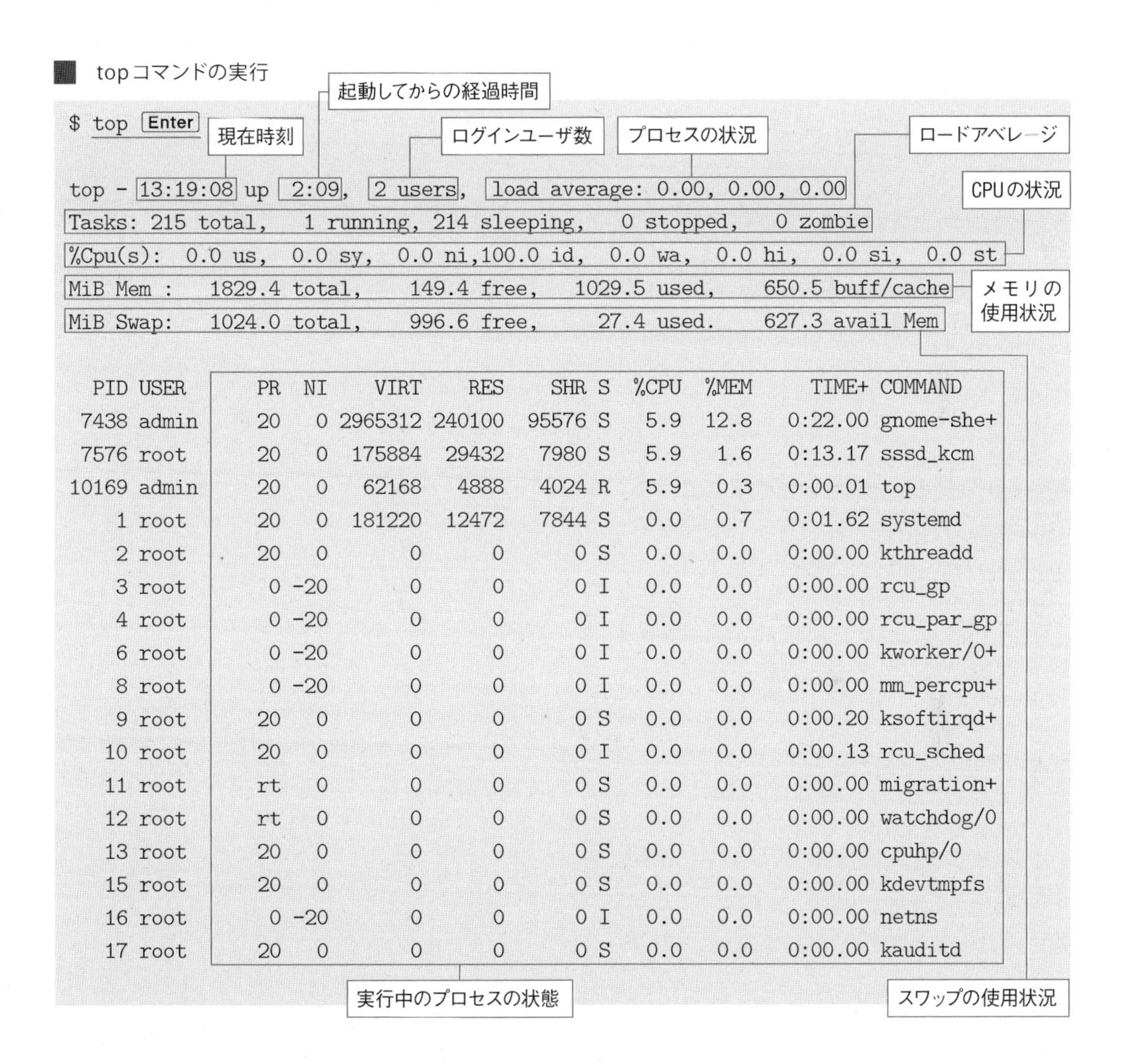


```
$ top Enter

top - 13:19:08 up  2:09,  2 users,  load average: 0.00, 0.00, 0.00
Tasks: 215 total,   1 running, 214 sleeping,   0 stopped,   0 zombie
%Cpu(s):  0.0 us,  0.0 sy,  0.0 ni,100.0 id,  0.0 wa,  0.0 hi,  0.0 si,  0.0 st
MiB Mem :   1829.4 total,    149.4 free,   1029.5 used,    650.5 buff/cache
MiB Swap:   1024.0 total,    996.6 free,     27.4 used.    627.3 avail Mem

  PID USER      PR  NI    VIRT    RES    SHR S  %CPU  %MEM     TIME+ COMMAND
 7438 admin     20   0 2965312 240100  95576 S   5.9  12.8   0:22.00 gnome-she+
 7576 root      20   0  175884  29432   7980 S   5.9   1.6   0:13.17 sssd_kcm
10169 admin     20   0   62168   4888   4024 R   5.9   0.3   0:00.01 top
    1 root      20   0  181220  12472   7844 S   0.0   0.7   0:01.62 systemd
    2 root      20   0       0      0      0 S   0.0   0.0   0:00.00 kthreadd
    3 root       0 -20       0      0      0 I   0.0   0.0   0:00.00 rcu_gp
    4 root       0 -20       0      0      0 I   0.0   0.0   0:00.00 rcu_par_gp
    6 root       0 -20       0      0      0 I   0.0   0.0   0:00.00 kworker/0+
    8 root       0 -20       0      0      0 I   0.0   0.0   0:00.00 mm_percpu+
    9 root      20   0       0      0      0 S   0.0   0.0   0:00.20 ksoftirqd+
   10 root      20   0       0      0      0 I   0.0   0.0   0:00.13 rcu_sched
   11 root      rt   0       0      0      0 S   0.0   0.0   0:00.00 migration+
   12 root      rt   0       0      0      0 S   0.0   0.0   0:00.00 watchdog/0
   13 root      20   0       0      0      0 S   0.0   0.0   0:00.00 cpuhp/0
   15 root      20   0       0      0      0 S   0.0   0.0   0:00.00 kdevtmpfs
   16 root       0 -20       0      0      0 I   0.0   0.0   0:00.00 netns
   17 root      20   0       0      0      0 S   0.0   0.0   0:00.00 kauditd
```

q を押すと、topコマンドが終了します。

表示間隔を変更するには、「-d」オプションと秒数を指定してtopコマンドを実行します。以下は、表示間隔を1.5秒に指定した場合の例です。

■ 表示間隔を指定した場合

```
$ top -d 1.5 Enter
```

指定した回数を表示した後、topコマンドを終了するには「-n」オプションと回数を指定してtopコマンドを実行します。以下は、1回表示したらtopコマンドを終了させる場合の例です。

■ 表示する回数を指定した場合

```
$ top -n 1 Enter
```

プロセスの状態確認

プロセスの状態を確認するには、psコマンドを実行します。引数なしでpsコマンドを実行すると、現在使用している端末（TTY）で動作しているプロセスの情報を出力します。

■ 使用している端末のプロセス情報を出力する

```
$ ps Enter
  PID TTY          TIME CMD
21862 pts/1    00:00:00 bash
29177 pts/1    00:00:00 ps
$ tty Enter ——— 現在の端末（TTY）の確認
/dev/pts/0
```

引数に「-C」オプションとプロセス名を指定してpsコマンドを実行すると、指定したプロセス名のプロセスの情報を出力します。以下は、「sshd」というプロセスの情報を出力する場合の例です。

■ プロセス名を指定して出力する場合

```
$ ps -C sshd Enter
  PID TTY          TIME CMD
 1191 ?        00:00:00 sshd
21855 ?        00:00:00 sshd
21860 ?        00:00:04 sshd
```

「-e」オプションを指定してpsコマンドを実行すると、サーバ上で動作するすべてのプロセスの情報を出力します。

■ すべてのプロセスの情報を出力する場合

```
$ ps -e Enter
  PID TTY          TIME CMD
    1 ?        00:00:01 systemd
    2 ?        00:00:00 kthreadd
    3 ?        00:00:00 rcu_gp
    4 ?        00:00:00 rcu_par_gp
    6 ?        00:00:00 kworker/0:0H-kblockd
………
```

「-f」オプションを指定してpsコマンドを実行すると、詳細の情報を出力します。以下は、「systemd」というプロセスの詳細情報を出力する場合の例です。

■ 情報の詳細を出力する場合

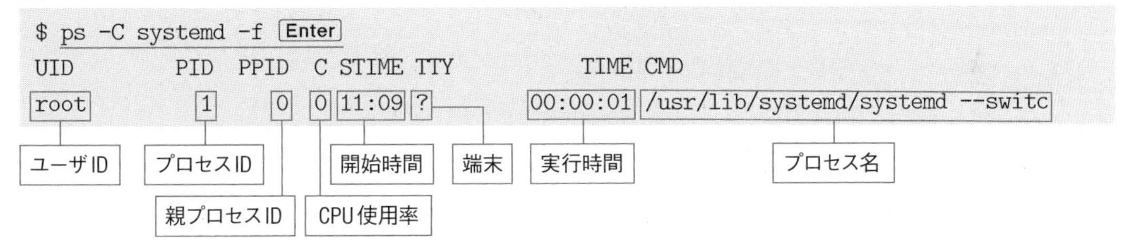

プロセスの強制終了

プロセスを終了するには、killコマンドを使用します。プロセスIDを指定してkillコマンドを実行すると、そのプロセスに対してSIGTERMシグナルを送信します。SIGTERMシグナルを受信したプロセスは、通常では終了されます。以下は、プロセスIDが24206のプロセスを強制終了する場合の例です。24206と、24206を親プロセスとする24206の2つのプロセスが強制終了したことがわかります。

■ プロセスの強制終了

```
# ps -C sshd -f Enter ―― プロセスIDなどの確認
UID        PID  PPID  C STIME TTY          TIME CMD
root       837     1  0 10月29 ?       00:00:00 /usr/sbin/sshd -D -oCiphers=aes2
root     24206   837  0 11:34 ?        00:00:00 sshd: admin [priv] ―― 停止するプロセス
admin    24226 24206  0 11:34 ?        00:00:00 sshd: admin@pts/0
root     26030   837  0 13:23 ?        00:00:00 sshd: admin [priv]
admin    26035 26030  0 13:24 ?        00:00:00 sshd: admin@pts/1
# kill 24206 Enter ―― プロセスの強制終了
# ps -C sshd -f Enter ―― プロセスの終了を確認
```

01 02 03 04 05 06 07 08 09 10 11 12 13 14 15 16 17 18 19

```
UID        PID  PPID  C STIME TTY          TIME CMD
root       837     1  0 10月29 ?       00:00:00 /usr/sbin/sshd -D -oCiphers=aes2
root     26030   837  0 13:23 ?        00:00:00 sshd: admin [priv]
admin    26035 26030  0 13:24 ?        00:00:00 sshd: admin@pts/1
```

それでもプロセスが終了しない場合は、「-9」オプションもしくは「-s 9」をつけてkillコマンドを実行して、プロセスを強制終了します（SIGKILLシグナルを送信します）。

■ オプションをつけて強制終了する場合

```
# kill -9 24206 Enter
```

また、killallコマンドは、プロセスIDではなくプロセス名を指定してプロセスを終了するためのコマンドです。以下は、プロセス名が「in.telnetd」のプロセスをすべて強制終了する場合の例です。

■ プロセス名を指定して強制終了する場合

```
# ps -C in.telnetd Enter ——— プロセスの確認
  PID TTY          TIME CMD
16800 ?        00:00:00 in.telnetd
16865 ?        00:00:00 in.telnetd
# killall in.telnetd Enter ——— in.telnetdをすべて強制終了
# ps -C in.telnetd Enter ——— プロセスが強制終了したことを確認
  PID TTY          TIME CMD
```

Section 18-03

セキュリティアドバイザリ

パッケージのアップデートを行う

CentOS 8のパッケージの多くは、セキュリティホールに対する修正やバグフィックスなどで、頻繁に更新されています。このセクションでは、セキュリティアドバイザリの内容を確認して、パッケージをアップデートするまでの手順を説明します。

このセクションのポイント

1 セキュリティアドバイザリの内容を見て、アップデートするかどうか判断する。
2 パッケージの種類によっては、サーバの再起動が必要になる。

セキュリティアドバイザリの確認

CentOS 8に関するセキュリティアップデートの情報は、CentOSメーリングリストでアナウンスされています。以下のURLからメーリングリストに登録すると、セキュリティアップデートの情報がメールで送られてくるようになります。また、セキュリティアップデートの情報はすべて公開されていますので、メーリングリストに登録しなくても、確認することができます。

https://lists.centos.org/mailman/listinfo/centos-announce

メールには、Red Hat のアドバイザリを参照するためのURLと、アップデートされたパッケージ名が含まれています。前者にアクセスすると、以下のアドバイザリ情報が得られます。

図18-2 セキュリティアドバイザリの例

RHSA-2019:2703 - Security Advisory
発行日: 2019-09-10 更新日: 2019-09-10
アドバイザリID
概要
更新パッケージ
概要
Important: kernel security and bug fix update
タイプ/重大度
Security Advisory: Important
重要度が高い場合は、できるだけ早くアップデートする
トピック
An update for kernel is now available for Red Hat Enterprise Linux 8.
Red Hat Product Security has rated this update as having a security impact of Important. A Common Vulnerability Scoring System (CVSS) base score, which gives a detailed severity rating, is available for each vulnerability from the CVE link(s) in the References section.

01 02 03 04 05 06 07 08 09 10 11 12 13 14 15 16 17 18 19

・アドバイザリID

アドバイザリを区別するためのIDです。先頭の4文字が種別を表します。「RHSA」がセキュリティホールの修正を表すアドバイザリ、「RHBA」がバグフィックスを表すアドバイザリ、そして「RHEA」が機能拡張を表すアドバイザリです。

・タイプ/重要度

アドバイザリの種類と重要度を表します。アドバイザリのIDの先頭4文字が「RHSA」の場合は「Security Advisory」、「RHBA」の場合は「Bug Fix Advisory」、「RHEA」の場合は「Product Enhancement Advisory」になります。

アドバイザリの重要度は、重要度の高いものから順に、「Critical(重大)」「Important(重要)」「Moderate(中)」「Low(低)」があります。

・発行日

アドバイザリの発行日です。

・更新日

アドバイザリの最終更新日です。

・影響度

アドバイザリに影響のあるプロダクトです。

・概要

アドバイザリの内容の簡単なサマリです。

・トピック

このアドバイザリに関する話題です。

・説明

発生している問題についての詳細な説明です。

・解決法

問題を解決するための方法に関する解説です。新しいパッケージが提供される場合もあれば、設定の修正を行うように推奨する場合もあります。

・OVAL(Open Vulnerability and Assessment Language)

アドバイザリに関連のあるOVALのIDです。OVALとは、セキュリティホールの有無や修正がされているかどうかを判断するための仕様です。以下からその情報を参照することができます。

http://oval.mitre.org/

・**CVE（Common Vulnerabilities and Exposures）**

アドバイザリに関連のあるCVEのIDです。CVEとは、セキュリティホールにIDを付与するための米国の仕様です。以下からその情報を参照することができます。

http://cve.mitre.org/

サーバにインストールされているパッケージのアドバイザリがあった場合、これらの情報を見て、パッケージをアップデートするかどうか判断します。特に、Security Advisory で重要度が「Critical」や「Important」になっている場合には、できるだけ早くパッケージをアップデートする必要があります。

アップデート手順の確認

パッケージの種類によって、パッケージのアップデート後に必要となる作業が異なります。例えば、httpdやdhcpdなどの常駐してサービスを提供するプログラムが含まれるパッケージの場合には、アップデート後にサービスを再起動する必要があります。Linuxカーネルであるkernelやglibcなどの標準ライブラリをアップデートした場合は、サーバを再起動する必要があります。

バックアップとリストア

Section 18-04

バックアップとリストアを行う

サーバには重要なデータが含まれるため、データのバックアップを定期的に取る必要があります。このセクションでは、starコマンドによるファイルやディレクトリ単位でのバックアップの方法と、xfsdumpおよびxsfrestoreコマンドによるファイルシステム単位でのバックアップの方法を紹介します。

このセクションのポイント

1. starコマンドにより、ファイルやディレクトリ単位で保存・リストアができる。
2. xsfdumpコマンドにより、ファイルシステムを保存できる。
3. xsfrestoreコマンドにより、xsfdumpコマンドで作成したバックアップファイルをリストアできる。

ディレクトリの保存とリストア

＊1 uniqe Standard Tape ARchiver

ディレクトリの保存とリストアには、star[＊1]コマンドを使用します。starコマンドは、SELinuxに対応したアーカイブ・ユーティリティです。標準ではstarパッケージがインストールされていませんので、パッケージをインストールします。

次のようにyumコマンドを使ってインストールを行います。

■ starのインストール

```
# yum install star Enter
メタデータの期限切れの最終確認: 0:20:32 時間前の 2019年11月07日 13時33分29秒 に
実施しました。
依存関係が解決しました。
================================================================================
 パッケージ      アーキテクチャー バージョン               リポジトリ      サイズ
================================================================================
Installing:
 star            x86_64           1.5.3-13.el8             BaseOS          301 k

トランザクションの概要
================================================================================
インストール  1 パッケージ

ダウンロードサイズの合計: 301 k
インストール済みのサイズ: 714 k
これでよろしいですか? [y/N]: y Enter  ──── 確認してyを入力
パッケージのダウンロード中です:
star-1.5.3-13.el8.x86_64.rpm                    254 kB/s | 301 kB     00:01
--------------------------------------------------------------------------------
合計                                             93 kB/s | 301 kB     00:03
```

```
トランザクションの確認に成功しました。
トランザクションのテストを実行中
トランザクションのテストに成功しました。
トランザクションを実行中
  準備                 :                                          1/1
  Installing           : star-1.5.3-13.el8.x86_64                  1/1
  scriptletの実行中: star-1.5.3-13.el8.x86_64                      1/1
  検証                 : star-1.5.3-13.el8.x86_64                  1/1

インストール済み:
  star-1.5.3-13.el8.x86_64

完了しました!
```

指定したディレクトリ以下をアーカイブファイルに保存するには、starコマンドを以下のように実行します。

■ アーカイブファイルへの保存の指定方法

```
star H=exustar -xattr -c ディレクトリ -f アーカイブファイル名
```

ディレクトリ以下を保存するため「-c」オプションを指定し、アーカイブファイルを指定するため「-f」オプションとファイル名を指定しています。また、SELinuxのタイプ情報をアーカイブに保存するため、「H=exustar -xattr」というオプションを指定しています。例えば、/etc/以下を/root/etc-backup.tar という名前のアーカイブファイルに保存するには、以下のように実行します。

■ /etc/以下を/root/etc-backup.tarに保存する場合

```
# cd / Enter
# star H=exustar -xattr -c etc -f /root/etc-backup.tar Enter
star: 2841 blocks + 0 bytes (total of 29091840 bytes = 28410.00k).
```

アーカイブファイルの内容を確認するには、「-t」オプションを指定してstarコマンドを実行します。以下の例では、バックアップのときと同様、「-f」オプションでアーカイブファイル名を指定しています。

■ アーカイブファイルの確認

```
# star -t -f /root/etc-backup.tar Enter
etc/
etc/mtab -> ../proc/self/mounts
etc/fstab
etc/crypttab
etc/resolv.conf
etc/dnf/
etc/dnf/modules.d/
………
```

アーカイブファイルの内容をカレントディレクトリにリストアするには、starコマンドを以下のように実行します。

■ アーカイブファイルの内容をカレントディレクトリにリストアする場合の指定方法

```
star -xattr -x -f アーカイブファイル名
```

アーカイブファイルの内容をリストアするため「-x」オプションを指定しています。アーカイブファイルの作成や参照のときと同様、「-f」オプションでファイル名を指定しています。また、SELinuxのタイプ情報も復元するため「-xattr」オプションを指定しています。例えば、先ほど保存した/root/etc-backup.tarをカレントディレクトリにリストアするには、以下のように実行します。

■ /root/etc-backup.tarをカレントディレクトリにリストアする場合

```
# star -xattr -x -f /root/etc-backup.tar Enter
star: 2841 blocks + 0 bytes (total of 29091840 bytes = 28410.00k).
```

ファイルシステムの保存

ファイルシステム単位のバックアップを取るには、xfsdumpコマンドを使用します。

ファイルシステムの内容をすべてバックアップファイルに保存するには、xfsdumpコマンドを以下のように実行します。

■ ファイルシステムの内容をバックアップファイルに保存する場合の指定方法

```
xfsdump -L セッションラベル -M メディアラベル -f バックアップファイル [ファイルシステム]
```

「-L」オプションで、セッションラベルを指定します。セッションラベルはファイルシステムのリストア時に使用します。バックアップの回数やレベル、いつ行ったといった情報を統一して指定しておくと良いでしょう。リストア時にどのファイルを使ってリストアすればよいかが、すぐわかります。

「-M」オプションでは、メディアラベルを指定します。メディアラベルにはメディアの識別情報を指定すると良いでしょう。例えば、テープデバイスを使用してファイルシステムのバックアップを行う場合には、テープに付けた名前をメディアラベルに指定しておくとわかりやすいです。

「-f」オプションでバックアップ先のファイル名を指定します。ファイルシステムのバックアップファイルは、必ず別のファイルシステム上に作成します。バックアップファイルは非常にサイズが大きくなりますので、外付けUSBハードディスク等を用意し、そこにバックアップファイルを保存することをお勧めします。

USBハードディスクの接続方法は、USBメモリと同じですので、Chapter 6を参考に設定を行います。ここでは、/backupにUSBハードディスクが接続されているものとして説明します。**[ファイルシステム]**には、「/」のようなマウントポイントか、「/dev/sda1」のようなデバイスファイルを指定します。例えば、/のバックアップを、/backup/root.dumpというバックアップファイルに保存するには、以下のように実行します。

■ /のバックアップを/backup/root.dumpに保存する場合

```
# xfsdump -L "/ level:0 2019110801" -M "number:0" -f /backup/root.dump / Enter
xfsdump: using file dump (drive_simple) strategy
xfsdump: version 3.1.8 (dump format 3.0) - type ^C for status and control
xfsdump: level 0 dump of centos8:/
xfsdump: dump date: Fri Nov  8 13:35:58 2019
xfsdump: session id: cc03384e-dd24-4d85-8aa7-d1fb956851f9
xfsdump: session label: "/ level:0 2019110801"
xfsdump: ino map phase 1: constructing initial dump list
xfsdump: ino map phase 2: skipping (no pruning necessary)
xfsdump: ino map phase 3: skipping (only one dump stream)
xfsdump: ino map construction complete
xfsdump: estimated dump size: 4970476864 bytes
xfsdump: creating dump session media file 0 (media 0, file 0)
xfsdump: dumping ino map
xfsdump: dumping directories
xfsdump: dumping non-directory files
^[cxfsdump: ending media file
xfsdump: media file size 4776440904 bytes
xfsdump: dump size (non-dir files) : 4663003616 bytes
xfsdump: dump complete: 67 seconds elapsed
xfsdump: Dump Summary:
xfsdump:   stream 0 /backup/root.dump OK (success)
xfsdump: Dump Status: SUCCESS
```

また、xfsdumpコマンドは、フルバックアップだけでなく、前回作成したバックアップからの差分だけを保存することもできます。その際の使用方法は、以下のとおりです。

■ 前回のバックアップからの差分だけを保存する場合の指定方法

```
xfsdump -l [0-9] -f バックアップファイル ファイルシステム
```

オプションには、バックアップのレベルを表す0から9までの数字と、「-l」オプションを新たに指定する必要があります。レベルを指定しないか、レベルに0を指定した場合は、フルバックアップを行います。レベルに1以上を指定した場合は、以前実施した、指定したレベルより低いレベルでのバックアップからの差分バックアップを行います。ですので、最初にレベル0でフルバックアップを取った後、レベル1、2、…、9と、差分バックアップを9回まで行うことができます。

例えば、/に対する、レベル1の差分バックアップを/backup/root1.dumpというファイルで保存するには、以下のように実行します。

■ /のレベル1の差分バックアップを /backup/root1.dump に保存する場合

```
# xfsdump -l 1 -L "/ level:1 2019110801" -M "number:0" -f /backup/root1.dump / Enter
xfsdump: using file dump (drive_simple) strategy
xfsdump: version 3.1.8 (dump format 3.0) - type ^C for status and control
xfsdump: level 1 incremental dump of centos8:/ based on level 0 dump begun Fri
Nov  8 13:35:58 2019
xfsdump: dump date: Fri Nov  8 13:41:44 2019
xfsdump: session id: 79e2b38e-b1a9-4ba5-9ae9-6781f365dff9
xfsdump: session label: "/ level:1 2019110801"
xfsdump: ino map phase 1: constructing initial dump list
xfsdump: ino map phase 2: pruning unneeded subtrees
xfsdump: ino map phase 3: skipping (only one dump stream)
xfsdump: ino map construction complete
xfsdump: estimated dump size: 38015296 bytes
xfsdump: creating dump session media file 0 (media 0, file 0)
xfsdump: dumping ino map
xfsdump: dumping directories
xfsdump: dumping non-directory files
xfsdump: ending media file
xfsdump: media file size 37326880 bytes
xfsdump: dump size (non-dir files) : 37159720 bytes
xfsdump: dump complete: 2 seconds elapsed
xfsdump: Dump Summary:
xfsdump:   stream 0 /backup/root1.dump OK (success)
xfsdump: Dump Status: SUCCESS
```

また、以下のように「-I」オプションを指定することで、バックアップの履歴を一覧表示することができます。

■ バックアップ履歴表示

```
# xfsdump -I Enter
file system 0:
        fs id:          e0df66a2-6849-4d32-8462-74ce2aa2ea1d
        session 0:
                mount point:    centos8:/
                device:         centos8:/dev/mapper/cl-root
                time:           Fri Nov  8 13:35:58 2019
                session label:  "/ level:0 2019110801"
                session id:     cc03384e-dd24-4d85-8aa7-d1fb956851f9
                level:          0
                resumed:        NO
                subtree:        NO
                streams:        1
                stream 0:
                        pathname:       /backup/root.dump
                        start:          ino 135 offset 0
                        end:            ino 15516607 offset 0
                        interrupted:    NO
                        media files:    1
                        media file 0:
                                mfile index:    0
                                mfile type:     data
                                mfile size:     4776440904
                                mfile start:    ino 135 offset 0
                                mfile end:      ino 15516607 offset 0
                                media label:    "number:0"
                                media id:       c33d14f1-421e-4b35-9722-409526a3d436
        session 1:
                mount point:    centos8:/
                device:         centos8:/dev/mapper/cl-root
                time:           Fri Nov  8 13:41:44 2019
                session label:  "/ level:1 2019110801"
                session id:     79e2b38e-b1a9-4ba5-9ae9-6781f365dff9
                level:          1
                resumed:        NO
                subtree:        NO
                streams:        1
                stream 0:
                        pathname:       /backup/root1.dump
                        start:          ino 668874 offset 0
```

```
                          end:              ino 11562470 offset 0
                          interrupted:      NO
                          media files:      1
                          media file 0:
                                  mfile index:     0
                                  mfile type:      data
                                  mfile size:      37326880
                                  mfile start:     ino 668874 offset 0
                                  mfile end:       ino 11562470 offset 0
                                  media label:     "number:0"
                                  media id:        35eb675d-181b-434a-8094-9738ad7dd8c0
xfsdump: Dump Status: SUCCESS
```

メモ

バックアップの取得中にファイルの内容が変更されると、ファイルの内容が正確にバックアップされない場合があります。そのため、様々なサービスが動作している状態でバックアップを取得することは好ましくありません。可能であれば、レスキューターゲットでバックアップをすることが推奨されています。

ファイルシステムのリストア

xfsdumpコマンドで作成したバックアップファイルを使用してデータをリストアするには、**xfsrestore**コマンドを使用します。最も簡単な使用方法は、以下のとおりです。

■ データのリストアの指定方法

```
xfsrestore -rf バックアップファイル リストアディレクトリ
```

これにより、指定したディレクトリに、バックアップファイルの内容をリストアします。「-r」オプションでリストア、「-f」オプションでバックアップファイル名を指定します。例えば、前述のフルバックアップファイル/backup/root.dumpおよびレベル1の差分バックアップファイル/backup/root1.dumpを/backup/でリストアするには、以下のように実行します。

■ /backup/root.dumpと/backup/root1.dumpを/backupでリストアする場合

```
# xfsrestore -rf /backup/root.dump /backup/ Enter ――― フルバックアップのリストア
xfsrestore: using file dump (drive_simple) strategy
xfsrestore: version 3.1.8 (dump format 3.0) - type ^C for status and control
xfsrestore: searching media for dump
xfsrestore: examining media file 0
```

```
xfsrestore: dump description:
xfsrestore: hostname: centos8
xfsrestore: mount point: /
xfsrestore: volume: /dev/mapper/cl-root
xfsrestore: session time: Fri Nov  8 13:35:58 2019
xfsrestore: level: 0
xfsrestore: session label: "/ level:0 2019110801"
xfsrestore: media label: "number:0"
xfsrestore: file system id: e0df66a2-6849-4d32-8462-74ce2aa2ea1d
xfsrestore: session id: cc03384e-dd24-4d85-8aa7-d1fb956851f9
xfsrestore: media id: c33d14f1-421e-4b35-9722-409526a3d436
xfsrestore: using online session inventory
xfsrestore: searching media for directory dump
xfsrestore: NOTE: attempt to reserve 1185752 bytes for /backup//xfsrestorehousek
eepingdir/dirattr using XFS_IOC_RESVSP64 failed: サポートされていない操作です (95)
xfsrestore: NOTE: attempt to reserve 1725226 bytes for /backup//xfsrestorehousek
eepingdir/namreg using XFS_IOC_RESVSP64 failed: サポートされていない操作です (95)
xfsrestore: reading directories
xfsrestore: 21099 directories and 175944 entries processed
xfsrestore: directory post-processing
xfsrestore: restoring non-directory files
xfsrestore: restore complete: 54 seconds elapsed
xfsrestore: Restore Summary:
xfsrestore:   stream 0 /backup/root.dump OK (success)
xfsrestore: Restore Status: SUCCESS
# xfsrestore -rf /backup/root1.dump /backup/ Enter ——— 差分バックアップのリストア
xfsrestore: using file dump (drive_simple) strategy
xfsrestore: version 3.1.8 (dump format 3.0) - type ^C for status and control
xfsrestore: searching media for dump
xfsrestore: examining media file 0
xfsrestore: dump description:
xfsrestore: hostname: centos8
xfsrestore: mount point: /
xfsrestore: volume: /dev/mapper/cl-root
xfsrestore: session time: Fri Nov  8 13:41:44 2019
xfsrestore: level: 1
xfsrestore: session label: "/ level:1 2019110801"
xfsrestore: media label: "number:0"
xfsrestore: file system id: e0df66a2-6849-4d32-8462-74ce2aa2ea1d
xfsrestore: session id: 79e2b38e-b1a9-4ba5-9ae9-6781f365dff9
xfsrestore: media id: 35eb675d-181b-434a-8094-9738ad7dd8c0
xfsrestore: using online session inventory
xfsrestore: searching media for directory dump
xfsrestore: NOTE: attempt to reserve 5720 bytes for /backup//xfsrestorehousekeep
```

```
ingdir/dirattr using XFS_IOC_RESVSP64 failed: サポートされていない操作です (95)
xfsrestore: reading directories
xfsrestore: 27 directories and 666 entries processed
xfsrestore: directory post-processing
xfsrestore: restoring non-directory files
xfsrestore: restore complete: 0 seconds elapsed
xfsrestore: Restore Summary:
xfsrestore:   stream 0 /backup/root1.dump OK (success)
xfsrestore: Restore Status: SUCCESS
```

xfsrestoreコマンドによって、カレントディレクトリの所有者、グループやセキュリティコンテキストも変更されます。そのため、CentOS 8に標準で存在するディレクトリでは、xfsrestoreコマンドを実行しないようにしましょう。

また、「-r」オプションの代わりに「-t」オプションを指定することで、バックアップファイルの内容を出力します。

■ バックアップファイルの内容を出力する場合の指定方法

```
xfsrestore -tf バックアップファイル
```

SSL/TLS 証明書の作成

最近では、インターネットで安全な通信を行うための暗号通信技術が頻繁に使われるようになりました。SSL/TLSは、その中でも最もよく使われている暗号通信技術です。ネットワークサーバで暗号通信をサポートするためには、信用できるサーバであることを証明するための証明書が必要です。このChapterでは、証明書の作り方について解説します。

Contents

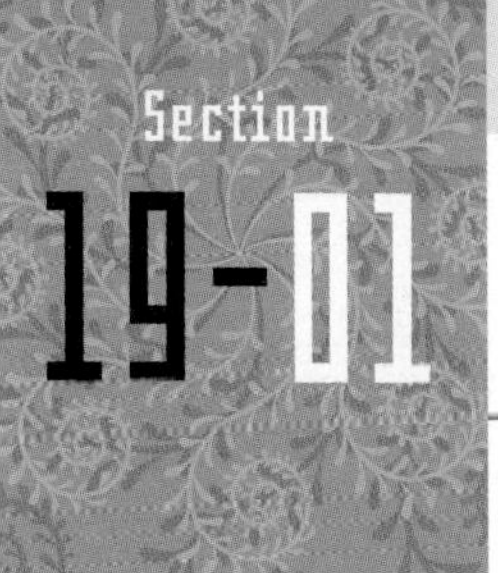

証明書

SSL/TLS証明書を理解する

SSL/TLS証明書は、暗号通信で信頼できるサーバであることを証明するために使われます。証明書には、用途や必要とされる信頼度に応じていくつかの種類があります。このセクションでは、証明書の役割や種類について整理しておきましょう。

このセクションのポイント

1. インターネット上で信頼できるサーバであることを証明するためには、グローバル証明書が必要である。
2. 組織内で使う場合には、自己署名証明書を利用することもできる。

SSL/TLSと証明書

＊1　Secure Sockets Layer

＊2　Transport Layer Security

SSL＊1は、WWWサーバとブラウザとの間の通信が安全にできるようにするために開発された暗号通信技術です。SSLには、通信を暗号化する機能だけではなく、通信相手の信頼性を確認する機能も用意されていました。TLS＊2は、その技術をより発展させ、安全性を高めたものです。一般的には、SSL/TLSを総称して「SSL」と呼ぶことも多いのですが、現在主に使われているのはTLSです。

SSL/TLS通信の概要

例えば、ブラウザとWWWサーバの間の通信の場合を見てみましょう。図19-1は、その通信の様子を図示したものです。

ブラウザとWWWサーバの間の通信は、通常はHTTPと呼ばれるプロトコルで行われ、暗号化されていません。そのため、何らかの方法で通信の情報を入手することができれば、情報は丸見えになってしまいます。例えば、無料のWiFiネットワークの中には、情報を盗み見ることを意図して作成されているものもあるかもしれません。そうしたネットワークでは、情報を簡単に盗み見ることができてしまうのです。

図19-1　信頼できないネットワーク

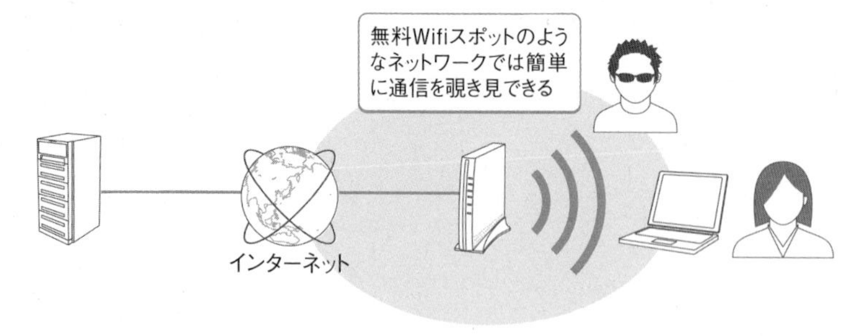
無料Wifiスポットのようなネットワークでは簡単に通信を覗き見できる
インターネット

しかし、個人情報やクレジットカードの情報を簡単に盗み見ることができては、私たちは安心してインターネットを使うことができません。そのため、通信を暗号化する必要があります。このときに使われるのがSSL/TLSという技術です。重要な情報を入力するようなページでは、SSL/TLSを使ってHTTPの通信を暗号化するプロトコルHTTPSが使われているのです。暗号通信を行うページは、次のようにURLで区別されています。

通常のページ：http://www.example.com/
暗号通信するページ：https://www.example.com/

通常のページのURLは「http:」で始まるのに対して、暗号通信するページは「https:」で始まるのです。

図19-2 SSL/TLSの通信手順

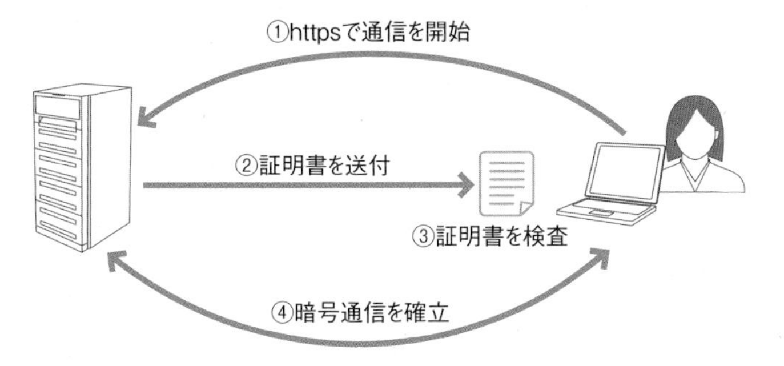

ブラウザは、ユーザが「https:」で始まるページへのリンクをクリックすると、まずサーバから**証明書**を取り寄せます。そして、相手のサーバが信頼できるかを検証します。サーバの証明書が、正式な機関（**認証局**）から発行された証明書であれば、その機関が発行するデータを元に内容が解読できるようになっているのです。

証明書が正式なものであることがわかると、ブラウザは証明書から相手サーバの名前などの情報を取り出して、これから通信しようとしているサーバ名（www.example.com）と比較します。これによって、相手サーバが本当に意図しているサーバかを自動的に確認してくれるのです。

相手サーバが信頼できるものとわかったら、サーバとの間に暗号通信セッションを作ります。このときにも、サーバの証明書の中に含まれたデータが使われます。

このように、SSL/TLSの通信においては、証明書が非常に重要な役割を果たしているのです。

証明書を確認する

ブラウザで証明書を確認することができます。例えば、Googleの検索ページはHTTPSでアクセスすることができます。

図19-3のように、https://www.google.co.jp/にアクセスすると、ブラウザのURLの部分に鍵マークが表示されているのが分かります。これは、このページで暗号通信が行われることを示しています。この鍵マークをクリックすると、ポップアップが表示され、証明書の要約情報が表示されます。

図19-3　ブラウザでHTTPSページにアクセス

詳細な情報を見たい場合には、**［証明書の表示］**をクリックします。すると、図19-4のような画面が表示されます。

図19-4　証明書情報

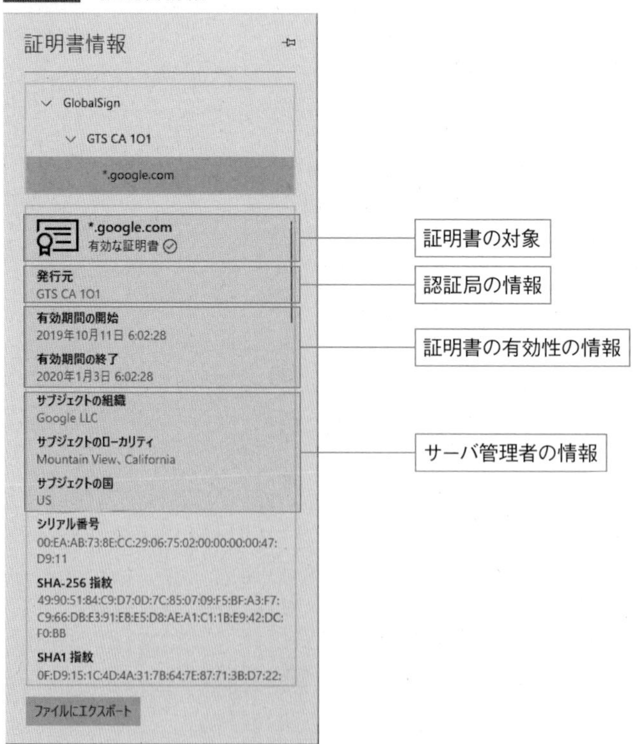

この画面を見ると、証明書が発行された対象の名称(*.google.com)、発行先の組織名(Google LLC)などの情報がわかります。また、認証局が「GTS CA 101」という名前の組織であることもわかります。この画面には、証明書の有効期限(2020年1月3日)が表示されています。証明書は定期的に更新する必要があり、更新時に発行先の組織が存在することの確認も行われているのです。

証明書の種類

SSL/TLSで使われる証明書には、発行した認証局によって次の3つの種類があります。

- グローバル証明書
- プライベート証明書
- 自己署名証明書

グローバル証明書は、正式な認証局が発行した証明書です。先ほどの図19-4の証明書は、「GTS CA 101」という機関が発行したグローバル証明書でした。グローバル証明書は、正式な機関が発行するため信頼性が高く、インターネット上などで広く使われています。しかし、取得や更新のために費用が掛かります。

これに対して、**プライベート証明書**は正式な認証局が発行していない証明書です。外部の正式な機関が発行する証明書までは必要としない場合に利用します。正式な機関が発行していないため信頼性は低いですが、作成は無料で行うことができます。ただ、認証局を自分で作る必要があるため、やや面倒であるという欠点があります。例えば、企業の情報システム部のような部門が、組織の中で使う暗号通信のためにプライベート証明書を発行するという使い方をすることができます。インターネット全体から見れば信頼度が低くても、組織内では十分に信頼できる発行元であると考えることができます。

最も信頼性が低いのが**自己署名証明書**です。認証局がサーバ自身なので信頼性は低いですが、簡単に発行することができます。サーバの信頼性の証明としての信頼性はありませんが、通信を暗号化することはできます。組織内などで、サーバの信頼性そのものを検証する必要がない場合に使います。

本書では、自己署名証明書の作成方法と、グローバル証明書を発行するために必要な情報の取得方法について説明します。

メモ

プライベート証明書も自己署名証明書も、正式な発行機関が作成したものではないため、ブラウザなどの通信先で検証をすると、知らない認証局が発行した証明書として扱われます。その場合には、警告が表示される場合があります。

Section 19-02

自己署名証明書を作成する

自己署名証明書は、最も簡単に作ることができる証明書です。サーバの信頼性の検証がそれほど重要でない時によく使われます。ここでは、自己署名証明書の作成方法について解説します。

このセクションのポイント

1 自己署名証明書の作成には、発行対象の組織の情報やサーバ名などが必要である。
2 パスフレーズは設定した方が安全だが、運用上は削除する場合もある。
3 自己署名証明書の場合には、利用者が証明書を受け入れる必要がある。

証明書発行の準備

CentOS 8には、自己署名証明書が簡単に作成できるような仕組みが用意されています。まずは、証明書発行の準備をしましょう。

証明書を発行するためのツールは/usr/share/doc/openssl/Makefile.certificateとして保管されています。これを、証明書の保管用ディレクトリである/etc/pki/tls/certsにコピーします。

```
# cp /usr/share/doc/openssl/Makefile.certificate  /etc/pki/tls/certs/Makefile Enter
```

自己署名証明書の作成

自己署名証明書を発行するには、次のような情報が必要です。発行の作業に入る前にこうした情報を決めておきましょう。

- 組織の情報
  組織名と、組織の所属する国コード（2文字）・県・市町村の英語名
- 管理者の情報
  サーバ管理者の部署名（英語名）とメールアドレス
- サーバの情報
  この証明書を使うときに使うサーバの名称
- パスフレーズ
  証明書の鍵情報を安全に管理するためのパスワード

自己署名証明書の発行

自己署名証明書を発行するためには、以下のような手順で作業を行います（ここでは、www.example.comという名称で証明書を発行します）。

■ 自己署名証明書の発行手順

```
# cd /etc/pki/tls/certs Enter ——— ①作業用ディレクトリへ移動
# make www.example.com.crt Enter ——— ②自己署名証明書の作成
umask 77 ; \
/usr/bin/openssl genrsa -aes128 2048 > www.example.com.key
Generating RSA private key, 2048 bit long modulus (2 primes)
...........+++++
............................+++++
e is 65537 (0x010001)
Enter pass phrase: ******** Enter ——— ③パスフレーズを入力
Verifying - Enter pass phrase: ******** Enter ——— ④パスフレーズを再入力
umask 77 ; \
/usr/bin/openssl req -utf8 -new -key www.example.com.key -x509 -days 365 -out www.
example.com.crt
Enter pass phrase for www.example.com.key: ******** Enter ——— ⑤パスフレーズを再入力
You are about to be asked to enter information that will be incorporated
into your certificate request.
What you are about to enter is what is called a Distinguished Name or a DN.
There are quite a few fields but you can leave some blank
For some fields there will be a default value,
If you enter '.', the field will be left blank.
-----
Country Name (2 letter code) [XX]:JP Enter ——— ⑥組織の存在する国コード
State or Province Name (full name) []:Aichi Enter ——— ⑦組織の存在する県
Locality Name (eg, city) [Default City]:Nagoya Enter ——— ⑧組織の存在する市町村
Organization Name (eg, company) [Default Company Ltd]:Example Company, LTD Enter
                                                        ——— ⑨組織の名称
Organizational Unit Name (eg, section) []:Information Management Enter
                                                        ——— ⑩管理者の部署
Common Name (eg, your name or your server's hostname) []:www.example.com Enter
                                                        ——— ⑪サーバの名称
Email Address []:admin@example.com Enter ——— ⑫管理者のメールアドレス
```

②では、makeコマンドの引数にwww.example.com.crtを指定しています。「www.example.com」は単なるファイルの名前です。最後のサフィックス(.crt)が証明書を意味しています。ファイル名は自由に変更できますが、サフィックスには必ず「.crt」を指定します。

この手順で、/etc/pki/tls/certs/にwww.example.com.keyという鍵ファイルと、www.example.com.crtという証明書のファイルが作成されます。WWWサーバやPOP/IMAPサーバに設定を行うには、この2つのファイルが必要になります。

パスフレーズの削除

この証明書を利用する場合には、証明書の作成時に入力したパスフレーズを入力する必要があります。WWWサーバやPOP/IMAPサーバなどで使う場合には、サービスの起動時にパスフレーズを入力する必要があります。そのため、システムを起動したときに自動的に起動することができなくなるという欠点があります。また、利用するソフトウェアによっては、パスフレーズを設定していると正しく動作しない場合もあります。そのため、パスフレーズを削除することができます。

■ パスフレーズの削除

```
# mv www.example.com.key www.example.com.key.org Enter
# openssl rsa -in www.example.com.key.org -out www.example.com.key Enter
Enter pass phrase for www.example.com.key.org:******** Enter ―― パスフレーズを入力
writing RSA key
```

最初にwww.example.com.keyを作成するときに設定したパスフレーズを入力します。www.example.com.keyにパスフレーズが削除された鍵が保管されます。

注意

パスフレーズを削除すると、証明書を誰でも使うことができるようになってしまいます。そのため、証明書と鍵ファイルは、厳重に管理して下さい。

グローバル証明書

Section 19-03

グローバル証明書を取得する

グローバル証明書は、インターネットで広く使われていてる証明書です。入手には費用が掛かりますが、高い信頼性を手に入れることができます。ここでは、グローバル証明書を発行するために必要なCSR情報の取得方法について解説します。

このセクションのポイント

1. グローバル証明書を取得するには、CSRという情報が必要である。
2. CSRの作成の時にできた鍵は、認証局に渡す必要はない。
3. 鍵ファイルは失くさないように厳重に保管しておく。

証明書申請書の作成

グローバル証明書を発行してもらうためには、証明書の対象となる組織やサーバなどの情報を記載した申請書にあたるファイルを作成する必要があります。これは、CSR[*1]と呼ばれています。

＊1 Certificate Signing Request

申請書を作成するために必要な情報は、自己署名証明書を発行するときに準備すべき情報とまったく同じです。そのため、CSRの作成に先立って、これらの情報を揃えておきましょう。

CentOS 8では、次のような手順で簡単にCSRを作成することができます。

CSRの作成手順

```
# cd /etc/pki/tls/certs [Enter] ―― ①作業用ディレクトリへ移動
# make www.example.com.csr [Enter] ―― ②CSRの作成
umask 77 ; \
/usr/bin/openssl genrsa -aes128 2048 > www.example.com.key
Generating RSA private key, 2048 bit long modulus (2 primes)
........................+++++
........................+++++
e is 65537 (0x010001)
Enter pass phrase: ******** [Enter] ―― ③パスフレーズを入力
Verifying - Enter pass phrase: ******** [Enter] ―― ④パスフレーズを再入力
umask 77 ; \
/usr/bin/openssl req -utf8 -new -key www.example.com.key -out www.example.com.csr
Enter pass phrase for www.example.com.key: ******** [Enter] ―― ⑤パスフレーズを再入力
You are about to be asked to enter information that will be incorporated
into your certificate request.
What you are about to enter is what is called a Distinguished Name or a DN.
There are quite a few fields but you can leave some blank
For some fields there will be a default value,
```

```
If you enter '.', the field will be left blank.
-----
Country Name (2 letter code) [XX]:JP Enter ―― ⑥組織の存在する国コード
State or Province Name (full name) []:Aichi Enter ―― ⑦組織の存在する県
Locality Name (eg, city) [Default City]:Nagoya Enter ―― ⑧組織の存在する市町村
Organization Name (eg, company) [Default Company Ltd]:Example Company, LTD Enter
                                                        └―― ⑨組織の名称
Organizational Unit Name (eg, section) []:Information Management Enter
                                                        └―― ⑩管理者の部署
Common Name (eg, your name or your server's hostname) []:www.example.com Enter
                                                        └―― ⑪サーバの名称
Email Address []admin@example.com ―― ⑫管理者のメールアドレス

Please enter the following 'extra' attributes
to be sent with your certificate request
A challenge password []:Enter ―― ⑬Enterだけを入力
An optional company name []:Enter ―― ⑭Enterだけを入力
```

②では、makeコマンドの引数にwww.example.com.csrを指定しています。「www.example.com」は単なるファイルの名前です。最後のサフィックス（.csr）がCSRの作成を意味しています。ファイル名は自由に変更できますが、サフィックスには必ず「.csr」を指定します。

⑬⑭は入力しない項目です。この項目は空にしておく必要があります。

この手順で、/etc/pki/tls/certs/にwww.example.com.keyという鍵ファイルと、www.example.com.csrというCSRのファイルが作成されます。

注意

証明書の発行機関には、CSRファイルだけを送ります。鍵ファイルは、証明書が発行された後に必要です。失くしてしまうと、証明書が使えなくなりますので、厳重に保管しておきます。

TECHNICAL MASTER

Index 索 引

記号・数字

A

B

C

D

E

F

G

H

I

J

K

L

M

N

O

P

R

S

T

U

V

W

X

Y

Z

あ行

か行

さ行

た行

な行

は行

ま行

や行

ら行

わ行

株式会社デージーネット

1999年の設立当初から、Linuxやオープンソースソフトウェアを使ったシステム構築を手がける。これまで、多くのインターネットプロバイダやネットサービス向けのサーバを構築してきた。特に、オープンソースを使ったHAクラスタ、大規模メールシステムなど、ミッションクリティカルなサーバの構築を多く手がけている。また、オープンソースソフトウェアの導入や運用の課題を解決するためのコンサルティングも行ってきた。
近年は、「よりよい技術で、インターネット社会の安心と便利に貢献する」というテーマの下で、まだ日本ではあまり利用が進んでいないようなオープンソースソフトウェアを調査し紹介する活動を、積極的に行っている。特に最近は、IoT基盤やビッグデータ解析などで利用されるソフトウェアや、AIの開発基盤で利用されるソフトウェアなどに注力している。

https://www.designet.co.jp/

著書：「Linuxで作るアドバンストシステム構築ガイド」、秀和システム、2009
「入門LDAP/OpenLDAPディレクトリサービス導入・運用ガイド 第3版」、
秀和システム、2017

恒川 裕康（つねかわ・ひろやす）

株式会社デージーネット代表取締役社長。1990年代初めから、商用LINUXの移植業務に携わり、1995年からUNIX/Linuxを使ったISPなどのネットワーク構築業務を行う。1999年にデージーネットを設立し、代表取締役に就任。現在は、デージーネットOSS研究室が研究した様々なOSSを紹介する活動を行っている。また、IoTプラットフォームや機械学習基盤においてOSSを普及する活動にも力を入れている。また、経営のかたわらで、オープンソースソフトウェアの活用やシステム管理に関する執筆、講演活動などを行っている。

著書：「ネットワークサーバ構築ガイド」シリーズ（共著）、秀和システム、2002-2018
「ドラッカーさんに教わったIT技術者が変わる50の習慣」、秀和システム、2014
「ドラッカーさんに教わったIT技術者のための50の考える力」、秀和システム、2016
Email: tune@designet.co.jp

TECHNICAL MASTER
はじめてのCentOS 8
Linuxサーバエンジニア入門編

発行日　2020年　2月　1日　　　第1版第1刷

著　者　デージーネット

発行者　斉藤　和邦
発行所　株式会社　秀和システム
〒135-0016
東京都江東区東陽2-4-2　新宮ビル2F
Tel 03-6264-3105（販売）　Fax 03-6264-3094
印刷所　日経印刷株式会社

ISBN978-4-7980-6066-8 C3055